Python爬虫实战进阶

李科均 著

清華大學出版社
北京

内容简介

本书主要满足网络爬虫从业者提升技术能力的需求。本书共 9 章，涉及经典爬虫框架 Scrapy 的架构、异步爬虫的原理及其实现、异步自动化浏览器控制库 pyppeteer 的使用、当下流行的反爬虫原理及其处理方案、基于常用通信中间件的分布式爬虫框架开发、Python 常用的编码和加密的应用、针对前端深入的 JavaScript 分析策略和安全策略、网络搜索引擎的原理和技术实现，并在最后一章创建了一个垂直领域的搜索引擎系统。

本书面向网络爬虫开发的初、中级开发人员，以及对网络爬虫有一定基础的兴趣爱好者。

图书在版编目（CIP）数据

Python 爬虫实战进阶/李科均著. —北京：清华大学出版社，2023.4（2024.6 重印）
ISBN 978-7-302-62766-1

Ⅰ. ①P… Ⅱ. ①李… Ⅲ. ①软件工具—程序设计 Ⅳ. ①TP311.561

中国国家版本馆 CIP 数据核字（2023）第 031793 号

责任编辑：安 妮 李 燕
封面设计：刘 键
责任校对：焦丽丽
责任印制：刘 菲

出版发行：清华大学出版社
网 址：https://www.tup.com.cn，https://www.wqxuetang.com
地 址：北京清华大学学研大厦 A 座 **邮 编**：100084
社 总 机：010-83470000 **邮 购**：010-62786544
投稿与读者服务：010-62776969，c-service@tup.tsinghua.edu.cn
质量反馈：010-62772015，zhiliang@tup.tsinghua.edu.cn
印 装 者：涿州市般润文化传播有限公司
经 销：全国新华书店
开 本：185mm×260mm **印 张**：21.5 **字 数**：539 千字
版 次：2023 年 5 月第 1 版 **印 次**：2024 年 6 月第 2 次印刷
印 数：1501～1800
定 价：89.00 元

产品编号：087913-01

前言

什么是网络爬虫

狭义的网络爬虫是指从互联网网站上获取信息的程序，如常用的搜索引擎——百度、360、搜狗等。同时，网络爬虫也是一门复合型技术，涉及的技术领域广泛，如 JavaScript、HTML、CSS、MySQL、Java 等。广义的爬虫技术除狭义的网络爬虫的内容，还包括自动化。在这个概念下，网络爬虫不再只是从目标网站获取链接、图片、文字等信息，甚至不再是为了获取这些信息，而是为了完成某个特定任务，如定时打卡、自动统计、财务计算等。

网络爬虫的应用前景

随着互联网各大平台将网络爬虫列为防御的目标之一，网络爬虫与反爬虫技术开始全面角逐。网络爬虫行业越发地蓬勃发展，爬虫技术不断地更新迭代，同时，网络爬虫的技术体系愈加庞大和完善，不管是互联网的大公司还是小公司，或多或少都对网络爬虫有需求。此外，随着智能时代的到来，得益于 RPA(Robotic Process Automation，机器人流程自动化)技术的发展，网络爬虫在自动化领域有着广泛的应用市场，如财务数据的统计分析、后台订单的自动化管理、用户的自动维护等，所以网络爬虫的需求呈现井喷式增长的趋势。

关于本书

本书指出了 Python 网络爬虫开发从业者的提升方向。在分布式爬虫方面，通过对 Scrapy 框架源码进行剖析，使读者全面掌握 Scrapy 的设计理念；在异步编程方面，从异步编程原理到异步请求，再到数据库、文件读写的异步操作，对全体系做了全面的介绍，并从异步编程的思想上，详细介绍了异步的浏览器自动化工具 pyppeteer；在反爬虫方面，对指纹技术、滑动验证、字体和 CSS 样式反爬虫技术、动态渲染、图片验证码处理等方面的原理进行剖析，并对其处理方案做深入介绍，其中图片验证码处理还涉及机器学习的内容；在分布式爬虫的设计上，通过不同的消息中间件设计满足具体业务场景的分布式框架，如基于 RabbitMQ 的分布式设计、基于 Kafka 的分布式设计和基于 Celery 的分布式设计；在编码和加密方面，讲解编码原理和常用的集中加密算法，如 DES、AES、MD5 和 SHA；在 JavaScript 安全分析方面，对目前前端常用的反爬虫措施进行深入分析，同时对目前流程的混淆与还原进行全面的介绍；在搜索引擎技术方面，对搜索引擎原理、搜索引擎的实现过程进行介绍，并通过 Elasticsearch 实现一个垂直领域的搜索服务。

各个章节的大致内容如下。

第 1 章讲解 Scrapy 的架构和使用方法，深入介绍 Scrapy 各个组件的工作原理及源码的实现流程，扩展分布式 Scrapy 的结构及重要组件的工作原理、实现流程，以及中间件开发的关键接口、常用的中间件源码解析。

第 2 章讲解异步爬虫，重点介绍异步请求和异步文件读写的实现，同时介绍了常用数据库 MySQL、Redis、MongoDB 的异步操作。

第 3 章讲解异步的浏览器自动化工具 pyppeteer。作为与 Selenium 齐名的浏览器自动化工具，pyppeteer 在一些特殊场景下拥有更出色的性能。

第 4 章讲解反爬虫的原理及其处理方案，包括设备指纹技术、滑动验证的轨迹识别和轨迹生成算法、字体反爬虫和 CSS 样式反爬虫的原理和处理方案、动态渲染流程及新的动态渲染处理技术方案、图片验证码的生成和识别训练、IP 限制的现状和突破口。

第 5 章讲解针对具体的业务实现分布式爬虫框架，从消息系统的消息传递方式到基于 RabbitMQ、Kafka、Celery 的分布式爬虫设计。

第 6 章讲解编码和加密，主要介绍编码的原理及其发生乱码的原因、常用编码方式的转换和应用、Python 实现常用的加密方式，如 DES、3DES、AES、RSA、MD5 和 SHA。

第 7 章讲解前端的 JavaScript 分析，包括常用的前端调试方法和工具、前端使用 JavaScript 防护的常用措施、基于 AST 的 JavaScript 源码混淆原理和还原方法。

第 8 章讲解搜索引擎技术的原理和架构，以及开源搜索引擎框架 Elasticsearch 的常用操作，介绍 Elasticsearch 集群的快速部署、Elasticsearch 的常用管理接口，以及 Python 与之交互的方法。

第 9 章开发一个搜索引擎的项目，主要涉及 Elasticsearch 的部署、搜索引擎爬虫的开发、搜索结果的展示等环节。

本书配套源代码请扫描下方二维码下载。

关于作者

我是非科班出身的程序员，中途转行从事 Python 网络爬虫开发和 Python 全栈开发工作，从零基础到掌握网络爬虫开发的全体系技术，一路走过很多曲折的道路。编写本书的原因之一是帮助那些与曾经的我一样不知道如何提升技术水平，以及在网络爬虫领域还比较迷茫的读者。在技术道路上没有成功的捷径，如果有，那就是昼夜兼程地学习和实践。希望本书能起到抛砖引玉的效果。我曾就职于 Synnex，这是一家优秀的世界五百强公司。在职时，我从事流程自动化方面的工作，遇到了平易近人的领导及一群友好和富有爱心的同事，他们在我的技术提升和视野开阔方面给予了很大的帮助，在这里我十分感谢他们。同时，在个人博客中我不断地总结，并将平时工作中的经验记录在其中。这个习惯也为我编写本书奠定了基础。为了更系统地学习和总结，我萌生了写这本书的想法，这也是编写本书的另一个原因。在离开 Synnex，向更高技术台阶奋进的同时，我也开启了本书的编写。

由于我的水平有限，书中不当之处在所难免，欢迎广大同行和读者批评指正。

李科均

2023 年 1 月

目录

第1章

Scrapy框架

Scrapy 框架是 Python 爬虫开发中最著名的框架之一，它作为 Python 爬虫领域的模板框架，通过简单的命令行即可开发出一个功能完善的爬虫程序，同时，组件化的架构保证了其低耦合、高扩展的灵活性，因此在大、小型项目中被广泛使用。此外，Scrapy 框架基于 Twisted 事件驱动型网络引擎，保证了爬虫任务的高效执行。

本章要点如下。

(1) Scrapy 的基础：测试、开发、架构思想。

(2) Scrapy 的核心对象：Request 和 Response。

(3) Scrapy 的解析和通用规则。

(4) 常用的中间件组件、数据管道组件、导出器组件。

(5) 分布式 Scrapy 的原理和开发流程。

(6) 分布式 Scrapy 的通信、调度、去重。

(7) Scrapy 中常用的一些命令和配置选项。

1.1 关于 Scrapy

1.1.1 Scrapy 简介

Scrapy 是一个由 Python 语言编写的开源网络爬虫框架，主要由 Scrapinghub 公司进行维护。它基于 Twisted 异步网络引擎框架，是纯 Python 语言实现的爬虫框架，框架组成模块之间的耦合度低，提供了多种扩展的场景和扩展接口。

Scrapy 集结构化数据的抓取、清洗、存储等流程于一体，提供了开箱即用的功能，使大型爬虫项目的开发仅通过几行命令和文件配置即可完成。Scrapy 的设计更像是一件艺术品，恰到好处地契合了所有组件，并提供了扩展组件的接口，非常值得借鉴和学习。

在抓取效率上，Scrapy 通过异步和多线程提高任务并行数，同时还有基于 Scrapy 框架开发的第三库 scrapy-redis 实现 Scrapy 爬虫的分布式运行。在任务执行效率上，Scrapy 能满足大量抓取任务的场景。此外，Scrapy 提供了大量的配置项参数，通过这些参数可以定制爬虫抓取频率、任务策略、任务监控、异常处理等配置。

1.1.2 Scrapy 安装

在一般情况下，可以直接通过 pip install scrapy 命令安装 Scrapy 及其相关依赖包，但是 Scrapy 的依赖包比较多，往往在安装某些依赖包时提示缺失某些组件，这个时候只需按照错误提示，安装对应组件后再重新安装即可。下面是在 Windows 下安装 Scrapy 的常见错误及其解决方法。

1. 常见错误一

当前环境缺失，Microsoft Visual C++14.0 环境报错，报错内容如下。

```
raise distutils.errors.DistutilsPlatformError(err)
distutils.errors.DistutilsPlatformError: Microsoft Visual C++14.0 is required. Get it with
"Microsoft Visual C++Build Tools": Download the Visual C++Build Tools (standalone C++compiler,
libraries and tools)
----------------------------------------
Command "python setup.py egg_info" failed with error code 1
```

根据错误提示打开网址 http://go.microsoft.com/fwlink/?LinkId=691126 下载安装文件。下载完成后双击安装文件开始安装，安装完成后重新运行 Scrapy 安装命令。

2. 常见错误二

当提示安装某个依赖包出错时，可尝试手动安装该依赖包，如提示 Twisted-18.7.0-cp34-cp34m-win_amd64.whl is not a supported wheel on this platform，表明该平台不支持当前 Twisted 的版本安装，此时可以从 https://www.lfd.uci.edu/~gohlke/pythonlibs/中下载对应系统版本的 whl 文件，然后进入下载目录，通过 pip install packages_name.whl 命令的方式安装。如果手动安装指定依赖包仍提示错误，那么按照具体的错误信息再安装相关的组件。scrapy 安装成功后，在 CMD 命令行界面中输入 scrapy 会提示版本号和命令说明，代码如下。

```
> scrapy
Scrapy 1.8.0 - no active project

Usage:
  scrapy <command> [options] [args]
```

1.2 Scrapy 基础

本节主要介绍 Scrapy 的基础知识，包括 Scrapy 的架构设计思想、开发流程、Scrapy 中重要的请求和响应对象，以及在 Scrapy 中如何解析页面。

1.2.1 Scrapy 测试流程

Scrapy 提供了一个交互终端，其类似于 Linux 下的 IPython 终端，提供智能的自动补全、高亮输出及其他特性，可以在不启动爬虫(Spider)的情况下，用于测试目标地址的抓取和网址中的信息提取。其本意是用来测试提取数据的代码，不过也可以将其作为正常的 Python 终端使用，测试任意 Python 代码。

Scrapy 交互终端主要用来测试 XPath 或 CSS 表达式，可以直观地查看它们的工作方式，以及从爬取的网页中提取出来的数据。它也提供了交互性测试表达式代码的功能，避免了每次修改项目后重复运行爬虫的麻烦。

Scrapy 交互终端最直接的作用是测试目标网页是否检测了 User-Agent 请求头，以及目标页面中的信息是否是动态渲染的结果。它还用于测试信息提取的表达式效果。在 CMD 命令界面中运行 scrapy shell < url >命令启动终端，其中，url 是目标网页的 URL 地址，启动后根据下载的页面自动创建一些便于使用的对象。

(1) crawler：当前的 Crawler 对象。

(2) spider：处理 URL 的 Spider 对象。

(3) request：最近获取到的页面的 Request 对象，可以使用 replace()方法修改该请求，或者使用 fetch 快捷方式来获取新的请求。

(4) response：包含最近获取到页面的 Response 对象。

(5) sel：根据最近获取到的响应内容构建的 Selector 对象。

(6) settings：当前的项目配置。

在 scrapy shell 命令终端中，还可以使用一些快捷命令，如将下载页面在浏览器中打开的 view(response)命令；根据给定的请求(request)或 URL 获取一个新的 Response 对象并更新相关对象的 fetch(request_or_url)命令；打印可用对象及快捷命令的帮助列表函数 shelp()。

下面介绍 scrapy shell 的使用方法。在命令行工具中输入 scrapy shell https://www.baidu.com/进入 shell 命令界面，然后使用 view(response)在浏览器中打开下载的页面。如果下载页面返回的是错误页，那么说明直接通过 Scrapy 访问被拒绝了，在项目开发时需要考虑到更换 User-Agent；如果浏览器中显示的页面是正常的，但是关键的信息是空，那么说明该页面通过 AJAX(Asynchronous JavaScript And XML，异步 JavaScript 和 XML)加载数据，需要分析信息的请求接口。通过简单的判断可以初步分析目标地址的防护级别和目标信息的加载方式。

1.2.2 Scrapy 开发流程

当确定一个项目使用 Scrapy 框架来开发时，可以通过 6 个步骤完成项目的开发：测试目标地址确定防护级别，使用命令创建 Scrapy 项目，定义页面提取的信息字段 Item，编写爬虫主程序，编写 pipelines 确定数据最后的处理方式，修改配置运行项目。

下面以抓取“360 趋势”网站中“热门排行”页面中的数据为例，网址是 https://trends.so.com/rank，如图 1-1 所示。本示例项目的目标是通过 Scrapy 创建一个爬虫项目，抓取“名称”列的所有时讯关键词及其链接，以及其他附带的一些参数。

首先对目标网址进行测试。在 CMD 命令界面使用 scrapy shell https://trends.so.com/rank 命令请求目标地址，然后在 shell 界面中使用 view(response)命令，在浏览器中打开下载的页面。观察打开页面的可见部分内容是否是完整的，如果内容完整，说明没有对 Scrapy 请求设置反爬。接着观察原网页的翻页功能，发现地址栏不变，因此翻页数据数通过 JavaScript 后台请求并返回了 JSON(JavaScript Object Notation，JavaScript 对象标记)格式的数据，测试请求第一页发现正常返回数据，因此可以通过接口请求。到此，目标网站的基本情况就确定了，下面开始项目的实施。

1. 创建项目

这里创建一个名为 MsgSpider 的项目，在 CMD 命令界面中执行 scrapy startproject MsgSpider 命令，创建一个项目文件目录，该目录包含基本的项目文件。然后进入 MsgSpider

360趋势 多个关键词以 "," 分隔，最多5 搜索 热门排行 历史专题 登录 注册

热门排行

娱乐 汽车 直播 化妆品 奢侈品 智能终端 酒类 网站 IP

电影 电视剧 综艺 小说 游戏 动漫 体育

排名	名称	热度	搜索指数	媒体指数	排名变化
1	人世间	14820	78594	3759	--
2	天道	8519	16399	1018	↑
3	天下第一	8364	6966	1326	↓
4	香肠派对	8334	16597	1206	↓
5	爱情公寓2018	8195	7849	1040	↑
6	牧马人	8135	11624	708	↑

图 1-1 “360 趋势”中的热搜

目录中执行 scrapy genspider msgspider "trends. so. com/rank"命令，指定爬虫名为 Msgspider，并限定目标地址的域名是 trends. so. com/rank。

创建项目使用的是 Scrapy 的内置模板，查看内置模板列表，可使用 scrapy genspider -l 命令。内置模板有 basic、crawl、csvfeed、xmlfeed，默认是 basic 模板。如果要创建其他模板，可通过-t 加模板名的方式创建。如创建通用爬虫项目，可使用 scrapy genspider -t crawl msgspider "trends. so. com/rank"命令。

使用默认模板创建成功后，MsaSipder 项目文件结构如图 1-2 所示。

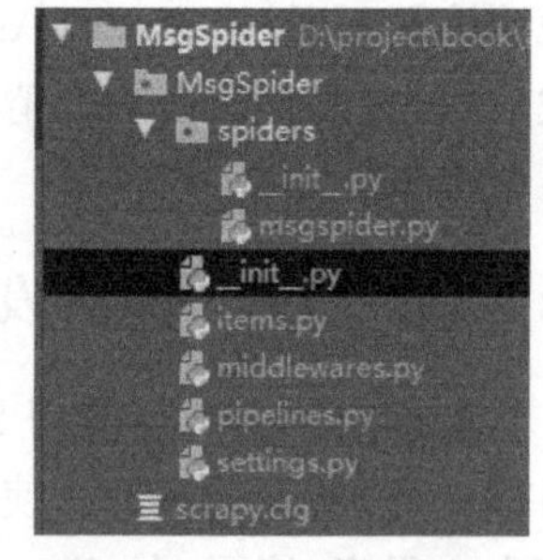

图 1-2 MsaSipder 项目的目录

msgspider. py 文件是爬虫文件，主要由开发者实现，在这个文件中主要规定爬虫怎样抓取数据，以及对抓取的数据进行解析生成需要的数据对象 Items。

items. py 用于定义结构化数据的字段，定义了结构化数据的封装，一条数据就是一个 Item 对象，Item 对象在 msgspider. py 与 pipeline. py 文件中传递，在 msgspider. py 中生成，传递到 pipeline. py 中按照定义的存储方式存储。

middlewares. py 是中间件文件，主要由开发者实现。Scrapy 内部也提供了几个内置的中间件，在这个文件中可以对请求对象 Request 和响应对象(Response)进行加工处理。

pipelines. py 是数据管道文件，主要由开发者实现，在该文件中对传递来的 Item 对象进行存储处理，既可以使用 MySQL 存储，也可以使用 Redis 或者 MongoDB 进行数据的存储。

settings. py 是爬虫配置文件，在该文件中可以配置数据库信息，指定中间件及执行顺序，也可以定义爬虫的线程数和发送请求的间隔，以及是否遵循 Robots 协议等配置。

scrapy. cfg 是项目配置文件，一般不需要修改，也不能删除。

2. 把目标字段封装成 Item

从先前分析的接口可知，每页的实时讯息是通过 AJAX 加载后返回 JSON 格式的数

据，每条 JSON 字段包含名称(title)、排名变化(status)、搜索指数(search_index)、媒体指数(media_index)、热度(heat)、分类(cate2)、领域(cate1)共 7 个字段，如图 1-3 所示。


```
▼{status: 0, data: {params: {cate1: "酒类", cate2: "", size: 10, page: 1}, pages: 30, list: [,…]},…}
  ▼data: {params: {cate1: "酒类", cate2: "", size: 10, page: 1}, pages: 30, list: [,…]}
    ▼list: [,…]
      ▼0: {cate1: "酒类", cate2: "", title: "五粮液", heat: 9147, search_index: 8670, media_index: 1182, status: 2}
          cate1: "酒类"
          cate2: ""
          heat: 9147
          media_index: 1182
          search_index: 8670
          status: 2
          title: "五粮液"
      ▶1: {cate1: "酒类", cate2: "", title: "泸州老窖", heat: 8943, search_index: 10637, media_index: 801, status: 1}
      ▶2: {cate1: "酒类", cate2: "", title: "拉菲", heat: 8877, search_index: 9379, media_index: 1290, status: 0}
      ▶3: {cate1: "酒类", cate2: "", title: "茅台", heat: 8297, search_index: 11092, media_index: 2863, status: 2}
      ▶4: {cate1: "酒类", cate2: "", title: "凯撒", heat: 8170, search_index: 8053, media_index: 715, status: 2}
      ▶5: {cate1: "酒类", cate2: "", title: "青岛啤酒", heat: 8077, search_index: 11994, media_index: 809, status: 0}
      ▶6: {cate1: "酒类", cate2: "", title: "雪花", heat: 8047, search_index: 9472, media_index: 3131, status: 2}
      ▶7: {cate1: "酒类", cate2: "", title: "剑南春", heat: 7902, search_index: 10006, media_index: 1153, status: 0}
      ▶8: {cate1: "酒类", cate2: "", title: "奔富", heat: 7824, search_index: 11745, media_index: 786, status: 2}
      ▶9: {cate1: "酒类", cate2: "", title: "波尔多", heat: 7789, search_index: 7379, media_index: 1105, status: 0}
    pages: 30
   ▼params: {cate1: "酒类", cate2: "", size: 10, page: 1}
      cate1: "酒类"
      cate2: ""
      page: 1
      size: 10
  msg: "success"
  status: 0
```


图 1-3　实时讯息返回 JSON 字段

打开 Item. py 文件，根据文件中的示例字段 name 来定义这 7 个字段，其中 MsgspiderItem 是继承自 scrapy. Item 的数据类，即代表一条数据，scrapy. Field 类用于定义数据类下的字段。修改后的 Item. py 文件如下。

```
# Define here the models for your scraped items
#
# See documentation in:
# https://docs.scrapy.org/en/latest/topics/items.html

import scrapy


class MsgspiderItem(scrapy.Item):
    # define the fields for your item here like:
    # name = scrapy.Field()
    title = scrapy.Field()
    status = scrapy.Field()
    search_index = scrapy.Field()
    media_index = scrapy.Field()
    heat = scrapy.Field()
    cate2 = scrapy.Field()
    cate1 = scrapy.Field()
```

3. 编写爬虫主程序

打开 msgspider. py 文件，已经创建好了一个 MsgspiderSpider 爬虫类，它是继承自爬虫基类 scrapy. Spider，定义了三个类属性，分别是爬虫名(name)、请求限定的域名列表(allowed_domains)和起始请求地址列表(start_urls)。另外，还定义了一个空白的函数 parse，这是起始地址列表中地址请求响应后的默认解析函数。

根据网站是通过 AJAX 加载数据的特点，修改起始地址为 https://trends.so.com/rank。首先向主页发送一个请求，然后加载出网站的框架，在 Script 标签内有网站汇总的主题和主题下的分类列表，每个分类或列表固定为 30 页的数据。当运行爬虫后向起始地址发送请求，然后将响应对象(Response)传递到 parse 函数中解析，解析出排行榜的领域及其领域下的分类，每个分类再请求 JSON 数据，并解析返回的数据，生成封装的数据类对象 MsgspiderItem。

spider.py 文件中的内容如下。

```
# -*- coding: UTF-8 -*-
import scrapy
from json import loads
from MsgSpider.items import MsgspiderItem


class MsgspiderSpider(scrapy.Spider):
    name = 'msgspider'
    allowed_domains = ['trends.so.com']
    start_urls = ['https://trends.so.com/rank']

    def parse(self, response):
        if response.status != 200:
            return False
        hotCates = response.xpath('//script[@id="hotCates"]/text()').extract_first()
        items = loads(hotCates)

        for item in items:
            cate1 = item['cate1']
            list = item['list']
            if list:
                for cate2 in list:
                    for i in range(1, 31):
                        url =
f"https://trends.so.com/top/list?cate1={cate1}&cate2={cate2}&page=30&size={i}"
                        yield scrapy.Request(url=url, callback=self.get_data)
            else:
                for i in range(1, 31):
                    url = f"https://trends.so.com/top/list?cate1={cate1}&cate2=&page=
30&size={i}"
                    yield scrapy.Request(url=url, callback=self.get_data)

    def get_data(self, response):
        """
        解析响应的 JSON 数据
        :param response:
        :return:
        """
        items = loads(response.text)
        if items['msg'] != "success":
            self.log("返回数据不正确")
            return False
        list = items['data']['list'][0]
        yield MsgspiderItem(**list)
```

4. 编写 pipelines

pipelines.py 文件主要用于定义对数据对象 Item 的处理，涉及数据库存储数据的操作也在这个文件中定义。这里使用 MySQL 数据库存储获取到的数据，并且使用 ORM 模型的方式来操作数据库。在 pipelines.py 文件的同一级目录下创建一个 db.py 文件，文件内容如下。

```
from MsgSpider.settings import MYSQL_URL
import sqlalchemy
from sqlalchemy.ext.declarative import declarative_base


db = sqlalchemy.create_engine(MYSQL_URL)
base = declarative_base(db)


class MsgData(base):
    __tablename__ = "msg"
    id = sqlalchemy.Column(sqlalchemy.Integer, primary_key = True)
    title = sqlalchemy.Column(sqlalchemy.String(100))
    status = sqlalchemy.Column(sqlalchemy.Integer)
    media_index = sqlalchemy.Column(sqlalchemy.Integer)
    search_index = sqlalchemy.Column(sqlalchemy.Integer)
    heat = sqlalchemy.Column(sqlalchemy.Integer)
    cate2 = sqlalchemy.Column(sqlalchemy.String(32))
    cate1 = sqlalchemy.Column(sqlalchemy.String(32))


if __name__ == "__main__":
    base.metadata.create_all(db)
```

该文件定义了用于映射数据库字段的 MsgData 对象，创建后在 settings.py 文件中增加 MYSQL_URL 配置。首先使用工具连接至 MySQL 数据库创建一个对应的数据库，然后运行 db.py 文件在对应连接的数据库中生成 msg 数据表。

修改 pipelines.py 文件，内容如下。

```
from MsgSpider.db import db, MsgData
from sqlalchemy.orm import sessionmaker

class MsgspiderPipeline:

    def __init__(self):
        self.cursor = sessionmaker(bind = db)

    def open_spider(self, spider):
        self.session = self.cursor()

    def process_item(self, item, spider):
        msg = MsgData( ** item)
        self.session.add(msg)
        return item
    def close_spider(self, spider):
        self.session.commit()
        self.session.close()
```

5. 修改配置文件

这里主要启用配置中注释掉的 ITEM_PIPELINES 项，然后修改 ROBOTSTXT_OBEY 不遵守 Robots 协议，增加连接至 MySQL 的配置项 MYSQL_URL，使用自定义的 UA 请求头 USER_AGENT。settings. py 文件增加的配置项如下。

```
MYSQL_URL = "mysql+pymysql://admin:123abc@127.0.0.1/msgdata"
ROBOTSTXT_OBEY = False
CONCURRENT_REQUESTS = 4                                         # 最大并发数
DOWNLOAD_DELAY = 2                                              # 请求间隔
USER_AGENT = 'Mozilla/5.0 (Macintosh; Intel Mac OS X 10_8_3) AppleWebKit/536.5 (KHTML, like
Gecko) Chrome/19.0.1084.54 Safari/536.5'
ITEM_PIPELINES = {
    'MsgSpider.pipelines.MsgspiderPipeline': 300,               # 启用数据管道
}
```

6. 启动爬虫

启动 Scrapy 项目爬虫的方式有两种：直接在项目的目录下执行 scrapy crawl msgspider 命令启动爬虫；在项目目录下创建一个启动脚本文件 run. py，并写入以下源码，然后直接运行 run. py 文件。

```
from scrapy import cmdline
cmdline.execute('scrapy crawl msgspider'.split())
```

1.2.3 Scrapy 框架架构

通过简单的配置和极少的代码就可以完成一个 Scrapy 项目的开发，Scrapy 将各个组件结合起来，不仅提供了高扩展性，还保持了各个组件之间的低耦合性。图 1-4 是 Scrapy 的架构示意图，下面将对涉及的各个组件的作用及工作流程做进一步分析。

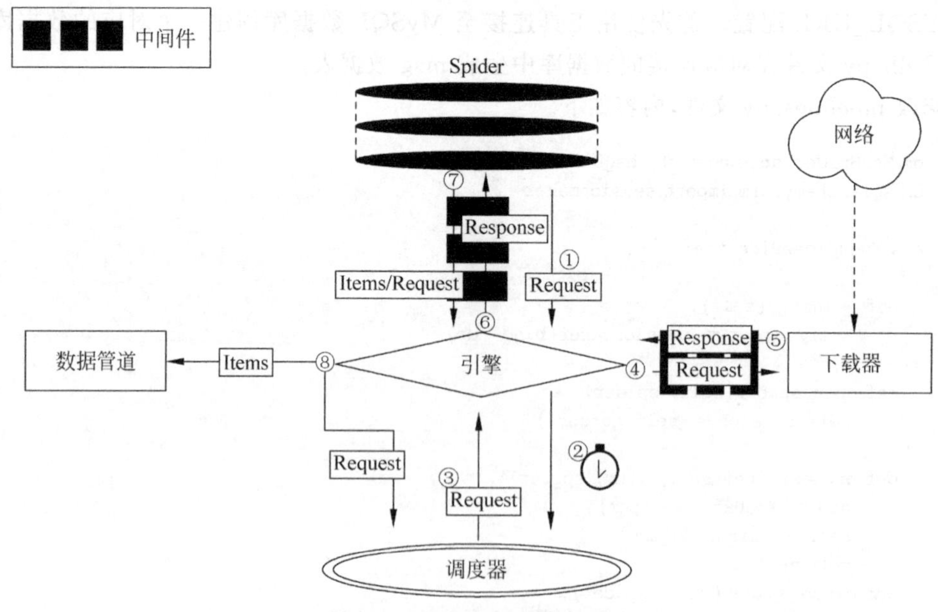

图 1-4　Scrapy 架构示意图

图 1-4 中的组件作用及其实现方式见表 1-1，其中 Spider、数据管道在每个项目中都是由用户实现的；引擎、调度器、下载器在所有项目中基本上不需要用户自己实现，由 Scrapy

框架实现；中间件分为下载中间件和爬虫中间件，Scrapy 内置了部分中间件，也提供了用户自定义中间件的接口。Request 是请求对象，代表需要请求的目标。Response 是响应对象，代表请求响应的结果。Items 是数据对象，代表从响应中提取并封装的数据。

表 1-1　Scrapy 组件作用及其实现方式

组件名	作用	实现方式
引擎	负责控制数据流在系统中所有组件之间的流动，并在相应动作发生时触发事件	框架实现
调度器	在引擎收到 Request 时将它们放入队列，在引擎请求 Request 时再提供给引擎	框架实现
下载器	负责获取页面数据并提供给引擎和爬虫	框架实现
Spider	是 Scrapy 用户编写的用于解析 Response 并提取 Items 或额外跟进的 URL 的类	用户实现
数据管道	负责处理被 Spider 提取出来的 Items。典型的处理方式有清理、验证及持久化（如存取到数据库中）	用户实现
中间件	分为爬虫中间件和下载中间件。下载中间件是在引擎及下载器之间的特定钩子（specific hook），处理 Downloader 传递给引擎的 Response；爬虫中间件是在引擎及爬虫之间的特定钩子，处理 Spider 的输入（Response）和输出（Items 及 Requests）	内置及用户实现

总体来说，Scrapy 的逻辑是这样的：下载页面→解析页面→下载页面。先从起始 URL 列表下载页面，然后解析出页面中的数据及链接地址，再根据链接地址继续请求，解析出来的数据则发送给数据管道处理，重复上述过程，直到不能从页面中解析出请求地址为止。Scrapy 中的数据流在各组件之间的流动情况如下。

引擎从 Spider 获取抓取网站的初始请求①（见图 1-4，后同）；然后在调度程序中调度请求②；请求下一个请求，接着调度程序将下一个请求返回给引擎③；引擎通过下载中间件向下载程序发送请求④；页面下载完成后，下载程序将生成一个响应对象通过下载中间件将其发送到引擎⑤；引擎接收来自下载程序的响应，并通过爬虫中间件，发送到爬虫进行解析处理⑥；Spider 处理响应，并通过爬虫中间件向引擎返回已提取的 Items 和新请求⑦；引擎将已处理的 Items 发送到数据管道，然后将已处理的请求发送到调度器，并获取下一个请求任务⑧。该过程从步骤①开始，然后从步骤②开始重复“下载→解析→下载”的过程，直到不再有来自调度器的请求。

1.2.4　Request 对象和 Response 对象

Request 对象和 Response 对象是 Scrapy 框架的“血液”，它们促进了 Scrapy 框架的各个组件之间的交流。通常，Request 对象在 Spider 中生成，并在系统中传递，直到到达下载器，下载器执行请求并返回一个 Response 对象，该对象返回到发出请求的 Spider。Request 类和 Response 类都有子类，它们在基类的基础上扩展了更多的附加功能。

Request 对象主要在爬虫组件中生成，是用户实现的，通过 yield 关键字传递给引擎。Request 对象具有一系列的初始化参数，这些初始化参数用于控制请求的访问。

Request 对象初始化的方法如下。

```
Request[url[, callback, method = 'GET', headers, body, cookies, meta, encoding = 'UTF - 8',
priority = 0, dont_filter = False, errback])]
```

其中的构造参数解释如下。

(1) url：必填参数，请求的目标地址。

(2) callback：回调函数，回调含有一个默认参数的 Response 对象，其他请求相关的信息可通过 meta 字段传递。

(3) method：请求方式，默认为 GET。

(4) headers：请求头信息，字典格式。

(5) body：请求正文，为 bytes 或 str 类型。

(6) cookies：请求 Cookie 信息，可以是 Cookie 列表或 Cookie 字典。例如：

```
Request(url = "http://www.example.com", cookies = {'currency': 'USD', 'country': 'UY'})
```

或

```
Request(url = "http://www.example.com", cookies = [{'name': 'currency', 'value': 'USD', 'domain':
'example.com', 'path': '/currency'}])
```

(7) encoding：此请求的编码，默认为 UTF-8。

(8) priority：此请求的优先级，默认为 0，较高优先级值的请求将较早执行。

(9) dont_filter：不过滤该请求，默认为 False，表示参与过滤。

(10) errback：指定处理请求中的异常回调函数，包括失败的 404 HTTP 错误等页面。

(11) meta：包含此请求的任意元数据的字典，在新请求中通常为空，然后由不同的 Scrapy 组件（扩展程序、中间件等）填充，meta 字段可含的键及其作用如表 1-2 所示。

表 1-2 meta 字段可含的键及其作用

键	作 用
dont_redirect	如果 dont_redirect 为 True，该请求将被 RedirectMiddleware 中间件忽略
dont_retry	如果 dont_retry 为 True，该请求将会被 RetryMiddleware 中间件忽略
handle_httpstatus_list	该请求允许处理的响应代码列表
handle_httpstatus_all	handle_httpstatus_all 为 True，则处理响应的所有状态
dont_merge_cookies	dont_merge_cookies 设为 True，请求不发送也不接收 Cookie
cookiejar	使用 cookiejar 来支持单个爬虫追踪多个 cookie session，默认情况下使用一个 cookiejar(session)，但是通过传递一个标识符来使用其他 Cookie。如：yield scrapy.Request(url, meta={'cookiejar': 'rqsname'}, callback=self.parse_page)
dont_cache	设置为 True，将禁用缓存
redirect_urls	用于存放请求重定向的相关信息
bindaddress	用于执行请求的传出 IP 地址
dont_obey_robotstxt	如果设置为 True，该请求不遵守 robot 协议
download_timeout	下载器超时时间，单位是秒
download_maxsize	爬取的 URL 地址的最大长度
download_latency	记录下载响应的时间，该键在响应的 meta 中可读取

续表

键	作　用
download_fail_on_dataloss	是否因为响应失败导致下载失败
proxy	为该请求设置代理，用法同请求库的 proxies 字段
ftp_user	设置 FTP 连接的用户名
ftp_password	设置 FTP 连接的密码
referrer_policy	设置请求中 Referrer 字段值的策略
max_retry_times	设置每个请求的重试次数

Request 还提供了两个子类：scrapy.http.FormRequest、scrapy.http.JsonRequest。FormRequest 类提供了处理 Form 表单的扩展功能，对于网页中提供了预填充的表单字段（如会话的相关数据或身份验证令牌），FormRequest 类中的 scrapy.FormRequest.from_response()方法可以实现自动填充这些字段，并允许覆盖如密码、用户名这样的关键字段，使用方法如下。

```
# -*- coding: UTF-8 -*-
import scrapy

class LoginSpiderscrapy.Spider):
    name = 'example.com'
    start_urls = ['http://www.example.com/users/login.php']

    def parse(self, response):
        return scrapy.FormRequest.from_response(response,
        formdata={'username': 'john', 'password': 'secret'}, callback=self.after_login)

            def after_login(self, response):
                pass
```

JsonRequest 类提供了处理 JSON 数据请求的扩展功能，使用 JsonRequest 类将会把 Content-Type 标题设置为 application/json，并将初始化方法中的 data 参数值自动序列化成 JSON 字符串，使用方法如下。

```
data = {'name1': 'value1', 'name2': 'value2'}
yield JsonRequest(url='http://www.example.com/post/action', data=data)
```

一个 Response 对象代表一个 HTTP 响应，该响应通常由下载程序下载，并传送到爬虫进行处理。Response 子类有 TextResponse、HtmlResponse、XmlResponse，子类继承于 Response 基类，它是根据响应中的 Content-Type 类型生成的，使用最多的是 HtmlResponse 子类。

HtmlResponse 子类具有下列属性和方法。

(1) url：HTTP 响应的 URL 地址。

(2) status：HTTP 响应的状态码。

(3) headers：HTTP 响应的头部信息，类似于字典类型，可以调用 get()或者 getlist()方法对其进行访问。

(4) body：HTTP 响应正文，bytes 类型。

(5) text：文本形式的 HTTP 响应正文，由 response.body 使用 response.encoding 解

码得到 response. text=response. body. decode(response. encoding)。

(6) encoding：HTTP 响应正文的编码，它的值可能是从 HTTP 响应头部或者正文中解析出来的。

(7) reqeust：产生该 HTTP 响应的 Reqeust 对象。

(8) meta：即 response. request. meta，在构造 Request 对象时将要传递给响应处理函数的信息通过 meta 参数传入，响应处理函数处理响应时，通过 response. meta 将信息提取出来。

(9) selector：Selector 对象在提取数据时使用，支持 XPath 和 CSS 选择器。

(10) xpath(query)：使用 XPath 选择器在响应中提取数据，参考 XPath 选择器的语法。

(11) css(query)：使用 CSS 选择器在响应中提取数据，实际上它是 response. selector. css()方法的快捷方式。

(12) urljoin(url)：用于构造绝对 URL，当传入的 url 参数是一个相对地址时，根据 response. url 计算出相应的绝对 URL 地址。

(13) follow(url, callback=None, method='GET', headers=None, body=None, cookies=None, meta=None, encoding='utf-8', priority=0, dont_filter=False, errback=None, cb_kwargs=None, flags=None)：Scrapy 2.0 版本出现的 flags 参数，返回跟踪 url 的 Request 对象。它接受与 Request 初始化方法相同的参数，但 url 参数可以是相对 URL 地址、scrapy. link. Link 对象或绝对 URL 地址。

(14) follow_all(urls, callback=None, method='GET', headers=None, body=None, cookies=None, meta=None, encoding='UTF-8', priority=0, dont_filter=False, errback=None, cb_kwargs=None, flags=None)：Scrapy 2.0 版本出现的 flags 参数，返回跟踪所有 url 的 Request 可迭代对象，它接受与 Request . __ init__初始化方法相同的参数，但是 url 参数可以是相对 URL 地址、scrapy. link. Link 对象或绝对 URL 地址。

响应对象是解析函数默认的第一个位置参数，对响应的解析就是基于响应对象的相关属性和方法。

1.2.5 HTML 页面解析

在 Scrapy 项目中常使用的 Response 子类是 HtmlResponse，它是根据请求的响应类型生成的对象。HtmlResponse 的 selector 属性用于访问页面生成的选择器 Selector 对象，Selector 对象封装并优化了 BeautifulSoup 解析库和 lxml 解析库，因此 Selector 对象提供了 xpath()和 css()方法，分别支持 XPath 和 CSS 选择器表达式。

当调用 Response 对象的 xpath()方法或 css()方法时，将在 Response 对象生成的 Selector 对象上调用 xpath()或 css()方法，并生成 SelectorList 对象。

```
>> scrapy shell https://www.baidu.com
In [1]: select = response.xpath("//title")
In [2]: select
Out[2]: [<Selector xpath = '//title' data = '<title>百度一下,你就知道</title>'>]
In [3]: type(select)
Out[3]: scrapy.selector.unified.SelectorListSelectorList
```

SelectorList 对象同样支持 xpath()或 css()方法，也将生成子 SelectorList 对象。要从

Selector 对象或 SelectorList 对象中提取出数据，需要使用数据提取方法，它们支持四个用于数据提取的方法：extract()、re()、extract_first()（仅 SelectorList 可用）、re_first()。按照下面流程在 Python Shell 中创建一个 Selector 对象，用来模拟调用 Response 对象中的 Selector 对象行为。

```
>>> from scrapy.selector import Selector
>>> html = """<!DOCTYPE html>
... <html lang="en">
... <head>
...     <meta charset="UTF-8">
...     <title>Selector</title>
... </head>
... <body>
... <ul>
...     <li>Selenium</li>
...     <li>Requests</li>
...     <li>Pyppeteer</li>
...     <li>Scrapy</li>
... </ul>
... </body>
... </html>"""
>>> selector = Selector(text=html)
```

1. extract()方法

extract()方法用于提取 SelectorList 或 Selector 对象的 data 部分。在 SelectorList 对象上使用返回所有结果值的列表；在 Selector 对象上使用直接返回结果值。代码如下。

```
>>> from scrapy.selector import Selector
>>> html = """<!DOCTYPE html>
... <html lang="en">
... <head>
...     <meta charset="UTF-8">
...     <title>Selector</title>
... </head>
... <body>
... <ul>
...     <li>Selenium</li>
...     <li>Requests</li>
...     <li>Pyppeteer</li>
...     <li>Scrapy</li>
... </ul>
... </body>
... </html>"""
>>> selector = Selector(text=html)
>>> selector.xpath('//li/text()')
[<Selector xpath='//li/text()' data='Selenium'>, <Selector xpath='//li/text()' data=
'Requests'>, <Selector xpath='//li/text()' data='Pyppeteer'>, <Selector xpath='//li/text()'
data='Scrapy'>]
>>> selector.xpath('//li/text()').extract()
['Selenium', 'Requests', 'Pyppeteer', 'Scrapy']
>>> selector.xpath('//li/text()')[0].extract()
'Selenium'
```

2. re()方法

re()方法用于提取 SelectorList 或 Selector 对象中的 data 满足正则的部分。SelectorList 或 Selector 对象均返回所有结果值的列表。代码如下。

```
>>> from scrapy.selector import Selector
>>> html = """<!DOCTYPE html>
...<html lang="en">
...<head>
...     <meta charset="UTF-8">
...     <title>Selector</title>
...</head>
...<body>
...<ul>
...     <li>Selenium</li>
...     <li>Requests</li>
...     <li>Pyppeteer</li>
...     <li>Scrapy</li>
...</ul>
...</body>
...</html>"""
>>> selector = Selector(text=html)
>>> selector.xpath('//li/text()').re('(S\w*y)')
['Scrapy']
>>> selector.xpath('//li/text()')[-1].re('(S\w*y)')
['Scrapy']
```

3. extract_first()方法

extract_first()方法用于返回 SelectorList 中 extract()方法执行结果中的第一个结果，代码如下。

```
>>> from scrapy.selector import Selector
>>> html = """<!DOCTYPE html>
...<html lang="en">
...<head>
...     <meta charset="UTF-8">
...     <title>Selector</title>
...</head>
...<body>
...<ul>
...     <li>Selenium</li>
...     <li>Requests</li>
...     <li>Pyppeteer</li>
...     <li>Scrapy</li>
...</ul>
...</body>
...</html>"""
>>> selector = Selector(text=html)
>>> selector.xpath('//li/text()').extract_first()
'Selenium'
```

4. re_first()方法

re_first()方法用于返回 SelectorList 或 Selector 中 re()方法执行结果中的第一个结果，代码如下。

```
>>> from scrapy.selector import Selector
>>> html = """<!DOCTYPE html>
... <html lang="en">
... <head>
...     <meta charset="UTF-8">
...     <title>Selector</title>
... </head>
... <body>
... <ul>
...     <li>Selenium</li>
...     <li>Requests</li>
...     <li>Pyppeteer</li>
...     <li>Scrapy</li>
... </ul>
... </body>
... </html>"""
>>> selector = Selector(text=html)
>>> selector.xpath('//li/text()').re_first('Scrapy')
'Scrapy'
>>> selector.xpath('//li/text()')[-1].re_first('S\w*y')
'Scrapy'
```

1.2.6 HTML 页面泛解析

在实践中，通常一个网站的页面不止一个，网站的深度也是不确定的，那么如何提取出网站的所有链接呢？使用 Selector 对象中的 xpath()和 css()方法可以解析 HTML 页面，但是这种方法只能局限于同一类链接的解析。为了适应泛解析链接，Scrapy 提供了一种方案，可以用通用的规则提取页面中所有满足条件的地址，只需描述目标链接的特点即可提取出当前页面中的链接地址。

Scrapy 提供了 LinkExtract 类，用于批量提取页面中的链接地址，即先从 scrapy.linkextractors 模块中导入 LinkExtractor 类，然后使用 LinkExtractor 提供的描述规则初始化 LinkExtractor 类。默认情况下，LinkExtractor 对象先使用的是通用规则，接着使用 extract_links()方法传入要解析的 Response 对象，此时将获得含 Link 对象的列表，最后可以访问单个 Link 对象并获得链接地址。这个链接地址是绝对地址，无须额外处理。

在 Python shell 中 LinkExtract 的基本使用过程如下。

```
>>> from scrapy.http import HtmlResponse
>>> from scrapy.linkextractors import LinkExtractor
>>> html = """<!DOCTYPE html>
... <html lang="en">
... <head>
...     <meta charset="UTF-8">
...     <title>LinkExtract</title>
... </head>
... <body>
... <div>
...     <ul>
...     <li><a href=" javascript:goToPage('/request.html'); return false;">request</a></li>
...     <li><a href="/home/selenium">selenium</a></li>
...     </ul>
... </div>
```

```
... <div>
...     <ul>
...     <li><a href="http://www.likeinlove.com/home/re">re</a></li>
...     <li><a href=" http://www.likeinlove.com/home/xpath">xpath</a></li>
...     </ul>
... </div>
... <div>
...     <ul id="web">
...     <li><a href="/page/django">django</a></li>
...     <li><a href="/page/tornado">tornado</a></li>
...     </ul>
... </div>
... </body>
... </html>"""
>>> response = HtmlResponse(url='http://test.test', body=html, encoding='UTF-8')
>>> le = LinkExtractor()
>>> le.extract_links(response)
[Link(url='http://test.test/home/selenium', text='selenium', fragment='', nofollow=
False), Link(url='http://www.likeinlove.com/home/re', text='re', fragment='', nofollow=
False), Link(url='http://www.likeinlove.com/home/xpath', text='xpath', fragment='',
nofollow=False), Link(url='http://test.test/page/django', text='django', fragment='',
nofollow=False), Link(url='http://test.test/page/tornado', text='tornado', fragment='',
nofollow=False)]
```

上面示例中，通过 scrapy.http 下的 HtmlResponse 类构造了一个 Response 对象，le 是默认情况下的 LinkExtractor 对象，默认提取所有链接。下面将介绍 LinkExtractor 类提供的规则参数，下面案例的相关示例都是基于上面的 Response 对象来做解析的。

1. allow

allow 用于指定一个正则表达式或正则表达式列表，当绝对 URL 地址匹配正则表达式或列表中的一项时才提取该链接，如果未指定或为空则提取全部链接。

使用 allow 提取 page 路径下链接的代码如下。

```
>>> from scrapy.http import HtmlResponse
>>> from scrapy.linkextractors import LinkExtractor
>>> html = """<!DOCTYPE html>
... <html lang="en">
... <head>
...     <meta charset="UTF-8">
...     <title>LinkExtract</title>
... </head>
... <body>
... <div>
...     <ul>
...     <li><a href=" javascript:goToPage('/request.html'); return false;">request</a></li>
...     <li><a href="/home/selenium">selenium</a></li>
...     </ul>
... </div>
... <div>
...     <ul>
...     <li><a href="http://www.likeinlove.com/home/re">re</a></li>
...     <li><a href=" http://www.likeinlove.com/home/xpath">xpath</a></li>
...     </ul>
... </div>
```

```
... <div>
...     <ul id="web">
...         <li><a href="/page/django">django</a></li>
...         <li><a href="/page/tornado">tornado</a></li>
...     </ul>
... </div>
... </body>
... </html>"""
>>> response = HtmlResponse(url='http://test.test', body=html, encoding='UTF-8')
>>> pattern = "/page\w*"
>>> le = LinkExtractor(allow=pattern)
>>> le.extract_links(response)
[Link(url='http://test.test/page/django', text='django', fragment='', nofollow=False),
Link(url='http://test.test/page/tornado', text='tornado', fragment='', nofollow=False)]
```

2. deny

deny用于指定一个正则表达式或正则表达式列表，当绝对URL地址匹配正则表达式或列表中的一项时将排除该链接，deny优先于allow参数。如果未指定或为空，则不会排除任何链接。

使用deny提取非page路径下链接的代码如下。

```
>>> from scrapy.http import HtmlResponse
>>> from scrapy.linkextractors import LinkExtractor
>>> html = """<!DOCTYPE html>
... <html lang="en">
... <head>
...     <meta charset="UTF-8">
...     <title>LinkExtract</title>
... </head>
... <body>
... <div>
...     <ul>
...         <li><a href=" javascript:goToPage('/request.html'); return false;">request</a>
        </li>
...         <li><a href="/home/selenium">selenium</a></li>
...     </ul>
... </div>
... <div>
...     <ul>
...         <li><a href="http://www.likeinlove.com/home/re">re</a></li>
...         <li><a href=" http://www.likeinlove.com/home/xpath">xpath</a></li>
...     </ul>
... </div>
... <div>
...     <ul id="web">
...         <li><a href="/page/django">django</a></li>
...         <li><a href="/page/tornado">tornado</a></li>
...     </ul>
... </div>
... </body>
... </html>"""
>>> response = HtmlResponse(url='http://test.test', body=html, encoding='UTF-8')
>>> pattern = "/page\w*"
>>> le = LinkExtractor(deny=pattern)
```

```
>>> le.extract_links(response)
[Link(url = 'http://test.test/home/selenium', text = 'selenium', fragment = '', nofollow =
False), Link(url = 'http://www.likeinlove.com/home/re', text = 're', fragment = '', nofollow =
False), Link(url = 'http://www.likeinlove.com/home/xpath', text = 'xpath', fragment = '',
nofollow = False)]
```

3. allow_domains

allow_domains 用于指定一个域名或域名列表，提取指定域名的链接。

提取 test.test 域名链接的代码如下。

```
>>> from scrapy.http import HtmlResponse
>>> from scrapy.linkextractors import LinkExtractor
>>> html = """<!DOCTYPE html>
... <html lang = "en">
... <head>
...     <meta charset = "UTF-8">
...     <title>LinkExtract</title>
... </head>
... <body>
... <div>
...     <ul>
...         <li><a href = " javascript:goToPage('/request.html'); return false;">request</a>
        </li>
...         <li><a href = "/home/selenium">selenium</a></li>
...     </ul>
... </div>
... <div>
...     <ul>
...         <li><a href = "http://www.likeinlove.com/home/re">re</a></li>
...         <li><a href = " http://www.likeinlove.com/home/xpath">xpath</a></li>
...     </ul>
... </div>
... <div>
...     <ul id = "web">
...         <li><a href = "/page/django">django</a></li>
...         <li><a href = "/page/tornado">tornado</a></li>
...     </ul>
... </div>
... </body>
... </html>"""
>>> response = HtmlResponse(url = 'http://test.test', body = html, encoding = 'UTF-8')
>>> allow_domains = 'test.test'
>>> le = LinkExtractor(allow_domains = allow_domains)
>>> le.extract_links(response)
[Link(url = 'http://test.test/home/selenium', text = 'selenium', fragment = '', nofollow =
False), Link(url = 'http://test.test/page/django', text = 'django', fragment = '', nofollow =
False), Link(url = 'http://test.test/page/tornado', text = 'tornado', fragment = '', nofollow =
False)]
```

4. deny_domains

deny_domains 与 allow_domains 相反，它可以排除指定域名或指定域名列表内的链接。

提取非 test.test 域名下链接的代码如下。

```
>>> from scrapy.http import HtmlResponse
>>> from scrapy.linkextractors import LinkExtractor
>>> html = """<!DOCTYPE html>
...<html lang="en">
...<head>
...     <meta charset="UTF-8">
...     <title>LinkExtract</title>
...</head>
...<body>
...<div>
...     <ul>
...         <li><a href=" javascript:goToPage('/request.html'); return false;">request</a>
         </li>
...         <li><a href="/home/selenium">selenium</a></li>
...     </ul>
...</div>
...<div>
...     <ul>
...         <li><a href="http://www.likeinlove.com/home/re">re</a></li>
...         <li><a href=" http://www.likeinlove.com/home/xpath">xpath</a></li>
...     </ul>
...</div>
...<div>
...     <ul id="web">
...         <li><a href="/page/django">django</a></li>
...         <li><a href="/page/tornado">tornado</a></li>
...     </ul>
...</div>
...</body>
...</html>"""
>>> response = HtmlResponse(url='http://test.test', body=html, encoding='UTF-8')
>>> deny_domains = 'test.test'
>>> le = LinkExtractor(deny_domains=deny_domains)
>>> le.extract_links(response)
[Link(url='http://www.likeinlove.com/home/re', text='re', fragment='', nofollow=False),
Link(url='http://www.likeinlove.com/home/xpath', text='xpath', fragment='', nofollow=
False)]
```

5. deny_extensions

deny_extensions 用于指定要忽略的扩展名或扩展名列表，链接地址后缀包含的指定扩展名将被忽略。例如，deny_extensions="html"将忽略扩展名为“.html”的链接地址。

6. restrict_xpaths

restrict_xpaths 用于指定一个 Xpath 表达式或表达式列表，将提取表达式选中区域下的链接。

使用 restrict_xpaths 提取 id 值是 web 元素下链接的代码如下。

```
>>> from scrapy.http import HtmlResponse
>>> from scrapy.linkextractors import LinkExtractor
>>> html = """<!DOCTYPE html>
...<html lang="en">
...<head>
...     <meta charset="UTF-8">
...     <title>LinkExtract</title>
...</head>
```

```
... <body>
... <div>
...     <ul>
...         <li><a href=" javascript:goToPage('/request.html'); return false;"> request </a>
        </li>
...         <li><a href="/home/selenium"> selenium </a></li>
...     </ul>
... </div>
... <div>
...     <ul>
...         <li><a href="http://www.likeinlove.com/home/re"> re </a></li>
...         <li><a href=" http://www.likeinlove.com/home/xpath"> xpath </a></li>
...     </ul>
... </div>
... <div>
...     <ul id="web">
...         <li><a href="/page/django"> django </a></li>
...         <li><a href="/page/tornado"> tornado </a></li>
...     </ul>
... </div>
... </body>
... </html>"""
>>> response = HtmlResponse(url='http://test.test', body=html, encoding='UTF-8')
>>> le = LinkExtractor(restrict_xpaths='//ul[@id="web"]')
>>> le.extract_links(response)
[Link(url='http://test.test/page/django', text='django', fragment='', nofollow=False),
Link(url='http://test.test/page/tornado', text='tornado', fragment='', nofollow=False)]
```

7. restrict_css

restrict_css 用于指定一个 CSS 选择器或 CSS 选择器列表，将提取表达式选中区域下的链接。

使用 restrict_css 提取 id 值是 web 元素下链接的代码如下。

```
>>> from scrapy.http import HtmlResponse
>>> from scrapy.linkextractors import LinkExtractor
>>> html = """<!DOCTYPE html>
... <html lang="en">
... <head>
...     <meta charset="UTF-8">
...     <title>LinkExtract</title>
... </head>
... <body>
... <div>
...     <ul>
...         <li><a href=" javascript:goToPage('/request.html'); return false;"> request </a>
        </li>
...         <li><a href="/home/selenium"> selenium </a></li>
...     </ul>
... </div>
... <div>
...     <ul>
...         <li><a href="http://www.likeinlove.com/home/re"> re </a></li>
...         <li><a href=" http://www.likeinlove.com/home/xpath"> xpath </a></li>
...     </ul>
... </div>
```

```
... <div>
...     <ul id="web">
...         <li><a href="/page/django">django</a></li>
...         <li><a href="/page/tornado">tornado</a></li>
...     </ul>
... </div>
... </body>
... </html>"""
>>> response = HtmlResponse(url='http://test.test', body=html, encoding='UTF-8')
>>> le = LinkExtractor(restrict_css='#web')
>>> le.extract_links(response)
[Link(url='http://test.test/page/django', text='django', fragment='', nofollow=False),
Link(url='http://test.test/page/tornado', text='tornado', fragment='', nofollow=False)]
```

8. restrict_text

restrict_text 用于指定一个链接文本或一个链接文本列表,将提取文本匹配的链接。

提取链接文本是 re、django 链接的代码如下。

```
>>> from scrapy.http import HtmlResponse
>>> from scrapy.linkextractors import LinkExtractor
>>> html = """<!DOCTYPE html>
... <html lang="en">
... <head>
...     <meta charset="UTF-8">
...     <title>LinkExtract</title>
... </head>
... <body>
... <div>
...     <ul>
...         <li><a href=" javascript:goToPage('/request.html'); return false;">request</a>
        </li>
...         <li><a href="/home/selenium">selenium</a></li>
...     </ul>
... </div>
... <div>
...     <ul>
...         <li><a href="http://www.likeinlove.com/home/re">re</a></li>
...         <li><a href=" http://www.likeinlove.com/home/xpath">xpath</a></li>
...     </ul>
... </div>
... <div>
...     <ul id="web">
...         <li><a href="/page/django">django</a></li>
...         <li><a href="/page/tornado">tornado</a></li>
...     </ul>
... </div>
... </body>
... </html>"""
>>> response = HtmlResponse(url='http://test.test', body=html, encoding='UTF-8')
>>> le = LinkExtractor(restrict_text=['re', 'django'])
>>> le.extract_links(response)
[Link(url='http://www.likeinlove.com/home/re', text='re', fragment='', nofollow=False),
Link(url='http://test.test/page/django', text='django', fragment='', nofollow=False)]
```

9. tags

tags 用于指定标签或标签列表,提取指定标签的链接,默认提取 a 和 area 标签。

10. attrs

attrs 用于指定提取链接所在的属性或属性列表，默认为 href 属性。

11. canonicalize

canonicalize 用于规范化每个提取的链接，主要是 URL 地址中的参数排序和特殊编码的转换，默认为 False，其作用如下。

```
>>> import w3lib.url
>>> w3lib.url.canonicalize_url('http://www.example.com/do?c = 3&b = 5&b = 2&a = 50')
'http://www.example.com/do?a = 50&b = 2&b = 5&c = 3'
>>> w3lib.url.canonicalize_url(u'http://www.example.com/r\u00e9sum\u00e9')
'http://www.example.com/r%C3%A9sum%C3%A9'
```

12. unique

unique 用于判断是否对提取链接去重，默认为 True。

13. process_value()函数

process_value()函数可以绑定一个处理函数，该函数的作用类似于 re.sub()中的替换函数，如果函数返回 None 则忽略该链接。默认的 process_value()函数是 lambda x: x。

下面使用 process_value 函数演示提取包含<a href=" javascript: goToPage('/request.html'); return false;">在内的所有地址。

```
>>> import re
>>> def process_value(value):
...     m = re.search("javascript:goToPage\('(.*?)'", value)
...     if m:
...         return m.group(1)
...     else:
...         return value
...
>>> le = LinkExtractor(process_value = process_value)
>>> le.extract_links(response)
[Link(url = 'http://test.test/request.html', text = 'request', fragment = '', nofollow = False),
Link(url = 'http://test.test/home/selenium', text = 'selenium', fragment = '', nofollow = False),
Link(url = 'http://www.likeinlove.com/home/re', text = 're', fragment = '', nofollow = False),
Link(url = 'http://www.likeinlove.com/home/xpath', text = 'xpath', fragment = '', nofollow =
False), Link(url = 'http://test.test/page/django', text = 'django', fragment = '', nofollow =
False), Link(url = 'http://test.test/page/tornado', text = 'tornado', fragment = '', nofollow =
False)]
```

14. strip

strip 用于判断是否从提取的属性中删除前导和后缀空格，默认为 True。根据 HTML5 标准，必须从<a>、<area>及其他元素的 href 属性，以及<img>、<iframe>元素的 src 属性中删除开头和结尾的空格，因此 LinkExtractor 默认情况下会删除空格。设置 strip=False，可从使用前导或后缀空格的元素或属性中提取链接。

1.3 爬虫组件

爬虫(Spider)组件是 Scrapy 架构中的重要一环，这一环主要由用户来实现。Spider 实现了如何对某个站点进行请求的类，该类主要实现两个功能：跟踪链接和从页面中提取结构化数据。简而言之,Spider 是自定义目标站点爬行和解析页面行为的地方。

Spider 类的工作原理是：首先生成对第一个 URL 地址进行抓取的初始请求,然后指定一个回调函数,一般这个过程在 Spider 基类中已经实现,如果想自己实现,则覆盖 start_requests()方法。

在回调函数中,解析响应内容并返回 Items 对象、Request 对象或这些对象的 Iterable(可迭代)对象。如果生成 Request 对象,那么在下载后将调用 Request 对象指定的回调函数；如果生成 Items 对象,通常使用选择器解析页面内容,并使用解析后的数据生成 Items 对象,然后将 Items 对象持久化到数据库或者文件中。

Scrapy 是低耦合的框架,它可以契合多种类型的 Spider。Scrapy 框架内提供了基础爬虫类 Spider 作为其他爬虫类的基类。Scrapy 实现的 Spider 类有：通用爬虫类 CrawlSpider,用于网站通用爬虫的开发；解析 XML 源文件的爬虫类 XMLFeedSpider；解析 CSV 源文件的爬虫类 CSVFeedSpider；解析网站地图(sitemap)文件的爬虫类 SitemapSpider。除此之外,第三方库用于 Scrapy 分布式的 scrapy-redis,提供了用于分布式抓取的基础爬虫类 RedisSpider 和分布式通用爬虫类 CrawlSpider。

本节主要讲解常用的几种爬虫类型,主要是基础爬虫、通用爬虫、分布式爬虫和分布式通用爬虫。

1.3.1 基础爬虫

基础爬虫就是继承 scrapy.Spider 类的爬虫,1.2.2 节中创建的 MsgspiderSpider 爬虫类就是继承 scrapy.Spider 类实现的基础爬虫。基础爬虫是常用的一种爬虫类型,对于简单的项目而言,无须做过多修改,仅配置几个属性即可,scrapy.Spider 类的源码如下。

```
class Spider(object_ref):
    """Base class for scrapy spiders. All spiders must inherit from this
    class.
    """

    name: Optional[str] = None
    custom_settings: Optional[dict] = None

    def __init__(self, name = None, ** kwargs):
        if name is not None:
            self.name = name
        elif not getattr(self, 'name', None):
            raise ValueError(f"{type(self).__name__} must have a name")
        self.__dict__.update(kwargs)
        if not hasattr(self, 'start_urls'):
            self.start_urls = []

    @property
    def logger(self):
        logger = logging.getLogger(self.name)
        return logging.LoggerAdapter(logger, {'spider': self})

    def log(self, message, level = logging.DEBUG, ** kw):
        """Log the given message at the given log level

        This helper wraps a log call to the logger within the spider, but you
```

```
        can use it directly (e.g. Spider.logger.info('msg')) or use any other
        Python logger too.
        """
        self.logger.log(level, message, **kw)

    @classmethod
    def from_crawler(cls, crawler, *args, **kwargs):
        spider = cls(*args, **kwargs)
        spider._set_crawler(crawler)
        return spider

    def _set_crawler(self, crawler):
        self.crawler = crawler
        self.settings = crawler.settings
        crawler.signals.connect(self.close, signals.spider_closed)

    def start_requests(self):
        cls = self.__class__
        if not self.start_urls and hasattr(self, 'start_url'):
            raise AttributeError(
                "Crawling could not start: 'start_urls' not found "
                "or empty (but found 'start_url' attribute instead, "
                "did you miss an 's'?)")
        if method_is_overridden(cls, Spider, 'make_requests_from_url'):
            warnings.warn(
                "Spider.make_requests_from_url method is deprecated; it "
                "won't be called in future Scrapy releases. Please "
                "override Spider.start_requests method instead "
                f"(see {cls.__module__}.{cls.__name__}).",
            )
            for url in self.start_urls:
                yield self.make_requests_from_url(url)
        else:
            for url in self.start_urls:
                yield Request(url, dont_filter=True)

    def make_requests_from_url(self, url):
        """ This method is deprecated. """
        warnings.warn(
            "Spider.make_requests_from_url method is deprecated: "
            "it will be removed and not be called by the default "
            "Spider.start_requests method in future Scrapy releases. "
            "Please override Spider.start_requests method instead."
        )
        return Request(url, dont_filter=True)

    def _parse(self, response, **kwargs):
        return self.parse(response, **kwargs)

    def parse(self, response, **kwargs):
        raise NotImplementedError(f'{self.__class__.__name__}.parse callback is not defined')

    @classmethod
    def update_settings(cls, settings):
        settings.setdict(cls.custom_settings or {}, priority='spider')

    @classmethod
```

```
    def handles_request(cls, request):
        return url_is_from_spider(request.url, cls)

    @staticmethod
    def close(spider, reason):
        closed = getattr(spider, 'closed', None)
        if callable(closed):
            return closed(reason)

    def __str__(self):
        return f"<{type(self).__name__} {self.name!r} at 0x{id(self):0x}>"

    __repr__ = __str__
```

结合上述源码，下面将分析 scrapy. Spider 类中常用的属性和方法。

1. scrapy. Spider 类的常用属性

1）name

name 属性用于定义爬虫的名称，爬虫名称是用于 Scrapy 查找并实例化响应爬虫的重要方式，它是必需并且唯一的。

2）llowed_domains

llowed_domains 属性用于指定允许请求的域名列表，可通过该属性列表中的域名来过滤非目标地址的请求。

3）start_urls

start_urls 属性用于指定起始 url 列表，爬虫启动时，start_requests()方法将遍历 start_urls 列表中的每个 URL 地址生成 Request 对象。

4）custom_settings

运行 Spider 时，要覆盖到项目配置中的字典，要覆盖的配置可通过 custom_settings 属性设置。

5）logger

使用爬虫名创建的日志记录器，通过 logger 属性可获取一个记录器用于日志输出。

2. scrapy. Spider 类的常用方法

1）start_requests()方法

start_requests()方法必须返回一个 Request 的迭代对象，其中包含对网站的第一个请求。当爬虫运行时，Scrapy 只调用一次，因此可以安全地将 start_requests()方法作为生成器实现。

默认情况下为 start_urls 列表中的 url 生成 Request(url, callback=parse, dont_filter=True)请求，其内部源码主要实现如下。

```
def start_requests(self):
    cls = self.__class__
    if not self.start_urls and hasattr(self, 'start_url'):
        raise AttributeError(
            "Crawling could not start: 'start_urls' not found "
            "or empty (but found 'start_url' attribute instead, "
            "did you miss an 's'?)")
    if method_is_overridden(cls, Spider, 'make_requests_from_url'):
        warnings.warn(
```

```
                "Spider.make_requests_from_url method is deprecated; it "
                "won't be called in future Scrapy releases. Please "
                "override Spider.start_requests method instead "
                f"(see {cls.__module__}.{cls.__name__}).",
            )
            for url in self.start_urls:
                yield self.make_requests_from_url(url)
        else:
            for url in self.start_urls:
                yield Request(url, dont_filter = True)

    def make_requests_from_url(self, url):
        """ This method is deprecated. """
        warnings.warn(
            "Spider.make_requests_from_url method is deprecated: "
            "it will be removed and not be called by the default "
            "Spider.start_requests method in future Scrapy releases. "
            "Please override Spider.start_requests method instead."
        )
        return Request(url, dont_filter = True)
```

start_requests()方法在一般情况下不需要自己实现，但是遇到第一个请求必须登录的情况或者第一个请求就是 POST 请求时，就需要覆写该方法，如下代码是一段覆写 start_requests()方法实现登录的示例。

```
class MySpider(scrapy.Spider):
    name = 'myspider'

    def start_requests(self):
        return [scrapy.FormRequest("http://www.example.com/login",
formdata = {'user': 'john', 'pass': 'secret'},
                                   callback = self.logged_in)]

    def logged_in(self, response):
        # here you would extract links to follow and return Requests for
        # each of them, with another callback
        pass
```

2) parse(response)函数

Scrapy 在请求未指定回调函数的情况下，函数 parse(response)是处理下载响应的默认回调函数，它有一个默认 Response 对象。

3) log(message[, level, component])方法

通过爬虫记录器发送日志消息，message 是日志要打印的消息内容，level 是日志的显示级别。关于日志的使用可参见如下源码，下面的两种方法都可以打印日志。

```
def parse(self, response):
    #方法一
    logger = self.logger                    # 获取 Scrapy 的日志记录器
    logger.info(response)                   # 调用日志记录器的方法输出
    #方法二
    self.log(response, 10)                  # 通过兼容方法传递日志消息
    if response.status != 200:
        return False
```

1.3.2 通用爬虫

通用爬虫是适用于更多不同样式的网站并能批量抓取的爬虫。与基础爬虫不同之处在于，通用爬虫可以实现更加广泛的解析，当给定目标链接的规则后即可循环请求，同时对于解析的字段也可以动态地配置。通用爬虫的运行规则更加接近于搜索引擎爬虫，它可以不间断地运行在互联网上，从一个网站到另一个网站，从一个域名到另一个域名，通过通用爬虫可以实现海量 HTML 文档的抓取。

通用爬虫类 CrawlSpider 是继承自爬虫基类 Spider，在继承了基类 Spider 的属性和方法的基础上，额外增加了一些属性和方法。基类 Spider 中常用的 name、allowed_domains、start_urls 属性，和在 CrawlSpider 中的使用方法、作用一致。但 CrawlSpider 中新增了一个重要的属性 rules，它是一个或多个 Rule 实例化对象的元组，代表了一系列的链接提取和回调规则集合。

与 Spider 不同，CrawlSpider 中已经实现了 parse(response)解析方法，无须重复实现该方法。同时 CrawlSpider 中提供了另一个可覆写的方法 parse_start_url(response)。parse_start_url()方法用于自定义 start_url 起始列表中所有的起始 url 请求对应响应的解析方法。该方法必须返回一个 Items 对象，或一个 Request 对象，或二者的可迭代对象。

CrawlSpider 中的 parse()方法和 parse_start_url()方法的工作流程为：parse()方法在 CrawlSpider 中已经实现，不能在子类中被覆写。如果要对起始 url 的返回结果进行额外的解析，那么可以通过覆写 parse_start_url()方法来实现。当爬虫调用 parse()方法解析初始请求的响应时，通过内部方法_parse_response()来调用 parse_start_url()方法对响应进行解析，然后再根据 follow 属性或_follow_links 属性决定是否跟进请求。如果指定跟进请求，那么在_requests_to_follow()方法中会根据 rules 的规则进一步对响应进行解析，并获得跟进请求。上述流程的实现依靠 CrawlSpider 和 Rules 对象，其位于 scrapy 模块下的 spiders. Crawl. py 文件中，源码如下。

```
"""
This modules implements the CrawlSpider which is the recommended spider to use
for scraping typical web sites that requires crawling pages.

See documentation in docs/topics/spiders.rst
"""

import copy
from typing import Sequence

from scrapy.http import Request, HtmlResponse
from scrapy.linkextractors import LinkExtractor
from scrapy.spiders import Spider
from scrapy.utils.spider import iterate_spider_output


def _identity(x):
    return x


def _identity_process_request(request, response):
```

```
        return request


def _get_method(method, spider):
    if callable(method):
        return method
    elif isinstance(method, str):
        return getattr(spider, method, None)


_default_link_extractor = LinkExtractor()


class Rule:

    def __init__(
        self,
        link_extractor = None,
        callback = None,
        cb_kwargs = None,
        follow = None,
        process_links = None,
        process_request = None,
        errback = None,
    ):
        self.link_extractor = link_extractor or _default_link_extractor
        self.callback = callback
        self.errback = errback
        self.cb_kwargs = cb_kwargs or {}
        self.process_links = process_links or _identity
        self.process_request = process_request or _identity_process_request
        self.follow = follow if follow is not None else not callback

    def _compile(self, spider):
        self.callback = _get_method(self.callback, spider)
        self.errback = _get_method(self.errback, spider)
        self.process_links = _get_method(self.process_links, spider)
        self.process_request = _get_method(self.process_request, spider)


class CrawlSpider(Spider):

    rules: Sequence[Rule] = ()

    def __init__(self, *a, **kw):
        super().__init__(*a, **kw)
        self._compile_rules()

    def _parse(self, response, **kwargs):
        return self._parse_response(
            response = response,
            callback = self.parse_start_url,
            cb_kwargs = kwargs,
            follow = True,
        )
```

```
    def parse_start_url(self, response, **kwargs):
        return []

    def process_results(self, response, results):
        return results

    def _build_request(self, rule_index, link):
        return Request(
            url=link.url,
            callback=self._callback,
            errback=self._errback,
            meta=dict(rule=rule_index, link_text=link.text),
        )

    def _requests_to_follow(self, response):
        if not isinstance(response, HtmlResponse):
            return
        seen = set()
        for rule_index, rule in enumerate(self._rules):
            links = [lnk for lnk in rule.link_extractor.extract_links(response)
                     if lnk not in seen]
            for link in rule.process_links(links):
                seen.add(link)
                request = self._build_request(rule_index, link)
                yield rule.process_request(request, response)

    def _callback(self, response):
        rule = self._rules[response.meta['rule']]
        return self._parse_response(response, rule.callback, rule.cb_kwargs, rule.follow)

    def _errback(self, failure):
        rule = self._rules[failure.request.meta['rule']]
        return self._handle_failure(failure, rule.errback)

    def _parse_response(self, response, callback, cb_kwargs, follow=True):
        if callback:
            cb_res = callback(response, **cb_kwargs) or ()
            cb_res = self.process_results(response, cb_res)
            for request_or_item in iterate_spider_output(cb_res):
                yield request_or_item

        if follow and self._follow_links:
            for request_or_item in self._requests_to_follow(response):
                yield request_or_item

    def _handle_failure(self, failure, errback):
        if errback:
            results = errback(failure) or ()
            for request_or_item in iterate_spider_output(results):
                yield request_or_item

    def _compile_rules(self):
        self._rules = []
        for rule in self.rules:
            self._rules.append(copy.copy(rule))
            self._rules[-1]._compile(self)
```

```
    @classmethod
    def from_crawler(cls, crawler, *args, **kwargs):
        spider = super().from_crawler(crawler, *args, **kwargs)
        spider._follow_links = crawler.settings.getbool('CRAWLSPIDER_FOLLOW_LINKS', True)
        return spider
```

了解 CrawlSpider 的工作原理后，应该明白 CrawlSpider 爬虫核心的属性是 rules。rules 是一套规则，定义了提取哪些链接以及这些链接在它们请求之后对应的回调函数，以及是否对这些链接的响应继续跟进。rules 是 Rule 示例对象组成的一个元组，代表了一系列规则的集合，Rule 对象的实例化参数如下。

```
class scrapy.spiders.Rule(link_extractor, callback = None, cb_kwargs = None, follow = None,
process_links = None, process_request = None)
```

相关参数解释如下。

(1) link_extractor：是一个 LinkExtractor 对象，用于定义需要提取的链接。关于 LinkExtractor 对象的使用见 1.2.6 节。

(2) callback：从 link_extractor 中获取到链接时，为每个链接生成的 Request 对象指定该回调函数，该函数可接收一个 response 参数。切忌使用 parse 名作为回调函数，否则将覆盖 parse()方法，导致运行失败。

(3) follow：是一个布尔值，用于指定是否跟进提取出的链接，如果 callback 为 None，那么 follow 默认为 True ，否则为 False。

(4) process_links：一个回调函数或函数名的字符串。从 link_extractor 中获取到 Link 对象列表后将调用该函数，它主要用于过滤。

(5) process_request：一个回调函数或函数名的字符串。规则是提取到每个 Request 时都会调用该函数，该函数必须返回一个 Request 或者 None，主要用于过滤 Request。

一个 CrawlSpider 的爬虫示例代码如下。

```
import scrapy
from scrapy.spiders import CrawlSpider, Rule
from scrapy.linkextractors import LinkExtractor

class MySpider(CrawlSpider):
    name = 'example.com'
    allowed_domains = ['example.com']
    start_urls = ['http://www.example.com']

    rules = (
        Rule(LinkExtractor(allow = ('category\.php', ), deny = ('subsection\.php', ))),
        Rule(LinkExtractor(allow = ('item\.php', )), callback = 'parse_item'),
    )

    def parse_item(self, response):
        self.logger.info('Hi, this is an item page! %s', response.url)
        item = scrapy.Item()
        item['id'] = response.xpath('//td[@id = "item_id"]/text()').re(r'ID: (\d+)')
        item['name'] = response.xpath('//td[@id = "item_name"]/text()').get()
```

```
        item['description'] = response.xpath('//td[@id="item_description"]/text()').get()
        item['link_text'] = response.meta['link_text']
        url = response.xpath('//td[@id="additional_data"]/@href').get()
        return response.follow(url, self.parse_additional_page, cb_kwargs=dict(item=item))

    def parse_additional_page(self, response, item):
        item['additional_data'] = response.xpath('//p[@id="additional_data"]/text()').get()
        return item
```

上述源码中，定义了两条链接提取规则。第一条规则是匹配 category. php 后缀，排除 subsection. php 后缀的页面；第二条规则是匹配 item. php 页面并指定了回调函数，代表要提取数据的页面。在回调函数 parse_item()中创建了一个数据对象 item，填充了部分字段，然后使用 response 的 follow()方法跟进链接并查找更多的字段，在回调函数 parse_additional_page()中收集完成目标字段后返回数据对象 item。

1.4 中间件组件

中间件(Middleware)又称中介层，是一类能使系统软件和应用软件之间进行连接、便于软件各部件之间沟通的媒介，应用软件可以借助中间件在不同的技术架构之间共享信息与资源。

在 Scrapy 中，中间件位于引擎与下载器、引擎与爬虫之间，如图 1-4 所示。中间件涉及流程有④⑤⑥⑦，它是处理 Scrapy 中的三个重要对象：Request 对象、Response 对象及 Items 对象的重要扩展。

中间件分为下载中间件和爬虫中间件。在引擎与下载器之间称为下载中间件；在引擎与爬虫之间的称为爬虫中间件。下载中间件和爬虫中间件都对 Request 对象和 Response 对象进行处理，根据在流程上的位置，它们主要负责的职能也不同。

爬虫中间件的主要作用是过滤，如对特定路径的 URL 请求丢弃和对特定页面响应过滤，同时对一些不含有指定信息的数据进行过滤。当然，数据管道也能实现对数据的过滤。

下载中间件的主要作用是加工，如给请求添加代理、UA 和 Cookie，以及对响应返回的数据进行编码解码、压缩解压缩、格式化等预处理。

如果了解流水线的作业方式，那么就很容易理解 Scrapy 中间件机制的设计思想。如果说 Request 对象是流水线上的原材料，那么中间件就是流水线上的一个个加工工位，Response 对象就是最后的产品。中间件可以给工位分配顺序和权限，它们负责产品的生产和加工，然后贴上不同的标签，进入不同的流水线再处理。

1.4.1 爬虫中间件

爬虫中间件是 Scrapy 爬虫处理机制中的一个挂钩框架，通过该框架在其中插入自定义功能，用来处理发送给爬虫解析的响应，以及从爬虫程序中生成的请求和数据。

启用爬虫中间件组件，在配置文件下的 SPIDER_MIDDLEWARES 配置项中设置，其键为中间件类的路径，其值为中间件顺序。SPIDER_MIDDLEWARES 设置与内置的 SPIDER_MIDDLEWARES_BASE 设置合并，然后按顺序进行排序，得到已启用中间件的最终排序列表，如果要禁用 SPIDER_MIDDLEWARES_BASE 中的组件，只需要将

SPIDER_MIDDLEWARES 值设置为 None。

根据排序列表，数字越小越靠近引擎，中间件类的 process_spider_input()方法优先处理。数字越大越靠近爬虫，中间件类的 process_spider_output()方法优先处理。内置 SPIDER_MIDDLEWARES_BASE 的配置如下。

```
{
    'scrapy.spidermiddlewares.httperror.HttpErrorMiddleware': 50,
    'scrapy.spidermiddlewares.offsite.OffsiteMiddleware': 500,
    'scrapy.spidermiddlewares.referer.RefererMiddleware': 700,
    'scrapy.spidermiddlewares.urllength.UrlLengthMiddleware': 800,
    'scrapy.spidermiddlewares.depth.DepthMiddleware': 900,
}
```

要创建爬虫中间件类可以使用 Scrapy 模板创建项目，该项目会自动在 middlewares.py 文件下生成一个爬虫中间件类和下载中间件类模板，同时会在配置文件 setting.py 中注释 SPIDER_MIDDLEWARES 配置项，该配置项有唯一一个爬虫中间件，即创建的模板中间件类。在本书 1.2.2 节中创建的 MsgSpider 项目中，由模板创建的爬虫中间件类源码如下。

```
# 定义 Spider 中间件的模型
#
# 请参阅文档：
# https://docs.scrapy.org/en/latest/topics/spider-middleware.html

from scrapy import signals
from fake_useragent import UserAgent
import random

# 用于使用单个接口处理不同的数据类型
# 从 itemadapter 导入 is_item、ItemAdapter


class MsgspiderSpiderMiddleware:
    # 并非所有方法都需要定义。如果未定义，scrapy 将使用
    # 默认中间件设置传递对象
    # passed objects.

    @classmethod
    def from_crawler(cls, crawler):
        # 该方法在 spider 创建时被调用
        s = cls()
        crawler.signals.connect(s.spider_opened, signal=signals.spider_opened)
        return s

    def process_spider_input(self, response, spider):
        # 为通过 Spider 中间件并进入 spider 的每个响应调用

        # 应返回 None 或引发异常
        return None

    def process_spider_output(self, response, result, spider):
        # 在 Spider 处理 response 后，使用 Spider 返回的结果调用该方法

        # 必须返回一个可迭代的 Request 对象或 item 对象
        for i in result:
            yield i
```

```
    def process_spider_exception(self, response, exception, spider):
        # 当调用 spider 或 process_spider_input 方法(来自其他 Spider 中间件)时引发异常
        # 应返回 None、Request 或 item 对象
        pass

    def process_start_requests(self, start_requests, spider):
        # 当 spider 开始请求工作时被调用
        # 类似于 process_spider_output()方法,除了它没有相关的响应

        # 必须返回 requests(不返回 item)
        for r in start_requests:
            yield r

    def spider_opened(self, spider):
        spider.logger.info('Spider opened: %s' % spider.name)
```

创建的爬虫中间件类名是根据项目名称自动生成的。中间件类能实现一个或多个固定的方法,主要入口点是 from_crawler()类方法,该方法接收一个 Crawler 实例,通过 Crawler 对象可以访问项目的一些属性,如 settings。

爬虫中间件类支持的方法及作用说明如下。

1. from_crawler(cls, crawler)方法

如果存在 from_crawler(cls,crawler)方法,可通过该方法创建中间件的实例化对象。使用该方法时,必须返回中间件的实例化对象。参数 crawler 提供了对所有 Scrapy 核心组件(如 settings 和 signals)的访问,通常用该方法读取 Scrapy 配置并完成中间件的初始化操作。

参数 crawler 是 Crawl 对象,代表使用该中间件的 Spider 程序。

2. process_spider_input(response, spider)方法

在 response 传递到 Spider 的解析函数之前执行 process_spider_input(response, spider)方法,要求该方法返回结果为 None 或者抛出异常。如果返回 None,剩下的中间件将继续处理该响应,直到最后传递给解析函数;如果抛出异常,则停止向后面中间件的 process_spider_input()方法传递响应,并调用 request()的 errback()方法,errback 的输出结果将会从另一个方向被重新输入到中间件链中,被 process_spider_output()方法依次处理,当某个 process_spider_output()方法抛出异常时则调用 process_spider_exception()方法来处理。参数 response 是正在处理的 Response 对象,spider 是此响应所在的 Spider 对象。

3. process_spider_output(response, result, spider)方法

处理完响应后,将使用爬虫返回的结果来调用 process_spider_output()方法。process_spider_output()必须返回 Request 对象和 Items 对象的可迭代对象。参数 response 是 Response 对象;参数 result 是 Request 对象或 Items 对象的可迭代对象,是爬虫解析后的返回结果;参数 spider 是正在处理该结果的 Spider 对象。

4. process_spider_exception(response, exception, spider)方法

当爬虫或 process_spider_output()方法引发异常时,将调用 process_spider_exception()方法。process_spider_exception()应该返回 None 或可迭代的 Request 对象和 Items 对象。

如果返回 None,则在后面的中间件的 process_spider_exception()中继续处理,直到遍历完剩下的中间件,并且将异常传递到引擎为止,在引擎处记录并丢弃该异常;如果返回可迭代的 Request 对象或 Items 对象,则从下一个中间件开始调用 process_spider_output()方法链,并且不会再调用其他的 process_spider_exception()方法。参数 response 是 Response 对象;参数 exception 是抛出的异常对象 Exception;参数 spider 是引发异常的爬虫程序。

5. process_start_requests(start_requests, spider)方法

process_start_requests()方法是由 Spider 的启动请求调用的,其工作原理与 process_spider_output()方法类似,不同之处在于它没有关联的响应,并且仅返回 Request 对象不返回 Items 对象。它接收可迭代的 Request 启动请求,并且必须返回一个可迭代的 Request 对象。参数 start_requests 是可迭代的 Request 启动请求;参数 spider 是开始请求所属的爬虫程序。

在实际运用中常涉及的方法有 from_crawler()、process_spider_input()、process_spider_exception(),使用 from_crawler()方法来完成中间件的初始化;使用 process_spider_input()方法来对传递到爬虫之前的响应进行过滤等操作;使用 process_spider_exception()方法来处理中间件引发的异常。

下面是用于处理 HTTP 异常请求的 Http Error Middleware 中间件源码,其导入路径是 scrapy. spidermiddlewares. httperror. HttpErrorMiddleware,将通过分析该源码的执行来学习爬虫中间件的开发。

```
"""
HttpError Spider Middleware

See documentation in docs/topics/spider-middleware.rst
"""
import logging

from scrapy.exceptions import IgnoreRequest

logger = logging.getLogger(__name__)


class HttpError(IgnoreRequest):
    """A non-200 response was filtered"""

    def __init__(self, response, *args, **kwargs):
        self.response = response
        super().__init__(*args, **kwargs)


class HttpErrorMiddleware:

    @classmethod
    def from_crawler(cls, crawler):
        return cls(crawler.settings)

    def __init__(self, settings):
        self.handle_httpstatus_all = settings.getbool('HTTPERROR_ALLOW_ALL')
        self.handle_httpstatus_list = settings.getlist('HTTPERROR_ALLOWED_CODES')
```

```
    def process_spider_input(self, response, spider):
        if 200 <= response.status < 300:  # common case
            return
        meta = response.meta
        if meta.get('handle_httpstatus_all', False):
            return
        if 'handle_httpstatus_list' in meta:
            allowed_statuses = meta['handle_httpstatus_list']
        elif self.handle_httpstatus_all:
            return
        else:
            allowed_statuses = getattr(spider, 'handle_httpstatus_list', self.handle_
httpstatus_list)
        if response.status in allowed_statuses:
            return
        raise HttpError(response, 'Ignoring non-200 response')

    def process_spider_exception(self, response, exception, spider):
        if isinstance(exception, HttpError):

            spider.crawler.stats.inc_value('httperror/response_ignored_count')
            spider.crawler.stats.inc_value(
                f'httperror/response_ignored_status_count/{response.status}'
            )
            logger.info(
                "Ignoring response %(response)r: HTTP status code is not handled or not allowed",
                {'response': response}, extra={'spider': spider},
            )
            return []
```

HttpErrorMiddleware 中间件实现了 process_spider_exception()、process_spider_input()、from_crawler()三个方法。from_crawler()方法用于读取配置文件中的 HTTPERROR_ALLOW_ALL 和 HTTPERROR_ALLOWED_CODES 配置项；HTTPERROR_ALLOW_ALL 代表布尔值是否允许所有状态码；HTTPERROR_ALLOWED_CODES 是状态列表，代表允许的 HTTP 状态代码。

执行过滤操作的主要是 process_spider_input()方法，首先判断响应状态码是否是重定向代码，如果是重定向响应则返回 None；再看 meta 附件配置中是否存在允许所有请求的 HANDLE_HTTPSTATUS_ALL 配置，如果存在也返回 None；接着再判断是否配置了 HTTPERROR_ALLOW_ALL，如果为 True，则返回 None；最后再判断响应状态码是否在 spider 的 HANDLE_HTTPSTATUS_LIST 配置项及 settings 的 HTTPERROR_ALLOWED_CODES 配置项列表中，如果在则返回 None。如果经过上面的判断都不返回 None，则抛出 HttpError 错误。当这个错误经过该请求的 errback()函数处理，再经过 process_spider_output 链处理后还是 HttpError 错误，那么就对该错误进行记录并丢弃。

1.4.2 下载中间件

下载中间件是一个挂钩 Scrapy 的请求和响应处理的框架，这是一个轻量级的低级系统，用于全局更改 Scrapy 的请求和响应。下载中间件的使用频率远高于爬虫中间件，通过下载中间件可对请求和响应做更多的配置，下载中间件也是爬虫突破配置的主要机制。

启用下载中间件组件，在配置文件下的 DOWNLOADER_MIDDLEWARES 配置项中设置，其键为中间件类的导入路径，其值为中间件启用顺序。DOWNLOADER_MIDDLEWARES 设置与内置的 DOWNLOADER_MIDDLEWARES_BASE 设置合并，然后按顺序进行排序，得到已启用中间件的最终排序列表，如果要禁用 DOWNLOADER_MIDDLEWARES_BASE 中的组件，只需要在配置文件下的 DOWNLOADER_MIDDLEWARES 中将其值设置为 None 即可。

根据排序列表，数字越小越靠近引擎，下载中间件的 process_request()方法优先处理，数字越大越靠近下载器，下载中间件的 process_response()方法优先处理。内置下载中间件的配置项 DOWNLOADER_MIDDLEWARES_BASE 的内容如下。

```
{
    'scrapy.downloadermiddlewares.robotstxt.RobotsTxtMiddleware': 100,
    'scrapy.downloadermiddlewares.httpauth.HttpAuthMiddleware': 300,
    'scrapy.downloadermiddlewares.downloadtimeout.DownloadTimeoutMiddleware': 350,
    'scrapy.downloadermiddlewares.defaultheaders.DefaultHeadersMiddleware': 400,
    'scrapy.downloadermiddlewares.useragent.UserAgentMiddleware': 500,
    'scrapy.downloadermiddlewares.retry.RetryMiddleware': 550,
    'scrapy.downloadermiddlewares.ajaxcrawl.AjaxCrawlMiddleware': 560,
    'scrapy.downloadermiddlewares.redirect.MetaRefreshMiddleware': 580,
    'scrapy.downloadermiddlewares.httpcompression.HttpCompressionMiddleware': 590,
    'scrapy.downloadermiddlewares.redirect.RedirectMiddleware': 600,
    'scrapy.downloadermiddlewares.cookies.CookiesMiddleware': 700,
    'scrapy.downloadermiddlewares.httpproxy.HttpProxyMiddleware': 750,
    'scrapy.downloadermiddlewares.stats.DownloaderStats': 850,
    'scrapy.downloadermiddlewares.httpcache.HttpCacheMiddleware': 900,
}
```

要创建下载器中间件类，可以使用 Scrapy 模板创建项目，该项目会自动在 middlewares.py 文件下生成一个爬虫中间件类和下载中间件类模板，同时会在配置文件 setting.py 中注释 DOWNLOADER_MIDDLEWARES 配置项，该配置项有唯一一个下载中间件，即创建的模板中间件类。见 1.2.2 节中创建的 MsgSpider 项目，由模板创建的下载中间件类源码如下。

```
class MsgspiderDownloaderMiddleware:
    @classmethod
    def from_crawler(cls, crawler):
        s = cls()
        crawler.signals.connect(s.spider_opened,
signal = signals.spider_opened)
        return s

def process_request(self, request, spider):
        return None

    def process_response(self, request, response, spider):
        return response

    def process_exception(self, request, exception, spider):
        pass

    def spider_opened(self, spider):
        spider.logger.info('Spider opened: %s' % spider.name)
```

创建的下载中间件类名是根据项目名称自动生成的，中间件类能实现一个或多个固定的方法，主要入口点是 from_crawler()类方法，该方法接收了一个 Crawler 实例，通过 Crawler 对象访问项目的一些属性，如读取 settings 中的配置项。

下载中间件类支持的方法及作用说明如下。

1. from_crawler(cls, crawler)方法

如果存在 from_crawler(cls, crawler)方法，可通过该方法创建中间件的实例化对象。使用该方法时，必须返回中间件的实例化对象。参数 crawler 提供了对所有 Scrapy 核心组件(如 settings 和 signals)的访问，通常用该方法读取 Scrapy 配置并完成中间件的初始化操作。

参数 crawler 是 Crawl 对象，代表使用该中间件的爬虫程序。

2. process_request(request, spider)方法

当引擎将请求发送给下载器之前调用 process_request(request, spider)方法时，用于对请求加工，返回值可以是 None、Request、Response、IgnoreRequest 异常。

如果返回 None，其后的下载中间件的 process_request()方法继续执行，直到内置的一个下载器方法返回 Response 对象为止；如果返回 Response 对象，则不再执行其后的 process_request()方法，接下来将依次执行 process_resposne()方法。

如果返回 Request 对象，则其后的中间件不再执行，新请求将在引擎中重新调度，重新参与中间件的执行流程。

如果抛出 IgnoreRequest 异常，将调用启用的下载器中间件的 process_exception()方法链。如果它们都不处理该异常，则调用请求 Request. errback 的 errback()函数。如果最后还没处理该异常，则异常被忽略并且不记录。

参数 request 是正在处理的请求，参数 spider 是此请求所在的爬虫。

3. process_response(request, response, spider)方法

当下载器将响应发送给引擎前调用时。process_response()方法用于对 response 加工，返回值可以是 Response 对象、Request 对象或抛出 IgnoreRequest 异常。

如果返回 Response(可以是原 Response 对象或者新的 Response 对象)，则继续调用其后的中间件的 process_response()方法对该响应进行处理。

如果返回 Request 对象，则其后中间件的 process_response()方法将停止执行，并将返回的请求重新发送到引擎调度，然后重新执行下载流程并处理。

如果抛出 IgnoreRequest 异常，则调用请求 Request. errback 的 errback()函数。如果最后还没有代码处理该异常，则异常被忽略并且不记录。

参数 request 是发起响应的请求；参数 response 是正在处理的响应；参数 spider 是此响应所属的爬虫。

4. process_exception(request, exception, spider)方法

当下载处理程序或 process_request 处理程序引发异常(包括 IgnoreRequest 异常)时将调用 process_exception()方法。process_exception()方法会返回 None、Response 对象或 Request 对象。

如果返回 None，则其后中间件的 process_exception()方法将继续处理该异常，直到后续所有中间件执行完毕，并且默认异常处理开始。

如果返回 Response 对象，则将启动已安装中间件的 process_response()方法链，并且其后中间件的 process_exception()方法不再执行。

如果它返回一个 Request 对象，则将返回的请求重新调度下载，并且其后中间件的 process_exception 方法不再执行。

参数 request 是产生异常的请求；参数 exception 是引发的异常；参数 spider 是此请求所属的爬虫。

在实际运用中常涉及的方法有 from_crawler()、process_request()、process_response()，使用 from_crawler()方法来完成中间件的初始化，使用 process_request()方法来对请求进行加工，包括添加 User-Agent 请求头、设置代理、Cookie 处理、使用 Selenium 或 pyppeteer 模拟请求等。process_response 常用于对响应加工，包括状态判断、定制重请求的策略等响应的处理。

下面是用于设置 HTTP 请求的 User-Agent 请求头的内置中间件 UserAgentMiddleware 的源码，其路径为 scrapy. downloadermiddlewares. useragent. UserAgentMiddleware。

```
from scrapy import signals

class UserAgentMiddleware:
    """This middleware allows spiders to override the user_agent"""

    def __init__(self, user_agent = 'Scrapy'):
        self.user_agent = user_agent

    @classmethod
    def from_crawler(cls, crawler):
        o = cls(crawler.settings['USER_AGENT'])
        crawler.signals.connect(o.spider_opened, signal = signals.spider_opened)
        return o

    def spider_opened(self, spider):
        self.user_agent = getattr(spider, 'user_agent', self.user_agent)

    def process_request(self, request, spider):
        if self.user_agent:
            request.headers.setdefault(b'User - Agent', self.user_agent)
```

从上面源码可见，初始化该中间件时将读取 settings 配置文件中的 USER_AGENT 配置字段作为 UA，如果没有该字段默认的 UA，请求头信息是 Scrapy，之后在收到爬虫启动信号后，将读取爬虫程序配置的 user_agent 属性值作为 UA 值。UA 值的优先级是爬虫配置的 user_agent 属性最优先，然后是配置文件中的 USER_AGENT 字段其次，最后使用默认的 Scrapy 字符串。

源码中的 crawler. signals. connect(o. spider_opened, signal = signals. spider_opened)是 Scrapy 的信号机制，它的作用是在触发某种信号时通知信号的接收器(函数)。connect()方法是将接收器绑定到信号，signals. spider_opened 是内置的信号之一，运行它即爬虫开始启动，o. spider_opened()是信号接收器函数。

1.4.3 随机 UserAgent 中间件

尽管内置中间件的 UserAgentMiddleware 实现了请求头的 UA 设置，但它是固定的，并不是随机设置的，下面将开发一个实现随机请求头设置的中间件类 RandomUserAgentMiddleware。该中间件的功能是通过读取 settings 中的 USER_AGENT_LIST 配置列表，然后随机选取一个值来做请求头。如果配置文件不存在 USER_AGENT_LIST 配置项，那么使用随机产生 UA 的 faker 库来生成，实现源码如下

```
from scrapy import signals
from fake_useragent import UserAgent
import random


class RandomUserAgentMiddleware:

    @classmethod
    def from_crawler(cls, crawler):
        s = cls(crawler.setting.get('USER_AGENT_LIST', None))
        crawler.signals.connect(s.spider_opened, signal = signals.spider_opened)
        return s

    def __init__(self, ua_list):
        self.ua_list = ua_list
        if ua_list is None:
            self.ua = UserAgent()

    def process_request(self, request, spider):
        if self.ua_list is None:
            request.headers['User - Agent'] = self.ua.chrome
        else:
            request.headers['User - Agent'] = random.choices(self.ua_list)
        return None

    def spider_opened(self, spider):
        spider.logger.info('Spider opened: %s' % spider.name)
```

在项目的 middlewares.py 文件中创建该下载中间件后，还需要在配置文件的 DOWNLOADER_MIDDLEWARES 项中启用该中间件，并且其数值不能大于内置中间件 UserAgentMiddleware 的 500，否则会被 UserAgentMiddleware 的默认设置方式覆盖。或者在 DOWNLOADER_MIDDLEWARES 项中设置内置中间件 scrapy.contrib.downloadermiddleware.useragent.UserAgentMiddleware 的值为 None，代表禁用该内置中间件。如果要在指定的 UA 列表中随机分配，只需要在 settings 文件中配置 USER_AGENT_LIST 配置项，其值为 UA 列表。

1.4.4 Selenium 中间件

Selenium 中间件通过 selenium 库打开浏览器请求 URL，然后返回渲染后的源码给 Scrapy 解析。Selenium 下载中间件有成熟的第三方库可以直接使用，这里推荐使用 scrapy-selenium 库，在 Python 3.6 及以上版本中使用，项目地址参见附录 A。

1. 使用 Selenium 中间件

首先安装 scrapy-selenium 库，Selenium 运行的驱动和浏览器需要手动安装好。命令如下。

```
pip install scrapy-selenium
```

修改配置文件，在 DOWNLOADER_MIDDLEWARES 配置项中添加 Selenium 中间件，同时增加几项配置，配置如下所示：

```
# 添加到下载中间件
DOWNLOADER_MIDDLEWARES = {
    'scrapy_selenium.SeleniumMiddleware': 800,
}

SELENIUM_DRIVER_NAME = 'chrome'                    # 打开的浏览器
# 指定驱动的路径,该项必须填
SELENIUM_DRIVER_EXECUTABLE_PATH = r'C:\Users\inlike\Anaconda3\chromedriver.exe'
SELENIUM_DRIVER_ARGUMENTS = ['-headless']    # 启动项参数
```

在 Spider 中使用时，需要请求的 URL 使用 scrapy-selenium 提供的 SeleniumRequest 类请求，它将在浏览器中打开该 URL 并返回渲染后的源码。SeleniumRequest 继承自 scrapy.Request，并新增了一些附加参数，这些参数有 wait_time 和 wait_until 搭配使用的超时时间和加载检测元素、screenshot 标志是否截屏，script 传递需要浏览器执行的 JavaScript 代码。源码示例如下。

```
from scrapy_selenium import SeleniumRequest # 导入 SeleniumRequest

# 在 Spider 代码中使用 SeleniumRequest,替代 Request,传递 url 要用关键字参数
yield SeleniumRequest(url=url, callback=self.parse_result)

# 在解析函数中使用 webdriver 对象时,通过 meta 字段中的 driver 获取
def parse_result(self, response):
print(response.request.meta['driver'].title)

# 等待元素加载
from selenium.webdriver.common.by import By
from selenium.webdriver.support import expected_conditions as EC

yield SeleniumRequest(url=url, callback=self.parse_result, wait_time=10, wait_until=EC.
element_to_be_clickable((By.ID, 'someid'))
)

# 获取浏览器截图
yield SeleniumRequest(url=url, callback=self.parse_result,
    screenshot=True
)

def parse_result(self, response):
    with open('image.png', 'wb') as image_file:
        image_file.write(response.meta['screenshot'])

# 执行 JavaScript 代码
yield SeleniumRequest(url=url, callback=self.parse_result,
    script='window.scrollTo(0, document.body.scrollHeight);',
)
```

2. 使用 Selenium 中间件案例

本案例以地址 https://ys.endata.cn/BoxOffice/Ranking 下的内地排行榜数据为例，

如图 1-5 所示。该列表数据是异步加载,正常情况下需要分析数据的接口,但是可能遇到加密和反爬虫的问题。所以这里使用 Selenium 中间件来渲染,其能解析出其中的排行榜数据,从而实现快捷的开发。

内地票房 影片单日票房 影片单月票房 影片排片场次 影片排片占比 最快过亿影片 周冠次数 单日公映影片数量 档期总票房

国产 进口

排名	影片名称	上映日期	累计票房(万)	平均票价	场均人次
1	战狼2	2017-07-27	568,874.32	36	37
2	长津湖	2021-09-30	560,439.07	47	25
3	你好，李焕英	2021-02-12	541,330.32	45	24
4	哪吒之魔童降世	2019-07-26	503,502.06	36	23
5	流浪地球	2019-02-05	468,680.82	45	29
6	唐人街探案3	2021-02-12	452,234.56	48	29

图 1-5 内地排行榜数据

首先通过 scrapy startproject SeleniumSpider 命令创建项目文件夹,然后通过 cd SeleniumSpider 命令进入项目文件夹,最后在项目文件夹下执行 scrapy genspider seleniumspider piaofang. maoyan. com 命令创建一个爬虫项目。

打开 SeleniumSpider/spiders 下的 seleniumspider. py 文件,修改源码内容如下。

在源码中覆写了 start_requests()方法,使用 SeleniumRequest 来发送请求。其中 wait_time 用于设置页面超时时间,wait_until 用于设置传递等待的规则,该规则是等待指定的 XPath 元素可以单击即返回源码,//*[@id="app"]//table/tbody 是排行榜的 table 元素选择器。在解析方法 parse()中,解析出包含排行榜的表格数据,然后将获取的排名、影片名称、累计票房等数据通过 Scrapy 库的日志方法打印出来。

```
import scrapy
from scrapy_selenium import SeleniumRequest
from selenium.webdriver.common.by import By
from selenium.webdriver.support import expected_conditions as EC


class SeleniumspiderSpider(scrapy.Spider):
    name = 'seleniumspider'
    allowed_domains = ['piaofang.maoyan.com']
    start_urls = ['https://ys.endata.cn/BoxOffice/Ranking']

    def start_requests(self):
        for url in self.start_urls:
            yield SeleniumRequest(url = url, wait_time = 10, wait_until = EC.element_to_be_
clickable((By.XPATH, '//*[@id = "app"]//table/tbody')))

    def parse(self, response):
        self.log('打印 Chrome 获取页面源码')
        self.log(response.text)
        for select in response.xpath('//*[@id = "app"]//table/tbody//tr'):
            index = select.xpath('./td[1]//text()').get()
            name = select.xpath('./td[2]//text()').get()
            data = select.xpath('./td[5]//text()').get()
            self.log(f"电影名: {name} 累计票房: {data}万元 排行榜第: {index}")
```

修改 setting 文件时,在该文件中必须指定 selenium 库使用驱动路径的字符串

SELENIUM_DRIVER_EXECUTABLE_PATH、浏览器名字 SELENIUM_DRIVER_NAME 和浏览器启动项参数的列表 SELENIUM_DRIVER_ARGUMENTS。修改的 setting 文件如下。启动项参数 SELENIUM_DRIVER_ARGUMENTS 可以是空列表但不可缺失,可以指定为无头模式参数-headless,默认以有界面方式打开浏览器。

```
# 在 scrapy 中设置 Seleniumspider 项目参数
# 为简单起见,此文件仅包含常用设置
# 可通过文档查看更多设置项
#
#     https://docs.scrapy.org/en/latest/topics/settings.html
#     https://docs.scrapy.org/en/latest/topics/downloader-middleware.html
#     https://docs.scrapy.org/en/latest/topics/spider-middleware.html

BOT_NAME = 'SeleniumSpider'

SPIDER_MODULES = ['SeleniumSpider.spiders']
NEWSPIDER_MODULE = 'SeleniumSpider.spiders'

# 在抓取中通过设置 user_agent 标识你或者你的网站
# USER_AGENT = 'SeleniumSpider (+http://www.yourdomain.com)'

# 是否遵守 robots.txt 文件规则
ROBOTSTXT_OBEY = False

# 配置 scrapy 执行的最大并发请求数(默认值: 16)
# CONCURRENT_REQUESTS = 32

# 请求同一个网站的延迟时间(默认值: 0)
# 见 https://docs.scrapy.org/en/latest/topics/settings.html#download-delay
# 请参考自动限速设置和文档
# DOWNLOAD_DELAY = 3
# 下载延迟设置将只遵循以下其中一项
# CONCURRENT_REQUESTS_PER_DOMAIN = 16
# CONCURRENT_REQUESTS_PER_IP = 16

# 禁用 Cookie(默认情况下已启用)
# COOKIES_ENABLED = False

# 禁用 Telnet 控制台(默认情况下已启用)
# TELNETCONSOLE_ENABLED = False

# 覆盖默认请求头
# DEFAULT_REQUEST_HEADERS = {
# 'Accept': 'text/html,application/xhtml+xml,application/xml;q=0.9,*/*;q=0.8',
# 'Accept-Language': 'en',
# }

# 启用或禁用 Spider 中间件
# 见 https://docs.scrapy.org/en/latest/topics/spider-middleware.html
# SPIDER_MIDDLEWARES = {
# 'SeleniumSpider.middlewares.SeleniumspiderSpiderMiddleware': 543,
# }

# 启用或禁用下载器中间件
# 见 https://docs.scrapy.org/en/latest/topics/downloader-middleware.html
DOWNLOADER_MIDDLEWARES = {
```

```
    'scrapy_selenium.SeleniumMiddleware': 800,
}

SELENIUM_DRIVER_NAME = 'chrome'          # 打开的浏览器
SELENIUM_DRIVER_EXECUTABLE_PATH = r'F:\anconda\Scripts\chromedriver.exe'
SELENIUM_DRIVER_ARGUMENTS = []           # 启动项参数'-headless'

# 启用或禁用扩展
# 见 https://docs.scrapy.org/en/latest/topics/extensions.html
# EXTENSIONS = {
# 'scrapy.extensions.telnet.TelnetConsole': None,
# }

# 配置项目管道
# 见 https://docs.scrapy.org/en/latest/topics/item-pipeline.html
# ITEM_PIPELINES = {
# 'SeleniumSpider.pipelines.SeleniumspiderPipeline': 300,
# }

# 启用和配置自动限速扩展(默认情况下禁用)
# 见 https://docs.scrapy.org/en/latest/topics/autothrottle.html
# AUTOTHROTTLE_ENABLED = True
# 初始下载延迟
# AUTOTHROTTLE_START_DELAY = 5
# 在高延迟的情况下,可以设置最大下载延迟
# AUTOTHROTTLE_MAX_DELAY = 60
# Scrapy应该并行发送到每个远程服务器的平均请求数
# AUTOTHROTTLE_TARGET_CONCURRENCY = 1.0
# 启用显示收到的每个响应的节流统计信息:
# AUTOTHROTTLE_DEBUG = False

# 启用和配置HTTP缓存(默认情况下禁用)
# 见 https://docs.scrapy.org/en/latest/topics/downloader-middleware.html#httpcache-
middleware-settings
# HTTPCACHE_ENABLED = True
# HTTPCACHE_EXPIRATION_SECS = 0
# HTTPCACHE_DIR = 'httpcache'
# HTTPCACHE_IGNORE_HTTP_CODES = []
# HTTPCACHE_STORAGE = 'scrapy.extensions.httpcache.FilesystemCacheStorage'
```

做完上述修改之后,就可以启动项目了,将获得如下日志格式的数据信息。

```
2021-11-09 20:54:12 [seleniumspider] DEBUG: 打印Chrome获取页面源码
2021-11-09 20:54:16 [seleniumspider] DEBUG: <html lang=""><head><meta charset="utf-
8"><meta http-equiv="X-UA-Compat
2021-11-09 20:54:19 [seleniumspider] DEBUG: 影片名称: 战狼2 累计票房: 36万元 排行榜第: 1
2021-11-09 20:54:23 [seleniumspider] DEBUG: 影片名称: 长津湖 累计票房: 47万元 排行榜第: 2
2021-11-09 20:54:23 [seleniumspider] DEBUG: 影片名称: 你好,李焕英 累计票房: 45万元 排行
榜第: 3
2021-11-09 20:54:23 [seleniumspider] DEBUG: 影片名称: 哪吒之魔童降世 累计票房: 36万元 排
行榜第: 4
2021-11-09 20:54:23 [seleniumspider] DEBUG: 影片名称: 流浪地球 累计票房: 45万元 排行榜
第: 5
2021-11-09 20:54:23 [seleniumspider] DEBUG: 影片名称: 唐人街探案3 累计票房: 48万元 排行
榜第: 6
```

```
2021-11-09 20:54:23 [seleniumspider] DEBUG: 影片名称: 复仇者联盟 4: 终局之战 累计票房: 49
万元 排行榜第: 7
2021-11-09 20:54:23 [seleniumspider] DEBUG: 影片名称: 红海行动 累计票房: 39 万元 排行榜
第: 8
2021-11-09 20:54:23 [seleniumspider] DEBUG: 影片名称: 唐人街探案 2 累计票房: 39 万元 排行
榜第: 9
2021-11-09 20:54:23 [seleniumspider] DEBUG: 影片名称: 美人鱼 累计票房: 37 万元 排行榜
第: 10
2021-11-09 20:54:23 [seleniumspider] DEBUG: 影片名称: 我和我的祖国 累计票房: 38 万元 排行
榜第: 11
2021-11-09 20:54:23 [seleniumspider] DEBUG: 影片名称: 八佰 累计票房: 38 万元 排行榜第: 12
…
```

1.4.5 pyppeteer 中间件

Scrapy 是单线程设计，它是通过事件驱动的网络框架 Twisted 实现异步并发请求并在配置文件中对 CONCURRENT_REQUESTS 配置项设置并发请求数的。在 Scrapy 中，直接使用 Selenium 实现下载器功能是堵塞的单线程，但 pyppeteer 可通过 Scrapy 的 asyncio reactor 模块实现交互，其二者性能与直接使用二者开发的程序运行效率相当。

pyppeteer 下载中间件也有成熟的第三方库可以直接使用，这里推荐使用 scrapy-puppeteer 库，在 Python 3.6 及以上版本中适用，项目地址参见附录 A。

1. 使用 pyppeteer 中间件

首先安装 scrapy- puppeteer 库，运行 pyppeteer 的浏览器需要安装好。命令如下。

```
pip install scrapy-puppeteer
```

然后修改配置文件，在 DOWNLOADER_MIDDLEWARES 配置项中添加 pyppeteer 中间件。配置如下。

```
DOWNLOADER_MIDDLEWARES = {
    'scrapy_puppeteer.PuppeteerMiddleware': 800
}
```

在 Spider 中使用时，需要用浏览器打开的 URL 使用 scrapy-puppeteer 提供的 PuppeteerRequest 类发送请求，它是继承自 scrapy.Request。代码如下。

```
#在 Spider 代码中使用 SeleniumRequest 替代 Request
from scrapy_puppeteer import PuppeteerRequest
yield PuppeteerRequest('http://httpbin.org', self.parse_result)

#保存浏览器快照
yield PuppeteerRequest(url, self.parse_result, screenshot=True)
def parse_result(self, response):
    with open('image.png', 'wb') as image_file:
        image_file.write(response.meta['screenshot'])
```

使用 scrapy-puppeteer 中间件启动 Scrapy 项目时不能使用命令方式启动，而需要创建启动脚本，并且在导入 scrapy 库之前安装好 asyncio reactor(事件反应器)，这是因为 Scrapy 使用的是 Twisted 事件驱动框架，而 pyppeteer 是通过 asyncio 实现异步的，需要通过 Twisted 的异步反应器提供的接口实现二者交互。下面是一个示例启动脚本。

```
import asyncio
from twisted.internet import asyncioreactor
from scrapy import cmdline

# Python 3.8 使用下面方式安装反应器
asyncioreactor.install(asyncio.set_event_loop_policy(asyncio.WindowsSelectorEventLoopPolicy()))

# Python 3.6 使用下面方式安装反应器
# asyncioreactor.install(asyncio.get_event_loop())

cmdline.execute('scrapy crawl pyppeteerspider'.split())
```

如果要实现 pyppeteer 的渲染功能，还需要对该库进行处理，注释掉安装库 scrapy_puppeteer 文件路径下 middlewares.py 文件中的第 58～68 行，这几行的作用是拦截请求，将请求的请求头修改成 PuppeteerRequest 的请求头，这将导致出现渲染时的其他请求加载不出来的情况，需要注销的部分源码如下。

```
        # 必须使用请求拦截设置标头
        # await page.setRequestInterception(True)
        #
        # @page.on('request')
        # async def _handle_headers(pu_request):
        #     overrides = {
        #         'headers': {
        #             k.decode(): ','.join(map(lambda v: v.decode(), v))
        #             for k, v in request.headers.items()
        #         }
        #     }
        #     await pu_request.continue_(overrides = overrides)
```

如果需要浏览器有界面，则修改 middlewares.py 文件的第 27 行，在启动项参数中将无头模式设置为 False，修改的位置及对应方法如下。

```
@classmethod
    async def _from_crawler(cls, crawler):
        """Start the browser"""

        middleware = cls()
# 在启动项参数中设置'headless'为 False
        middleware.browser = await launch({'logLevel': crawler.settings.get('LOG_LEVEL'),'
headless':False})
        crawler.signals.connect(middleware.spider_closed, signals.spider_closed)

        return middleware
```

2. 使用 pyppeteer 中间件案例

以图 1-5 中的网站为例，依旧抓取内地票房的排行榜，然后解析出列表的信息并打印出来。首先通过执行 scrapy startproject PyppeteerSpider 命令创建项目文件夹，然后通过 cd PyppeteerSpider 命令进入项目文件夹，最后在项目文件夹下执行 scrapy genspider pyppeteerspider piaofang.maoyan.com 命令创建一个爬虫项目。

打开 PyppeteerSpider /spiders 目录下的 pyppeteerspider.py 文件，修改源码内容如下。

```
import scrapy
from scrapy_puppeteer import PuppeteerRequest


class PyppeteerspiderSpider(scrapy.Spider):
    name = 'pyppeteerspider'
    allowed_domains = ['piaofang.maoyan.com']
    start_urls = ['https://ys.endata.cn/BoxOffice/Ranking']

    def start_requests(self):
        headers = {
            'User-Agent': 'Mozilla/5.0 (Windows NT 10.0; Win64; x64) AppleWebKit/537.36
(KHTML, like Gecko) Chrome/89.0.4389.114 Safari/537.36'}
        for url in self.start_urls:
            yield PuppeteerRequest(url, wait_for='//*[@id="app"]//table/tbody', headers=
headers)

    def parse(self, response):
        self.log('打印 Chrome 获取页面源码')
        self.log(response.text)
        for select in response.xpath('//*[@id="app"]//table/tbody//tr'):
            index = select.xpath('./td[1]//text()').get()
            name = select.xpath('./td[2]//text()').get()
            data = select.xpath('./td[5]//text()').get()
            self.log(f"影片名称:{name} 累计票房:{data}万元 排行榜第:{index}")
```

在源码中覆写了 start_requests()方法，使用 PuppeteerRequest 发送请求。其中 wait_for 传递等待的规则是等待指定的 XPath 元素出现即返回源码，//*[@id="app"]//table/tbody 是排行榜的 table 元素选择器。在解析方法 parse()中，解析出包含排行榜的表格数据，然后将获取的排名、影片名称、累计票房数据通过 scrapy 库的日志方法打印出来。

在 PuppeteerRequest 中 headers 参数用于传递指定的请求头，因为冲突注释了源码中修改请求头部分的源码，所以该项设置实际是不生效的。可以像修改有界面模式一样，直接在启动项参数中添加需要的请求头信息。

修改 setting 文件的内容如下。启动下载中间件 scrapy_puppeteer，没有其他特殊设置，但是可以通过修改中间件的源码来增加自定义的功能，例如，让浏览器运行在有界面模式下。

```
# 在 Scrapy 中配置 PyppeteerSpider 项目
#
# 为简单起见,此文件仅包含被认为重要的常用设置
# 可以通过查阅文档找到更多设置:
#
#     https://docs.scrapy.org/en/latest/topics/settings.html
#     https://docs.scrapy.org/en/latest/topics/downloader-middleware.html
#     https://docs.scrapy.org/en/latest/topics/spider-middleware.html

BOT_NAME = 'PyppeteerSpider'

SPIDER_MODULES = ['PyppeteerSpider.spiders']
NEWSPIDER_MODULE = 'PyppeteerSpider.spiders'


# 在抓取中,通过 user-agent 设置标识你或者你的网站
```

```
#USER_AGENT = 'PyppeteerSpider (+http://www.yourdomain.com)'

# 是否遵守 robots.txt 文件规则
ROBOTSTXT_OBEY = False

# 配置 Scrapy 执行的最大并发请求数(默认值: 16)
#CONCURRENT_REQUESTS = 32

# 请求一个网站的延迟时间(默认值: 0)
# 见 https://docs.scrapy.org/en/latest/topics/settings.html#download-delay
# 请参考自动限速设置和文档
#DOWNLOAD_DELAY = 3
# 下载延迟设置将只遵循以下其中一项:
#CONCURRENT_REQUESTS_PER_DOMAIN = 16
#CONCURRENT_REQUESTS_PER_IP = 16

# 禁用 Cookie(默认情况下已启用)
#COOKIES_ENABLED = False

# 禁有 Telnet 控制台(默认情况下已启用)
#TELNETCONSOLE_ENABLED = False

# 覆盖默认请求头
#DEFAULT_REQUEST_HEADERS = {
#  'Accept': 'text/html,application/xhtml+xml,application/xml;q=0.9,*/*;q=0.8',
#  'Accept-Language': 'en',
#}

# 启用或禁用 spider 中间件
# 见 https://docs.scrapy.org/en/latest/topics/spider-middleware.html
#SPIDER_MIDDLEWARES = {
#  'PyppeteerSpider.middlewares.PyppeteerspiderSpiderMiddleware': 543,
#}

# 启用或禁用下载器中间件
# 见 https://docs.scrapy.org/en/latest/topics/downloader-middleware.html
DOWNLOADER_MIDDLEWARES = {
    'scrapy_puppeteer.PuppeteerMiddleware': 800
}


# 启用或禁用扩展
# 见 https://docs.scrapy.org/en/latest/topics/extensions.html
#EXTENSIONS = {
#  'scrapy.extensions.telnet.TelnetConsole': None,
#}

# 配置项目管道
# 见 https://docs.scrapy.org/en/latest/topics/item-pipeline.html
#ITEM_PIPELINES = {
#  'PyppeteerSpider.pipelines.PyppeteerspiderPipeline': 300,
#}

# 启用和配置自动限速扩展(默认情况下禁用)
# 见 https://docs.scrapy.org/en/latest/topics/autothrottle.html
```

```
#AUTOTHROTTLE_ENABLED = True
# 初始下载延迟
#AUTOTHROTTLE_START_DELAY = 5
# 在高延迟的情况下,可以设置最大下载延迟
#AUTOTHROTTLE_MAX_DELAY = 60
# Scrap应该并行发送到每个远程服务器的平均请求数
#AUTOTHROTTLE_TARGET_CONCURRENCY = 1.0
# 启用显示收到的每个响应的节流统计信息
#AUTOTHROTTLE_DEBUG = False

# 启用和配置HTTP缓存(默认情况下禁用)
# 见 https://docs.scrapy.org/en/latest/topics/downloader-middleware.html#httpcache-middleware-settings
#HTTPCACHE_ENABLED = True
#HTTPCACHE_EXPIRATION_SECS = 0
#HTTPCACHE_DIR = 'httpcache'
#HTTPCACHE_IGNORE_HTTP_CODES = []
#HTTPCACHE_STORAGE = 'scrapy.extensions.httpcache.FilesystemCacheStorage'
```

在项目目录下增加一个启动脚本run.py,该项目对应的环境是Python 3.8,启动脚本内容如下。

```
import asyncio
from twisted.internet import asyncioreactor
from scrapy import cmdline

asyncioreactor.install(asyncio.set_event_loop_policy(asyncio.WindowsSelectorEventLoopPolicy()))
# asyncioreactor.install(asyncio.get_event_loop())

cmdline.execute('scrapy crawl pyppeteerspider'.split())
```

上述修改完成之后,直接运行run.py文件,将获得如下日志格式的数据信息。

```
2021-11-11 22:01:32 [websockets.protocol] DEBUG: client < Frame(fin=True, opcode=<Opcode.TEXT: 1>, data=b'{"method":"Target.receivedMessageFromTarget","params":{"sessionId":"FC5A17895CC16789B109FB6481389FE1","message":"{\"method\":\"Network.dataReceived\",\"params\":{\"requestId\":\"1000015240.4\",\"timestamp\":2773.155187,\"dataLength\":28544,\"encodedDataLength\":0}}","targetId":"69881B09D2445B64F57291D191D7A529"}}', rsv1=False, rsv2=False, rsv3=False)
[D:pyppeteer.connection.Connection] RECV: {"method":"Target.receivedMessageFromTarget","params":{"sessionId":"FC5A17895CC16789B109FB6481389FE1","message":"{\"method\":\"Network.dataReceived\",\"params\":{\"requestId\":\"1000015240.4\",\"timestamp\":2773.148815,\"dataLength\":24924,\"encodedDataLength\":0}}","targetId":"69881B09D2445B64F57291D191D7A529"}}
[D:pyppeteer.connection.CDPSession] RECV: {"method":"Network.dataReceived","params":{"requestId":"1000015240.4","timestamp":2773.148815,"dataLength":24924,"encodedDataLength":0}}
2021-11-11 22:01:32 [websockets.protocol] DEBUG: client - event = data_received(<33 bytes>)
[D:pyppeteer.connection.Connection] RECV: {"method":"Target.receivedMessageFromTarget","params":{"sessionId":"FC5A17895CC16789B109FB6481389FE1","message":"{\"method\":\"Network.dataReceived\",\"params\":{\"requestId\":\"1000015240.4\",\"timestamp\":2773.148936,\"dataLength\":28127,\"encodedDataLength\":0}}","targetId":"69881B09D2445B64F57291D191D7A529"}}
…
```

```
2021-11-11 22:01:40 [pyppeteerspider] DEBUG: 影片名称: 战狼 2 累计票房: 36 万元 排行榜第: 1
2021-11-11 22:01:42 [pyppeteerspider] DEBUG: 影片名称: 长津湖 累计票房: 47 万元 排行榜第: 2
2021-11-11 22:01:47 [pyppeteerspider] DEBUG: 影片名称: 你好,李焕英 累计票房: 45 万元 排行榜第: 3
2021-11-11 22:01:47 [pyppeteerspider] DEBUG: 影片名称: 哪吒之魔童降世 累计票房: 36 万元 排行榜第: 4
2021-11-11 22:01:47 [pyppeteerspider] DEBUG: 影片名称: 流浪地球 累计票房: 45 万元 排行榜第: 5
2021-11-11 22:01:47 [pyppeteerspider] DEBUG: 影片名称: 唐人街探案 3 累计票房: 48 万元 排行榜第: 6
2021-11-11 22:01:47 [pyppeteerspider] DEBUG: 影片名称: 复仇者联盟 4: 终局之战 累计票房: 49 万元 排行榜第: 7
2021-11-11 22:01:47 [pyppeteerspider] DEBUG: 影片名称: 红海行动 累计票房: 39 万元 排行榜第: 8
2021-11-11 22:01:47 [pyppeteerspider] DEBUG: 影片名称: 唐人街探案 2 累计票房: 39 万元 排行榜第: 9
2021-11-11 22:01:47 [pyppeteerspider] DEBUG: 影片名称: 美人鱼 累计票房: 37 万元 排行榜第: 10
…
```

1.5 数据管道组件

1.5.1 自定义 Pipeline

当 Spider 获取到一个 Item 对象时,将发送到 Item Pipelines(项目管道),项目管道会通过几个有序组件的执行来处理 Item。每个 Item Pipeline 都是一个实现了固定方法的 Python 类,它们接收一个 Item 对象并对其进行操作,同时决定该 Item 对象是应该继续通过管道还是被丢弃。

项目管道的典型应用场景如下。

(1) 清除 HTML 数据。

(2) 验证抓取的数据(检查是否包含特定字段)。

(3) 检查重复项(并过滤掉)。

(4) 在数据库中存储抓取的数据。

Item Pipelines 的使用方法类似于中间件,首先是要定义一个实现了固定功能的类,然后在配置文件 ITEM_PIPELINES 项中启用该类并指定权重值。Item 从权重值较低的类转移到权重值较高的类。通常权重值定义在 0~1000 范围内,示例如下。

```
ITEM_PIPELINES = {
    'myproject.pipelines.PricePipeline': 300,
    'myproject.pipelines.JsonWriterPipeline': 800,
}
```

每个 Item Pipelines 都必须实现 process_item(self, item, spider)方法。

对每个 Item 对象,管道组件都将调用此方法。一般该方法会返回 Item 或抛出 DropItem 异常。如果返回 Item,则后续管道组件继续处理;如果抛出 scrapy.exceptions.DropItem 异常,则后续组件不再处理。

参数 item 是 Item 对象,参数 spider 是产生该 item 对应的爬虫。

除了上面必须实现的方法，还有以下可选的实现方法。

(1) open_spider(self, spider)方法。

打开 Spider 时将运行 open_spider(self,spider)方法，一般用于完成数据库的连接等初始化动作。参数 spider 是被打开的 Spider 对象。

(2) close_spider(self, spider)方法。

关闭 Spider 时将运行 close_spider(self,spoder)方法，一般用于完成数据库的数据提交和关闭等结束时的扫尾动作。参数 spider 是关闭的爬虫。

(3) from_crawler(cls, crawler)方法。

如果存在 from_crawler(cls, crawler)方法，则必须返回管道的实例化对象。该方法常用于读取配置文件中的信息，如数据库的账号、密码等。参数 crawler 提供对所有 Scrapy 核心组件(如设置和信号)的访问。

在 1.2.2 节中的项目里已经定义了如何使用 MySQL 数据库，下面是将数据存入 MongoDB 的一个数据管道类的示例。

```
import pymongo
from scrapy.item import Item


class MongoDBPipeline(object):
    def __init__(self, url, db):
        self.mongo_url = url
        self.mongo_db = db

    @classmethod
    def from_crawler(cls, crawler):
        return cls(
            url = crawler.settings.get("MONGO_URL"),
            db = crawler.settings.get("MONGO_DB")
        )

    def open_spider(self, spider):
        self.client = pymongo.MongoClient(self.mongo_url)
        self.db = self.client[self.mongo_db]

    def process_item(self, item, spider):
        spider.log(f"insert {item}")
        self.db[spider.name].insert_one(dict(item) if isinstance(item, Item) else item)
        return item

    def close_spider(self, spider):
        self.client.close()
```

from_crawler()方法读取配置文件中的 MONGO_URL、MONGO_DB，分别是 MongoDB 数据的链接地址、使用的库名。open_spider()方法可以在爬虫启动时创建数据库连接，并切换到指定的数据库。process_item()方法是将每一项 Item 数据插入数据库中，注意，如果 item 不是字典类型则需要转换。close_spider()方法在爬虫停止时将关闭数据库连接。

1.5.2 文件下载 Pipeline

Scrapy 提供可重用的数据管道，用于下载新数据的附加文件，例如，希望抓取数据并下载对应的图片，数据管道通常还通过 Files Pipeline（文件管道）或 Images Pipeline（图像管道）来实现。这些管道提供了额外的功能。

（1）避免下载重复的文件。

（2）可指定本地文件存储、Amazon S3 存储、FTP 服务器存储、谷歌云存储。

（3）图片格式转换和缩略图生成。

（4）可根据尺寸过滤图片。

1. 文件管道的基本使用流程

使用文件管道时，其基本的工作流程如下。

在 items. py 文件中定义两个固定字段，分别是 file_url 和 files。在配置文件中启用 FilesPipeline，并指定文件的存储路径。

在 Spider 中，将需要下载的文件 url 类表放入 Items 对象的 file_url 字段中。

当 Items 对象被 FilesPipeline 处理时，file_url 字段中的 url 将使用 Scrapy 共用的 scheduler 和 downloader 调度下载，其优先级更高，所以需要在下载其他页面之前先处理它们。该 Item 在特定的管道阶段保持“锁定”状态，直到文件下载结束。

文件下载后，另一个 files 被自动填充信息。这些信息包含一个字典列表。字典列表包含有已下载文件的信息，如下载路径、原始的 URL、文件校验值、文件状态。files 字段列表中的文件将保留与原始文件 URL 字段相同的顺序。如果某个文件下载失败，将记录一个错误，并且该文件信息不会被记录在 files 字段中。

1）定义含有 file_url、files 字段的 Item

```
import scrapy
class FileItem(scrapy.Item):
    title = scrapy.Field()
    file_urls = scrapy.Field()
    files = scrapy.Field()
```

2）启用修改配置

```
ITEM_PIPELINES = {
    'scrapy.pipelines.files.FilesPipeline': 1, # 启用文件管道
}
FILES_STORE = '/file'                           # 指定文件存放文件夹
```

3）解析目标字段

```
class FileSpider:
…
    def parse(self, respons):
        urls = response.xpath('//a[@id="word"]/@href').getall()
        title = response.xpath('//span[@id="title"] ').get()
                item = FileItem(files=urls, title=title)
                yield item
```

2. 图片管道的基本使用流程

图片管道（ImagesPipeline）是 FilesPipeline 的子类，在基本的使用流程上同 FilesPipeline，但是存在差异，这些差异体现在 Items 字段、管道路径和配置字段上，二者的对比如表 1-3 所示。

表 1-3　ImagesPipeline 和 FilesPipeline 的对比

差　异	FilesPipeline	ImagesPipeline
Items 字段	file_urls、files	image_urls、images
管道路径	scrapy. pipelines. files. FilesPipeline	scrapy. pipelines. images. ImagesPipeline
配置字段	FILES_STORE：下载目录 FILES_EXPIRES：去重有效期	IMAGES_STORE：下载目录 IMAGES_EXPIRES：去重有效期 IMAGES_THUMBS：缩略图设置 IMAGES_MIN_HEIGHT：最小高度 IMAGES_MIN_WIDTH：最小宽度

在 setting. py 文件中配置缩略图和图片过滤的格式如下。

```
IMAGES_THUMBS = { 'small': (50, 50)}            # 键是缩略图文件夹名称,值是尺寸
IMAGES_MIN_HEIGHT = 110                         # 过滤掉高度小于 110px 的图片
IMAGES_MIN_WIDTH = 110                          # 过滤掉宽度小于 110px 的图片
```

3. 自定义文件名

在实践中,还需要自定义文件名以便区分和利用下载的文件。试想下载的文件是一大串字符串,需要一个个打开才能判断是否是匹配的文件,极其不方便。下面分析 FilesPipeline 的源码,实现自定义的文件名,其关键源码片段如下。

```
class FilesPipeline(MediaPipeline):
    """Abstract pipeline that implement the file downloading
    This pipeline tries to minimize network transfers and file processing,
    doing stat of the files and determining if file is new, uptodate or
    expired.

    ``new`` files are those that pipeline never processed and needs to be
        downloaded from supplier site the first time.

    ``uptodate`` files are the ones that the pipeline processed and are still
        valid files.

    ``expired`` files are those that pipeline already processed but the last
        modification was made long time ago, so a reprocessing is recommended to
        refresh it in case of change.

    """

    MEDIA_NAME = "file"
    EXPIRES = 90
    STORE_SCHEMES = {
        '': FSFilesStore,
        'file': FSFilesStore,
        's3': S3FilesStore,
        'gs': GCSFilesStore,
        'ftp': FTPFilesStore
    }
    DEFAULT_FILES_URLS_FIELD = 'file_urls'
    DEFAULT_FILES_RESULT_FIELD = 'files'

    def __init__(self, store_uri, download_func = None, settings = None):
```

```
        if not store_uri:
            raise NotConfigured

        if isinstance(settings, dict) or settings is None:
            settings = Settings(settings)

        cls_name = "FilesPipeline"
        self.store = self._get_store(store_uri)
        resolve = functools.partial(self._key_for_pipe,
                                    base_class_name = cls_name,
                                    settings = settings)
        self.expires = settings.getint(
            resolve('FILES_EXPIRES'), self.EXPIRES
        )
        if not hasattr(self, "FILES_URLS_FIELD"):
            self.FILES_URLS_FIELD = self.DEFAULT_FILES_URLS_FIELD
        if not hasattr(self, "FILES_RESULT_FIELD"):
            self.FILES_RESULT_FIELD = self.DEFAULT_FILES_RESULT_FIELD
        self.files_urls_field = settings.get(
            resolve('FILES_URLS_FIELD'), self.FILES_URLS_FIELD
        )
        self.files_result_field = settings.get(
            resolve('FILES_RESULT_FIELD'), self.FILES_RESULT_FIELD
        )

        super().__init__(download_func = download_func, settings = settings)

…

    # 可覆盖接口
    def get_media_requests(self, item, info):
        urls = ItemAdapter(item).get(self.files_urls_field, [])
        return [Request(u) for u in urls]

    def file_downloaded(self, response, request, info, *, item = None):
        path = self.file_path(request, response = response, info = info, item = item)
        buf = BytesIO(response.body)
        checksum = md5sum(buf)
        buf.seek(0)
        self.store.persist_file(path, buf, info)
        return checksum

    def item_completed(self, results, item, info):
        with suppress(KeyError):
            ItemAdapter(item)[self.files_result_field] = [x for ok, x in results if ok]
        return item

    def file_path(self, request, response = None, info = None, *, item = None):
        media_guid = hashlib.sha1(to_bytes(request.url)).hexdigest()
        media_ext = os.path.splitext(request.url)[1]
        # Handles empty and wild extensions by trying to guess the
        # mime type then extension or default to empty string otherwise
        if media_ext not in mimetypes.types_map:
            media_ext = ''
            media_type = mimetypes.guess_type(request.url)[0]
```

```
        if media_type:
            media_ext = mimetypes.guess_extension(media_type)
        return f'full/{media_guid}{media_ext}'
```

其中,get_media_requests()函数用于解析 item 中的 file_urls 字段里的 url 列表,并构造成请求列表返回。file_path()函数是给文件命名,使用 url 的 sha1 散列值加上扩展名作为文件名。要实现自定义文件名的关键在于 file_path()函数,该函数返回的字符串可作为保存文件名。

如果要将文件原来下载链接的标题作为文件名,可以这样实现:首先在 items 中定义一个 title 字段,在解析出文件地址时同时解析出对应的文件名,然后新建一个数据管道类并继承 ImagesPipeline 或 FilesPipeline,接着在 get_media_requests()函数中将 items 中的 title 字段传递给 Request 的 meta 字典,最后在 file_path()函数中再将 meta 中的 title 取出来作为文件名,即可实现保存原文件名的目的。

其基本实现逻辑代码片段如下。

```
from scrapy.pipelines.images import ImagesPipeline
import scrapy


class RgspoiderPipeline(ImagesPipeline):

    def get_media_requests(self, items, info):
        title = items['title']
        word = items['word']
        for image_url in items['image_urls']:
            yield scrapy.Request(image_url, meta = {'title': title, 'word': word}) # 继续传递

    def file_path(self, request, response = None, info = None):
        # 按照 full\分类\标题格式命名
        media_ext = os.path.splitext(request.url)[1]
        filename = r'full\%s\%s%s' % (request.meta['title'], request.meta['word'], media_ext)
        return filename
```

这样不但可以将页面解析和下载文件名联系起来,而且还能按照原来的层级目录保存对应的文件。使用时,将继承自 ImagesPipeline 的管道类路径替换配置文件中原来的 ImagesPipeline 路径。

1.5.3 文件下载案例

以下载网址:https://news.qq.com/l/photon/photostory/tupiangushi.htm 的图片故事为例。一个故事就是一个图集,使用标题作为本地文件夹名,然后每张图片用地址中的编号作为文件名保存图片,本节演示图片下载管道的使用流程及如何继承管道并自定义文件名的过程。

首先通过执行 scrapy startproject PictureSpider 命令创建项目文件夹,然后通过 cd PictureSpider 命令进入项目文件夹,最后在项目文件夹下执行 scrapy genspider imgspider news.qq.com 命令创建一个爬虫项目。

编辑 PictureSpider/spiders 目录下的 imgspider.py 文件,修改源码后内容如下。

```
import scrapy
from PictureSpider.items import PicturespiderItem


class ImgspiderSpider(scrapy.Spider):
    name = 'imgspider'
    allowed_domains = ['news.qq.com']
    start_urls = ['https://news.qq.com/l/photon/photostory/tupiangushi.htm']

    def start_requests(self):
        self.start_urls += [f'https://news.qq.com/l/photon/photostory/tupiangushi_{i}.htm'
for i in range(2, 93)]
        for url in self.start_urls:
            yield scrapy.Request(url)

    def parse(self, response):
        links = response.xpath('//*[@id="piclist"]//li/table//tr[2]/td/a')
        for link in links:
            title = link.xpath('./text()').get()
            href = link.xpath('./@href').get()
            url = href[:-3] + 'hdBigPic.js'
            yield scrapy.Request(url, meta={'title': title}, callback=self.atlas)

    def atlas(self, response):
        imgs = eval(response.text.split('/*')[0])
        image_urls = []
        children = imgs['Children'][0]['Children']
        groupimg = {i['Name']: i for i in children}['groupimg']['Children']
        for group in groupimg:
            img_url = {i['Name']: i for i in group['Children']}['bigimgurl']['Children'][0]['Content']
            image_urls.append(img_url)
        yield PicturespiderItem(image_urls = image_urls, title = response.meta['title'],
images = None)
```

覆写 start_requests()方法，在起始 URL 列表中加入上述网站中第 2～92 页的 URL 地址。首页的 URL 地址不带扩展名，因此后面的地址需要单独生成，共有 92 页的数据。

在 parse()方法中对图集的列表进行解析，解析出图集的标题 title 和详情地址 href。标题 title 将通过 meta 传递给下一层的解析函数。对 href 进行处理可获得图集的 JSON 数据接口的 URL 地址，然后再对 URL 进行请求并通过 atlas()方法进行解析。

atlas()方法可以实现图片信息的解析，同时对图集信息 JSON 接口返回数据的解析，然后将需要下载图片的 URL 放到 image_urls 列表中，此时一个图集就构造一个 PicturespiderItem 数据对象，最后将收集到的 image_urls、title 传递给数据管道。

编辑 PictureSpider 下的 items.py 文件，定义一个数据对象 PicturespiderItem，其源码如下。要使用内置的图片下载管道，就必须定义两个不可缺少的字段：image_urls 和 images。在 PicturespiderItem 中不仅实现了这两个字段，还多出了一个 title。title 是图集的标题，用于保存图集的文件夹名。

```
# 在此处定义抓取数据的模型
#
# 参见文档
```

```
# https://docs.scrapy.org/en/latest/topics/items.html

import scrapy


class PicturespiderItem(scrapy.Item):
    # 在此处定义项目的字段,如
    # name = scrapy.Field()
    image_urls = scrapy.Field()
    images = scrapy.Field()
    title = scrapy.Field()
```

编辑 PictureSpider 下的 pipelines.py 文件,实现一个数据管道对象 PicturespiderPipeline,其源码如下。该对象继承自 scrapy 库内部的 ImagesPipeline,但是覆写了 get_media_requests()和 file_path()方法,以实现自定义的保存文件夹名字。先在 get_media_requests()函数中解析出要作为文件名的 title,然后构造下载图片的请求。最后在 file_path()函数里再从请求中取出 title,并组合成保存文件名的字符串并返回。

```
# 在此处定义项目管道
#
# 不要忘记将管道添加到项目管道设置中
# 见 https://docs.scrapy.org/en/latest/topics/item-pipeline.html


# 用于使用单个接口处理不同类型的项目
from scrapy.pipelines.images import ImagesPipeline
import scrapy


class PicturespiderPipeline(ImagesPipeline):
    def get_media_requests(self, items, info):
        title = items['title']
        for image_url in items['image_urls']:
            yield scrapy.Request(image_url, meta={'title': title}) # 继续传递

    def file_path(self, request, response=None, info=None):
        title = request.meta['title']
        name = request.url.split('/')[-1]
        filename = f'full\{title}\{name}'
        return filename
```

编辑 PictureSpider 下的 settings.py 配置文件,启动自定义的数据管道和图片保存的根路径,其源码如下。

```
# PictureSpider 项目的抓取设置
#
# 为简单起见,此文件仅包含重要或常用的设置
# 可以通过查阅文档找到更多设置
#
#     https://docs.scrapy.org/en/latest/topics/settings.html
#     https://docs.scrapy.org/en/latest/topics/downloader-middleware.html
#     https://docs.scrapy.org/en/latest/topics/spider-middleware.html
```

```
BOT_NAME = 'PictureSpider'

SPIDER_MODULES = ['PictureSpider.spiders']
NEWSPIDER_MODULE = 'PictureSpider.spiders'


# 在抓取中通过设置 user-agent 标识你或者你的网站
#USER_AGENT = 'PictureSpider (+http://www.yourdomain.com)'

# 判断是否遵守 robots.txt 文件规则
ROBOTSTXT_OBEY = False
USER_AGENT = 'Mozilla/5.0 (Macintosh; Intel Mac OS X 10_8_3) AppleWebKit/536.5 (KHTML, like
Gecko) Chrome/19.0.1084.54 Safari/536.5'


# 配置 Scrapy 执行的最大并发请求数(默认值: 16)
#CONCURRENT_REQUESTS = 32

# 请求同一个网站的延迟时间(默认值: 0)
# 见 https://docs.scrapy.org/en/latest/topics/settings.html#download-delay
# 请参考自动限速设置和文档
#DOWNLOAD_DELAY = 3
# 下载延迟设置将只遵循以下其中一项
#CONCURRENT_REQUESTS_PER_DOMAIN = 16
#CONCURRENT_REQUESTS_PER_IP = 16

# 禁用 Cookie(默认情况下已启用)
#COOKIES_ENABLED = False

# 禁用 Telnet 控制台(默认情况下已启用)
#TELNETCONSOLE_ENABLED = False

# 覆盖默认请求头:
#DEFAULT_REQUEST_HEADERS = {
# 'Accept': 'text/html,application/xhtml+xml,application/xml;q=0.9,*/*;q=0.8',
# 'Accept-Language': 'en',
#}

# 启用或禁用 spider 中间件
# 见 https://docs.scrapy.org/en/latest/topics/spider-middleware.html
#SPIDER_MIDDLEWARES = {
# 'PictureSpider.middlewares.PicturespiderSpiderMiddleware': 543,
#}

# 启用或禁用下载器中间件
# 见 https://docs.scrapy.org/en/latest/topics/downloader-middleware.html
#DOWNLOADER_MIDDLEWARES = {
# 'PictureSpider.middlewares.PicturespiderDownloaderMiddleware': 543,
#}

# 启用或禁用扩展
# 见 https://docs.scrapy.org/en/latest/topics/extensions.html
#EXTENSIONS = {
# 'scrapy.extensions.telnet.TelnetConsole': None,
#}
```

```
# 配置项目管道
# 见 https://docs.scrapy.org/en/latest/topics/item-pipeline.html
ITEM_PIPELINES = {
   'PictureSpider.pipelines.PicturespiderPipeline': 300,
}
IMAGES_STORE = r"D:\"
# 启用和配置自动限速扩展(默认情况下禁用)
# 见 https://docs.scrapy.org/en/latest/topics/autothrottle.html
#AUTOTHROTTLE_ENABLED = True
# 初始下载延迟
#AUTOTHROTTLE_START_DELAY = 5
# 在高延迟的情况下,可以设置最大下载延迟
#AUTOTHROTTLE_MAX_DELAY = 60
# Scrapy 应该并行发送到每个远程服务器的平均请求数
# each remote server
#AUTOTHROTTLE_TARGET_CONCURRENCY = 1.0
# 启用显示收到的每个响应的节流统计信息
#AUTOTHROTTLE_DEBUG = False

# 启用和配置 HTTP 缓存(默认情况下禁用)
# 见 https://docs.scrapy.org/en/latest/topics/downloader-middleware.html#httpcache-
middleware-settings
#HTTPCACHE_ENABLED = True
#HTTPCACHE_EXPIRATION_SECS = 0
#HTTPCACHE_DIR = 'httpcache'
#HTTPCACHE_IGNORE_HTTP_CODES = []
#HTTPCACHE_STORAGE = 'scrapy.extensions.httpcache.FilesystemCacheStorage'
```

到此,源码就完成了,最后可以通过启动脚本或者命令行启动,当获取到信息时可见控制台下载图片的信息,包括下载的 URL 列表的 image_urls 字段,以及下载后填充的 images 字段、title 字段。其中,images 字段还包括 checksum、path、status、url 信息。

```
{'image_urls': ['http://img1.gtimg.com/18/1884/188430/18843093_980x1200_0.jpg',
                'http://img1.gtimg.com/18/1884/188430/18843056_980x1200_0.jpg',
                'http://img1.gtimg.com/18/1884/188430/18843057_980x1200_0.jpg',
                'http://img1.gtimg.com/18/1884/188430/18843058_980x1200_0.jpg',
                'http://img1.gtimg.com/18/1884/188430/18843059_980x1200_0.jpg',
                'http://img1.gtimg.com/18/1884/188430/18843060_980x1200_0.jpg',
                'http://img1.gtimg.com/18/1884/188430/18843061_980x1200_0.jpg',
                'http://img1.gtimg.com/18/1884/188430/18843062_980x1200_0.jpg',
                'http://img1.gtimg.com/18/1884/188430/18843063_980x1200_0.jpg',
                'http://img1.gtimg.com/18/1884/188430/18843064_980x1200_0.jpg',
                …]
,
'images': [{'checksum': '854b412903c2be081bb473ccebb75359',
            'path': 'full\中国人的一天: 4 746 千米 8 次换乘 春运最远回家路
\18843093_980x1200_0.jpg',
            'status': 'downloaded',
            'url': 'http://img1.gtimg.com/18/1884/188430/18843093_980x1200_0.jpg'},
           {'checksum': '1f3a64433e428aea49c64aec945726cb',
            'path': 'full\中国人的一天: 4 746 千米 8 次换乘 春运最远回家路
\18843056_980x1200_0.jpg',
            'status': 'downloaded',
            'url': 'http://img1.gtimg.com/18/1884/188430/18843056_980x1200_0.jpg'},
           {'checksum': '234a3473c27f7e03eba2179365d49d89',
            'path': 'full\中国人的一天: 4 746 千米 8 次换乘 春运最远回家路
```

```
\18843057_980x1200_0.jpg',
            'status': 'downloaded',
            'url': 'http://img1.gtimg.com/18/1884/188430/18843057_980x1200_0.jpg'},
            {'checksum': '5ba4f0562520b67d3d5df7b2127f79c1',
            'path': 'full\中国人的一天: 4 746 千米 8 次换乘春运最远回家路
\18843058_980x1200_0.jpg',
            'status': 'downloaded',
            'url': 'http://img1.gtimg.com/18/1884/188430/18843058_980x1200_0.jpg'},
            {'checksum': '7ab129a636b27929ac16cc2f55179841',
            'path': 'full\中国人的一天: 4 746 千米 8 次换乘 春运最远回家路
\18843059_980x1200_0.jpg',
            'status': 'downloaded',
            'url': 'http://img1.gtimg.com/18/1884/188430/18843059_980x1200_0.jpg'},
            …],
'title': '中国人的一天: 4 746 千米 8 次换乘 春运最远回家路'}
```

1.6 数据导出器组件

在获取到 Item 数据后，通常希望保留或导出这些数据，以便在其他应用程序中使用。为此，Scrapy 提供了数据导出的功能，用于将获取到的数据存储在不同格式的文件中，如 XML、CSV 或 JSON。

1.6.1 内置数据导出器

Scrapy 内置了 6 种数据格式导出器，分别是 JSON、JSON Lines、CSV、XML、Pickle、Marshal。可以通过三种方式使用导出器：方式一，当使用命令启动爬虫时，通过-o、-t 指定导出文件路径和文件名；方式二，当使用启动脚本时，在配置文件中通过 FEED_URI 配置项指定导出文件路径，通过 FEED_FORMAT 配置项指定导出文件格式，通过 FEED_EXPORT_ENCODING 配置项指定编码，通过 FEED_EXPORT_FIELDS 配置项指定导出哪些字段及顺序，默认全部字段；方式三，当使用 cmdline.execute()脚本启动时，可通过添加方式一的命令来启动。代码如下。

```
#方式一
scrapy crawl spidername -o text.json
scrapy crawl spidername -t text.json
scrapy crawl spidername -t json -o test.json
#方式二
FEED_URI = 'data\%(name)s.json'                          # 导出文件路径
FEED_FORMAT = 'json'                                     # 导出文件的格式
FEED_EXPORT_ENCODING = 'gbk'                             # 导出文件的编码格式
FEED_EXPORT_FIELDS = ['name', 'author', 'price']         # 导出字段及顺序
#方式三
from scrapy import cmdline
cmdline.execute('scrapy crawl spidername -o text.json'.split()) # 方式一的命令适用
```

导出器还将识别导出文件路径中的%(name)s、%(time)s 变量，这两个特定变量会被自动替换成 Spider 的名字和文件创建的时间。

爬虫可通过文件的扩展名来推断出要导出的格式，也就是说，-o msg.csv 和-t msg.csv 可以单独使用，并且导出相同格式的文件。当引擎得到导出器类型后，会从两个地方查找是

否存在该导出器，一个是 FEED_EXPORTERS_BASE（内置在 scrapy. settings. default_settings 中）、一个是 FEED_EXPORTERS（setting. py 配置文件中的自定义导出器）。

内置 FEED_EXPORTERS_BASE 导出器的格式和对应的导出器路径如下。

```
FEED_EXPORTERS_BASE = {
    'json': 'scrapy.exporters.JsonItemExporter',
    'jsonlines': 'scrapy.exporters.JsonLinesItemExporter',
    'jl': 'scrapy.exporters.JsonLinesItemExporter',
    'csv': 'scrapy.exporters.CsvItemExporter',
    'xml': 'scrapy.exporters.XmlItemExporter',
    'marshal': 'scrapy.exporters.MarshalItemExporter',
    'pickle': 'scrapy.exporters.PickleItemExporter',
}
```

1.6.2 自定义数据导出器

尽管 Scrapy 已经内置了常用的数据导出器，但是在实践中还需要另一种常用的格式 xlsx，Scrapy 的高扩展性提供了自定义导出器的功能，它可以通过自定义导出器实现 xlsx 数据格式的导出。

内置的导出器都是继承自 BaseItemExporter 导出器基类，基类完成了大部分的初始化工作和字段的处理工作，同时定义了下面几个导出器类常用的方法。

1. start_exporting()方法

start_exporting()方法在导出开始时被调用，用于初始化，类似于 pipelines 的 open_spider()。

2. finish_exporting()方法

finish_exporting()方法在导出完成后调用，用于收尾工作，类似于 pipelines 的 close_spider()。

3. export_item()方法

export_item()方法用于处理每项数据，也就是主程序，类似于 pipelines 的 process_item()，是必须实现的方法。

4. _get_serialized_fields()方法

_get_serialized_fields()方法将完整的 Item 数据经过字段过滤和排序，返回 key 和 value 的元组列表。

下面是 JSONLine 格式导出的导出器源码。

```
class JsonLinesItemExporter(BaseItemExporter):

    def __init__(self, file, **kwargs):
        super().__init__(dont_fail=True, **kwargs)
        self.file = file
        self._kwargs.setdefault('ensure_ascii', not self.encoding)
        self.encoder = ScrapyJSONEncoder(**self._kwargs)

    def export_item(self, item):
        itemdict = dict(self._get_serialized_fields(item))
        data = self.encoder.encode(itemdict) + '\n'
        self.file.write(to_bytes(data, self.encoding))
```

上述源码只实现了导出器的初始化方法和 export_item()方法，下面将按照同样的格式来定义 xlsx 导出器类。导出器使用 Excel 操作库 openpyxl 来写入 xlsx 文件。项目文件夹下新建 exporter.py 文件，在该文件下创建导出 xlsx 格式的导出器类 XlsxItemExporter。源码如下。

```
from scrapy.exporters import BaseItemExporter
from openpyxl import Workbook


class XlsxItemExporter(BaseItemExporter):

    def __init__(self, file, **kwargs):
        super().__init__(dont_fail=True, **kwargs)
        self.file = file
        self.wbook = Workbook()
        self.wsheet = self.wbook.active
        self.first = True

    def finish_exporting(self):
        self.wbook.save(self.file.name)

    def export_item(self, item):
        fields = self._get_serialized_fields(item) # 获得处理后的 item
        if self.first:
            initial = dict(fields)
            for items in [initial.keys(), initial.values()]:
                self.wsheet.append(list(items))
            self.first = False
        else:
            self.wsheet.append(list(dict(fields).values()))
```

上述源码具有通用性，能自动插入表头，表名是指定的导出文件名。使用时在配置文件中新增 FEED_EXPORTERS = {'xlsx': 'project.exporter.XlsxItemExporter'}配置项，其他几个配置项字段可以正常使用。

1.7 分布式 Scrapy

1.7.1 分布式架构

Scrapy 并不提供对分布式的支持，要创建分布式的 Scrapy 项目需要先安装第三方库 scrapy-redis，该库提供了分布式爬虫基类 RedisSpider 和分布式通用爬虫基类 RedisCrawlSpider。分布式的 Scrapy 项目的创建没有内置的模板，创建时先使用 Scrapy 基础爬虫模板创建项目，再修改爬虫文件和配置文件。

scrapy-redis 是通过 Redis 实现分布式通信的 Scrapy 扩展项目。scrapy-redis 可通过 Redis 来实现各个爬虫共用的任务队列、任务去重队列、数据存储，除了常规 Scrapy 爬虫的中间件、Request 对象、Response 对象、Items 对象之外，它还自带一套调度器、去重组件、数据管道、分布式爬虫基类 Spider、队列等组件，其架构示意图如图 1-6 所示。

分布式爬虫的工作原理是：首先在每个单机上运行爬虫并堵塞，将起始 URL 地址写入共享的 start_urls 队列中。然后爬虫从中获取到起始 URL 构造 Request 对象，并序列化后

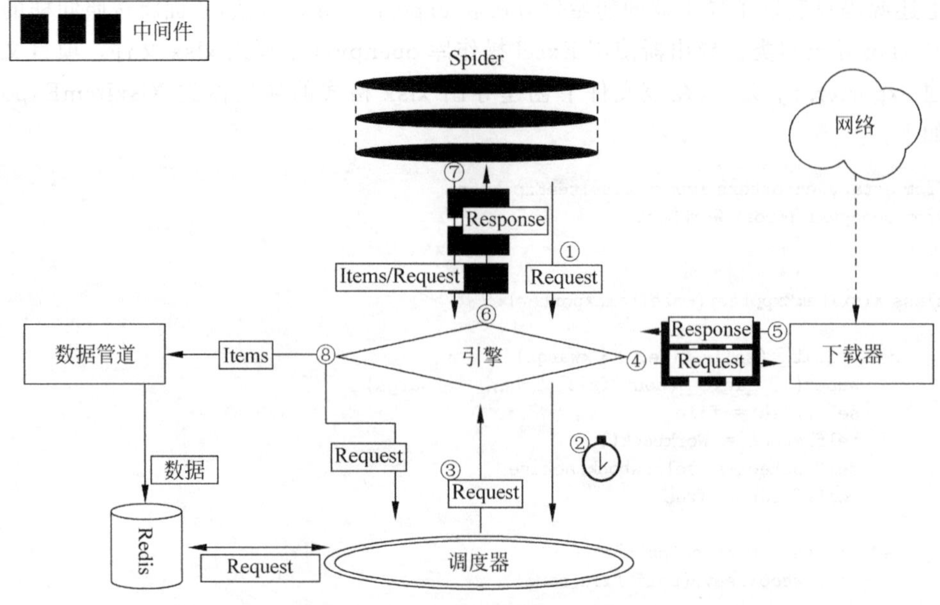

图 1-6 scrapy-redis 架构示意图

存放到 Redis 任务队列中；接着各个爬虫从任务队列中获取到任务，对任务进行下载并解析页面，解析出来的新请求去重后再加入 Redis 任务队列。最后各个爬虫解析出的数据将通过数据管道存放到同一个 Redis 数据库中，再通过其他脚本将 Redis 中的数据转存到 MySQL、MongoDB 或导出本地文件。

1.7.2 分布式通信队列

scrapy-redis 是依赖 Redis 存储中介来实现多台主机多爬虫之间的通信。scrapy-redis 操作 Redis 队列是通过内部的 queue. py 文件中的方法来实现的，其定义了先进先出队列、先进后出队列、优先级队列类，在调度器的统一协调下最终实现各个主机的协同工作。

queue. py 文件定义了一个基类 Base 和三个子类 FifoQueue（SpiderQueue）、LifoQueue（SpiderStack）、PriorityQueue（SpiderPriorityQueue）。三个子类主要覆写基类的 pop()、push()、__len__()三个方法，这三个方法主要是对不同的 Redis 数据类型做添加数据、弹出数据、求数据长度的操作。

FifoQueue 先进先出队列主要使用 Redis 的列表数据类型，通过在列表一端插入数据，在另一端弹出数据以实现先进先出。

LifoQueue 后进先出队列主要使用 Redis 的列表数据类型，通过在列表一端插入数据，在相同端弹出数据以实现后进先出。

PriorityQueue 优先级队列是默认使用的队列。主要使用 Redis 的有序集合数据类型，连同数据优先级一起存放，弹出数据使用了 Redis 的事务，获取并删除第一个数据。源码如下。

```
class PriorityQueue(Base):

    def __len__(self):
        """Return the length of the queue"""
        return self.server.zcard(self.key)
```

```
    def push(self, request):
        """Push a request"""
        data = self._encode_request(request)
        score = -request.priority
        self.server.execute_command('ZADD', self.key, score, data)

    def pop(self, timeout=0):
        pipe = self.server.pipeline()
        pipe.multi()
        pipe.zrange(self.key, 0, 0).zremrangebyrank(self.key, 0, 0)
        results, count = pipe.execute()
        if results:
            return self._decode_request(results[0])
```

向 Redis 写入数据时 key 的值是 key % {'spider': spider.name}运算的结果，相同的爬虫使用调度队列的 key 相同，进而实现了在不同主机上运行的爬虫能使用相同的队列。

1.7.3 分布式爬虫

scrapy-redis 提供了分布式爬虫基类(RedisSpider)和分布式通用爬虫基类(RedisCrawlSpider)。scrapy_redis 下的 spider.py 文件实现了 RedisSpider 和 RedisCrawlSpider 两个类，RedisSpider 继承自 scrapy-redis 中的 RedisMixin 类和 scrapy 的 Spider 类，RedisCrawlSpider 继承自 scrapy-redis 中的 RedisMixin 类和 scrapy 中的 CrawlSpider 类。基类 RedisMixin 中的 start_requests()方法实现了初始请求逻辑，它从 Redis 中的初始请求队列获取起始 URL，然后生成 Request 对象传递给引擎，经过调度，最后序列化后写入 Redis 的任务队列。基类 RedisMixin 中 start_requests()方法，实现源码如下。

```
class RedisMixin(object):
    """实现从 redis 队列读取 URI 的 Mixin 类
    redis_key = None
    redis_batch_size = None
    redis_encoding = None

    # redis 客户端占位符
    server = None

    def start_requests(self):
        """从 redis 返回一批启动请求"""
        return self.next_requests()

    def setup_redis(self, crawler=None):
        """设置 redis 连接和空闲信号

        这应该在 sipder 设置其爬虫后调用
        """
        if self.server is not None:
            return

        if crawler is None:
            # 允许可选的爬虫参数保持向后
            # 兼容性
            # XXX: 发出反对使用的警告
            crawler = getattr(self, 'crawler', None)
```

```
        if crawler is None:
            raise ValueError("crawler is required")

        settings = crawler.settings

        if self.redis_key is None:
            self.redis_key = settings.get(
                'REDIS_START_URLS_KEY', defaults.START_URLS_KEY,
            )

        self.redis_key = self.redis_key % {'name': self.name}

        if not self.redis_key.strip():
            raise ValueError("redis_key must not be empty")

        if self.redis_batch_size is None:
            # TODO: 不推荐此设置(REDIS_URLS_BATCH_SIZE)
            self.redis_batch_size = settings.getint(
                'REDIS_START_URLS_BATCH_SIZE',
                settings.getint('CONCURRENT_REQUESTS'),
            )

        try:
            self.redis_batch_size = int(self.redis_batch_size)
        except (TypeError, ValueError):
            raise ValueError("redis_batch_size must be an integer")

        if self.redis_encoding is None:
            self.redis_encoding = settings.get('REDIS_ENCODING', defaults.REDIS_ENCODING)

        self.logger.info("Reading start URLs from redis key '%(redis_key)s' "
                         "(batch size: %(redis_batch_size)s, encoding: %(redis_encoding)s",
                         self.__dict__)

        self.server = connection.from_settings(crawler.settings)
        # 当spider没有剩余请求时调用idle信号,也就是将从redis队列调度新请求时
        crawler.signals.connect(self.spider_idle, signal=signals.spider_idle)

    def next_requests(self):
        """Returns a request to be scheduled or none."""
        use_set = self.settings.getbool('REDIS_START_URLS_AS_SET', defaults.START_URLS_AS_SET)
        fetch_one = self.server.spop if use_set else self.server.lpop
        # XXX: 需要在这里使用超时吗?
        found = 0
        # TODO: 使用redis管道执行
        while found < self.redis_batch_size:
            data = fetch_one(self.redis_key)
            if not data:
                break
            req = self.make_request_from_data(data)
            if req:
                yield req
                found += 1
            else:
                self.logger.debug("Request not made from data: %r", data)
```

```
        if found:
            self.logger.debug("Read % s requests from '% s'", found, self.redis_key)

    def make_request_from_data(self, data):
        """Returns a Request instance from data coming from Redis.

        By default, ``data`` is an encoded URL. You can override this method to
        provide your own message decoding.

        Parameters
        ----------
        data : bytes
            Message from redis.

        """
        url = bytes_to_str(data, self.redis_encoding)
        return self.make_requests_from_url(url)

    def schedule_next_requests(self):
        """Schedules a request if available"""
        # TODO: 当有容量时,调度一批 redis 请求
        for req in self.next_requests():
            self.crawler.engine.crawl(req, spider = self)

    def spider_idle(self):
        """Schedules a request if available, otherwise waits."""
        # XXX: 操纵哨兵关闭 spider
        self.schedule_next_requests()
        raise DontCloseSpider
```

当继承 RedisSpider 或 RedisCrawlSpider 的爬虫运行时，通过 setup_redis 设置 Redis 链接属性 sever，并通过 spider_idle()函数绑定爬虫的空闲信号；当 start_requests()初始请求方法执行时，调用 next_requests()方法从 Redis 的起始列表中获取指定数量的 URL 生成请求任务。URL 的数量大小由爬虫 redis_batch_size 属性或配置中的 REDIS_START_URLS_BATCH_SIZE 字段决定，redis_batch_size 属性的优先级更高，如果都未指定，则默认获取 4 条起始 URL。

完成初始请求后，将按照正常的爬虫逻辑从任务队列中请求任务，然后下载文件，调用回调函数解析，生成数据和新的请求对象，数据被发送到数据管道，新请求将经过引擎和调度发送到队列。

当爬虫空闲后将触发 signals.spider_idle 信号，执行 spider_idle()函数，然后再次去起始队列获取指定数量的 URL 并生成新的请求，重复上述过程。

继承 RedisSpider 或 RedisCrawlSpider 的爬虫，除了拥有原有 scrapy 库的 Spider 和 CrawlSpider 的属性外，还有下面的属性。

(1) redis_key：在 Redis 中的起始 URL 的键，默认为%(name)s:start_urls。

(2) redis_batch_size：每次从 Redis 获取的消息数。

(3) redis_encoding：解码 Redis 队列的消息时要使用的编码。

1.7.4 分布式调度

scrapy_redis.scheduler 取代了 scrapy 库自带的 scheduler 调度。scheduler 主要实现

任务队列对象和 URL 地址去重队列的实例化及 Request 对象进出队列的接口方法，负责调度各个 Spider 的 Request 请求；scheduler 初始化时，通过 settings 文件读取 queue 和 dupefilters 的类型(一般用默认属性)，并配置 queue 和 dupefilters 使用的 key(一般是 spider name 加上 queue 或者 dupefilters)。这样，并对于同一个 Spider 的不同实例，就会使用相同的队列。

scrapy-redis 调度器中的 scheduler 源码如下，其位于 scrapy_redis 下的 scheduler.py 文件中，可通过 from scrapy_redis import scheduler 的方式导入调度器。源码中 open()函数主要实例化管理任务的 self.queue 对象和负责任务去重的 self.df 对象，并通过 self.flush_on_start 属性来决定是否调用 flush()方法清空任务队列和去重队列。enqueue_request()方法提供了 Request 对象去重和入队的接口方法。在一个任务加入任务队列之前，需要经过去重标记 dont_filter 和去重队列的对比。next_request()方法提供了从队列中弹出任务的接口，实现该方法的核心就是 Redis 列表的 pop 弹出。

```
import importlib
import six

from scrapy.utils.misc import load_object

from . import connection, defaults


# TODO: 添加 SCRAPY_JOB 支持
class Scheduler(object):
    """Redis - based scheduler

    Settings
    --------
    SCHEDULER_PERSIST : bool (default: False)
        Whether to persist or clear redis queue.
    SCHEDULER_FLUSH_ON_START : bool (default: False)
        Whether to flush redis queue on start.
    SCHEDULER_IDLE_BEFORE_CLOSE : int (default: 0)
        How many seconds to wait before closing if no message is received.
    SCHEDULER_QUEUE_KEY : str
        Scheduler redis key.
    SCHEDULER_QUEUE_CLASS : str
        Scheduler queue class.
    SCHEDULER_DUPEFILTER_KEY : str
        Scheduler dupefilter redis key.
    SCHEDULER_DUPEFILTER_CLASS : str
        Scheduler dupefilter class.
    SCHEDULER_SERIALIZER : str
        Scheduler serializer.

    """

    def __init__(self, server,
                 persist = False,
                 flush_on_start = False,
                 queue_key = defaults.SCHEDULER_QUEUE_KEY,
                 queue_cls = defaults.SCHEDULER_QUEUE_CLASS,
```

```
                 dupefilter_key = defaults.SCHEDULER_DUPEFILTER_KEY,
                 dupefilter_cls = defaults.SCHEDULER_DUPEFILTER_CLASS,
                 idle_before_close = 0,
                 serializer = None):
        """Initialize scheduler.

        Parameters
        ----------
        server : Redis
            The redis server instance.
        persist : bool
            Whether to flush requests when closing. Default is False.
        flush_on_start : bool
            Whether to flush requests on start. Default is False.
        queue_key : str
            Requests queue key.
        queue_cls : str
            Importable path to the queue class.
        dupefilter_key : str
            Duplicates filter key.
        dupefilter_cls : str
            Importable path to the dupefilter class.
        idle_before_close : int
            Timeout before giving up.

        """
        if idle_before_close < 0:
            raise TypeError("idle_before_close cannot be negative")

        self.server = server
        self.persist = persist
        self.flush_on_start = flush_on_start
        self.queue_key = queue_key
        self.queue_cls = queue_cls
        self.dupefilter_cls = dupefilter_cls
        self.dupefilter_key = dupefilter_key
        self.idle_before_close = idle_before_close
        self.serializer = serializer
        self.stats = None

    def __len__(self):
        return len(self.queue)

    @classmethod
    def from_settings(cls, settings):
        kwargs = {
            'persist': settings.getbool('SCHEDULER_PERSIST'),
            'flush_on_start': settings.getbool('SCHEDULER_FLUSH_ON_START'),
            'idle_before_close': settings.getint('SCHEDULER_IDLE_BEFORE_CLOSE'),
        }

        # 如果缺少这些值,则使用默认值
        optional = {
            # TODO: 设置使用自定义前缀以注意
            # 特定于 scrapy - redis
            'queue_key': 'SCHEDULER_QUEUE_KEY',
```

```
            'queue_cls': 'SCHEDULER_QUEUE_CLASS',
            'dupefilter_key': 'SCHEDULER_DUPEFILTER_KEY',
            # 使用默认设置名称为保持兼容性
            'dupefilter_cls': 'DUPEFILTER_CLASS',
            'serializer': 'SCHEDULER_SERIALIZER',
        }
        for name, setting_name in optional.items():
            val = settings.get(setting_name)
            if val:
                kwargs[name] = val

        # 支持序列化程序作为模块的路径
        if isinstance(kwargs.get('serializer'), six.string_types):
            kwargs['serializer'] = importlib.import_module(kwargs['serializer'])

        server = connection.from_settings(settings)
        # 确保连接正常
        server.ping()

        return cls(server=server, **kwargs)

    @classmethod
    def from_crawler(cls, crawler):
        instance = cls.from_settings(crawler.settings)
        # FIXME: 目前,只有这个构造函数支持统计信息
        instance.stats = crawler.stats
        return instance

    def open(self, spider):
        self.spider = spider

        try:
            self.queue = load_object(self.queue_cls)(
                server=self.server,
                spider=spider,
                key=self.queue_key % {'spider': spider.name},
                serializer=self.serializer,
            )
        except TypeError as e:
            raise ValueError("Failed to instantiate queue class '%s': %s",
                             self.queue_cls, e)

        self.df = load_object(self.dupefilter_cls).from_spider(spider)

        if self.flush_on_start:
            self.flush()
        # 请注意当队列中已存在恢复爬网的请求时
        if len(self.queue):
            spider.log("Resuming crawl (%d requests scheduled)" % len(self.queue))

    def close(self, reason):
        if not self.persist:
            self.flush()

    def flush(self):
        self.df.clear()
```

```
        self.queue.clear()

    def enqueue_request(self, request):
        if not request.dont_filter and self.df.request_seen(request):
            self.df.log(request, self.spider)
            return False
        if self.stats:
            self.stats.inc_value('scheduler/enqueued/redis', spider=self.spider)
        self.queue.push(request)
        return True

    def next_request(self):
        block_pop_timeout = self.idle_before_close
        request = self.queue.pop(block_pop_timeout)
        if request and self.stats:
            self.stats.inc_value('scheduler/dequeued/redis', spider=self.spider)
        return request

    def has_pending_requests(self):
        return len(self) > 0
```

默认情况下的任务队列和去重队列使用的 key 和操作的类规则如下。

```
SCHEDULER_QUEUE_KEY = '%(spider)s:requests'
SCHEDULER_QUEUE_CLASS = 'scrapy_redis.queue.PriorityQueue'
SCHEDULER_DUPEFILTER_KEY = '%(spider)s:dupefilter'
SCHEDULER_DUPEFILTER_CLASS = 'scrapy_redis.dupefilter.RFPDupeFilter'
```

1.7.5 分布式去重

scrapy_redis 的重组件 RFPDupeFilter 是继承自 scrapy 库的 BaseDupeFilter。原 scrapy 库去重是基于单机情况下的内部队列去重，但是分布式是多机条件下的多爬虫协同去重。scrapy-redis 是通过 Redis 的集合来实现的去重。RFPDupeFilter 关键源码如下。

```
class RFPDupeFilter(BaseDupeFilter):
    """Redis-based request duplicates filter.

    This class can also be used with default Scrapy's scheduler.

    """

    logger = logger

    def __init__(self, server, key, debug=False):
        """Initialize the duplicates filter.

        Parameters
        ----------
        server : redis.StrictRedis
            The redis server instance.
        key : str
            Redis key Where to store fingerprints.
        debug : bool, optional
            Whether to log filtered requests.
```

```
        """
        self.server = server
        self.key = key
        self.debug = debug
        self.logdupes = True

    @classmethod
    def from_settings(cls, settings):
        """Returns an instance from given settings.

        This uses by default the key ``dupefilter:<timestamp>``. When using the
        ``scrapy_redis.scheduler.Scheduler`` class, this method is not used as
        it needs to pass the spider name in the key.

        Parameters
        ----------
        settings : scrapy.settings.Settings

        Returns
        -------
        RFPDupeFilter
            A RFPDupeFilter instance.


        """
        server = get_redis_from_settings(settings)
        # XXX: 创建一次性密钥,需要支持才能使用
        # 使用 scrap 的默认调度程序将类作为独立的 dupfillter
        # 如果 scrapy 将 spider 传递给 open()方法,则不需要这样做
        # TODO: 使用 SCRAPY_JOB 作为默认环境并返回时间戳
        key = defaults.DUPEFILTER_KEY % {'timestamp': int(time.time())}
        debug = settings.getbool('DUPEFILTER_DEBUG')
        return cls(server, key=key, debug=debug)

    @classmethod
    def from_crawler(cls, crawler):
        """Returns instance from crawler.

        Parameters
        ----------
        crawler : scrapy.crawler.Crawler

        Returns
        -------
        RFPDupeFilter
            Instance of RFPDupeFilter.

        """
        return cls.from_settings(crawler.settings)

    def request_seen(self, request):
        """Returns True if request was already seen.

        Parameters
        ----------
        request : scrapy.http.Request
```

```
        Returns
        --------
        bool

        """
        fp = self.request_fingerprint(request)
        # 返回添加的值的数量,如果已经存在则为 0
        added = self.server.sadd(self.key, fp)
        return added == 0

    def request_fingerprint(self, request):
        """Returns a fingerprint for a given request.

        Parameters
        ----------
        request : scrapy.http.Request

        Returns
        --------
        str

        """
        return request_fingerprint(request)

    def close(self, reason=''):
        """Delete data on close. Called by Scrapy's scheduler.

        Parameters
        ----------
        reason : str, optional

        """
        self.clear()

    def clear(self):
        """Clears fingerprints data."""
        self.server.delete(self.key)

    def log(self, request, spider):
        """Logs given request.

        Parameters
        ----------
        request : scrapy.http.Request
        spider : scrapy.spiders.Spider

        """
        if self.debug:
            msg = "Filtered duplicate request: %(request)s"
            self.logger.debug(msg, {'request': request}, extra={'spider': spider})
        elif self.logdupes:
            msg = ("Filtered duplicate request %(request)s"
                   " - no more duplicates will be shown"
                   " (see DUPEFILTER_DEBUG to show all duplicates)")
            self.logger.debug(msg, {'request': request}, extra={'spider': spider})
            self.logdupes = False
```

from_settings()、from_crawler()方法用于读取配置实例化 RFPDupeFilter 类，其核心功能是实现 request_seen()、request_fingerprint()这两个方法。request_seen()调用 self.request_fingerprint，进而再调用 from scrapy.utils.request import request_fingerprint 生成请求的指纹，并将该指纹通过 self.server.sadd(self.key, fp)写入 Redis 的集合。如果写入成功，则说明不重复；如果写入失败，则重复。

request_fingerprint()方法用于返回唯一指纹，并且对携带参数顺序不同的 URL 返回相同的指纹。该方法通过散列计算实现，参与散列计算的有 request.method、request.url、request.body。该方法同时提供了一个备选列表参数，该列表存放需要加入计算的 request.headers 中的字段信息，也就是 Cookie 也可以参与指纹计算。针对同一个 URL，但是 header 中的字段不同，那么也可以视为不同的请求，从而不被去重，其源码如下：

```
def request_fingerprint(request, include_headers = None):
    if include_headers:
        include_headers = tuple(to_bytes(h.lower())
                                for h in sorted(include_headers))
    cache = _fingerprint_cache.setdefault(request, {})
    if include_headers not in cache:
        fp = hashlib.sha1()
        fp.update(to_bytes(request.method))
        fp.update(to_bytes(canonicalize_url(request.url)))
        fp.update(request.body or b'')
        if include_headers:
            for hdr in include_headers:
                if hdr in request.headers:
                    fp.update(hdr)
                    for v in request.headers.getlist(hdr):
                        fp.update(v)
        cache[include_headers] = fp.hexdigest()
return cache[include_headers]
```

1.7.6 自定义去重组件

scrapy-redis 的去重组件是基于 Redis 数据库的集合去重的，对于搜索引擎抓取海量网页去重就不适合。在《Python 爬虫实战基础》一书中的 4.3.5 节中，对比了传统的 Redis 集合去重与布隆过滤器去重的内存占用比，使用布隆过滤器去重亿级别的地址占用的空间比 Redis 集合少很多。

这里通过 Redis 数据库内置的布隆过滤器来实现 Scrapy 项目中的去重组件 RBFDupeFilter 类。RBFDupeFilter 类是继承自 BaseDupeFilter 去重基类，参考 scrapy-redis 中的 RFPDupeFilter 类来实现的去重组件。使用该组件需要安装 Redis 4.0 及以上版本，如果没有该环境，使用镜像名为 redislabs/rebloom 的 Redis 镜像来部署服务，部署流程与普通 Redis 一致。

RBFDupeFilter 去重组件的实现源码如下。

```
from scrapy_redis.dupefilter import RFPDupeFilter
from scrapy_redis.connection import get_redis_from_settings
from scrapy_redis import defaults
from redis.exceptions import ResponseError
```

```
class RBFDupeFilter(RFPDupeFilter):

    def __init__(self, server, key, error_rate = 0.000001, initial_size = 1000000000, debug =
False):
        try:
            server.execute_command("bf.reserve", key, error_rate, initial_size)
        except ResponseError:
            pass
        super().__init__(server, key, debug)

    @classmethod
    def from_crawler(cls, crawler):
        return cls.from_settings(crawler)

    @classmethod
def from_settings(cls, crawler):

        settings = crawler.settings
        server = get_redis_from_settings(settings)
        key = defaults.SCHEDULER_DUPEFILTER_KEY % {'spider': crawler.spider.name}
        debug = settings.getbool('DUPEFILTER_DEBUG')
        return cls(server, key = key, debug = debug)

def request_seen(self, request):

        fp = self.request_fingerprint(request)
        added = self.server.execute_command("bf.exists", self.key, fp)
        if added:
            return True
        else:
            self.server.execute_command("bf.add", self.key, fp)
            return False
```

RBFDupeFilter 去重器是继承自 scrapy-redis 中的 RFPDupeFilter 过滤器,使用的是高版本 Redis 中自带的布隆过滤 MBbloom 数据类型。在 Redis 中的键名是%(spider)s:dupefilter,默认容错率是 0.000 001,默认去重样本数量是 1 000 000 000。

RBFDupeFilter 去重器兼容 Scrapy 和 scrapy-redis,如果使用 Scrapy 项目需要配置 REDIS_URL 项,用于连接和支持布隆过滤器的 Redis,DUPEFILTER_CLASS 项指定自定义布隆过滤的导入路径;如果在 scrapy-redis 分布式项目中,按照 scrapy-redis 的配置流程,需要将 DUPEFILTER_CLASS 换成自定义的过滤器路径。代码如下。

```
DUPEFILTER_CLASS = "MsgSpider.RBFDupeFilter.RBFDupeFilter"
REDIS_URL = 'redis://123abc@1.1.1.1
```

1.7.7 基本开发流程

不管是 RedisSpider 项目还是 RedisCrawlSpider 项目的创建流程都与一般的 Scrapy 项目创建流程基本一致,重点在 Spider 的继承和 setting 的配置上有所不同,下面以创建一个分布式项目 TestRedisSpider 为例说明这一过程。

1. 创建项目文件

使用 scrapy 库的模板创建项目文件,默认情况下使用 scrapy 库的基础模板,如果要创建分布式通用爬虫使用-t crawl 参数指定创建通用项目。代码如下。

```
# scrapy startproject - t crawl TestRedisSpider
> scrapy startproject TestRedisSpider
> cd .\TestRedisSpider\
> scrapy genspider test likeinlove.com
```

2. 编写爬虫

如果是一般的分布式爬虫，则使用 RedisSpider 替换原来 scrapy.Spider；如果是分布式通用爬虫，则使用 RedisCrawlSpider 替换原来的 scrapy.CrawlSpider。需要注意，分布式的爬虫不能覆盖 start_requests，这就导致一个问题：要求初始请求必须是 GET 方式的 URL。如要处理初始请求为 POST 方式的 URL，则覆写 make_requests_from_url()方法，如以下源码所示。其余的开发流程和通常的 Spider 开发流程一致，parse()同样是默认的解析函数。

```
import scrapy
from scrapy_redis.spiders import RedisSpider


class TestSpider(RedisSpider):
    name = 'test'
    allowed_domains = ['likeinlove.com']
    start_urls = ['http://likeinlove.com/']

    #改写发送 POST
    def make_requests_from_url(self, url):
        return scrapy.Request(url, method = "POST", dont_filter = True)

    def parse(self, response):
        """
        正常的解析函数逻辑
        """
```

3. 修改配置文件

配置文件 settings 需要修改的内容较多，包括必需配置项和非必需配置项。必需配置项有 Redis 数据库地址 REDIS_URL、引擎 SCHEDULER、过滤器 DUPEFILTER_CLASS、启用 scrapy-redis 的数据管道非必需配置项主要是爬虫停止后是否清空任务队列和去重集合。源码如下。

```
#必需配置项
#指定 Redis 数据的连接 URL
REDIS_URL = 'redis://@localhost:6379'
#指定使用 scrapy - redis 的调度器
SCHEDULER = "scrapy_redis.scheduler.Scheduler"
#指定使用 scrapy - redis 的过滤器
DUPEFILTER_CLASS = "scrapy_redis.dupefilter.RFPDupeFilter"
#启用 scrapy - redis 内置的数据管道
ITEM_PIPELINES = {
    'scrapy_redis.pipelines.RedisPipeline': 300
}
#非必需配置项
```

```
#不清除任务队列和去重集合,默认为 False,清除
SCHEDULER_PERSIST = True
#设置最大空闲时间,防止因等待而关闭
SCHEDULER_IDLE_BEFORE_CLOSE = 10
#起始地址是否以集合数据存放,默认为 False
START_URLS_AS_SET
```

4. 启动、写入任务

在每个主机上按照 Scrapy 的命令行启动项目或使用启动脚本启动项目,启动后爬虫将进入堵塞状态,然后使用 Redis 工具或代码将起始 URL 写入 Redis 列表中,默认的键是 SpiderName:start_urls,如果值是集合类型,那么在配置中指定 START_URLS_AS_SET 为 True,默认为 False,即列表类型。

1.8 Scrapy 参考手册

1.8.1 常用命令

下面是 Scrapy 项目中常用的命令,都是在命令行工具中直接使用的以 scrapy 开头的命令,用于快速完成项目的测试、创建和启动。

1. 创建项目目录

创建一个名为 project_name 的项目,命令如下。

```
scrapy startproject <project_name>
```

2. 在项目下创建爬虫模板程序

不指定参数 t 则默使用基础模板,通过-t 可以指定通用模板。命令后接爬虫程序名 name 和项目抓取的域名地址 domain。命令如下。

```
scrapy genspider [-t template] <name> <domain>
```

3. 单独运行一个爬虫文件

在项目文件夹下,通过执行 runspider 命令运行指定文件。命令如下。

```
scrapy runspider <spider_file.py>
```

4. 启动 Scrapy shell 命令行界面

使用 shell 命令打开 Scrapy 命令行界面。如果后接 URL 地址,则以指定的 URL 地址启动,在命令行界面中可以直接调用 Response 对象。命令如下。

```
scrapy shell [url]
```

5. 使用 Scrapy 下载器

使用下载器打开给定的 URL 地址,并打印下载内容。命令如下。

```
scrapy fetch <url>
```

6. 用 Scrapy 下载 url 页面并在浏览器打开

通过 view()方法可以打开指定的 URL 地址,然后使用默认浏览器打开下载的页面。

命令如下。

```
scrapy view <url>
```

7. 输出 Scrapy 版本

命令如下。

```
scrapy version [ -v]
```

8. 启动指定爬虫

通过执行 crawl 命令在项目目录下启动指定名字的爬虫。命令如下。

```
scrapy crawl <spider_name>
```

9. 查看所有可用的爬虫

在项目文件夹下,通过执行 list 命令查看项目中创建的爬虫程序。命令如下。

```
scrapy list
```

1.8.2 常用配置项

Scrapy 项目文件夹的 setting. py 文件是配置文件,用于设置参数和启停组件,表 1-4 所示为 Scrapy 常用配置项参考列表,完整配置项文档地址参见附录 A。

表 1-4 Scrapy 常用配置项参考

配 置 项	作 用 说 明
AWS_ACCESS_KEY_ID	连接 Amazon Web services 的 AWS access key
AWS_SECRET_ACCESS_KEY	连接 Amazon Web services 的 AWS secret key
BOT_NAME	项目名,用于构建 User-Agent 和日志输出
CONCURRENT_ITEMS	用于指定数据管道同时处理 Items 的最大值,默认为 100
CONCURRENT_REQUESTS	用于指定下载器的并发最大值,默认为 16
CONCURRENT_REQUESTS_PER_DOMAIN	对单个网站并发请求的最大值,默认为 8
CONCURRENT_REQUESTS_PER_IP	对单个 IP 并发请求的最大值,默认为 0,若为非 0 则 CONCURRENT_REQUESTS_PER_DOMAIN 设置失效
DEFAULT_REQUEST_HEADERS	用于设置请求头字典
DEPTH_LIMIT	用于爬取网站最大允许的深度值,默认为 0,无限制
DOWNLOADER_MIDDLEWARES	表示启用的下载中间件及其顺序的字典,默认为{}
DOWNLOAD_DELAY	用于请求相同网站或 IP 的间隔时间,默认为 0
DUPEFILTER_CLASS	用于指定去重器类,默认为 scrapy. dupefilter. RFPDupeFilter
EXTENSIONS	表示项目中启用的插件及其顺序的字典,默认为{}
ITEM_PIPELINES	表示启用的 pipeline 及其顺序的字典,默认为{}
LOG_ENABLED	判断是否启用 logging,默认为 True
LOG_FILE	logging 输出的文件名,默认为 None
LOG_LEVEL	log 级别,默认为 DEBUG
LOG_STDOUT	如果为 True,进程所有的标准输出(及错误)将会被重定向到 log 中,默认为 False。例如,执行 print('hello')将会在 log 中显示

续表

配 置 项	作 用 说 明
REDIRECT_MAX_TIMES	用于指定允许重定向的次数,默认为 20
ROBOTSTXT_OBEY	判断是否遵守 Robots 协议
SCHEDULER	用于指定调度器
SPIDER_MIDDLEWARES	启用的下载中间件及其顺序的字典,默认为{}
SPIDER_MODULES	表示 Scrapy 搜索 Spider 的模块列表
USER_AGENT	指定默认的 User_Agent

1.9 案例：使用 Scrapy 获取当当网商品信息

视频讲解

1.9.1 项目需求

本项目要实现分布式爬虫,目标是获取当当网指定关键字相关图书的信息,使用分布式的 scrapy-redis 框架,用布隆过滤器作为去重组件,提取的信息保存在 Redis 数据库中,并使用 scrapy 自带的文件下载器下载图书封面,以产品的 SKU 作为图片名,最后将项目容器化部署。

1.9.2 项目分析

打开当当网,在搜索框中输入需要的图书关键词并单击"搜索"按钮,搜索跳转地址形如 http://search.dangdang.com/?key=Python&act=input&page_index=2,含有搜索的关键字和当前页数,每个关键字最多展现前 100 页的列表。搜索目的是在搜索列表页获取图书的商品标题、售价、定价、作者、出版日期、出版社、评论数、简介等信息,如图 1-7 所示。

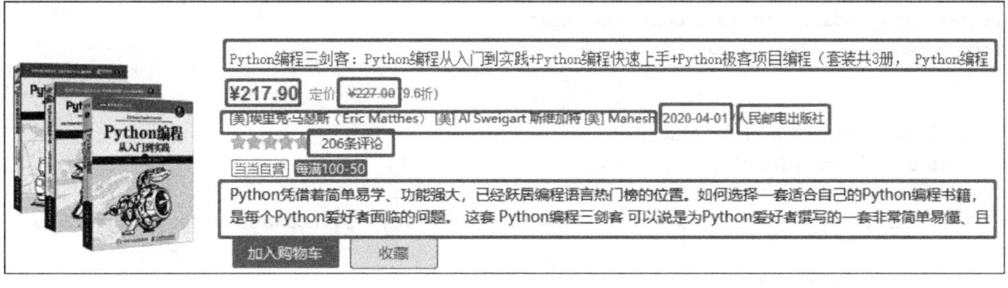

图 1-7 列表页目标字段

1.9.3 编码实现

1. 创建项目文件夹和爬虫文件

使用如下命令创建一个名为 BookSpider 的项目文件夹和一个名为 bookspider 的爬虫文件。

```
scrapy startproject BookSpider
cd BookSpider
scrapy genspider bookspider dangdang.com
```

2. 编写 items.py 文件

在 items.py 文件中定义需要获取的字段,同时增加两个图片下载管道需要的 image_urls、images 字段,items.py 文件内容如下。

```
# - * - coding: UTF-8 - * -

# 定义 items 项目模型
#
# 参考文档如下:
# https://docs.scrapy.org/en/latest/topics/items.html

import scrapy


class BookspiderItem(scrapy.Item):
    title = scrapy.Field()              # 商品标题
    discount = scrapy.Field()           # 售价
    price = scrapy.Field()              # 定价
    author = scrapy.Field()             # 作者
    date = scrapy.Field()               # 出版日期
    house = scrapy.Field()              # 出版社
    comments = scrapy.Field()           # 评论数
    introduce = scrapy.Field()          # 简介
    sku = scrapy.Field()                # 商品 sku
    image_urls = scrapy.Field()         # 封面地址
    images = scrapy.Field()             # 封面下载信息
```

3. 编写 spider.py 文件

修改默认生成的爬虫模板类 BookSpiderSpider，使其继承自 scrapy-redis 的 RedisSpider，在 parse()中实现解析页面的功能，同时为了使该项目具有一定的通用性，根据起始 URL 默认抓取对应的前 100 页数据源码如下。

```
# - * - coding: UTF-8 - * -
import scrapy
from scrapy_redis.spiders import RedisSpider
from BookSpider.items import BookspiderItem


class BookspiderSpider(RedisSpider):
    name = 'bookspider'
    allowed_domains = ['dangdang.com']
    # start_urls = ['http://search.dangdang.com/?key=Python&act=input&page_index=1']

    def parse(self, response):
        if response.request.url[-12:] == 'page_index=1':
            for index in range(2, 101):
                url = response.request.url[:-1] + f'{index}'
                yield scrapy.Request(url, callback=self.parse)
        product_list = response.xpath('//ul[@class="bigimg"]//li')
        for product in product_list:
            items = BookspiderItem()
            items['title'] = product.xpath('./p[@name="title"]/a/@title').get(" ").strip()
            items['discount'] = product.xpath('.//span[@class="search_now_price"]/text()').get
(" ").strip()
            items['price'] = product.xpath('.//span[@class="search_pre_price"]/text()').
get(" ").strip()
            items['author'] = ''.join(product.xpath('.//p[@class="search_book_author"]/
span[1]//text()').getall())
            items['date'] = product.xpath('.//p[@class="search_book_author"]/span[2]/text()').get
(" ").strip().replace('/','')
```

```
            items['house'] = product.xpath('.//p[@class = "search_book_author"]/span[3]/a/
text()').get(" ").strip().replace(
                '/', '')
            items['comments'] = product.xpath('.//a[@dd_name = "单品评论"]/text()').re_
first('(\d+)')
            items['introduce'] = product.xpath('.//p[@class = "detail"]/text()').get('').
strip()
            items['image_urls'] = [response.urljoin(product.xpath('./a/img/@data - original').
get())]
            if None in items['image_urls']:
                items['image_urls'] = [response.urljoin(product.xpath('./a/img/@src').get())]
            sku = product.xpath('./@id').get().replace('p', '')
            items['sku'] = sku
            yield items
```

4. 复写 ImagesPipeline 自定义文件名

新建数据管道类 BookspiderPipeline，继承自 ImagesPipeline，复写其中的 get_media_requests()和 file_path()方法，以商品的 SKU 作为文件名。

```
# - * - coding: UTF - 8 - * -

# 定义 item 项目管道
#
# 将 pipeline 加到 ITEM_PIPELINE 设置中
# 见 https://docs.scrapy.org/en/latest/topics/item - pipeline.html
import platform

from scrapy.pipelines.images import ImagesPipeline
import scrapy
import os


class BookspiderPipeline(ImagesPipeline):

def get_media_requests(self, items, info):
        for image_url in items['image_urls']:
            yield scrapy.Request(image_url, meta = {'sku':items['sku']})

def file_path(self, request, response = None, info = None):
        # 按照 full\分类\标题格式命名
        media_ext = os.path.splitext(request.url)[1]
        if platform.system() == "Windows":
            filename = r'full\ %s%s' % (request.meta['sku'], media_ext)
        else:
            filename = r'full/ %s%s' % (request.meta['sku'], media_ext)
        return filename
```

完整项目文件见本书的配套资源。

5. 修改配置文件

对配置文件的修改主要是增加 scrapy-redis 的必选项，启用单独的引擎，使用自定义的过滤器，指定图片保存的路径，详细修改配置内容如下。

```
# - * - coding: UTF - 8 - * -

# Bookspider 项目的 scrapy 设置
```

```
#
# 为简单起见,此文件仅包含通常使用的重要设置
# 可以通过查阅文档找到更多设置
#
#     https://docs.scrapy.org/en/latest/topics/settings.html
#     https://docs.scrapy.org/en/latest/topics/downloader-middleware.html
#     https://docs.scrapy.org/en/latest/topics/spider-middleware.html

BOT_NAME = 'BookSpider'

SPIDER_MODULES = ['BookSpider.spiders']
NEWSPIDER_MODULE = 'BookSpider.spiders'

# 在抓取中,通过设置 user-agent 标识你或者你的网站
# USER_AGENT = 'BookSpider (+http://www.yourdomain.com)'

# 判断是否遵守 robots.txt 文件规则
ROBOTSTXT_OBEY = False

# 配置 Scrapy 执行的最大并发请求数(默认值: 16)
# CONCURRENT_REQUESTS = 32

# 请求同一个网站的延迟时间(默认值: 0)
# 见 https://docs.scrapy.org/en/latest/topics/settings.html#download-delay
# 请参考自动限速设置和文档
# DOWNLOAD_DELAY = 4
USER_AGENT = "Mozilla/5.0 (Windows NT 10.0; Win64; x64) AppleWebKit/537.36 (KHTML, like
Gecko) Chrome/84.0.4147.125 Safari/537.36"
# 下载延迟设置将只遵循以下其中一项
# CONCURRENT_REQUESTS_PER_DOMAIN = 16
# CONCURRENT_REQUESTS_PER_IP = 16

# 禁用 Cookie(默认情况下已启用)
# COOKIES_ENABLED = False

# 禁用 Telnet 控制台(默认情况下已启用)
# TELNETCONSOLE_ENABLED = False

# 覆盖默认请求头:
# DEFAULT_REQUEST_HEADERS = {
# 'Accept': 'text/html,application/xhtml+xml,application/xml;q=0.9,*/*;q=0.8',
# 'Accept-Language': 'en',
# }

# 启动或禁用 spider 中间件
# 见 https://docs.scrapy.org/en/latest/topics/spider-middleware.html
# SPIDER_MIDDLEWARES = {
# 'BookSpider.middlewares.BookspiderSpiderMiddleware': 543,
# }

# 启用或禁用下载器中间件
# 见 https://docs.scrapy.org/en/latest/topics/downloader-middleware.html
# DOWNLOADER_MIDDLEWARES = {
# 'BookSpider.middlewares.BookspiderDownloaderMiddleware': 543,
# }
```

```
# 启用或禁用扩展
# 见 https://docs.scrapy.org/en/latest/topics/extensions.html
# EXTENSIONS = {
# 'scrapy.extensions.telnet.TelnetConsole': None,
# }

# 配置项目管道
# 见 https://docs.scrapy.org/en/latest/topics/item-pipeline.html
ITEM_PIPELINES = {
    'BookSpider.pipelines.BookspiderPipeline': 200,
    'scrapy_redis.pipelines.RedisPipeline': 300
}
IMAGES_STORE = r"."
DUPEFILTER_CLASS = "BookSpider.RBFDupeFilter.RBFDupeFilter" # "scrapy_redis.dupefilter.
RFPDupeFilter"  # 指定过滤器为 RBFDupeFilter
REDIS_URL = 'redis://root:******@xxx.xxxx.xxx.xxx:6379'  # 换成自己的 Redis 地址
SCHEDULER = "scrapy_redis.scheduler.Scheduler"
# 启用和配置自动限速扩展(默认情况下已禁用)
# 见 https://docs.scrapy.org/en/latest/topics/autothrottle.html
# AUTOTHROTTLE_ENABLED = True
# 初始下载延迟
# AUTOTHROTTLE_START_DELAY = 5
# 在高延迟的情况下,可以设置 最大下载延迟
# AUTOTHROTTLE_MAX_DELAY = 60
# Scrapy 应该并行发送到每个远程服务器的平均请求数
# each remote server
# AUTOTHROTTLE_TARGET_CONCURRENCY = 1.0
# 启用显示收到的每个响应的节流统计信息
# AUTOTHROTTLE_DEBUG = False

# 启用和配置 HTTP 缓存(默认情况下已禁用)
# 见 https://docs.scrapy.org/en/latest/topics/downloader-middleware.html # httpcache-
middleware-settings
# HTTPCACHE_ENABLED = True
# HTTPCACHE_EXPIRATION_SECS = 0
# HTTPCACHE_DIR = 'httpcache'
# HTTPCACHE_IGNORE_HTTP_CODES = []
# HTTPCACHE_STORAGE = 'scrapy.extensions.httpcache.FilesystemCacheStorage'
```

1.9.4 容器化部署

容器化部署主要是将项目打包成镜像,然后推送到镜像仓库,再分发到不同的客户端运行。在项目 scrapy.cfg 同级目录下创建 requirements.txt 和 Dockerfile 文件。requirements.txt 文件用于收集项目所需的库,内容如下。

```
scrapy==1.8.0
scrapy-redis==0.6.8
Pillow
redis==2.10.5
```

在 Dockerfile 文件内写入下列指令。

```
FROM podshumok/python36
MAINTAINER inlike
ENV TZ Asia/Shanghai
```

```
ADD . /BookSpider
WORKDIR /BookSpider
RUN pip3 install -i https://pypi.tuna.tsinghua.edu.cn/simple -r requirements.txt
RUN pip3 install --upgrade twisted
ENTRYPOINT ["python3", "run.py"]
```

然后将项目打包成本地镜像，镜像名为 bookspider，版本是 v1.0。接着在项目目录下，执行下列打包命令。

```
docker build -t bookspider:v1.0 .
```

如果要将该镜像推送至远程仓库，则在打包的镜像名前加上远程仓库的地址和仓库路径。本地镜像打包完成后，使用下列命令运行该镜像，查看镜像的运行日志和本地挂载的目录。

```
docker run -v D:\full:/BookSpider/full bookspider:v1.0
```

在控制台输出的日志应该与本地直接运行代码的日志相同，向 Redis 数据库的 bookspider:start_urls 列表添加起始地址 http://search.dangdang.com/?key=Python&act=input&page_index=1，添加时需注意，在 Redis 中的数据类型是列表，本地爬虫收到任务后开始运行。

一条关键字的起始 URL 将获得 6000 条数据和 6000 张图片，如图 1-8 所示。每条数据格式如下代码所示，在 images 字段中填充了下载图片的相关信息。同时可以重复运行该项目镜像，模拟多主机情况下的分布式爬虫工作流程，提高信息获取效率。

```
{'author': 'XX',
 'comments': '5',
 'date': '2004-06-01',
'discount': '¥106.00',
 'house': '中国 XX 出版社',
 'image_urls': ['http://img3m9.ddimg.cn/66/19/15411111949-1_b_1.jpg'],
 'images': [{'checksum': '9b8ea2a42eabdeacb5d4d3bf983a6072',
            'path': 'full\1546262949.jpg',
            'url': 'http://img3m9.ddimg.cn/66/19/1546262949-1_b_1.jpg'}],
 'introduce': '',
 'price': '¥107.70',
 'sku': '154xxx949',
 'title': 'Python 游戏编程入门 + Python 和 Pygame 游戏开发指南 编程从零基础到项目 实战实例
python 入门 pyth'}
```

图 1-8 下载的部分封面图片

第2章

异步爬虫

Python 多线程是在 GIL(Global Interpreter Lock,全局解释锁)基础上实现的,保证同时只有一个线程在运行,在线程的切换上需要单独消耗资源,本质上并没有将硬件的多个核心利用起来,因此常遭人诟病。相比之下,协程本身就是单线程运行,由用户确定任务切换的时机。协程的切换只是单纯地操作 CPU 的上下文,无操作系统的数据缓存和恢复。协程在 I/O 密集型的程序中发挥极大的作用,由于 I/O 操作远远慢于 CPU 的操作,所以往往需要 CPU 去等 I/O 操作,当触发 I/O 操作时就自动让出 CPU 给其他协程,极大地提升了执行效率。

本章要点如下。

(1) 迭代器和生成器的概念及应用场景。

(2) yield 关键字和 yield from 关键字的作用。

(3) Python 协程的实现原理。

(4) asyncio 异步库的使用方法。

(5) aiohttp 异步请求客户端的使用。

(6) 文件异步读写的方法。

(7) 常用数据库的异步读写。

(8) 通过一个异步爬虫案例介绍异步操作。

2.1 异步 I/O 与协程

异步 I/O 是计算机操作系统对输入/输出的一种处理方式：发起 I/O 请求的线程不等待 I/O 操作完成,就继续执行随后的代码,I/O 结果用其他方式通知发起 I/O 请求的程序。与异步 I/O 相对应的是同步(阻塞)I/O：发起 I/O 请求的线程不从正在调用的 I/O 操作函数返回(即被阻塞),直至 I/O 操作完成。

协程(Coroutine)是计算机程序的一类组件,是推广协作式多任务的子程序,允许执行函数挂起和恢复。协程可以通过 yield 关键字来调用其他协程,每次协程被调用时,从协程上次 yield 关键字返回的位置接着执行,通过 yield 关键字的方式转移执行权的协程之间不是调用者与被调用者的关系,而是彼此对称、平等的关系。

2.1.1 迭代器与生成器

1. 迭代器

迭代是Python最强大的功能之一，是访问集合元素的一种方式。迭代器(Iterator)是一个可以记住遍历元素位置的对象，迭代器对象从集合的第一个元素开始访问，直到所有元素都被访问后结束。迭代器只能前进不能后退。

迭代器是Python语言的基础组成部分，很多情况下是不可见的，因此也被称为隐式迭代器，它们隐含地用在了for(foreach)语句、列表推导和生成器表达式之中。Python标准内创建的所有聚集类型(如list、tuple、dictionary、set等)都支持迭代，它们是可迭代对象。

迭代器有两个基本的函数：iter()和next()。前者用于从可迭代对象中创建迭代器对象，后者用于获取迭代器的下一个对象。next()不能直接作用于可迭代对象。例如：

```
>>> data = ['a', 'b', 'c', 'd']
>>> next(data)
Traceback (most recent call last):
  File "<stdin>", line 1, in <module>
TypeError: 'list' object is not an iterator
>>> items = iter(data)
>>> next(items)
'a'
>>> next(items)
'b'
```

迭代器可以被显式地定义和使用。对于一个可迭代的对象，内建的函数iter()可用来创建一个迭代对象。接着可以通过next()函数对这个迭代对象进行迭代，这个函数在内部使用__next__()方法，它返回这个容器中的下一个元素。当没有元素剩余的时候，引发StopIteration异常。

任何用户定义的类，都可以先通过定义返回迭代器对象的__iter__()方法，支持标准迭代(无论隐式还是显式)，接着迭代器对象需要定义返回下一个元素的__next__()方法，Python生成器实现了这个迭代协议。

2. 生成器

在Python中，使用了yield关键字的函数被称为生成器(Generator)。与普通函数不同的是，生成器是一个返回迭代器的函数，只能用于迭代操作，更简单点理解，生成器就是一个迭代器。在调用生成器运行的过程中，每次遇到yield关键字时函数会暂停并保存当前所有的运行信息，返回yield的值，并在下一次执行next()函数时从当前位置继续运行。

生成器也叫半协程，是协程的子集。尽管二者都可以多次使用yield，挂起自身的执行，并允许在多个入口点重新进入，但它们最大的差异在于，协程有能力控制在它让位之后哪个协程立即接续它来执行，而生成器不能。生成器只能把控制权转交给调用生成器的调用者。在生成器中的yield语句不指定要跳转到的协程，而是向父例程传递返回值。尽管如此，仍可以在生成器机制之上实现协程，这需要通过顶层的派遣器(Dispatcher)例程(实质上是trampoline[①])的援助，它显式地把控制权传递给由生成器传回的令牌(Token)所标识出的子生成器。在Python中，生成器与迭代器的关系是：生成器是迭代器的构造函数，调用一

① trampoline译为弹簧床，用于控制程序在用户和计算机内核之间进行切换的机制。

个生成器函数，返回的是一个迭代器对象。

生成器的基本方法有 send()、next()、close()、throw()。send()方法有 next()方法的作用，同时向生成器内部的 yield()关键字左边的等式赋值；next()方法用于获取生成器的下一个对象；throw()方法用于在协程内引发指定的异常；close()方法的作用是使协程清理自身并退出。例如：

```
>>> def test():
...     print("生成器开始")
...     i = 1
...     while True:
...         i += 1
...         a = yield i
...         print(a)
...
>>> func = test()
>>> func
<generator object test at 0x000001A26DED8748>
>>> func.send(1)
Traceback (most recent call last):
  File "<stdin>", line 1, in <module>
TypeError: can't send non-None value to a just-started generator
>>> func.send(None)
生成器开始
2
>>> func.send(1)
1
3
>>> next(func)
None
4
```

需要注意的是，在生成器未启动时不能直接通过 send()方法传值，但可以通过 send()方法传递一个 None 值或调用 next()方法先启动生成器函数。

2.1.2 yield from 关键字

Python 的 PEP 380 规范中添加了 yield from 关键字，这是 Python 3.3 版本新增加的功能。yield from 关键字允许生成器将其部分操作委托给另一个生成器，且允许将包含结果的代码段分解并放入另一个生成器中。此外，它还允许子生成器返回一个值，并且该值可供委托生成器使用。虽然 yield from 关键字的设计主要用于委托给子生成器，但 yield from 关键字实际上是允许委托给任意子迭代器的。

当使用 yield from 关键字时，它会将右侧提供的表达式视为一个子迭代器。这个子迭代器产生的所有值都直接被传递给当前生成器方法的调用者。通过 send()方法传入的所有值以及通过 throw()方法传入的任何异常，在适当的方法下会被传给下层迭代器。

对于简单的迭代器，本质上只是以下形式的简化形式：yield from iterable for item in iterable：yield item。例如：

```
>>> def g(x):
...     yield from range(x, 0, -1)
...     yield from range(x)
...
>>> list(g(5))
[5, 4, 3, 2, 1, 0, 1, 2, 3, 4]
```

但是，与普通循环不同的是，yield from 关键字允许子生成器直接从调用作用域接收和发送抛出的值，并将最终值返回给外部生成器。例如：

```
>>> def accumulate():
...     tally = 0
...     while 1:
...         next = yield
...         if next is None:
...          return tally
...         tally += next
...
>>> def gather_tallies(tallies):
...     while 1:
...         tally = yield from accumulate()
...         tallies.append(tally)
...
>>> tallies = []
>>> acc = gather_tallies(tallies)
>>> next(acc)              # Ensure the accumulator is ready to accept values
>>> for i in range(4):
...     acc.send(i)
...
>>> acc.send(None)         # 完成第一个 tally
>>> for i in range(5):
...     acc.send(i)
...
>>> acc.send(None)         # 完成第二个 tally
>>> tallies
[6, 10]
```

2.1.3 Python 协程原理

Python 对协程的支持是逐步进化的过程，但是协程的最简单模型就是生成器。Python 2.5 版本中是基于扩展的生成器对类似协程功能的支持；Python 3.3 版本中是通过支持委托给子生成器的 yield form 增进了这个能力；Python 3.4 版本中介入了综合性的异步 I/O 框架 asyncio，包括了利用子生成器委托的协程；Python 3.5 版本中通过 async/await 语法介入了对协程的显式支持；从 Python 3.7 版本开始，async/await 成为保留关键字。

在 asyncio 异步框架出现之前，Python 的协程是基于 yield 关键字生成器的"半协程"，协程有能力控制在它让位之后哪个协程立即接续它来执行，而生成器不能。生成器只能把控制权转交给调用生成器的调用者，在生成器中的 yield 语句不指定要跳转到的协程，而是向父例程传递返回值。

asyncio 加入 Python 标准库后提供了重要的机制——事件循环。事件循环也称消息分发程序、消息循环、消息泵或运行循环，是一种程序构造或设计模式，它在程序中等待并调度事件或消息。asyncio 重点解决网络服务中的问题，事件循环在这里将来自套接字(Socket)的 I/O 的读或写作为单独事件。事件循环通过监听来控制什么动作发生时切换到其他动作，例如在"读"发生时执行其他"写"。

async/await 关键字出现后，通过 async 声明一个协程函数，通过 await 在协程函数内声明一个耗时操作，将协程函数加入 asyncio 事件循环，自动实现消息和事件的切换。asyncio

更像是一个利用 async/await API 进行异步编程的框架。

尽管在 Python 3.4 及以后版本中引入了 asyncio，但是在 Python 3.4 版本中的异步框架是使用 yield from 等待协同程序，使用@asyncio. coroutine 修饰器声明一个协同程序 Python 3.5 版本之后才采用 await 等待协同程序，使用 await 声明一个协同程序。因此在实现异步的语法上还有一些区别，如下是分别使用 asyncio 在 Python 3.4 和 Python 3.5 版本中实现协程的示例。

```
import asyncio
import time

# Python 3.4 版本
@asyncio.coroutine
def main34(i):
    t = time.time()
    r = yield from asyncio.sleep(1)
    print(f"34 协程 {i} 开始 {t} 结束 {time.time()}")


async def main35(i):
    t = time.time()
    await asyncio.sleep(1)
    print(f"35 协程 {i} 开始 {t} 结束 {time.time()}")

# Python 3.5 版本及以上
loop = asyncio.get_event_loop()
tasks34 = [main34(i) for i in range(3)]
tasks35 = [main35(i) for i in range(3)]
loop.run_until_complete(asyncio.wait(tasks34))
print('------------------------')
loop.run_until_complete(asyncio.wait(tasks35))
loop.close()
```

输出结果如下。

```
34 协程 1 开始 1599558106.6937075 结束 1599558107.6946762
34 协程 0 开始 1599558106.6937275 结束 1599558107.6947515
34 协程 2 开始 1599558106.6937375 结束 1599558107.69477
------------------------
35 协程 2 开始 1599558107.6949928 结束 1599558108.695793
35 协程 1 开始 1599558107.6950126 结束 1599558108.6958704
35 协程 0 开始 1599558107.695024 结束 1599558108.6958995
```

虽然是在同一个线程中运行，但是每个版本三个任务的开始时间和结束时间相差不大，在遇到 asyncio. sleep(1)模拟的耗时操作时，立即切换到其他协同程序。这里体现了比 Python 多线程更强的优越性、更低的硬件资源损耗和更高的执行效率。

2.2 asyncio 异步框架

asyncio 是 Python 3.4 版本引入的标准库，直接内置了对异步 I/O 操作的支持，为多个高性能 Python 异步框架提供基础服务，在网络和网站服务、数据库连接、分布式任务队列等场景中提供异步支持。

asyncio 是构建 I/O 密集型和高层级结构化网络代码的最佳选择。asyncio 提供了一组高层级 API 用于以下方面。

(1) 并发地运行 Python 协程并对其执行过程实现完全控制。

(2) 执行网络 I/O 和 IPC(Inter-Process Communication,进程间通信)。

(3) 控制子进程。

(4) 通过队列实现分布式任务。

(5) 同步并发代码。

此外,还有一些低层级的 API 以支持库和框架的开发者实现下面的功能。

(1) 创建和管理事件循环,提供异步 API 用于网络化、子进程运行、处理 OS(Operating System,操作系统)信号等。

(2) 使用 transports(传输层)实现高效率协议。

(3) 通过 async/await 语法桥接基于回调的库和代码。

2.2.1 创建可等待对象

使用 asyncio 异步框架,首先要明白可等待对象的概念。大部分 asyncio API 的设计是为了接收可等待对象。如果一个对象可以在 await 语句中使用,那么它就是可等待对象。

可等待对象有三种主要类型:coroutine(协程)、Task(任务)和 Future。

1. coroutine

asyncio 支持最早基于生成器的@asyncio.coroutine/yield from 关键字(自 Python 3.8 版本起已弃用,在 Python 3.11 版本中删除),以及最新的基于 async/await 关键字定义的协程。协程属于可等待对象,因此可以在其他协程中被等待。这里的协程既可以指协程函数,也可以指调用协程函数返回的协程对象。

新旧协程函数的定义如下。

```
import asyncio

@asyncio.coroutine
def run():
    yield from asyncio.sleep(2)
    print("Start …")

async def main():
    print('Hello …')
    await run()
    print('… World!')

# python 3.5+ 运行方式
loop = asyncio.get_event_loop()
loop.run_until_complete(asyncio.wait([main()]))
loop.close()
# asyncio.run(main())
# Python 3.7+ 运行方式
```

2. Futures

asyncio.Future 是一个特殊的低级可等待对象,代表将执行或未执行的任务,是 Task 的父类。当等待一个 Future 对象时,意味着协程将一直等待,直到返回结果。asyncio 中的

Future 对象需要基于回调的代码与 async/await 一起使用。正常情况下，没有必要在应用程序级代码中创建 Future 对象。

Future 对象有四个状态：Pending（待运行）、Running（运行中）、Done（运行完成）、Cancelled（已取消），代表任务所处的阶段和状态。

Future 对象由库和部分 asyncio API 暴露给用户，用作可等待对象，比如常用的一个低级方法 loop. run_in_executor()返回 Future 对象。该方法的作用是在线程或进程池中执行单独的代码。下面是手动创建并使用 Future 对象的示例：

```
import asyncio

async def slow_operation(future):
    await asyncio.sleep(1)
    future.set_result('Future is done!')

loop = asyncio.get_event_loop()
future = asyncio.Future()
asyncio.ensure_future(slow_operation(future))
loop.run_until_complete(future)
print(future.result())
loop.close()
```

3. Task（任务）

asyncio. Task 用来处理协同程序的并发执行，它是 asyncio. Future 的子类，继承其除了 Future. set_result()和 Future. set_exception()以外的所有 API，只有当协程对象包装成任务时才能在事件循环中运行。asyncio. Task 的作用是在同一事件循环中，运行某一个任务的同时可以并发地运行多个任务。当协程嵌入任务中时，它会自动将任务和事件循环连接起来，当事件循环启动的时候，任务自动运行。例如：

```
import asyncio


@asyncio.coroutine
def run():
    yield from asyncio.sleep(2)
    print("Start …")


async def main():
    print('Hello ...')
    asyncio.create_task(run())
    await asyncio.sleep(4)
    # await run()
    print('... World!')


asyncio.run(main())                          # Python 3.7 启动方式
```

输出结果如下：

```
Hello…
Start…
…World!
```

Task 对象的作用是在事件循环中运行协程。如果一个协程在等待一个 Future 对象，Task 对象会挂起该协程的执行并等待 Future 对象完成。当 Future 对象完成时，被包含的协程将恢复执行。

事件循环的调度规则是：一个事件循环每次运行一个 Task 对象，而一个 Task 对象会等待一个 Future 对象的完成，该事件循环会运行其他 Task、回调或执行 I/O 操作。

创建 Task 对象可以使用高层级的 asyncio. create_task()，也可以用低层级的 loop. create_task()（这是 Python 3.4.4 新版本的功能，Python 3.5.1 版本中更改为 asyncio. ensure_future()），但是 asyncio. create_task()函数具有更多功能，例如把包装的协程加入事件循环并发执行。

要取消一个正在运行的 Task 对象，可以使用 cancel()方法。调用此方法将使该 Task 对象抛出一个 CancelledError 异常给挂起的协程，如果取消期间一个协程正在等待一个 Future 对象，该 Future 对象也将被取消。

cancelled()方法可被用来检测 Task 对象是否被取消。如果 Task 包含的协程没有捕获 CancelledError 异常并且调用了 cancel()方法，则该方法将返回 True。

对于一个 Task 对象，除了上面介绍的 cancel()、cancelled()方法外，还有下列方法，其用法及说明如下。

(1) done()：在 Task 抛出异常、cancel 取消任务、执行完成的情况下，返回 True。

(2) result()：如果 Task 执行完成，则返回 Task 的执行结果；如果 Task 结果不可用，则抛出 InvalidStateError 异常；如果 Task 被取消，则抛出 CancelledError 异常。

(3) exception()：如果 Task 执行完成，则返回 None；如果 Task 结果不可用，则抛出 InvalidStateError 异常；如果 Task 被取消，则抛出 CancelledError 异常。

(4) add_done_callback(callback，*，context=None)：给 Task 添加一个回调函数，在 Task 完成时调用。

(5) remove_done_callback(callback)：从回调列表中移除 callback()回调函数。

(6) get_stack(*，limit=None)：返回此 Task 对象的栈框架列表。

(7) print_stack(*，limit=None，file=None)：打印此 Task 对象的栈或回溯。

(8) asyncio. all_tasks()：返回一个事件循环中所有任务的集合，原为调用 all_tasks (loop=None)方法。

(9) asyncio. current_task()：返回当前运行中的任务，如果没有任务，则返回 None，原为调用 current_task()方法。

2.2.2 运行 asyncio 程序

协程对象不能直接运行。在运行单个或多个协程对象时，需要先包装成 Task 对象。Task 对象是 Future 类的子类，保存了协程运行后的状态，用于未来获取协程的结果。除了在 Python 早期版本中，需要使用到较为低级的接口手动管理事件循环外，从 Python 3.7 版本开始提供了一些高级接口来自动管理事件循环。

1. 运行协程函数

Python 3.7 及以上版本通过 asyncio. run(coro，*，debug=False)运行 coro(协程)并返回结果。当有其他 asyncio 事件循环在同一线程中运行时，此函数不能被调用，最佳情况下该函数只被调用一次。如果参数 debug 为 True，事件循环将以调试模式运行。该方法是一个高级接口方法，用于运行顶层的 main()函数。如果要手动管理事件循环和使用任务回调方法，则需要使用低级接口处理。

run()函数运行协程的使用方法如下。

```
import asyncio


async def main():
    await asyncio.sleep(1)
    print('hello')

asyncio.run(main())
```

在 Python 3.7 以下版本使用低级的事件循环对象 AbstractEventLoop，通过创建事件循环、注册任务、关闭事件循环来运行任务。在使用低级接口时，都是先获取一个事件循环对象，然后使用事件循环对象的 run_until_complete()方法或 run_forever()方法启动。

loop.run_until_complete()的作用是直接运行协程或 Task 对象，直到任务完成并返回。如果是传入协程对象，则会在内部转换为 Task 对象。run_until_complete()方法的使用方式如下。

```
import asyncio


async def main():
    await asyncio.sleep(1)
    print('hello')

loop = asyncio.get_event_loop()        # 获取一个异步事件循环
loop.run_until_complete(main())        # 运行协程或 future 直到完成
loop.close()
```

上面源码中的 loop.run_until_complete(main())也可以用下面两句替代，但是不能使用 asyncio.create_task()这个高级方法，因为该方法用于协程的并发操作。

```
loop.run_until_complete(loop.create_task(main()))          # Python 3.4.1 版本的新功能
loop.run_until_complete(asyncio.ensure_future(main()))     # Python 3.5.1 版本后更新
```

loop.run_forever()的作用是以零超时对 I/O 选择器进行一次轮询，并执行相应的回调，直到调用 stop()或 close()后退出，否则事件循环不会关闭。run_forever()方法的使用方式如下。

```
import asyncio


async def main():
    await asyncio.sleep(1)
    print('hello')

loop = asyncio.get_event_loop()        # 获取一个异步事件循环
asyncio.ensure_future(main())          # 生成 future 对象并注册事件
loop.run_forever()
loop.close()
```

2. 并发运行协程函数

并发是指至少有两个计算在同时运作，计算结果可能同时发生。在这里指的是多个协程任务同时执行，这也是asyncio高效率的关键。上面的运行方式都是单任务在运行，体现不了异步的优点，asyncio提供了多种并发运行任务的方式。

1）gather()并发运行

coroutineasyncio.gather(*aws, loop=None, return_exceptions=False)用于并发运行aws序列中的可等待对象。如果aws中的某个可等待对象为协程，它将自动作为一个任务加入调度；如果所有可等待对象都成功完成，结果将是一个由所有返回值聚合而成的列表，顺序与aws中可等待对象的顺序一致。

如果参数return_exceptions为False(默认)，所引发的首个异常会立即传播给等待gather结果的任务，aws序列中的其他可等待对象将继续运行；如果为True，异常会和成功的结果一样处理，并聚合至结果列表中。

如果aws序列中的任一Task或Future对象被取消，它将按照抛出CancelledError异常的流程处理，这种情况下，gather()调用不会被取消其他Task或Future继续执行。

如果gather()被取消，所有提交的未完成的等待对象都将被取消，然后根据return_exceptions值传播异常或返回含异常信息的结果，但从Python 3.6.6版本开始，无论return_exceptions取值为何，消息都会被传播。例如：

```
import asyncio


async def run(name):
    t = time.time()
    await asyncio.sleep(2)
    print(f"{name} {t} {time.time()}")

async def main():
    await asyncio.gather(*[run(i) for i in range(3)])
# 低级接口运行
loop = asyncio.get_event_loop()
loop.run_until_complete(asyncio.gather(*[run(i) for i in range(3)]))
loop.close()
# Python 3.7 版本运行
asyncio.run(main())
```

上述代码分别使用了低级的事件循环方法和高级的run()函数并发执行，每个任务使用休眠1秒代表任务耗时，部分打印信息如下。

```
0 1600151777.615713 1600151779.6159968
1 1600151777.615713 1600151779.6159968
2 1600151777.615713 1600151779.6159968
```

2）create_task()并发运行

通过coroutine asyncio.create_task(coro, *, name=None)创建新任务是首选的方法，包装一个协程作为一个Task并安排执行，返回任务对象。该方法是Python 3.7版本中添加的，之前版本使用asyncio.create_task()方法。asyncio.create_task()的使用方式如下。

```
import asyncio


async def run(name):
    t = time.time()
    await asyncio.sleep(2)
    print(f"{name} {t} {time.time()}")

async def main():
    task = asyncio.create_task(run(0))
    task1 = asyncio.create_task(run(1))
    task2 = asyncio.create_task(run(2))
    await task1, task, task2

asyncio.run(main())
```

通过 create_task()创建了三个 Tasks,并将其加入事件循环中运行,最后等待执行结果,打印输出结果如下。

```
0 1600152608.5969715 1600152610.597935
1 1600152608.5969715 1600152610.597935
2 1600152608.5969715 1600152610.597935
```

3) wait()并发运行

通过 coroutineasyncio. wait(aws, *, loop=None, timeout=None, return_when=ALL_COMPLETED) 并发运行 aws 指定的任务,并阻塞线程直到满足 return_when 指定的条件。该函数返回两项值:第一项是完成的任务的列表(done),第二项是等待(Future)完成的任务列表(pending)。与 gather 不同的地方是,wait()主要应用于等待任务的完成,但是并不收集任务完成的结果,结果需要手动获取。需要注意的是,直接向 wait()传入协程对象的方式已被弃用,因为协程对象将自动作为任务加入事件循环,导致任务和协程对象的混乱。

参数 timeout 是等待返回结果的最长秒数,如果发生超时,则未完成的 Future 或 Task 也将返回;参数 return_when 的默认值为 ALL_COMPLETED,即等待全部任务完成,它还支持 FIRST_COMPLETED(第一个协程完成就返回)、FIRST_EXCEPTION(出现第一个异常就返回)。例如:

```
import asyncio


async def foo(t):
    await asyncio.sleep(t)
    return t

async def run():
    done, pending = await asyncio.wait([foo(1), foo(11)], timeout = 2)
    print(done)
    print(pending)


asyncio.run(run())
```

打印信息如下。

```
{<Task finished coro=<foo() done, defined at test2.py:4> result=1>}
{<Task pending coro=<foo() running at test2.py:5> wait_for=<Future pending cb=[Task._
wakeup()]>>}
```

4) as_completed()并发运行

通过 coroutineasyncio. as_completed(aws, *, loop=None, timeout=None)并发运行 aws 集合中的可等待对象,返回一个 Future 对象的迭代器,每项是剩余可等待对象集合中最早执行完成的 Future。例如:

```
import asyncio


async def run(t):
    await asyncio.sleep(t)
    return t

async def main():
    tasks = [asyncio.ensure_future(run(i)) for i in [1, 2, 1, 5]]
    for task in asyncio.as_completed(tasks):
        result = await task
        print('Task ret: {}'.format(result))

t = time.time()
asyncio.run(main())
print(t - time.time())
# 打印输出如下
Task ret: 1
Task ret: 1
Task ret: 2
Task ret: 5
-5.004790544509888
```

3. 任务超时等待

coroutineasyncio. wait_for(aw, timeout, *, loop=None)用于可等待对象 aw 的执行超时,超时后任务将取消并抛出 asyncio. TimeoutError 异常。如果 aw 是一个协程,它将自动作为任务加入事件循环;如果 timeout 为 None,则等待直到完成。如果等待被取消,则 aw 指定的对象也会被取消,要避免任务超时后被取消,可以加上 asyncio. shield()。wait_for、shield 的使用方法如下。

```
import asyncio


async def run(t):
    await asyncio.sleep(t)
    print(t)

async def main():
    try:
        tasks = await asyncio.wait_for(asyncio.shield(run(3)), timeout=1) # shield屏蔽取消
    except asyncio.TimeoutError as e:
        print("超时不取消任务")
        await asyncio.sleep(4)
```

```
asyncio.run(main())
# 打印信息
超时不取消任务
3
```

上述源码中，wait_for 的等待时间明显小于协程 run 的执行时间，因为使用 asyncio.shield()屏蔽取消操作，所以在 try/except 捕获异常后任务还是运行的，最后打印出 3。

2.2.3　asyncio 结果回调

asyncio 提供了绑定任务回调和调度任务回调的方法。绑定任务回调是在任务完成后即调用绑定函数。调度任务回调提供了延时回调、绝对时间戳定时回调和事件循环迭代时调用。下面罗列了常用的回调函数的使用方法及作用。

1. add_done_callback(callback, *, context=None)

add_done_callback()的作用是给 Task 对象添加一个回调，将在 Task 对象完成时被调用。要移除该回调函数可使用 Task 的 remove_done_callback()方法。

2. loop.call_later(delay, callback, * args, context=None)

loop.call_later()的作用是在给定秒数之后回调。函数返回 asyncio.TimerHandle 实例化对象，该对象具有取消回调的 cancel()方法。可选位置参数 args 在被调用后传递给 callback；context 参数是 Python 3.7 版本新增加的，用于传递键值类形参。

3. loop.call_at(when, callback, * args, context=None)

loop.call_at()的作用是在给定的绝对时间戳下调用回调函数，时间戳使用的事件循环的内部时间，可通过 loop.time()获取。函数返回 asyncio.TimerHandle 实例化对象，该对象具有取消回调的 cancel()方法。可选位置参数 args 在被调用后传递给 callback；context 参数是 Python 3.7 版本新增加的，用于传递键值类形参。

4. loop.call_soon(callback, * args, context = None)

loop.call_soon()函数的作用是立刻调用回调函数，它是 call_later(0, callback, * args, context = None)的封装，即等待 0 秒后调用。参数解释及使用方法同 call_later()函数，不同的是返回 asyncio.Handle 实例。该对象是 asyncio.TimerHandle 的父类，同样具有取消回调的 cancel()方法。

5. loop.call_soon_threadsafe(callback, * args, context=None)

loop.call_soon_threadsafe()函数是 call_soon 的变体，主要提供线程安全保障。该函数必须应用在调用其他线程回调函数的场景中，参数解释同 call_soon()。

6. 传递关键字参数

除了在 Python 3.7 及以上版本中通过 context 向回调传递关键字参数外，在其之前的版本中可通过 functools.partial()函数向回调方法传递关键字参数，例如回调 print("Hello", flush=True)，可通过 loop.call_soon(functools.partial(print, "Hello", flush=True))实现。

下面是 add_done_callback()、call_soon()、call_later()、call_at()、functools.partial()的使用示例。

```
import asyncio
from functools import partial
```

```
def run(info, loop = None):
    print(f"{info} {loop.time() if loop else '任务完成回调'}")
    return "回调完成"

async def main():
    loop = asyncio.get_event_loop()
    task = asyncio.Future()
    print(f"开始时间戳 {loop.time()}")
    loop.call_soon(run, '立刻回调', loop)
    loop.call_at(loop.time() + 2, run, '指定时间戳下回调', loop)
    loop.call_later(1, run, "延迟回调", loop)
    task.add_done_callback(run) # 绑定任务回调函数
    task.set_result("任务完成")
    loop.call_soon(partial(run, "传递关键字", loop = loop))
    await asyncio.sleep(2)
    # Python 3.7 版本的运行入口
asyncio.run(main())
# 打印信息
开始时间戳 507849.734
立刻回调 507849.734
<Future finished result = '任务完成'> 任务完成回调
传递关键字 507849.734
延迟回调 507850.734
指定时间戳下回调 507851.734
```

2.2.4 asyncio 并发和多线程

事件循环在线程中运行(通常是主线程),并在线程中执行所有回调和任务。当一个任务在事件循环中运行时,其他任务则不能在同一个线程中运行。当有任务执行一个 await 表达式时,正在运行的任务被挂起,事件循环执行下一个任务,所以需要使用多线程或多进程来执行堵塞函数,避免事件循环导致"卡死"。

asyncio 提供了几个高级方法用于从其他线程或进程中执行代码并获取结果,还提供了调用其他线程的回调函数和协程对象的方法,以及用于在线程池和进程池中执行堵塞函数的方法。

1. 调用来自另一个线程的回调函数

要调用来自其他线程的 callback,可使用 loop.call_soon_threadsafe()函数。它是 call_soon()回调函数的线程安全版本,必须用来调用其他线程的回调。使用方法如下。

```
import asyncio
import threading

def run(loop):
    print(f"调用线程 {threading.current_thread().ident}")

loop = asyncio.get_event_loop()                       # 共享变量 loop
threading.Thread(target = loop.run_forever).start()   # 独立线程运行 loop
loop.call_soon_threadsafe(run, loop)                  # loop 绑定回调,立刻回调
print(f"主线程 {threading.current_thread().ident}")
# 打印信息,在单独线程中回调了主线中的 run()函数
调用线程 13292 主线程 12956
```

2. 调用来自另一个线程的协程对象

要调用来自其他线程的协程对象，可使用 asyncio. run_coroutine_threadsafe()函数。该函数返回 concurrent. futures. Future 对象。run_coroutine_threadsafe()也用于在不同线程中提交协程到事件循环中。使用方法如下。

```
async def run():
    print(f"子线程 ID {threading.current_thread().ident}")
    return "success"

loop = asyncio.get_event_loop()
threading.Thread(target = loop.run_forever).start()            # 子线程运行 loop
future = asyncio.run_coroutine_threadsafe(run(), loop)          # 提交协程
print(f"主线程 ID {threading.current_thread().ident}")
print(f"回调协程对象结果 {future.result()}")
# 打印信息
主线程 ID 16264
子线程 ID 12504
回调协程对象结果 success
```

3. 调用堵塞型代码

不应该在异步程序中直接调用阻塞代码。例如，一个函数执行 1 秒的 CPU 密集型计算，那么所有并发异步任务和 I/O 操作都将延迟 1 秒。asyncio 提供了 loop. run_in_executor()函数用于在单独的线程池或进程池中执行堵塞代码。

参数 executor 是实例化的执行器，可以是实例化的 concurrent. futures. ThreadPoolExecutor 和 concurrent. futures. ProcessPoolExecutor，如果为 None 则使用默认的执行器。参数 func 是调用的函数，通过 args 传递位置参数，或者通过 functools. partial()函数传递关键字参数。run_in_executor()方法返回一个 asyncio. Future 对象。

ThreadPoolExecutor 和 ProcessPoolExecutor 有一关键的实例化参数 max_workers，该参数代表线程池和进程池的大小。如果 max_workers 为 None 或者未指定，线程池和进程池的默认大小是计算机处理器的个数。需要注意的是，在 Windows 系统中，max_workers 必须小于或等于 61。

下面是使用线程池和进程池执行器的示例：

```
import asyncio
import concurrent.futures
import time

def run(name):
    t = time.time()
    sum([i * i for i in [i * i for i in range(5000000)]])
    return f"{name}耗时 {time.time() - t}"

async def main():
    t = time.time()
    loop = asyncio.get_event_loop()
    thread_future = loop.run_in_executor(thread_executor, run, 'thread')
    process_future = loop.run_in_executor(process_executor, run, 'process')
    await asyncio.sleep(3)              # 模拟其他耗时操作
await process_future, thread_future
    print(thread_future.result())
    print(process_future.result())
```

```
    print(f"运行时间 {time.time() - t}")

if __name__ == '__main__':
    process_executor = concurrent.futures.ProcessPoolExecutor()
    thread_executor = concurrent.futures.ThreadPoolExecutor(5)
asyncio.run(main())
# 打印信息
thread 耗时 3.4839909076690674
process 耗时 3.1669998168945312
运行时间 4.081989526748657
```

run()函数是一个密集计算函数，一般情况下需要 3 秒才能执行完成，通过线程池和进程池执行器分别调用 run()函数并且加入了模拟耗时的休眠操作，最后总耗时是 4 秒，并没有堵塞协程。

2.3 异步请求和文件操作

asyncio 是一个异步框架，负责对协程的调度。但是协程的实现需要底层对异步的支持，并不是意味着使用 async/await 的函数就是协程函数，协程的支持更依赖于底层 I/O 操作的支持，例如使用 asyncio. sleep()可以切换协程不堵塞，但是使用 time. sleep()将堵塞整个事件循环。网络请求常使用的是 aiohttp 异步请求库，文件操作常使用 iofile 异步支持库，requests 不支持协程，但是通过其他调用方式可以嵌入协程函数中。

2.3.1 aiohttp 异步请求库

aiohttp 是一个为 Python 提供异步 HTTP 客户端/服务器端的编程，同时支持客户端和服务器端的使用，具有开箱即用的 Websockets 客户端和服务器端组件。它的服务器端还具有中间件、信号组件和可插拔路由的功能。

注意，aiohttp 的接口设计和 requests 保持了很高的相似性，在参数命名及作用方面基本保持一致，可以理解为 aiohttp 是 requests 的异步版本，因此本章只突出核心接口的实现过程。

使用下列命令安装 aiohttp 及常用组件。

```
pip install aiohttp        #安装 aiohttp
pip install aiodns         #安装异步 dns 解析
```

下面是使用 aiohttp 实现客户端异步请求的示例。

```
import aiohttp
import asyncio

async def fetch(client):
    async with client.get('http://python.org') as resp:
        assert resp.status == 200
        return await resp.text()

async def main():
    async with aiohttp.ClientSession() as client: # 获得一个 Session 对象
        html = await fetch(client)
```

```
        print(html)

loop = asyncio.get_event_loop()
loop.run_until_complete(main())
```

上述源码中，aiohttp. ClientSession()是客户端会话(Client Session)推荐使用的一个高级接口，它封装有一个连接池，默认支持持久连接。为了方便连接池的管理，尽量使用极少的 ClientSession 实例，如果是多个网站可以考虑多个实例。async_timeout 是兼容异步超时的上下文管理器，用于对请求设置超时处理。resp 是返回的 ClientResponse 对象，包含了响应相关的属性和方法。

除了上述使用 ClientSession 高级的接口外，还提供了一种简单的协程方法 request()，适用于不需要持久连接、Cookie 管理和复杂的连接组件(如 SSL 认证)的 HTTP 请求。例如：

```
async def main():
    async with aiohttp.request("get", 'http://likeinlove.com') as response:
        page = await response.text()
        print(page)
```

aiohttp 库中的 ClientSession 和 request 的作用及定位类似于 requests 库中的 Session 和 request，参数和接口方法基本一致，不过 aiohttp 使用时要配合 async/await 关键字。

1. ClientSession 对象

客户端会话(ClientSession)支持使用上下文管理器，在结束时自动关闭会话。用于创建客户端会话和发出请求的类，在开篇的示例源码中通过 with 创建的 client 对象就是 ClientSession 对象，其实例化参数如下。

```
class aiohttp.ClientSession( * , connector = None, loop = None, cookies = None, headers = None,
skip_auto_headers = None, auth = None, json_serialize = json.dumps, version = aiohttp.
HttpVersion11, cookie_jar = None, read_timeout = None, conn_timeout = None, raise_for_status =
False, connector_owner = True, auto_decompress = True, proxies = None)
```

其中相关参数的解释如下。

(1) connector (aiohttp. connector. BaseConnector)：基础连接器的子类实例，用于支持连接池。

(2) loop：事件循环用于执行 HTTP 请求，如果 loop 为 None，则自动获取。

(3) cookies (dict)：可选参数，发送请求时所携带的 Cookie 信息。

(4) headers(dict)：设置所有请求发送时携带的 HTTP 请求头。

(5) skip_auto_headers：跳过会自动生成的 Headers 字段，默认情况下自动生成诸如 User-Agent 或 Content-Type 等请求头字段，传入值为请求体字符串或字符串列表。

(6) auth(aiohttp. BasicAuth)：表示 HTTP 基础认证的对象，由 aiohttp. BasicAuth 对象处理。

(7) version：使用的 HTTP 版本，默认为 HTTP 1.1。

(8) cookie_jar：aiohttp. CookieJar 的实例。默认情况下，每个会话实例都有自己的私有 cookiejar，用于自动处理 Cookie。在代理模式下不会处理 Cookie，如果不需要 Cookie 处理，则传递一个 aiohttp. helper. DummyCookieJar 实例。

(9) json_serialize：指定调用的 JSON 序列化的方法，默认是 json. dumps()函数。

(10) raise_for_status(bool)：是否对每一个响应调用 raise_for_status()方法，默认 False。

(11) timeout：一个客户端网络超时设置，默认情况下是 5 分钟。

(12) read_timeout：请求超时时间包括请求、重定向、响应和数据处理的时间，默认是 5 分钟，通过传递 None 或 0 来禁用超时检测，在 Python 3.3 及以上版本改用 timeout。

(13) conn_timeout：建立连接的超时时间，设置 0 或 None 则禁用超时检测，Python 3.3 及以上版本改用 timeout。

(14) connector_owner (bool)：会话关闭时同时关闭连接器实例。如果是 False 则在多个会话间共享连接池，但不共享 Cookie。

(15) auto_decompress (bool)：自动解压响应体，默认为 True。

(16) trust_env(bool)：设置为 True，则从环境变量 HTTP_PROXY/HTTPS_PROXY 中获取代理信息。

(17) requote_redirect_url：是否编译传入的 urls，默认为 True，设置后影响该会话的所有请求。

(18) closed：只读属性，如果会话已关闭则返回 True，否则返回 False。

(19) connector：只读属性，返回 aiohttp. connector. BaseConnector 的派生实例化对象，connector 通常用于会话操作。

(20) cookie_jar：只读属性，返回会话中的 Cookie，是 SimpleCookie 的实例化对象。

通过上面这些参数，可以实例化特定管理功能的会话对象，在大多数情况下都是使用的默认值实例化。实例化后的 ClientSession 对象提供了用于特定请求的方法，如常用的 get()、post()方法。而这些方法的访问控制参数，基本与 aiohttp. request 的实例化参数一致，ClientSession 在会话管理的基础上封装了 request 的调用。

2. aiohttp. ClientSession. request()方法

aiohttp. ClientSession. request()是 ClientSession 封装的用于执行请求的类，并返回响应对象 ClientResponse。一个 Session 的网络请求方法(如 get()、post())是通过调用 ClientSession. request 执行的。一般情况下不需要直接使用该类，分析该类的原因是它的参数是从 get()、post()等方法中获取的，如果要实现更强的扩展则需要了解其常用参数及功能。

```
coroutine aiohttp.ClientSession.request(method, url, *, params = None, data = None, json =
None, cookies = None, headers = None, skip_auto_headers = None, auth = None, allow_redirects =
True, max_redirects = 10, compress = None, chunked = None, expect100 = False, raise_for_status
 = None, read_until_eof = True, proxy = None, proxy_auth = None, timeout = sentinel, ssl = None,
verify_ssl = None, fingerprint = None, ssl_context = None, proxy_headers = None)
```

其中相关参数的解释如下。

(1) method：需要执行的 HTTP()方法，接收字符串值，如 GET、POST。

(2) url：请求 URL，接收字符串或 URL 对象。

(3) params：可传键值对的字典，会在发送新请求时作为查询字符串发送。

(4) data：放在请求体中的数据，接收字典、字节或类文件对象。

(5) json：需要编码成 JSON 字符串，放在请求体的字典，注意 json 参数不能与 data 参数同时使用。

(6) cookies(dict)：需要发送的 Cookie，将合并全局会话 Cookie 和显式设置的 Cookie。

(7) headers：发送请求时携带的 HTTP 请求头信息字典。

(8) skip_auto_headers：跳过会自动生成的 Headers 字段，默认情况下自动生成诸如 User-Agent 或 Content-Type 等字段，传入值为请求体字符串或字符串列表。

(9) auth(aiohttp. BasicAuth)：表示 HTTP 基础认证的对象，由 aiohttp. BasicAuth 对象处理。

(10) allow_redirects：是否自动重定向，默认是 True。

(11) max_redirects：最大重定向次数，默认为 10。

(12) compress：如果为 True，则对请求内容进行 deflate 编码压缩。请求头如果设置了 Content-Encoding 和 Content-Length，则不用使用该参数，默认是 None。

(13) chunked (int)：使用分块编码传输，由开发人员决定如何分块数据流。分块后将自动在请求头设置 Transfer-encoding:chunked，同时不能设置 Transfer-encoding 和 content-length 请求头，默认为 None。

(14) expect100：服务器返回 100 状态码(表示服务器正在处理数据)时，判断是否等待响应，默认是 False 则不等待。

(15) raise_for_status (bool)：是否自动调用 raise_for_status()方法，如果为 None，则按照 ClientSession 的设置。

(16) read_until_eof：是否在响应不含 Content-Length 头信息的情况下，一直读取响应内容，直到无内容可读，默认为 True，一直读取。

(17) proxy：代理字符串或 URL 对象。

(18) proxy_auth(aiohttp. BaicAuth)：传入表示 HTTP 代理基础认证的对象。

(19) timeout(int)：请求超时时间，将覆盖会话的超时时间。

(20) ssl：SSL 验证模式，默认 None。用于取代 verify_ssl、ssl_context 和 fingerprint 参数。

(21) verify_ssl(Bool)：是否对 HTTPS 请求验证 SSL 证书，默认为 True，表示验证。

(22) fringerprint (bytes)：通过指定要验证证书(使用 DER 编码)的 SHA256 值，来验证服务器是否匹配，Python 3.0 版本改为使用 ssl=aiohttp. Fingerprint(digest)方式指定。

(23) ssl_context (ssl. SLLContext)：用于处理 HTTPS 请求的 ssl 上下文。ssl_context 可用作配置证书颁发机构通道、支持的 ssl 选项等。Python 3.0 版本改为使用 ssl=ssl_context 指定上下文。

(24) proxy_headers(dict)：设置发送给代理的请求头字典。

(25) trace_request_ctx：用于为实例化的每个 TraceConfig 对象提供 kw 参数，用于向跟踪器提供仅在请求时可用的信息。

3. aiohttp. request()方法

需要区别 aiohttp. request()和 aiohttp. ClientSession. request()，尽管二者都用于执行 HTTP 请求，都是返回 ClientResponse，但是 aiohttp. ClientSession. request 是 ClientSession 封装后的，用于执行 get()、post()等方法。aiohttp. request 是直接用于协程调用，用于执行 HTTP 请求的简单方法，无须保持通信连接、Cookie 状态和复杂的 SSL 认证链。

aiohttp. request()与 aiohttp. ClientSession. request()实例化参数相比，主要少了 SSL 认证相关的参数(ssl、verify_ssl、ssl_context、fingerprint)、skip_auto_headers 及 trace_request_ctx。多了指定 HTTP 版本的 version、指定连接器的 connector、处理 HTTP 请求

的事件循环 loop。这些参数往往不需要自定义，按照默认值使用即可。aiohttp. request 使用方式如下。

```
import aiohttp

async def fetch():
    async with aiohttp.request('GET', 'http://python.org/') as resp:
        assert resp.status == 200
        print(await resp.text())
```

4. ClientResponse 对象

ClientResponse 是 ClientSession. requests() 及其同类成员的返回对象，支持 async with 异步上下文管理器，在退出后会自动释放连接资源。

```
resp = await client_session.get(url)
async with resp:
    assert resp.status == 200
```

ClientResponse 对象作用和 requests 中的 Response 及 scrapy 中的 Response 的对象作用一样，是请求响应过程的重要对象。

下列是 ClientResponse 对象常用的属性字段，以及作用说明。

(1) version：返回响应的版本信息，是 HttpVersion 实例化对象。

(2) status：返回响应的 HTTP 状态码，例如 200。

(3) reason：返回响应的 HTTP 叙述，例如 OK。

(4) method：返回请求的 HTTP()方法。

(5) url：返回请求的 URL。

(6) connection：返回处理响应的链接。

(7) content：包含响应主体(StreamReader)的载体流，支持多种读取方法。

(8) cookies：响应的 Cookie 信息对象 SimpleCookie，由 Set-Cookie 响应头字段设置。

(9) headers：返回响应的 HTTP 头信息，是一个大小写不敏感的并联字典。

(10) raw_headers：返回原始 HTTP 头信息，未编码，格式是键值对形式。

(11) content_type：返回 Content-Type 头信息的内容。

(12) charset：返回请求的主体的编码，该值来自于 Content-Type 响应头信息。

(13) history：返回包含所有重定向请求的列表，都是 ClientResponse 对象，最开始的请求在最前面，如果未使用重定向则返回空序列。

ClientResponse 除了上述常用属性字段之外，还有一些常用的方法，其中以 coroutine 开头代表的是协程方法，使用时需要加 await 关键字。

(1) close()：关闭响应和底层连接。

(2) coroutine read()：以字节码形式读取所有响应内容。

(3) coroutine release()：一般不需要调用 release。当客户端接收完信息时，底层连接将会自动返回到连接池中。

(4) raise_for_status()：如果收到的响应状态码是 400 或更高，则会抛出 aiohttp. ClientResponseError，如果小于 400 则什么都不做。

(5) coroutine text(encoding=None)：读取响应内容，并返回解码后的信息。

(6) coroutine json()：如果响应内容是 JSON 字符串，则解码后返回。

(7) request_info：对应 request 的 headers 和 URL 的 aiohttp. RequestInfo 实例。

(8) get_encoding()：返回自动检测出来的编码格式。

除了上面常使用到的类，aiohttp 还提供了用于 HTTP 认证的 BasicAuth，用于 Cookie 处理的 CookieJar，用于表单数据处理的 FormData，更多信息可参考官网文档 https://docs. aiohttp. org/en/stable/client_reference. html。

总体来说，使用 aiohttp 可以参照 requests 的使用经验，也可以说 aiohttp 是异步方式实现的 requests，甚至在某些组件上还有更进一步的优化。

2.3.2　requests 异步方案

requests 不能直接应用在 async/with 关键字的协程代码中，原因是协程支持的 I/O 操作需要从底层切换。至于为什么 requests 不向异步方向发展，在 requests 的项目 issues 中（地址参见附录 A），requests 库作者解释 requests 底层使用 httplib 处理网络请求，该库是一个同步库，如果该库有大量的代码需要更改，则暂不考虑将 requests 进行异步改造。但是该库的作者推荐使用单独一个线程中运行请求的方式，配合 asyncio 实现异步处理。好在 asyncio 提供了从线程池执行器运行堵塞代码的方法，通过该方法将 requests 和 asyncio 联系起来。

下面是将 requests 与 asyncio 结合起来，实现 requests 异步请求的示例。

```
import asyncio, time, requests, concurrent.futures

def fetch(method, url, **kwargs):
    return requests.request(method, url, **kwargs)

async def main():
    url = "http://www.baidu.com"
    tasks = [loop.run_in_executor(executor, fetch, "GET", url) for _ in range(1000)]
    for task in asyncio.as_completed(tasks):
        print(await task)

t = time.time()
loop = asyncio.get_event_loop()
executor = concurrent.futures.ThreadPoolExecutor(500)
loop.run_until_complete(main())
print(time.time() - t) # 测试输出结果: 2.9615252017974854
```

尽管 Python 的多线程是"伪多线程"，但在 I/O 密集型的任务中还是能发挥其多线程优势的。上述代码使用一个大小为 500 的线程池，执行 1000 个任务，最后耗时的 3 秒，能体现异步请求的高并发性能。

2.3.3　aiofiles 异步文件操作

aiofiles 是用来处理 asyncio 应用程序中的本地磁盘文件操作的库，通过将操作委派给单独的线程池来解决本地磁盘 I/O 处于阻塞状态的问题。其特点是有一个类似于 Python 标准的文件操作 API，支持缓冲和非缓冲的二进制文件，以及缓冲文本文件，支持 async/await 关键字。

使用下列命令安装 aiofiles 库。

```
pip install aiofiles
```

首先,使用 aiofiles. open()协程方法打开文件,该协程方法除了内置的 open 参数外,还接受可选的 loop 和 executor 参数。打开文件成功后将返回与普通文件相同 API 的异步文件对象,这些常规文件的操作方法在 aiofiles 中是协程对象,并委托给以下执行程序运行:close、flush、isatty、read、readall、read1、readinto、readline、readlines、seek、seekable、tell、truncate、writable、write、writelines。它们在使用时需要加 await 关键字。

下面是使用 aiofiles 异步读写文件的示例。

```
import asyncio, aiofiles

async def write(i):
    async with aiofiles.open(f"test/{i}.txt", 'w+') as f:
        await f.write("Hello ")

async def read(i):
    async with aiofiles.open(f"test/{i}.txt", 'r') as f:
        text = await f.read()

async def run():
    write_tasks = [write(i) for i in range(8000)]
    read_tasks = [read(i) for i in range(8000)]
    t1 = loop.time()
    await asyncio.gather( * write_tasks)
    print(f"写入耗时 {loop.time() - t1}")              #输出"写入耗时 5.047"
    t2 = loop.time()
    await asyncio.gather( * read_tasks)
    print(f"读取耗时 {loop.time() - t2}")              #输出"读取耗时 4.75"

loop = asyncio.get_event_loop()
loop.run_until_complete(run())
```

运行上述源码时,先在源码文件同级目录下创建一个名为 test 的文件夹,用于存放生成的文本文件,以方便删除。异步读写文件的效率并不比单线程的顺序读写快,但是异步读写能够不堵塞 asyncio 程序主线程的运行,目前的异步文件读写都基于 asyncio 执行器机制,aiofiles 原理与 requests 异步解决方案有异曲同工之妙。

2.4 异步数据库

在网络请求和磁盘文件操作方面都有异步的解决方案,在最后异步数据库读写上也有异步解决方案,让整个异步爬虫没有运行瓶颈。本章主要介绍常用的 MySQL、MongoDB、Redis 三个数据库的异步处理的内容。

2.4.1 MySQL 异步读写

aimysql 是用于 MySQL 异步操作的库,其中 aiomysql. sa 模块提供了 SQLAlchemy 的 SQL 层异步支持及事务支持。需要注意,aiomysql. sa 支持的是 SQLAlchemy 的 Core 核心,而不是 ORM(对象关系映射)核心,也就是说不能使用 class 定义的数据对象,而要使用

Core 的 Table 对象。aiomysql.sa 模块既支持 sqlalchemy 的 SQL 构造函数集，也支持原生的 SQL 语句的执行。aiomysql 官方文档地址是 https://aiomysql.readthedocs.io/en/latest/。

下面是使用 SQLAlchemy 的示例。

```
import asyncio, sqlalchemy as sa
from aiomysql.sa import create_engine

metadata = sa.MetaData()                                        # 创建 MetaData 对象
tbl = sa.Table('name_pwd', metadata, sa.Column('id', sa.Integer, primary_key = True), sa.
Column('name', sa.String(255)), sa.Column('pwd', sa.String(255)))   # 定义 Table

async def main():
    engine = await create_engine(user = name, db = 'user', host = 'host', password = pwd)
    async with engine.acquire() as conn:                        # 获得一个连接
        trans = await conn.begin()                              # 标记一个事务开始
        await conn.execute(tbl.insert().values(name = 'abc'))   # 执行插入数据
        await trans.commit()                                    # 提交事务
        res = await conn.execute(tbl.select())                  # 执行查询数据
        data = await res.fetchall()                             # 从结果代理中获得所有行
        print(data)
        # engine.release(conn) 不用 with 时，手动释放连接到连接池

asyncio.get_event_loop().run_until_complete(main())
```

1. 创建引擎

aiomysql.sa.Engine 用于创建数据库引擎，按照连接池最小的连接数打开与 MySQL 服务器的连接，返回 Engine 实例化对象，用于管理与数据库的连接。

Engine 对象具有下列属性和方法，其中以 coroutine 开头代表的是协程方法，使用时需要加 await 关键字。

(1) dialect：一个 sqlalchemy.engine.interfaces.Dialect 引擎，只读属性。

(2) name：dialect 的名称，只读属性。

(3) driver：dialect 的驱动程序，只读属性。

(4) minsize：连接池最小连接数，默认为 1。

(5) maxsize：连接池最大连接数，默认为 10。

(6) size：连接池的当前大小。

(7) freesize：返回连接池中的空闲连接数。

(8) close()：关闭所有连接标记，不能再获取新连接，如果要等待所有的连接实际关闭，则要调用 wait_closed()。

(9) terminate：终止引擎，通过立即关闭所有的连接来关闭引擎池。

(10) coroutine wait_closed()：等待所有的连接释放并关闭，在 close()后调用。

(11) coroutine acquire()：从连接池获取一个连接，返回一个 SAConnection 实例。

(12) release(conn)：将连接 conn 释放回连接池。

初始化一个 Engine 连接对象的示例如下。

```
from aiomysql.sa import create_engine
engine = await create_engine(user = name, db = 'user', host = 'host', password = pwd)
```

2. 获得数据库连接执行读写

SAConnection 是另一个重要对象，代表数据库连接。通过 Engine.acquire()从连接池

获得一条数据库连接，该对象支持 with 上下文管理。大部分操作都在 SAConnection 对象上完成，它提供了用于异步执行 SQL 语句和使用 SQL 事务的方法。

SAConnection 对象有下列属性和方法，其中以 coroutine 开头代表的是协程方法，使用时需要加 await 关键字。

1) coroutine execute(query, * multiparams, ** params)

coroutine execute()通过使用可选参数执行 SQL 语句。参数 query 是 SQL 语句字符串，或者是任何 sqlalchemy Core 表达式。multiparams 和 params 分别是可传递不定长参数和关键字参数，用来绑定 SQL 执行中的参数值。使用方法如下。

```
import asyncio, sqlalchemy as sa, aiomysql
from aiomysql.sa import create_engine

metadata = sa.MetaData()                          # 创建 MetaData 对象
tbl = sa.Table('name_pwd', metadata,
               sa.Column('id', sa.Integer, primary_key = True),
               sa.Column('name', sa.String(255)),
               sa.Column('pwd', sa.String(255)))


async def main():
    engine = await create_engine(user = 'root', db = 'user', host = '12.4.7.3', password =
'pGR41CsP')
    async with engine.acquire() as conn:
        trans = await conn.begin()
        await conn.execute(tbl.insert(), {"id": 1, "name": "Jack", 'pwd': "Jack123"}) # 方式一
        await conn.execute(tbl.insert(), id = 2, name = "Andy", pwd = "Andy123")   # 方式二
        await conn.execute("INSERT INTO name_pwd (id, name, pwd) VALUES ( %s, %s, %s)",
(3, "bill", "bill123"))                                                        # 方式三
        await conn.execute("INSERT INTO name_pwd (id, name, pwd) VALUES ( %s, %s, %s)",
4, "Tom", "Tom123")                                                            # 方式四
        await trans.commit()


asyncio.get_event_loop().run_until_complete(main())
```

execute()方法返回 ResultProxy 对象。ResultProxy 对象是具有 SQL 查询执行结果的实例化对象，通过 ResultProxy 的 fetchall()异步方法获取全部结果集。

下面是单条件下的增加、删除、修改、检查的操作示例。

```
import asyncio, sqlalchemy as sa, aiomysql
from aiomysql.sa import create_engine

metadata = sa.MetaData()                              # 创建 MetaData 对象
tbl = sa.Table('name_pwd', metadata,
               sa.Column('id', sa.Integer, primary_key = True),
               sa.Column('name', sa.String(255)),
               sa.Column('pwd', sa.String(255)))


async def main():
    engine = await create_engine(user = 'root', db = 'user', host = '2.6.7.3', password =
'xDD11234')
    async with engine.acquire() as conn:
```

```
        trans = await conn.begin()
        await conn.execute(tbl.insert().values(name = 'admin'))   # 插入数据
        await conn.execute(tbl.update(tbl.c.name == "admin", {"name": 'root'}))
                                                                    # 更新数据,admin 改为 root
        await conn.execute(tbl.delete().where(tbl.c.name == "root"))   # 删除数据
        await trans.commit()                                        # 提交事务
        res = await conn.execute(tbl.select())                      # 查询
        for row in (await res.fetchall()):                          # 通过 fetchall()获取结果集
            print(row.id, row.name)


asyncio.get_event_loop().run_until_complete(main())

# 打印结果
1 Jack
2 Andy
3 bill
4 Tom
```

如果不确定 sqlalchemy 构造的对应的 SQL 语句,可以使用 str()输出构造结果,例如 str(tbl.select())的输出结果是 SELECT name_pwd.id, name_pwd.name, name_pwd.pwd \nFROM name_pwd。注意,aiomysql 0.0.20 版本执行添加数据、删除数据、更新数据等操作时均需要在事务下完成。

2) coroutine scalar(query, *multiparams, **params)

coroutine scalar()用于执行 SQL 查询并返回标量值。

3) closed

如果数据库连接已经关闭(closed)则返回 True。

4) coroutine begin()

coroutine begin()的作用是标记事务开始,并返回事务对象 Transaction。Transaction 对象表示事务的"作用域",该作用域在调用 Transaction.rollback()或者 Transaction.commit()时完成事务。在同一个连接中嵌套调用 begin(),会返回新的 Transaction 对象,表示在封闭事务范围内的模拟事务。

嵌套事务中,在任何事务对象上调用 rollback(),都将回滚事务,但是只有在最外层事务对象上调用 commit()时才会提交。

5) coroutine begin_nested()

coroutine begin_nested()的作用是开始嵌套事务,并返回事务对象 NestedTransaction。嵌套结构中的所有事务都可以执行 commit()和 rollback(),但是最外层的事务仍然控制整个事务的整体提交或回滚,它利用 MySQL 服务器的 SAVEPOINT 工具。在 SQL 国际标准中,SAVEPOINT name 语句声明一个保存点(Savepoint);ROLLBACK TO SAVEPOINT name 语句回滚到保存点,RELEASE SAVEPOINT name 将使命名的保存点事务被放弃,但不影响其他保存点;ROLLBACK 或 COMMIT 语句会导致所有保存点被放弃。

6) coroutine begin_twophase(xid=None)

coroutine begin_twophase(xid=None)的作用是开始两阶段或 XA 事务,然后返回事务句柄。返回的对象是 TwoPhaseTransaction 的实例,该实例除了 Transaction 提供的方法外,还提供了 prepare()方法。参数 xid 是两阶段事务的 ID,如果未提供则会生成一个随机 ID。

XA 规范是开放群组关于分布式事务处理的规范。规范描述了全局的事务管理器与局部的资源管理器之间的接口。XA 规范的目的是允许多个资源(例如数据库、应用服务器、消息队列等)在同一事务中访问,这样可以使 ACID(原子性、一致性、隔离性、持久性)属性跨越应用程序而保持有效。XA 使用两阶段提交来保证所有资源同时提交或回滚任何特定的事务。

7) coroutine recover_twophase()

通过使用 coroutine recover_twophase()可以返回准备好的两阶段交易 ID 的列表。

8) coroutine rollback_prepared(xid)

coroutine rollback_prepared(xid)的作用是回滚指定的 xid 两阶段事务。

9) coroutine commit_prepared(xid)

coroutine commit_prepared(xid)可以提交指定的 xid 两阶段事务。

10) in_transaction

使用 in_transaction 时,如果事务正在进行,则返回 True。

11) coroutine close()

coroutine close()可以关闭这个 SAConnection 对象,并且是永久关闭,不再返回连接池。

3. 执行结果的处理

当使用 execute ()执行 SQL 后,会返回 aiomysql. sa. ResultProxy 对象。该对象在 DBAPI 返回的原始数据之上提供了其他高级 API 功能和行为,代表数据库返回的结果。

ResultProxy 对象引用了 DBAPI 游标,并提供用于获取与 DBAPI 游标相似的行方法。ResultProxy 当所有结果行(如果有)用完时,DBAPI 游标将被关闭。ResultProxy 也可能不返回任何行,例如 UPDATE 语句(不返回任何行)中的 ResultProxy,在构造时立即释放游标资源。

RowProxy 类有下列属性和方法,其中以 coroutine 开头代表的是协程方法,使用时需要加 await 关键字。

(1) dialect:返回 sqlalchemy. engine. interfaces. Dialect 实例的 readonly 属性。

(2) keys():返回结果行的字符串键集。

(3) rowcount:返回此结果的行数。

(4) lastrowid:返回 DBAPI 游标上的 lastrowid 访问器。

(5) returns_rows:如果 ResultProxy 返回行,则该属性返回 True。

(6) closed:判断 ResultProxy 是否已关闭(基础游标中没有挂起的行)。

(7) close():关闭 ResultProxy,其中缓存的数据仍然可用。

(8) coroutine fetchall():返回所有行,返回结果为列表形式。

(9) coroutine fetchone():返回一行数据。

(10) coroutine fetchmany(size = None):返回指定数量行,默认返回一行数据。

(11) coroutine first():提取第一行,然后无条件关闭结果集。

(12) scalar():获取第一行的第一列,然后关闭结果集。

下面的源码是 RowProxy 的 fetchall()方法的示例。

```
import asyncio, sqlalchemy as sa, aiomysql
from aiomysql.sa import create_engine

metadata = sa.MetaData()                                    #创建 MetaData 对象
tbl = sa.Table('name_pwd', metadata,
               sa.Column('id', sa.Integer, primary_key = True),
               sa.Column('name', sa.String(255)),
               sa.Column('pwd', sa.String(255)))


async def main():
    engine = await create_engine(user = 'root', db = 'user', host = '2.4.1.6', password = 'GR4x')
    async with engine.acquire() as conn:
        res = await conn.execute(tbl.select())          #查询
        for row in (await res.fetchall()):
            print(row.id, row.name, row.pwd)


asyncio.get_event_loop().run_until_complete(main())

# 打印结果
1 Jack Jack123
2 Andy Andy123
3 bill bill123
4 Tom Tom123
```

4. 使用事务对象

用于异步操作的事务对象有三个，分别是 Transaction、NestedTransaction、TwoPhaseTransaction，并分别应用在普通事务、嵌套事务、两阶段事务的场景中。

1) aiomysql. sa. Transaction

Transaction 表示正在进行的数据库事务，通过调用 SAConnection. begin()方法获取事务对象，该对象提供 rollback()和 commit()方法来控制事务的范围。

Transaction 具有下列属性和方法，其中以 coroutine 开头代表的是协程方法，使用时需要加 await 关键字。

(1) is_active：判断事务是否在活动状态。

(2) connection：返回事务所在的 SAConnection 对象。

(3) coroutine close()：关闭该事务，该方法用于取消事务而不影响封闭事务的范围。

(4) coroutine rollback()：回滚此事务。

(5) coroutine commit()：提交这个 Transaction。

如下源码是一个简单的案例，从数据库连接对象上获取一个事务对象，执行一个插入操作。

```
import asyncio, sqlalchemy as sa, aiomysql
from aiomysql.sa import create_engine

metadata = sa.MetaData() #创建 MetaData 对象
tbl = sa.Table('name_pwd', metadata,
               sa.Column('id', sa.Integer, primary_key = True),
               sa.Column('name', sa.String(255)),
```

```
                sa.Column('pwd', sa.String(255)))


async def main():
    engine = await create_engine(user='root', db='user', host='2.4.7.3', password='*U1234')
    conn = await engine.acquire()
    trans = await conn.begin()                       #从 SAConnection 获得一个事务对象
    await conn.execute(tbl.insert().values(name='abc'))
    await trans.commit()                             #提交事务
    res = await conn.execute(tbl.select())           #查询
    for row in (await res.fetchall()):
        print(row.id, row.name, row.pwd)
    engine.release(conn)                             #手动释放连接


asyncio.get_event_loop().run_until_complete(main())

# 打印结果
5 abc None
```

2) aiomysql. sa. NestedTransaction

NestedTransaction 表示嵌套事务,使用 SAConnection. begin_nested()创建该对象,属性和方法同 Transaction 对象一致。

如下源码是一个简单的案例。在一个事务中使用嵌套事务,并回滚嵌套事务的操作。

```
import asyncio, sqlalchemy as sa, aiomysql
from aiomysql.sa import create_engine

metadata = sa.MetaData()#创建 MetaData 对象
tbl = sa.Table('name_pwd', metadata,
                sa.Column('id', sa.Integer, primary_key=True),
                sa.Column('name', sa.String(255)),
                sa.Column('pwd', sa.String(255)))


async def main():
    engine = await create_engine(user='root', db='user', host='2.6.71.3', password=
'D1Cs123')
    conn = await engine.acquire()
    trans = await conn.begin()
    nested = await conn.begin_nested()                     #嵌套事务
    await conn.execute(tbl.insert().values(name='abd'))    #该事务将回滚不写入
    await nested.rollback()                                #嵌套事务回滚
    await conn.execute(tbl.insert().values(name='abc'))
    await trans.commit()
    res = await conn.execute(tbl.select())                 #查询
    for row in (await res.fetchall()):
        print(row.id, row.name, row.pwd)
    engine.release(conn)                                   #手动释放连接


asyncio.get_event_loop().run_until_complete(main())

# 打印结果
11 abc None
```

3) aiomysql. sa. TwoPhaseTransaction

TwoPhaseTransaction 表示两阶段事务,使用 SAConnection. begin_twophase()获得该对象。TwoPhaseTransaction 接口与 Transaction 接口相同,只是增加了 prepare()方法。prepare()是协程方法,表示准备好了二阶段事务,可以提交事务。

2.4.2 MongoDB 异步读写

motor 库提供了在 Tornado 和 asyncio 下异步操作 MongoDB 的功能,运行在 Python 3.4 或更高版本中。其中大部分接口与 pymongo 相同,产生 I/O 操作的 API 需要使用 async/await 关键字,官方文档地址是 https://motor.readthedocs.io/en/stable/tutorial-asyncio.html。

同 pymongo 一样,motor 表示具有 4 级数据层次结构的对象。

(1) AsyncIOMotorClient:代表连接至 MongoDB 服务器上创建的客户端对象。

(2) AsyncIOMotorDatabase:代表 MongoDB 中的一组数据库,从客户端获取对数据库的引用。

(3) AsyncIOMotorCollection:代表数据库中的一组集合,其中包含文档。从数据库中获得对集合的引用。

(4) AsyncIOMotorCursor:它表示与查询匹配的文档集,在 AsyncIOMotorCollection 上执行 find()方法将获得一个 AsyncIOMotorCursor 对象。

1. 创建一个客户端

通过 AsyncIOMotorClient()创建一个客户端实例,该方法接收与 MongoClient 相同的构造函数参数,支持 MongoDB 连接 URL 字符串,但增加了一个可选参数 io_loop,即循环事件。当需要清理客户端资源并断开与 MongoDB 的连接时,调用 AsyncIOMotorClient 对象的 close()方法。如下源码演示了创建 MongDB 连接到关闭的过程。

```
import motor.motor_asyncio
client = motor.motor_asyncio.AsyncIOMotorClient('localhost', 27017)
client = motor.motor_asyncio.AsyncIOMotorClient('mongodb://localhost:27017')  #URL 连接
client.close()                                        #关闭客户端
```

2. 获取数据库

通过在单个客户端实例上,使用点符号或方括号符号的方式获取对特定数据库的引用。

```
db = client.test_database
db = client['test_database']
```

3. 获取集合

一个集合就是一组存储在 MongoDB 中的文档,在数据库实例上通过点符号或方括号符号获取集合引用。

```
collection = db.test_collection
collection = db['test_collection']
```

4. 文档操作:增、删、改、查

motor 提供的方法大致与 MongoDB 命令行命令一致,使用时可参考 MongoDB 命令和 pymongo 的 API 方法。如下案例以常用的操作函数举例,其中源码片段中的 db 是对 test_ database 数据库的引用，client 代表 MongoDB 客户端，test_collection 代表一个实例集合。

1）添加文档

通过 insert_one()和 insert_many()分别插入单条和多条数据。

```
await db.test_collection.insert_one({'key': 'value'})                          #插入单条数据
await db.test_collection.insert_many([{'key': 'value'}, {'key': 'value'}])  #插入多条数据
```

2）查询文档

通过 find_one()和 find()分别查询返回单文档和多文档结果。使用 find()查询一组文档，不需要使用 await 表达式，它只创建一个 AsyncIOMotorCursor 实例，在调用 to_list()或执行 async for 循环时，才去服务器上实际查询。注意使用 to_list()函数时应该指定 length 参数，防止缓存过多数据。例如：

```
document = await db.test_collection.find_one({'i': {'$lt': 1}}) #返回 i 小于 1 的第一个文档
# 使用 to_list()多文档查询
cursor = db.test_collection.find({'i': {'$lt': 5}}).sort('i')  #查询所有 i 小于 5 的文档
for document in await cursor.to_list(length=100):
print(document)
# 使用 async for 循环处理文档
async for document in db.test_collection.find({'i': {'$lt': 2}}):
        print(document)
# 查询结果排序、限制、跳过
cursor = db.test_collection.find({'i': {'$lt': 4}})
cursor.sort('i', -1).skip(1).limit(2)
async for document in cursor:
        print(document)
```

3）更新文档

通过 replace_one()、update_one()、update_many()分别实现替换文档、更新单一文档、更新批量文档。这三个方法都需要两个 dict 类型的参数，第一个参数是查询条件，第二个参数是更新值的键值对字典。例如：

```
await db.test_collection.replace_one({'i': 9}, {'key': 'value'})
await db.test_collection.update_one({'i': 51}, {'$set': {'i': '511'}})
await db.test_collection.update_many({'i': {'$gt': 100}},{'$set': {'key': 'value'}})
```

4）删除文档

通过 delete_many()删除所有匹配的文档。例如：

```
await db.test_collection.delete_many({'i': {'$gte': 1000}})
```

2.4.3 Redis 异步读写

aioredis 是 asyncio 框架下的异步 Redis 操作库，运行在 Python 3.5.3+版本中。aioredis 方法命名和 Redis 客户端命令基本保持一致，使用时可参考 Redis 命令手册，地址是 https://redis.io/commands/#list，使用下列命令安装 aioredis 库。

```
pip install aioredis
```

1. 创建 Redis 客户端

使用 aioredis.create_redis_pool()创建一个由连接池支持的 Redis 客户端，关闭客户端

时先调用 redis. close(),然后再调用协程方法 redis. wait_closed()关闭所有打开的连接,并清除资源。

create_redis_pool()方法有一个必选参数 address,用于传递 Redis 服务器的 URL。可以在 URL 字符串中包含要连接的数据库索引和认证密码,也可以通过关键字参数 password 传递密码,关键字参数 db 指定连接的数据库。如果 URL 地址中参数和 db、password 不一致,URL 中的信息优先级更高。

通过 minsize、maxsize 分别指定连接到 Redis 服务器的最小和最大连接数,默认最小值为 1,最大值为 10。同时还可以通过 encoding 关键字指定返回结果的编码,不指定默认返回字节编码结果。使用 encoding 参数时,需要确定后续操作中的 Redis 返回数据都是有效字符串。例如:

```
#显示指定 db
redis = await aioredis.create_redis_pool('redis://localhost', db = 1)
#URL 指定
redis = await aioredis.create_redis_pool('redis://localhost/2')
redis = await aioredis.create_redis_pool('redis://localhost/')
await redis.select(3)  #通过 select 选择 db
redis = await aioredis. create _ redis _ pool ( 'redis://localhost', password = 'pwd') # 指
定 password
#URL 中带密码
redis = await aioredis.create_redis_pool('redis://:pwd@localhost/')
redis = await
#URL 参数带密码
aioredis.create_redis_pool('redis://localhost/?password = pwd')
```

2. 使用操作命令

aioredis 和 python-redis 库命令命名基本一致,使用时可以参考后者的函数命名,不同之处是前者使用产生 I/O 的命令时应该加上 await 关键字。完整命令可参考 aioredis 官方文档 https://aioredis. readthedocs. io/en/v1. 3. 0/mixins. html,或者 Redis 客户端命令 https://redis. io/commands/。

如下是使用 aioredis 命令的示例。

```
import aioredis
import asyncio


async def main():
    redis = await aioredis.create_redis_pool('redis://localhost/1')
    await redis.set("data", 1)                          #设置 key 为 data 的集合值为 1
    await redis.execute('set', 'data', 2)               #通过命令执行函数修改 data 的值为 2
    result = await redis.get('data', encoding = 'utf - 8')  #获取 data 值并以 utf8 编码返回
    print(result)                                        #输出 2,并非 b'2'
    redis.close()
    await redis.wait_closed()

asyncio.get_event_loop().run_until_complete(main())
```

3. 命令缓存

multi_exec()方法创建并返回 MultiExec 对象,该对象用于缓存命令,然后使用在

MULTI/EXEC 块中执行。缓存命令不需要加 await 关键字，否则会导致代码永久堵塞。例如：

```
tr = redis.multi_exec()                    # 获得 MultiExec 对象
tr.set('key1', 'value1')
tr.set('key2', 'value2')
result1, result2 = await tr.execute()      # 执行缓存命令并返回执行结果
assert result1                             # 判断 result1 是否成功
assert result2                             # 判断 result2 是否成功
```

视频讲解

2.5 案例：全流程异步爬虫的运用

2.5.1 案例需求

本案例是通过 asyncio 框架写一款图片批量下载的工具，要求使用 aiohttp 完成所有的异步请求，使用 motor 将请求返回的响应 JSON 数据保存到 MongoDB 中，使用 aioredis 将请求返回的列表中每一张图片的相关信息写入 Redis 数据，使用 aiofiles 异步保存下载的图片到本地文件中，最后使用 aiomysql 将图片下载状态保存到 MySQL 数据库。

2.5.2 案例分析

目标地址是 https://pic.sogou.com/，打开网页，在搜索框中输入关键字即可搜索到相关关键字的图片。在搜索结果页往下滑，通过 Ajax 加载更多的图片数据，加载链接形如 https://pic.sogou.com/napi/pc/searchList?mode=1&start=48&xml_len=48&query=%E6%98%A5%E5%A4%A9，其中 query 是查询关键字，start 是起始数据序号，从零开始，其值是 xml_len 的整数倍，xml_len 是数据长度，即每条请求返回多少条数据。

图片 Ajax 加载响应数据如图 2-1 所示。图中显示的是每个页面滚动请求返回的 JSON 信息，这个信息字典会保存在 MongoDB 中。图片数据在 items 字段中，totalNum 字段是图片总数，但是请求图片的 start 值较小时只显示部分 totalNum，当请求中的 start 超过 totalNum 数量时会显示全部的图片数，如果 start 超过最大图片数时，响应返回空 items 的 JSON 信息。


```
{
    "totalNum": 336,
    "painter_doc_count": 0,
    "video": "",
    "adPic": "[{\"index\":0,\"docId\":\"d2881c76697b404b-5db7eb6c886d717a-67bc8fbc3
    "groupPic": null,
    "queryCorrection": "",
    "isQcResult": "0",
    "tag": "[[\"造车\",\"bc247867\"], [\"销量\",\"b478d0f0\"], [\"黄宏生\",\"6f6182c
    "shopQuery": false,
    "items": [...
    ],
    "hintWords": [...
    ],
    "tagWords": {}
}
```


图 2-1　图片 Ajax 加载响应数据

在响应的 items 字段中是图片信息字典，每一项字典保存到 Redis 数据库中。这些字典包含图片的属性和来源等信息，提取出其中的 name、picUrl，用 name 作本地文件保存名，用 picUrl 链接下载图片，并将图片信息写入 MySQL 中。

2.5.3　编码实现

编码实现的思路是先使用一个较大数值的 start 请求获得图片总的数量。然后使用 asyncio.as_completed()迭代并发的分页请求任务，接着对每项迭代结果进行解析，将返回的 JSON 数据存入 MongoDB 中，解析 items 字段中的每一项存入 Redis，然后解析出每张图片的 name 和 picUrl 下载并保存图片，最后将下载成功和失败的状态保存到 MySQL 数据库中。MySQL 数据库新建一张名为 sogou 的库，在库下新建一张 img 数据表，字段有 id、url、start、msg，数据表的创建 SQL 如下。

```
CREATE TABLE `img` (
  `id` int(11) NOT NULL AUTO_INCREMENT,
  `url` longtext CHARACTER SET utf8 COLLATE utf8_general_ci NOT NULL,
  `status` bigint(255) NOT NULL DEFAULT 1,
  `msg` longtext CHARACTER SET utf8 COLLATE utf8_general_ci NULL,
  PRIMARY KEY (`id`) USING BTREE
)
```

新建一个 DownloadImage.py 文件，并在该文件同级目录下创建一个 images 文件夹，用于保存下载的图片。在 DownloadImage.py 文件中将获取页面滚动数据，数据存入 MongoDB、Redis、MySQL，下载保存文件都放到单独的协程函数中，主程序 main()作为顶层入口函数。

DownloadImage.py 中的文件内容如下。

```
import asyncio, logging, aiofiles, aiohttp, aioredis, motor.motor_asyncio, sqlalchemy as sa
from json import dumps
from aiomysql.sa import create_engine

async def save_mysql(engine, tb, url, status, mag = None):
    async with engine.acquire() as conn:
        trans = await conn.begin()
        await conn.execute(tb.insert().values(url = url, status = status, msg = mag))  # 插入数据
        await trans.commit()
    logging.info(f"mysql 写入成功 {url}")

async def save_mongo(db, item):
    await db.images.insert_one(item)
    logging.info(f"mongo 写入成功 {item}")

async def save_redis(client, item):
    await client.lpush('images', dumps(item))
    logging.info(f"Redis 写入成功 {item}")

async def save_file(engine, tb, item):
    url = item['picUrl']
    name = item['name']
    try:
        async with aiohttp.request('GET', url) as resp:
```

```
            async with aiofiles.open(f"images/{name}", 'wb') as f:
                await f.write(await resp.read())
                logging.warning(f"保存成功 {name}")
        await save_mysql(engine, tb, url, 1)
    except BaseException as e:
        logging.warning(f"保存失败 {name} {url}")
        await save_mysql(engine, tb, url, 0, f'{e}')

async def spider(url):
    headers = {
        'User-Agent': 'Mozilla/5.0 (iPhone; CPU iPhone OS 13_2_3 like Mac OS X) AppleWebKit/605.1.15 '
                      '(KHTML, like Gecko) Version/13.0.3 Mobile/15E148 Safari/604.1'}
    async with aiohttp.request('GET', url, headers=headers) as resp:
        data = await resp.json()
        assert resp.status == 200
        return data

async def main():
    metadata = sa.MetaData()
    img = sa.Table('img', metadata,
                   sa.Column('id', sa.Integer, primary_key=True),
                   sa.Column('url', sa.TEXT),
                   sa.Column('status', sa.Boolean, default=1),
                   sa.Column('msg', sa.TEXT, nullable=True))
    engine = await create_engine(user='admin', db='sogou', host='1.1.1.1, password='abc')
    redis = await aioredis.create_redis_pool('redis://localhost/1', encoding='utf-8')
    mongo = motor.motor_asyncio.AsyncIOMotorClient('localhost', 27017)
    db = mongo.sogou
    url = "https://pic.sogou.com/napi/pc/searchList?query=汽车&start={}&xml_len=48"
    items = await spider(url.format(400))
    totalNum = items.get('totalNum', 336)
    urls = [url.format(i) for i in range(0, totalNum, 48)]
    tasks = [asyncio.ensure_future(spider(url)) for url in urls]
    for task in asyncio.as_completed(tasks):
        future = await task
        result = asyncio.create_task(save_mongo(db, future))
        items = future.get('data', dict()).get('items', [])
        if items:
            await asyncio.wait([asyncio.ensure_future(save_redis(redis, item)) for item in items])
            await asyncio.wait([asyncio.ensure_future(save_file(engine, img, item)) for item
in items])
            await result

logging.basicConfig(format='%(asctime)s-%(pathname)s[line:%(lineno)d]-%(levelname)
s: %(message)s', level=logging.DEBUG)
asyncio.get_event_loop().run_until_complete(main())
```

如上源码是通过 logging.basicConfig 配置的日志用于控制台输出，通过 asyncio.get_event_loop().run_until_complete(main())运行顶层函数 main()。

在 main()协程函数中先定义了元数据 metadata，然后创建了 Table 对象 img，并创建了 MySQL、Redis、MongoDB 的异步客户端对象。先通过一个较大的 start 值去请求汽车关键词下的图片数量，然后解析出图片总数 totalNum，生成所有页面滚动的 urls 列表，进一步生成页面滚动的请求任务列表 tasks。

通过 asyncio.as_completed(tasks)并发执行 tasks 中的任务，并迭代返回最先执行完成

的任务，然后将 task 返回的结果通过 save_mongo()协程函数写入 MongoDB 数据库中。asyncio. create_task ()的作用是安排一个协程函数加入事件循环中并发执行。接着，解析出页面滚动请求，返回数据中的 items 项，通过 asyncio. wait()等待 items 项中的每项字典并发写入 Redis 中，再接着等待 save_file()协程函数并发下载 items 中的图片。其中使用的 asyncio. ensure_future()作用是将协程包装成可等待对象 Future，然后传递给 asyncio. wait()并发执行并等待完成。

协程函数 spider()，用于执行页面滚动的请求，返回响应的 JSON 数据；save_mysql()、save_mongo()、save_redis()三个协程函数的作用，分别是异步将数据写入 MySQL、MongoDB、Redis 中。

协程 save_file()函数，作用主要还是异步下载图片的数据，并异步写入本地文件中。请求和文件操作都是使用的 async with 异步上下文管理器，不需要手动关闭相关的对象。之所以在 save_file()中增加异常处理，是因为获得的文件名 name 不一定是标准的图片后缀，同时一些 URL 地址存在不可访问的情况，所以增加异常处理。最后将每张图片下载的情况保存到 MySQL 数据库中，如果出现异常情况将异常消息也写入数据库中。

第3章

pyppeteer

pyppeteer是Node库puppeteer的Python版本，它提供了一个高级API，通过DevTools协议控制Chrome浏览器或Chromium浏览器。pyppeteer与浏览器有着更深的交互，这一点是selenium库无法企及的。pyppeteer的底层实现是通过封装puppeteer，对外提供了Python调用的异步接口。本章主要介绍pyppeteer的全系内容，从基础的环境部署，到常用的页面操作方法，再到一些具体场景中的运用，例如识别特征的处理、配置代理及代理的认证、拦截请求和响应等。

本章要点如下。

(1) pyppeteer的基本使用方法。

(2) pyppeteer的启动器和页面的常用操作方法。

(3) pyppeteer的Cookie操作方法和页面元素的选择方法。

(4) pyppeteer的鼠标键盘操作和页面内嵌框操作。

(5) pyppeteer的多种JavaScript的支持方法。

(6) pyppeteer的重要对象Request和Response。

(7) pyppeteer的常用启动参数和防识别处理。

(8) pyppeteer的IP代理设置及拦截器的使用方法。

3.1 pyppeteer基础

3.1.1 pyppeteer简介

如果说在Python中还有一款自动化工具能和selenium库媲美的，那么无疑是pyppeteer。puppeteer是Google开源的一个Node库，通过一系列高级接口和Chrome或Chromium浏览器在DevTools协议下交互。它具有以下特色功能。

(1) 生成页面的截图和PDF。

(2) 抓取SPA(Single Page web Application，单页应用程序)并渲染页面。

(3) 自动提交表单、UI测试、键盘输入等。

(4) 创建一个最新的自动化测试环境，使用最新的JavaScript和浏览器特性，在最新版本的Chrome浏览器中直接运行测试。

(5) 捕捉异常、跟踪堆栈来帮助诊断性能问题。

(6) 测试 Chrome 浏览器扩展程序。

(7) 其他高级功能,如 JavaScript 注入、模拟操作、异步执行、伪装等。

相比于 selenium 库,pyppeteer 具有异步加载、速度快、伪装性更强不易被识别,同时可以伪装手机平板等终端的优点,但它也有一些缺点,如接口不易理解、语义晦涩、bug 多等。

3.1.2 pyppeteer 环境安装

使用 pyppeteer 前,需要安装 pyppeteer 库和 Chromium 浏览器。如果本地未安装 Chromium 浏览器,那么在首次使用 pyppeteer 库时会自动下载 Chromium 浏览器或者在 Windows 或 Liunx 的命令界面中运行 pyppeteer-install,手动安装 Chromium 浏览器。

安装 pyppeteer 库,命令如下。

```
pip install pyppeteer
```

安装 pyppeteer 后,在 CMD 命令行中安装 Chromium,命令如下。

```
C:\Users\inlike > pyppeteer - install
[W:pyppeteer.command] chromium is already installed.
```

输入下列源码,测试是否能正常运行。

```
import asyncio
from pyppeteer import launch


async def main():
    browser = await launch({"headless": False})
    page = await browser.newPage()
    await page.goto('http://likeinlove.com')
    await page.screenshot({'path': 'example.png'})
    await browser.close()
asyncio.get_event_loop().run_until_complete(main())
```

上面的代码是在有界面模式下打开 Chromium 浏览器,然后在标签页中访问 http://likeinlove.com 页面,并截图保存为 example.png 的文件,最后关闭浏览器。其中 async 关键字用于声明一个异步操作,await 关键字用于声明一个耗时操作,asyncio.get_event_loop().run_until_complete(main())的作用是创建异步池,将 main 事件加入并运行。相关源码解释如下。

```
browser = await launch ({"headless": False})
# 创建一个启动器,并配置启动参数 headless,为 False 则代表需要打开浏览器界面
page = await browser.newPage()
# 新建一个页面对象,页面操作在页面对象上
await page.goto('http://example.com')
# 执行跳转功能类似于 selenium 的 driver.get()
await page.screenshot({'path': 'example.png'})
# 页面截图
await browser.close()
# 关闭浏览器对象
```

3.2 pyppeteer 的常用内部方法

3.2.1 浏览器启动器

浏览器的启动是通过初始化启动器 Launcher 来完成的，启动器在初始化时可以配置启动相关的参数，启动器初始化完成后即返回浏览器对象 Browser。

1. 启动器 Launcher

启动器可以从默认位置启动一个 Chromium 浏览器，或者连接一个已经打开的 Chromium 浏览器。启动器使用前，先从 pyppeteer 模块中导入函数 launch()，launch()用于创建一个启动器对象。

启动器在默认情况下，会使用本地的 Chromium 浏览器，但是可以配置启动项中的 executablePath 字段来指定浏览器的启动程序路径，如下面的代码是在启动 Windows 10 下默认安装的 Chrome 浏览器。

```
import asyncio
from pyppeteer import launch


async def main():
    browser = await launch({'headless': False, 'executablePath': 'C:\Program Files (x86)\
Google\Chrome\Application\chrome.exe'})
    page = await browser.newPage()
    await page.goto('http://example.com')
    await page.screenshot({'path': 'example.png'})
    await browser.close()
asyncio.get_event_loop().run_until_complete(main())
```

除此之外，pyppeteer 启动器还支持连接已经打开的 Chromium 浏览器，这是启动器的另一种启动方式 connect。connect 用于连接一个已经打开的浏览器，可以在程序崩溃后重连。connect()方法需要一个必选参数 browserWSEndpoint，该参数是 Browser 对象的 wsEndpoint 属性，是 pyppeteer 与 Chromium 浏览器通信的地址，它是以 ws 开头的 WebSocket 地址，形如 ws://127.0.0.1:3533/devtools/browser/6687308b-2c43-4ccb-9464-1d2c1fec7eb5 的字符串。下面的代码是先用一段代码启动一个 Chromium 浏览器，然后启动另一个代码来控制这个已启动的浏览器。

启动一个 Chromium 浏览器，并打印 wsEndpoint 属性。

```
import asyncio
import time
from pyppeteer import launch

async def main():
    browser = await launch({'headless': False})
    print(browser.wsEndpoint)
    browser.disconnect()      # 断开与浏览器的连接，不是浏览器

asyncio.get_event_loop().run_until_complete(main())
# 输出
ws://127.0.0.1:56308/devtools/browser/4600b780 - 885c - 461d - a2e8 - 83d4e0d0587d
```

然后使用另一段源码接管该浏览器。

```
import asyncio
import pyppeteer

async def main():
    browser = await pyppeteer.connect(
        browserWSEndpoint = "ws://127.0.0.1:56308/devtools/browser/4600b780 - 885c - 461d -
a2e8 - 83d4e0d0587d")
    page = await browser.newPage()
    await page.goto('http://example.com')
    await page.screenshot({'path': 'example.png'})
    await browser.close()

asyncio.get_event_loop().run_until_complete(main())
```

运行第二段代码后，Chromium 浏览器打开了指定的页面并生成了本地截图。connect() 方法通过 browserWSEndpoint 参数传入 wsEndpoint 值，这是必选参数。除此之外，还有几个可选参数。这些参数名及其作用如下。

（1）ignoreHTTPSErrors：是否忽略 HTTPS 错误，默认值为 False。

（2）slowMo：将 pyppeteer 的速度减慢指定的毫秒数。

（3）logLevel：设置日志级别，以打印日志。默认与根记录器相同，传入 int 或 str 代表的日志级别。

（4）loop：事件循环，是一个实验性参数，默认即可。

2. 浏览器对象 Browser

在启动浏览器后即返回一个 pyppeteer.browser.Browser 实例。该实例提供了与浏览器进程的交互、多个页面对象的上文管理、模拟浏览器的基础设置、创建隐身浏览器等功能。

Browser 具有下列浏览器控制的相关属性和方法，其中以 coroutine 开头代表的是协程方法，使用时需要加 await 关键字。

1）browserContexts

返回所有打开的浏览器上下文的列表，包括从 Browser 创建的隐身浏览器。

2）coroutine createIncognitoBrowserContext()

创建一个新的隐身浏览器上下文对象 BrowserContext，将打开一个新浏览器操作窗口，不会与其他浏览器上下文共享 Cookie 信息和缓存。例如：

```
import asyncio
from pyppeteer import launch
async def main():
    browser = await launch({"headless": False})
    content = await browser.createIncognitoBrowserContext()
    await browser.close()


asyncio.get_event_loop().run_until_complete(main())
```

3）coroutine disconnect()

断开浏览器，断开不等于关闭，断开后还可以通过 connect 连接。

4）coroutine newPage()

在此浏览器上创建新页面，并返回其对象。

5）coroutine pages()

获取此浏览器的所有页面。此处不会列出不可见的页面，例如 background_page，可以通过 pyppeteer. target. Target. page()查看。

6）process

返回此浏览器的进程，如果创建浏览器的是实例 pyppeteer. launcher. connect()，则返回 None。例如：

```
brwoser.process
< subprocess.Popen object at 0x02E03190 >
```

7）targets()

获取浏览器中所有活动的页面列表。在多个浏览器上下文的情况下，该方法将返回包含所有浏览器上下文中的所有目标的列表。

8）coroutine userAgent()

返回浏览器的原始用户代理，页面类 page 可以通过 coroutine setUserAgent()设置代理。

9）coroutine version()

获取浏览器的版本。

10）wsEndpoint

返回 WebSocket 端点的 URL 地址。例如：

```
brwoser.wsEndpoint
'ws://127.0.0.1:4636/devtools/browser/ccb4bd48 - 4572 - 468d - 8549 - 1f4f27da8737'
```

3. 浏览器上下文对象 BrowserContext

BrowserContext 用于创建多个独立的浏览器会话，启动浏览器时，它默认使用一个 BrowserContext。browser. newPage()将在默认浏览器上下文中创建页面，如果页面打开另一个页面，例如通过 window. open 调用，则弹出窗口也属于初始化创建的浏览器上下文。

通过 browser. createIncognitoBrowserContext()创建一个隐身浏览器进程，隐身浏览器上下文不会将任何数据写入磁盘。

BrowserContext 具有下列浏览器控制的相关属性和方法，其中以 coroutine 开头代表的是协程方法，使用时需要加 await 关键字。

1）coroutine close()

关闭浏览器上下文，将关闭属于浏览器上下文的所有页面。

2）isIncognito()

返回 BrowserContext 是否隐身。

3）coroutine newPage()

在浏览器上下文中创建新页面。

4）targets()

返回浏览器上下文中所有活动目标的列表。

BrowserContext 和 Browser 都是用于管理浏览器的会话，前者是创建一个隐身浏览器会话，在创建浏览器对象之后进而创建 Page 对象，页面的主要操作都在 Page 对象上进行。

3.2.2 页面常用操作

Page 类是 pyppeteer 的核心，其价值犹如 selenium 库的 driver，具体的页面操作都在 Page 实例化对象上进行。Page 与 driver 比较具有优势的是和 JavaScript 的交互，可以修改本地 JavaScript、CSS，也可以给页面添加 JavaScript 函数，甚至添加自定义函数到浏览器的 windows 属性中，也有 JavaScript 拦截相关的设置，更有终端模拟设置，这些功能是比 driver 更为强大的功能，但是也有一些劣势，如页面超时处理方面比 driver 弱，选择器不简洁等问题。

在初始化 Browser 后，通过 Browser. newPage()方法即可创建 Page 实例化对象。Page 对象有下列常用的方法和属性，其中以 coroutine 开头代表的是协程方法，使用时需要加 await 关键字。

1. coroutine addScriptTag(options, ** kwargs)

向当前页面添加 script 标签，其中需要一个必选参数 url、path 或 content，代表 script 的内容。可选参数 type 用于说明添加脚本的类型。addScriptTag 执行成功后，最后返回一个 ElementHandle 对象。如下面的源码所示，向页面中增加 JavaScript 代码。

```
import asyncio
from pyppeteer import launch
async def main():
    browser = await launch({'headless': False})
    page = await browser.newPage()
    await page.goto('https://www.likeinlove.com')
    await page.addScriptTag(content = """(function () {alert("hello word")});""")
    await page.addScriptTag(path = 'test.js')
    await page.addScriptTag(url = 'https://cdn.bootcss.com/vue/2.5.16/vue.min.js ')
asyncio.get_event_loop().run_until_complete(main())
```

上面分别通过 url、path、content 向页面中添加了 script 标签，看页面中的效果如图 3-1 所示，将 script 标签及标签内容添加到页面的 head 标签中。

```
    <![endif]-->
    <script type="text/javascript">(function () {alert("hello word")});</script>
    <script type="text/javascript">(function () {
        alert("hello word")
    });//# sourceURL=test.js</script>
    <script src="https://cdn.bootcss.com/vue/2.5.16/vue.min.js "></script>
  </head>
▼<body>
    <!--top begin-->
```

图 3-1 addScriptTag 向页面的 head 标签中添加 script 标签及标签内容

2. coroutine addStyleTag(options, ** kwargs)

通过 coroutine addStyleTag()可以向当前页面添加 style 标签，其中需要一个必选参数 url、path 或 content，表示 style 的内容。如果没有 addScriptTag 的 type 参数，则返回一个 ElementHandle 对象。

3. coroutine authenticate(credentials)

通过 coroutine authenticate(credentials)可以提供 HTTP 身份验证的凭据，参数是含有 username 和 password 字段的字典，或用 username、password 作关键字的参数，该方法可以用于代理的 HTTP Bastic 认证。

4. coroutine bringToFront()

coroutine bringToFront()方法能将页面置于前面，激活当前选项卡。

5. browser

Page 对象的 browser 属性，用于获取该页面所属的浏览器对象。

6. coroutine click(selector, options, ** kwargs)

coroutine click(selector, options, ** kwargs)能实现单击匹配 selector 的元素。如果获取的 selector 元素在视图底部，将滚动到视图中，然后使用 mouse 事件单击元素的中心。如果没有匹配 selector，则该方法会引发 PageError 错误。

coroutine click 函数需要一个必选参数 selector，代表要单击的元素，还需要三个可选参数如下。

(1) button：指定单击位置，可选 left、right 或 middle，默认为 left。

(2) clickCount：单击次数，默认为 1。

(3) delay：等待时间，表示鼠标按下到弹起的时间默认为 0，以毫秒为单位。

如下源码实现的是打开百度在搜索栏中输入 python，然后单击"搜索"按钮。

```
import asyncio
from pyppeteer import launch
async def main():
    browser = await launch(headless = False)
    page = await browser.newPage()
    await page.goto("http://www.baidu.com/")
    await page.type('#kw', 'python')
    await page.click('#su', delay = 10)
    await browser.close()
asyncio.get_event_loop().run_until_complete(main())
```

如果此方法要触发的元素，存在其他的单击事件，则容易产生混乱的判断，推荐的单击并等待的写法如下。

```
await asyncio.gather(
    page.waitForNavigation(waitOptions),
    page.click(selector, clickOptions),
)
```

7. coroutine close()

通过 coroutine close()可以关闭当前页面。

8. coroutine content()

coroutine content()是一种常用方法，返回当前页面的完整 HTML 源码。

9. coroutine emulate(options, ** kwargs)

通过 coroutine emulate(options, ** kwargs)可以模拟给定的设备信息和用户代理，此方法是调用以下两个方法的快捷方式：setUserAgent()、setViewport()。该方法需要两个关键字参数，分别是 viewport 和 userAgent。

其中 viewport 是字典值，含有模拟设备的相关属性。

(1) width：页面宽度以像素为单位。

(2) height：页面高度以像素为单位。

(3) deviceScaleFactor：指定设备比例，默认为 1。

(4) isMobile：是否使用"meta viewportt"的标记，默认为 False。

(5) hasTouch：指定 viewport 是否支持触摸事件，默认为 False。

(6) isLandscape：指定视口是否处于横向模式，默认为 False。

另一个参数 userAgent，参数值是字符串，表示用户代理信息。

使用下面的模拟参数，打开一个模拟手机的浏览器，然后在 Page 上打开百度页面。可见百度页面自适应手机端布局，相应的 userAgent 参数也变成了设置的字符串。

```
import asyncio
from pyppeteer import launch
async def main():
    browser = await launch(headless=False)
    page = await browser.newPage()
    ua = 'Mozilla/5.0 (iPhone; CPU iPhone OS 10_3_1 like Mac OS X) AppleWebKit/603.1.30
(KHTML, like Gecko) Version/10.0 Mobile/14E304 Safari/602.1'
    await page.emulate(viewport={"width": 720, "height": 1280}, userAgent=ua)
    await page.goto("http://www.baidu.com/")
    await browser.close()
asyncio.get_event_loop().run_until_complete(main())
```

10. coroutine focus(selector)

coroutine focus(selector)能实现聚焦匹配的元素，如果没有元素匹配，则抛出 PageError 错误，有一个必选参数 selector 代表元素选择器路径。

11. frames

frames 能完成获取此页面的所有 frame。

12. coroutine goBack(options, ** kwargs)

通过 coroutine goBack(options, ** kwargs)可以导航到历史记录中的上一页，如果不能导航到上一页，则返回 None。

13. coroutine goForward(options, ** kwargs)

coroutine goForward(options, ** kwargs)能实现导航到历史记录中的下一页，可用选项与 goto()方法相同，如果不能导航到下一页，则返回 None。

14. coroutine goto(url, options, ** kwargs)

coroutine goto(url, options, ** kwargs)是一种常用函数，可以打开指定 URL 地址，无头模式不支持导航到 PDF 文档。该方法需要一个必选参数 url，其他可选参数如下。

(1) timeout：最大导航时间以毫秒为单位，默认为 30000 毫秒；为 0 时表示禁用超时；可以使用 setDefaultNavigationTimeout()方法更改默认值。

(2) waitUntil：导航成功的标记事件，当下列可选事件触发时认为导航完成，默认为 load，即整个页面及所有依赖资源(如样式表和图片)都已完成加载时触发 load 事件。

(3) load：当 load 事件被触发时。

(4) domcontentloaded：当 DOMContentLoaded 事件被触发时完成导航。初始的 HTML 文档被完全加载并解析完成之后，DOMContentLoaded 事件被触发，无须等待样式表、图像和子框架的完成加载。

(5) networkidle0：当网络连接数不超过 0 时，至少需要 500 毫秒。

(6) networkidle2：当网络连接数不超过 2 个时，至少需要 500 毫秒。

15. coroutine hover(selector)

使用 coroutine hover(selector)时，当鼠标指针悬停在匹配元素上，如果没有元素，则抛出 PageError。该函数的必选参数 selector,代表元素的选择器路径。

16. isClosed()

判断页面是否关闭。

17. keyboard

使用 keyboard 能获取 Keyboard 对象,提供用于管理虚拟键盘的 api。

18. mouse

通过 mouse 可以获取 Mouse 对象。

19. mainFrame

通过 mainFrame 可以获取此页面对应的 Frame 对象。

20. coroutine metrics()

使用 coroutine metrics()能获取页面属性,返回包含键值对的字典,例如 Documents(页面文档数)、JSEventListeners(页面中的事件数)、JSHeapUsedSize(使用的 JavaScript 堆大小)等信息。

21. coroutine pdf(options, ** kwargs)

coroutine pdf(options, ** kwargs)能实现生成页面的 PDF 文件,目前仅支持在无头模式下生成 PDF 文件,可选参数如下。

(1) path:生成 PDF 文件的保存路径。

(2) scale:网页渲染的比例,默认为 1。

(3) displayHeaderFooter:是否显示页眉和页脚,默认为 False。

(4) footerTemplate:页脚的 HTML 格式模板,可选标签类有 date(格式化的日期)、title(文件名)、url(文件位置)、pageNumber(当前页码)、totalPages(文档中的总页数)。需要注意的是,显示打印页脚需要设置附加选项,例如 displayHeaderFooter 显示页眉页脚,完整示例如下。

```
import asyncio
from pyppeteer import launch
async def main():
    browser = await launch()          # headless = False
    page = await browser.newPage()
    await page.goto("http://www.baidu.com/")
await page.pdf(displayHeaderFooter = True, footerTemplate = '< div style = "font - size:10px;
width: 100 % ;">< span class = "date"></span > - Hello Word - < span class = "pageNumber"></span >
</div >', format = "A4",
margin = {"bottom": 70, "left": 25, "right": 35, "top": 30, },
            printBackground = True, path = '1.pdf')
await browser.close()
asyncio.get_event_loop().run_until_complete(main())
```

打印出来的页脚设置效果如图 3-2 所示,其原理是通过将模板 HTML 源码添加到页面最底部渲染,然后显示出来。

(5) headerTemplate:打印页眉的 HTML 模板,同 footerTemplate()使用方法。

(6) printBackground:是否打印背景图形,默认为 False。

设为首页 关于百度 About Baidu 百度推广 使用百度前必读 意见反馈 帮助中心

6/7/2020- Hello Word - 1

图 3-2 页脚设置效果

(7) landscape：纸张方向，默认为 False。

(8) pageRanges：要打印的纸张范围，如“1-5，8，11-13”。默认为空字符串，表示所有页面。

(9) format：纸张格式，如果设置则优先于 width 或 height。默认为 Letter(8.5 英寸×11 英寸)，常用的还有 A4(8.27 英寸×11.7 英寸)。

(10) width：纸张宽度，接收标有单位的值。

(11) height：纸张高度，接收标有单位的值。

(12) margin：纸张边距，值为字典类型，默认值 None，可选参数有 top(上边距)、right(右边距)、bottom(底部边距)、left(左边距)，可用单位有 px(像素)、in(英寸)、cm(厘米)、mm(毫米)。

22. coroutine reload()

coroutine reload()方法能刷新当前页。

23. coroutine screenshot(options， ** kwargs)

通过 coroutine screenshot(options， ** kwargs)方法能实现屏幕截屏，可以使用的参数有：

(1) path：保存图像的文件路径，屏幕截图类型将从文件扩展名中推断出来。

(2) type：指定屏幕截图类型，可以是 jpeg 或 png，默认为 png。

(3) quality：图像的质量，值为 0～100，不适用于 png 图像。

(4) fullPage：是否截取完整的可滚动页面，默认为 False。

(5) clip：值为字典，截取指定区域。可选参数为 x、y、width、height，分别从 x、y 坐标处截取指定高宽的图片。

(6) omitBackground：布尔值，作用隐藏默认的白色背景，并捕获具有透明度的屏幕截图。

(7) encoding：设置图像的编码为 base64 或 binary，默认为 binary。

24. coroutine select(selector， * values)

coroutine select(selector， * values)可以选择选项并返回所选值，如果没有元素匹配 selector，则抛出 ElementHandleError 错误。

25. coroutine setBypassCSP(enabled)

coroutine setBypassCSP(enabled)能判断是否绕过页面的 Content-Security-Policy(内容安全策略)，通常在导航到指定页面之前调用它，该方法需要一个布尔值参数。Content-Security-Policy 允许站点管理者控制用户代理，能够为指定的页面加载哪些资源。

26. coroutine setCacheEnabled(enabled)

coroutine setCacheEnabled(enabled)可以实现启用/禁用缓存，默认情况为 True 启用缓存。

27. coroutine setContent(html)

通过 coroutine setContent(html)可以设置当前页面的内容，该函数有一个必选参数 html，该函数在浏览器中对应执行的 JavaScript 代码如下。

```
function(html) {
  document.open();
  document.write(html);
  document.close();
}
```

28. setDefaultNavigationTimeout(timeout)

使用 setDefaultNavigationTimeout(timeout)能实现该函数的更改默认的最大导航超时，默认为 30 秒，该函数的必选参数 timeout(单位为毫秒)，设置为 0 将禁用超时。使用这个函数将覆盖 goto()、goBack()、goForward()、reload()、waitForNavigation()方法的默认 30 秒超时。

29. coroutine setExtraHTTPHeaders(headers)

coroutine setExtraHTTPHeaders(headers)可以设置额外的 HTTP 标头，将在页面启动的每个请求中发送额外的 HTTP 标头。该方法需要一个字典类型参数 headers，是要合并到请求头的字典，不保证传出请求中的标头顺序。

30. coroutine setOfflineMode(enabled)

通过 coroutine setOfflineMode(enabled)可以设置启用或禁用离线模式，该方法需要一个布尔型参数 enabled。

31. coroutine setUserAgent(userAgent)

通过 coroutine setUserAgent(userAgent)可以设置要在此页面中使用的用户代理。

32. coroutine setViewport(viewport)

coroutine setViewport(viewport)能实现设置视图，其参数同 emulate()方法的 viewport 项。

33. coroutine tap(select)

coroutine tap(select)能完成单击与之匹配的元素，类似手机上的触摸功能，该方法的必选参数 selector 表示选择器路径。

34. target

target 表示返回此页面创建的目标。

35. coroutine title()

通过 coroutine title()可以获取页面标题。

36. coroutine type(selector, text, options, ** kwargs)

coroutine type(selector, text, options, ** kwargs)方法有两个必选参数 selector、text，在指定选择器 selector 处输入文本 text，作用同 selenium 库的 keys，如果没有匹配元素，则报错 PageError 错误。

```
await page.type('#kw', '测试')
```

37. url

url 用于获取此页面的 URL 地址。

38. viewport

viewport 表示返回视图信息字典，返回信息与 setViewport()方法的字段相同。

39. coroutine waitFor(selectorOrFunctionOrTimeout, options, * args, ** kwargs)

通过 coroutine waitFor()可以实现等待页面上匹配元素出现，返回等待的对象 JSHandle。该方法参数说明如下。

(1) selectorOrFunctionOrTimeout：xpath 或函数字符串或 timeout(单位为毫秒)。

如果 selectorOrFunctionOrTimeout 是 int 或 float，则将其视为加载超时(默认为毫

秒),将返回在超时后执行的 future。如果 selectorOrFunctionOrTimeout 是一个 JavaScript 函数字符串,则此方法使用方式同 waitForFunction()。如果 selectorOrFunctionOrTimeout 是选择器字符串或 XPath 字符串,则此方法作用同 waitForSelector()或 waitForXPath()。如果字符串以//字符串开头,则将字符串视为 XPath。

(2) options:可选参数参考 waitForFunction()或 waitForSelector()方法。

(3) args:传递函数的参数。

第一个位置参数 selectorOrFunctionOrTimeout:

waitFor()方法自动检测相关标记或选择器,但可能错过检测,如果不按预期工作,可以直接使用 waitForFunction()或 waitForSelector()。例如:

```
page = await browser.newPage()
await page.goto("http://www.baidu.com/")
await page.waitFor(3000)
await page.waitFor('#kw', timout = 8000)
wait page.waitFor('//*[@id = "kw"]', timout = 3000)
await page.type('#kw', '测试')
await page.click('#su', delay = 10)
await browser.close()
```

40. coroutine waitForFunction(pageFunction, options, * args, ** kwargs)

通过 coroutine waitForFunction()可以实现等待函数执行完成并返回一个 truthy 值(真值),在 JavaScript 中指的是在布尔值上下文中,转换后的值为真值。所有值都是真值,除非它们被定义为假值(false、0、""、null、undefined 和 NaN)。

必选参数 pageFunction,是要在页面中执行的 JavaScript 字符串,该函数应设置返回值,当返回 truthy 值或达到超时时结束等待。如果 pageFunction 有参数,则以不定长参数 args 传递给 waitForFunction。

该方法还有以下可选项参数 options。

(1) polling:pageFunction 执行的间隔,默认为 raf(不断执行)。如果 polling 是数字,则将其视为执行函数的间隔(单位为毫秒),如果是 mutation,将在 DOM 树变化时执行。

(2) timeout:等待的最长时间(单位为毫秒),默认为 30 秒,如果为 0 则禁用超时。

需要注意参数传递的顺序 waitForFunction(pageFunction, options:dict, * args, ** kwargs)。例如:

```
    await page.goto("http://www.baidu.com/")
    await page.waitForFunction(("(function (){if (document.querySelector('#kw')){return
true}})()"), timeout = 3000)
```

41. coroutine waitForNavigation(options, ** kwargs)

coroutine waitForNavigation(options, ** kwargs)可以实现当页面导航到新的 URL 或重新加载时,将返回响应。对于可能间接导致页面导航的代码非常有用。如果是返回上一页或下一页发生的导航,则不返回任何内容。

pyppeteer 文档提供的典型例子如下。

```
navigationPromise = async.ensure_future(page.waitForNavigation())
await page.click('a.my-link')        #间接发生导航
await navigationPromise              #等待导航完成
```

或者

```
await asyncio.wait([
    page.click('a.my-link'),
    page.waitForNavigation(),
])
```

42. coroutine waitForRequest(urlOrPredicate, options, ** kwargs)

coroutine waitForRequest()能实现等待请求,请求成功则返回 Request 对象。该方法的必选参数 urlOrPredicate,可以是要等待的 URL 字符串或函数,其他可选参数有 timeout(等待超时时间)。例如:

```
firstRequest = await page.waitForRequest('http://example.com/resource')
finalRequest = await page.waitForRequest(lambda req: req.url == 'http://example.com' and
req.method == 'GET')
print(firstRequest.url)
```

43. coroutine waitForResponse(urlOrPredicate, options, ** kwargs)

coroutine waitForResponse()能实现等待响应。该方法的必选参数 urlOrPredicate,可以是要等待的 URL 字符串或函数,其他可选参数有 timeout(等待超时时间)。例如:

```
firstResponse = await page.waitForResponse('http://example.com/resource')
finalResponse = await page.waitForResponse(lambda res: res.url == 'http://example.com' and
res.status == 200)
print(finalResponse.ok)
```

44. waitForSelector(selector, options, ** kwargs)

waitForSelector()能实现等待页面上出现匹配的 selector 元素,该方法需要一个必选参数元素选择器路径 selector。返回等待的对象,该对象再将选择器字符串指定的元素添加到 DOM 时解析。

可选参数如下。

(1) visible:是否等待元素出现在 DOM 中并可见。默认为 False,即没有 display:none 或 visibility:hidden 的 CSS 属性。

(2) hidden:是否等待元素在 DOM 中不可见,默认为 False,即具有 display:none 或 visibility:hidden 的 CSS 属性。

(3) timeout:等待的最长时间(单位为毫秒)。

45. waitForXPath(xpath, options, ** kwargs)

waitForXPath()能实现等待页面上出现匹配的 XPath 元素,该方法需要一个必选参数元素 XPath 选择器路径。可选参数同 waitForSelector()方法的可选项参数。

46. workers

通过 workers 能获取当前页面所有执行的线程。web workers 概念是解决客户端 JavaScript 无法多线程运行的问题,其定义的 worker 是指代码的并行线程,不过 web worker 处于一个自包含的环境中,无法访问主线程的 window 对象和 document 对象。

3.2.3 页面 Cookie 处理

对于常用于模拟登录的 selenium 库和 pyppeteer 库而言,Cookie 的处理是获得登录状态的重要步骤。通过获取浏览器的 Cookie,然后通过 requests 等网络请求库携带登录后的 Cookie 可以更加高效地完成请求任务。

下面介绍 pyppeteer 浏览器的 Cookie 增删改查等常用操作,其中以 coroutine 开头代表的是协程方法,使用时需要加 await 关键字。

1. coroutine cookies(* urls)

获取 Cookie,如果未指定 URL,则 coroutine cookies(* urls)方法返回当前页面 URL 的 Cookie;如果指定了 URL,则仅返回指定 URL 的 Cookie。

返回的 Cookie 包含字段 name、value、url、domain、path、expires、httpOnly、secure、session、sameSite。例如:

```
import asyncio
from pyppeteer import launch
async def main():
    browser = await launch(headless = False)
    page = await browser.newPage()
    await page.goto("http://www.baidu.com/")
    cookies = await page.cookies()
    print(cookies)
    await browser.close()
asyncio.get_event_loop().run_until_complete(main())
# 打印 cookie 信息
[{'name': 'PSTM', 'value': '1591714773', 'domain': '.baidu.com', 'path': '/', 'expires':
3739198420.314667, 'size': 14, 'httpOnly': False, 'secure': False, 'session': False}, … ]
```

2. coroutine deleteCookie(* cookies)

coroutine deleteCookie(* cookies)可以实现删除 Cookie,应传入包含 name、url、domain、path、secure 字段的待删除 Cookie,如果要删除当前页面的 Cookie,至少应该传入 name 和 domain 的字典。例如:

```
await page.deleteCookie({'name': 'PSTM', 'domain': '.baidu.com'})
```

3. coroutine setCookie(* cookies)

通过 coroutine setCookie(* cookies)方法实现设置 Cookie。该方法传入的参数是单条 Cookie 信息字典,应该是包含这些字段 name(必填)、value(必填)、url、domain、path、expires、httpOnly、secure、sameSite。例如:

```
await page.setCookie({'name': "test", 'value': "123456"})
```

3.2.4 页面节点选择器

在 pyppeteer 中使用 pyppeteer.element_handle.ElementHandle 对象,来表示页内 DOM 元素。ElementHandle 对象可以通过 querySelector()方法创建实现,还可以用作 querySelectorEval()和 evaluate()方法的参数。

ElementHandle 对象具有下列实用的方法和属性,其中以 coroutine 开头代表的是协程方法,使用时需要加 await 关键字。

1. coroutine boundingBox()

通过 coroutine boundingBox()方法可以返回此元素的边界框,如果元素不可见,则返回

None。返回信息包括元素的 x 坐标、元素的 y 坐标、元素的宽度、元素的高度,单位为像素。

2. coroutine boxModel()

通过使用 coroutine boxModel()能返回元素框,如果元素不可见,则返回 None,框表示点列表。每个点是{x, y}的坐标形式,返回值是包含 content(内容框)、padding(填充框)、border(边框)、margin(边距框)、width(元素的宽度)、height(元素的高度)字段的字典。

3. coroutine click(selector, ** kwargs)

通过 coroutine click(selector, ** kwargs)方法能实现单击此元素的中心,如果需要,会将元素滚动到视图中。如果元素与 DOM 分离,则该方法会引发 ElementHandleError 异常。

4. coroutine contentFrame()

coroutine contentFrame()方法可以返回元素所属的内容框架,不在 iframe 中则返回 None。

5. coroutine focus()

coroutine focus()能实现聚焦该元素。

6. coroutine hover()

通过 coroutine hover()可以实现将鼠标移动元素的中心,如果需要会将元素滚动到视图中。

7. coroutine isIntersectingViewport()

coroutine isIntersectingViewport()可以判断元素在视图中是否可见,如果可见,则返回 True。

8. coroutine press(key, options, ** kwargs)

coroutine press(key, options, ** kwargs)可以向指定元素发送按键。必选参数 key 是按键名,如 ArrowLeft,有可选参数 text、delay。该函数先聚焦元素,然后使用 keyboard. down()和 keyboard. up()。

9. coroutine screenshot(options, ** kwargs)

coroutine screenshot(options, ** kwargs)可以截取元素的屏幕截图,如果该元素与 DOM 分离,则此方法会引发一个 ElementHandleError 错误,可用选项与 screenshot()方法相同。

10. coroutine tap()

单击元素的中心,如果需要,coroutine tap()方法将元素滚动到视图中。如果元素与 DOM 分离,则该方法会引发 ElementHandleError 错误。

11. coroutine type(text, options, ** kwargs)

coroutine type(text, options, ** kwargs)能聚焦元素,然后键入文本,用法同 Keyboard. type()方法。

12. coroutine uploadFile(* filePaths)

coroutine uploadFile(* filePaths)可以实现上传文件。

13. coroutine querySelector(selector)

coroutine querySelector(selector)可以实现返回在指定元素下匹配的第一个元素 selector,如果没有匹配元素,则返回 None。

14. coroutine querySelectorAll(selector)

coroutine querySelectorAll(selector)能实现返回此元素下匹配的所有 selector 元素，如果没有元素匹配，则返回空列表。

15. coroutine xpath(expression)

通过使用 coroutine xpath(expression)方法查找满足 XPath 表达式的元素，如果没有这样的元素，则返回一个空列表。

16. coroutine querySelectorAllEval(selector, pageFunction, * args)

通过使用 coroutine querySelectorAllEval(selector, pageFunction, * args)对满足条件的所有元素执行函数，并将其作为第一个参数传递给 pageFunction。如果没有元素匹配 selector，则该方法会引发 ElementHandleError 错误。

如下源码演示了 querySelectorAllEval()方法的用法。

```
<div class = "feed">
    <div class = "tweet"> Hello!</div>
    <div class = "tweet"> Hi!</div>
</div>
```

提取出指定文本节点的内容并判断。

```
feedHandle = await page.J('.feed')
assert (await feedHandle.JJeval('.tweet', '(nodes => nodes.map(n => n.innerText))')) ==
['Hello!', 'Hi!']
```

assert 断言用于判断一个表达式，在表达式条件为 false 的时候触发异常。箭头函数是在 es6 中添加的一种规范，x => x * x 相当于 function(x){return x * x}。

17. coroutine querySelectorEval(selector, pageFunction, * args)

coroutine querySelectorEval(selector, pageFunction, * args)可以对匹配的第一个元素执行 pageFunction()函数，将其作为第一个参数传递给 pageFunction()，如果没有匹配，则引发 ElementHandleError 错误。

```
tweetHandle = await page.querySelector('.tweet')
assert (await tweetHandle.querySelectorEval('.like', 'node => node.innerText')) == 100
assert (await tweetHandle.Jeval('.retweets', 'node => node.innerText')) == 10
```

Page 实例化对象提供了 5 个与 ElementHandle 对象相关的方法，这些方法用于在页面对象中获取单个 ElementHandle 对象或多个 ElementHandle 对象的列表，以及提供了操作 ElementHandle 对象的重要方法。这 5 个方法分别是：J 别名 querySelector()、JJ 别名 querySelectorAll()、JJeval 别名 querySelectorAllEval()、Jeval 别名 querySelectorEval()、Jx 别名 xpath()。下面详细介绍这五个方法。

1) coroutine querySelector(selector)

通过使用 coroutine querySelector(selector)方法可以获取匹配选择器 selector 路径的 ElementHandle 对象。该方法需要搜索元素的选择器字符串作参数，返回 ElementHandle 对象或者 None。例如：

```
await page.goto("http://www.baidu.com/")
select = await page.querySelector('#kw')
```

2）coroutine querySelectorAll(selector)

使用 coroutine querySelectorAll(selector)可以获取所有匹配选择器 selector 路径的 ElementHandle 对象列表。该方法需要搜索元素的选择器字符串做参数，返回 ElementHandle 列表或者返回空列表。

3）coroutine querySelectorAllEval(selector，pageFunction，* args)

coroutine querySelectorAllEval(selector，pageFunction，* args)能实现对所有匹配元素执行 JavaScript 代码。该方法需要两个参数，第一个参数是选择器 selector，第二个参数是要在浏览器上运行的 JavaScript 函数的字符串 pageFunction，pageFunction()函数将匹配元素的数组作为第二个参数。通过 args 传递其他参数给 pageFunction()。例如：

```
await page.goto("http://www.baidu.com/")
js = """
    function f(select, a, b) {
    console.log(select);
    console.log(a + b)
}
    """
select = await page.querySelectorAllEval('#kw', js, 1, 2)
```

在浏览器的开发者调试模式下的 Console 选项卡中，如图 3-3 所示结果。

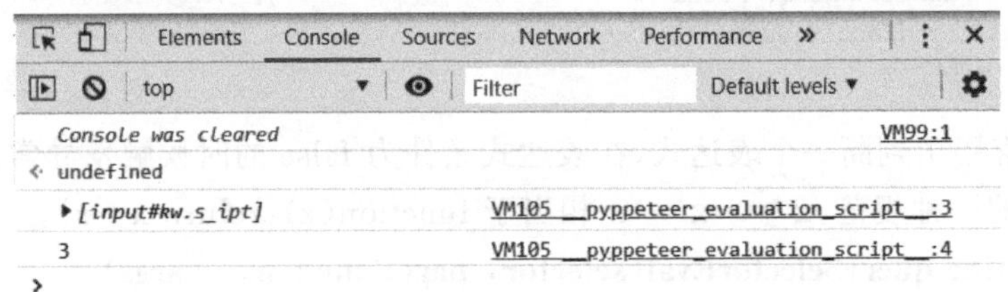

图 3-3 querySelectorAllEval 执行 JavaScript 代码

4）coroutine querySelectorEval(selector，pageFunction，* args)

通过 coroutine querySelectorEval(selector，pageFunction，* args)可以对匹配的第一个元素执行 JavaScript()函数，参数及作用与 querySelectorAllEval()相同，不同之处在于 pageFunction()函数第一个参数不是数组，而是匹配对象。

5）coroutine xpath(expression)

coroutine xpath(expression)用于获取符合 XPath 表达式的 ElementHandle 对象。该方法需要一个必选参数 XPath 表达式 expression，此方法将返回所有符合条件的 ElementHandle 列表。

3.2.5 键盘和鼠标操作

1. 键盘事件

Keyboard 负责处理键盘事件，其位于 pyppeteer. input. Keyboard 路径下。在页面中调用 Keyboard 对象，可以通过访问 Page. keyboard 实现。Keyboard 类提供了用于管理虚拟键盘的 api，其中 type()是一个输入的高级接口，它接收原始字符并在页面上生成正确的 keydown、keypress、input、keyup 等事件。如果需要加强控制，可以通过 down()、up()和 sendCharacter()等手动触发事件来模拟真实的键盘操作。

Keyboard 核心事件主要有以下几个，其中以 coroutine 开头代表的是协程方法，使用时需要加 await 关键字。

1) coroutine down(key, options, ** kwargs)

coroutine down(key, options, ** kwargs)可发送按下键盘 key 键的指令。如果 key 是修饰键，例如 Shift、Meta 或 Alt，则后续按键将与该修饰符一起发送，要释放修饰键使用 up()。修饰键会影响 down 事件，按住 Shift 键将在大写中键入文本。该方法需要一个必选参数 key，key 代表要按的键的名称。可选参数 text，代表要输入的文本内容。

2) coroutine up(key)

coroutine up(key)用于释放按下的键。该方法需要一个必选参数 key，即要释放的键名。

3) coroutine press(key, options, ** kwargs)

通过 coroutine press(key, options, ** kwargs)能实现向下按一次 key 键。已按下的修饰键会影响 press()方法，如按住 Shift 键将在大写中键入文本。该方法需要一个必选参数 key，key 代表要按的键的名称。可选参数有 text 和 delay，text 是指要输入的文本内容；delay 是按下和弹起之间等待的时间，默认为 0。

4) coroutine sendCharacter(char)

将字符发送到页面，coroutine sendCharacter(char)方法会调用一个 keypress 和 input 事件，但不会发送 keydown 或 keyup 事件。修饰键对 sendCharacter 不起作用，按住 Shift 键不会以大写形式输入文本。该方法需要一个必选参数 char，即要发送的字符。

5) coroutine type(text, option, ** kwargs)

通过 coroutine type(text, option, ** kwargs)可以将字符输入鼠标焦点所在的元素，如文本框。text 是该方法的必选参数，表示键入聚焦元素的文本。可选参数 delay，是按键之间等待的时间，单位为毫秒。

下面是一些键盘事件的示例。

```
await page.keyboard.type('Hello, World!')
await page.keyboard.press('ArrowLeft')
await page.keyboard.down('Shift')
for i in 'World':
    await page.keyboard.press('ArrowLeft')
await page.keyboard.up('Shift')
await page.keyboard.press('Backspace')
# 最后显示的结果是 Hello!
```

按下大写 A 键的示例。

```
await page.keyboard.down('Shift')
await page.keyboard.press('KeyA')
await page.keyboard.up('Shift')
```

2. 鼠标事件

Mouse 负责处理鼠标事件，其位于 pyppeteer. input. Mouse 路径下。在页面中调用 Mouse 对象，可通过访问 Page. mouse 实现。Mouse 核心事件主要有以下几个，其中以 coroutine 开头代表的是协程方法，使用时需要加 await 关键字。

1) coroutine click(x, y, options, ** kwargs)

coroutine click(x, y, options, ** kwargs)表示单击 x、y 处的坐标。该函数接收必选参数 x、y 坐标,可选参数 button(键击类型,可选 left、right、middle,默认为 left)、clickCount(单击次数,默认为 1)、delay(按下和弹起的时间)。

2) coroutine down(option, ** kwargs)

coroutine down(option, ** kwargs)表示发送鼠标按下事件。可选参数 button(键击类型,可选 left、right、middle,默认为 left)、clickCount (单击次数,默认为 1)。

3) coroutine move(x, y, options, ** kwargs)

coroutine move(x, y, options, ** kwargs)方法可以实现发送鼠标移动事件。可选参数 steps(步长),如果指定 steps,则通过中间事件 mousemove 发送,默认步长为 1。

4) coroutine up(option, ** kwargs)

使用 coroutine up(option, ** kwargs)可以释放按下按钮,可选参数 button(键击类型可选 left、right、middle,默认为 left)、clickCount (单击次数,默认为 1)。

3.2.6 内嵌框处理

pyppeteer 提供了内嵌框类 pyppeteer. frame_manager. Frame,在 Page 类中通过 Page. mainFrame 可以访问当前 Page 对应的 Frame 对象,通过 Page. frames 属性可以获取当前页面的所有 frame 列表。

Frame 对象具有与 Page 对象大部分相同的属性和方法,如表 3-1 所示。其中以 coroutine 开头代表的是协程方法,使用时需要加 await 关键字。

表 3-1 Frame 对象与 Page 对象使用方法一致的属性和方法

方法或属性	说　　明
coroutine J(selector)	别名 querySelector()
coroutineJJ(selector)	别名 querySelectorAll()
coroutineJJeval(selector, pageFunction, * args)	别名 querySelectorAllEval()
coroutineJeval(selector, PageFunction, * args)	别名 querySelectorEval()
coroutineJx(expression)	别名 xpath()
coroutineaddScriptTag(option)	注入 JavaScript 文件
coroutineaddStyleTag(options)	注入 CSS 文件
coroutineclick(selector, options, ** kwargs)	单击匹配的元素
coroutinecontent()	获取页面全部的 HTML 内容
coroutineevaluate(pageFunction, * args, force_expr)	框架下执行 pageFunction
coroutineevaluateHandle(pageFunction, * args)	框架下执行 pageFunction
coroutineexecutionContext()	返回此框架的上下文对象
coroutine focus(selector)	聚焦匹配的元素
coroutine hover(selector)	鼠标指针悬停匹配元素上
coroutineselect(selector, * values)	返回匹配选择器元素
coroutinesetContent(html)	将 html 设为当前内容
coroutine tap(selector)	单击匹配 selector 的元素
coroutinetitle()	获取框架的标题
coroutinetype(selector, text, options, ** kwargs)	在匹配的元素上输入文本

续表

方法或属性	说 明
url	获取框架的 URL 地址
waitFor(selectorOrFunctionOrTimeout, options, * args, ** kwargs)	根据 selectorOrFunctionOrTimeout 等待页面加载完成
waitForFunction(pageFunction, options, * args, ** kwargs)	等待函数完成
waitForSelector(selector, options, ** kwargs)	等待匹配元素
waitForXPath(xpath, options, ** kwargs)	等待匹配 XPath 的元素

除与 Page 对象相同的属性和方法外,Frame 对象还有如下部分关于内嵌框处理的独立方法和属性。

(1) childFrames：获取子框架。

(2) isDetached()：如果此框架已分离则返回 True,否则返回 False。

(3) parentFrame：获取当前框架的父框架,如果当前框架是主框架或分离框架,则返回 None。

(4) name：获取 frame 的 name。

如下源码是打开本地内嵌了百度网页的 iframe.html 文件(该文件在本章对应资源文件中),然后通过 pyppeteer 的 Frame 对象来操作 iframe 标签内的百度网页,执行一个简单的搜索任务。

```
import asyncio
import os

from pyppeteer import launch


async def main():
    browser = await launch(headless=False)
    page = await browser.newPage()
    await page.goto(os.getcwd() + r'\iframe.html')
    frame = page.mainFrame.childFrames[0]
    title = await frame.title()
    print(title)
    print(frame.name)
    print(frame.url)
    await frame.type('#kw', '测试')
    await frame.click('#su', delay=10)
    await browser.close()
asyncio.get_event_loop().run_until_complete(main())
```

执行上述代码后,在浏览器的搜索框中正确输入搜索关键字,如图 3-4 所示。

3.2.7 JavaScript 操作

在 pyppeteer 中,pyppeteer.execution_context.JSHandle 类实例化得到 JSHandle 对象,表示网页内的 JavaScript 对象可以通过 evaluateHandle()方法创建 JSHandle。

相对 selenium 库而言,pyppeteer 库在与浏览器的 JavaScript 交互上更加出色。selenium 库只提供了两个功能有限的 JavaScript 执行函数,而 pyppeteer 库除了 Page 对象和

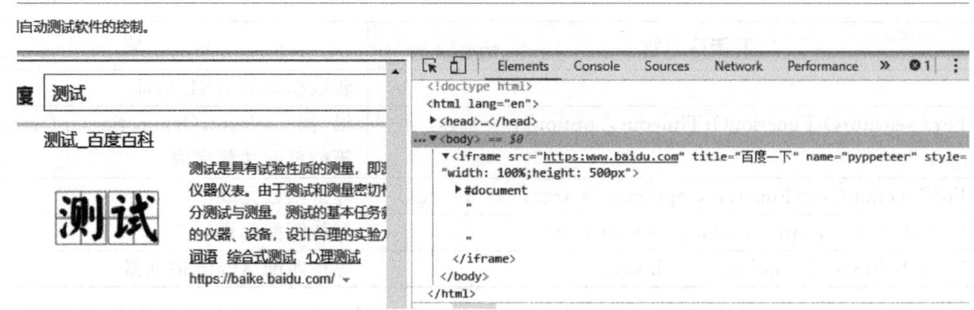

图 3-4 pyppeteer 操作内嵌框

ElementHandle 对象都具有的 JJeval()、Jeval()方法，以及 Page 对象单独具有的 addScriptTag()、waitForFunction()方法之外，Page 实例化对象还提供了下列方法用于 JavaScript 的操作。其中以 coroutine 开头代表的是协程方法，使用时需要加 await 关键字。

1. coroutine evaluate(pageFunction, * args, force_expr)

通过 coroutine evaluate(pageFunction, * args, force_expr)可以实现在浏览器上执行 JavaScript 函数或 JavaScript 表达式，并获取结果。pageFunction 参数是要在浏览器上执行的函数或表达式的字符串；关键字参数 force_expr 为 True，则将 pageFunction 当表达式计算，如果为 False(默认值)，自动检测是函数或表达式；args 是不定长参数，可以传递 JavaScript()函数所需要的参数。例如：

```
test = await page.evaluate('function test(a, b){return a + b}', 1, 2, force_expr = False)
print(test)     #打印结果为 3
```

2. coroutine evaluateHandle(pageFunction, * args)

coroutine evaluateHandle(pageFunction, * args)可以实现在当前页面执行 JavaScript 函数，参数 pageFunction 是要执行的 JavaScript 函数字符串。evaluateHandle()和 evaluate()之间的区别是 evaluateHandle 返回的 JSHandle 对象不是数值。例如：

```
test = await page.evaluateHandle('function test(a, b){return a + b}', 1, 2)
print(test) #打印< pyppeteer.execution_context.JSHandle object at 0x000001C163B20898 >
```

3. coroutine evaluateOnNewDocument(pageFunction, * args)

通过使用 coroutine evaluateOnNewDocument(pageFunction, * args)可以实现在当前页面添加 JavaScript 函数。当发生页面导航、页面内嵌框架导航的时候，附加的 pageFunction 代码会自动执行。

4. coroutine exposeFunction(name, pyppeteerFunction)

coroutine exposeFunction(name, pyppeteerFunction)可以将 Python 函数添加到浏览器的 window 对象中，可以从浏览器进程中调用已注册的 Python 函数，是一个非常强大的功能。参数 name 是 window 对象上函数的名称；参数 pyppeteerFunction 是将在 python 进程上调用的非异步函数。

如下案例将通过 JavaScript 函数获取 html 源码，然后调用 Python 函数解析出源码中的标题。

```
import asyncio
from lxml import etree
from pyppeteer import launch

ping_script = """
    setInterval(function () {
        var html = document.documentElement.outerHTML;
        pyrsp(html);
        console.log('ping!');
    }, 1000);
"""
def pyrsp(html):
    """
    解析 JavaScript 回调返回的 html 源码
    :param html:
    :return:
    """
    xp = etree.HTML(html)
    title = xp.xpath('//title/text()')
    print(title)
async def main():
    browser = await launch(headless=False, devtools=True)
    page = await browser.newPage()
    await page.goto('https://www.baidu.com/')
    await page.exposeFunction("pyrsp", pyrsp)
    await page.evaluate(ping_script)
if __name__ == "__main__":
    loop = asyncio.new_event_loop()
    loop.create_task(main())
    loop.run_forever()
```

5. coroutine queryObjects(prototypeHandle)

迭代 JavaScript 堆并找到所有具有句柄的对象，参数 prototypeHandle(JSHandle)是原型对象的 JSHandle。

6. coroutine setJavaScriptEnabled(enabled)

coroutine setJavaScriptEnabled(enabled)具备启用或禁用 JavaScript 功能。

3.2.8 Request 和 Response

pyppeteer 提供了请求类 pyppeteer. network_manager. Request 和响应类 pyppeteer. network_manager. Response，是网络请求中常用的类。只要页面发送请求(例如请求网络资源)，pyppeteer 会发生以下事件：当页面请求发出时发生 request 事件，当页面收到请求的响应时发生 response 事件，请求完成并下载响应正文时发生 requestfinished 事件。

如果请求在某个时间点失败，那么将发出 requestfailed 事件，而不是 requestfinished 事件。如果请求得到重定向响应，则请求将视作完成 requestFinished 事件，并向重定向地址发出新的请求。

对于常用的 Request 对象和 Response 对象，在开启请求拦截后可以作为绑定的回调函数的默认参数。要获取 Request 和 Response 对象，也可以通过在 Page 对象上调用 waitForRequest()、waitForResponse()函数，返回指定 URL 地址的请求或响应对象。

1. Request 对象

Request 具有下列属性和方法，是操作请求的重要接口。其中以 coroutine 开头代表的是协程方法，使用时需要加 await 关键字。

1）coroutine abort(errorCode)

中止请求，要使用 coroutine abort（errorCode）之前启用请求拦截方法 Page.setRequestInterception()。参数 errorCode 是可选的错误代码字符串，默认为 failed，errorCode 可选错误代码字符串如表 3-2 所示。

表 3-2　errorCode 可选错误代码字符串

errorCode 错误代码	含　义
aborted	用户终止操作
accessdenied	无访问网络以外资源的权限
addressunreachable	IP 地址无法访问
blockedbyclient	客户端阻止请求
blockedbyresponse	请求失败，因为该请求不满足设定条件（如 X-Frame-Options 和 Content Security Policy 安全检查）。X-Frame-Options HTTP 响应头是用来给浏览器指示允许一个页面能否在 <frame>、<iframe>、<embed>或者<object>中展现的标记。Content-Security-Policy 响应标头允许网站管理员控制允许用户代理为给定页面加载的资源
connectionaborted	由于未收到发送数据的 ACK 而导致的连接超时
connectionclosed	连接已关闭（对应于 TCP FIN）
connectionfailed	连接尝试失败
connectionrefused	连接尝试被拒绝
connectionreset	重置连接（对应于 TCP RST）
internetdisconnected	Internet 连接已丢失
namenotresolved	无法解析主机名
timedout	操作超时
failed	发生了一般故障

2）coroutine continue_(overrides)

使用可选的请求覆盖当前请求，要使用 coroutine continue_(overrides)方法前开启拦截器。参数 overrides 是可以包含以下字段的字典的。

（1）url：如果设置，请求 URL 将被更改。

（2）method：如果设置，则更改请求方法（例如 GET）。

（3）postData：如果设置，则更改请求正文。

（4）headers：如果设置，则更改请求 HTTP 标头。

3）failure()

使用 failure()方法可以返回错误文本，如果 requestfailed 事件未执行失败，则返回 None。当请求失败时，该方法返回具有 errorText 字段的字典，该字段包含可读的错误消息，例如 net::ERR_RAILED。

4）frame

frame 属性指返回匹配的 frame 对象，如果导航到错误页面，则返回 None。

5）headers

headers 属性可以返回此请求的 HTTP 标头字典，所有标题名称都是小写。

6) isNavigationRequest()

isNavigationRequest()请求是否让框架发生导航。

7) method

method 属性是指返回此请求的方法(GET、POST 等)。

8) postData

postData 可以实现返回此请求的正文内容。

9) redirectChain

通过 rodirestChain 可以获取重定向连接,如果没有重定向并且请求成功,则请求链接将为空,如果服务器至少响应一个重定向,则返回包含重定向的所有请求,redirectChain 在同一个请求链的所有请求之间共享。

10) resourceType

resourceType 属性可以渲染引擎分类的此请求的资源类型,类型有 document、stylesheet、image、media、font、script、texttrack、xhr、fetch、eventsource、websocket、manifest、other。

11) coroutine respond(Response)

coroutine respond(Response)可以设定请求的响应内容,参数 response 是一个字典,可包含 status(默认为 200)、headers、contentType、body。

12) response

response 可以返回匹配的 Response 对象,如果未收到响应则返回 None。

13) url

url 代表请求的 URL。

下面的案例是使用 waitForRequest()方法获得一个 Request 对象,在 waitForRequest 堵塞时通过手动刷新以获得指定 URL 地址的请求对象,源码如下。

```
import asyncio
from pyppeteer import launch
async def main():
    browser = await launch(headless = False)
    page = await browser.newPage()
    await page.goto("http://example.com/resource")
    rsp = await page.waitForRequest("http://example.com/resource")  #堵塞,手动刷新页面
    #打印 http://example.com/resource
    print(rsp.url)
    #打印 GET
    print(rsp.method)
    #打印 Headers 字典
    print(rsp.headers)
    #打印 None
    print(rsp.response)
    await browser.close()
asyncio.get_event_loop().run_until_complete(main())
```

2. Response 对象

Response 对象具有下列常用的属性和方法,是处理响应对象的重要接口。其中以 coroutine 开头代表的是协程方法,使用时需要加 await 关键字。

(1) buffer()：返回等待的结果，buffer()方法解析为带有响应主体的字节。

(2) fromCache：如果是本地缓存提供的响应，则返回 True。

(3) fromServiceWorker：如果响应是由服务器返回的，则返回 True。

(4) headers：返回响应头字典。

(5) coroutine json()：通过 coroutine json()方法可以获取响应体的 JSON 表示。

(6) ok：ok 属性表示响应状态码在 200～299，则返回 True。

(7) request：使用 request 可以得到匹配的 Request 对象。

(8) securityDetails：securityDetails 可以返回与此响应关联的安全详细信息。

(9) status：返回响应的状态代码。

(10) coroutine text()：使用 coroutine text()可以获取响应体的文本表示。

(11) url：url 属性指响应的 URL。

如下示例代码是使用 waitForResponse()方法获得一个 Response 对象，注意当代码运行到 waitForResponse()时会堵塞，需要手动刷新浏览器的页面。

```
async def main():
    browser = await launch(headless = False)
    page = await browser.newPage()
    await page.goto("http://example.com/resource")
    rsp = await page.waitForResponse("http://example.com/resource")  #堵塞,手动刷新页面
    print(rsp.url)                                  #打印 http://example.com/resource
    print(rsp.headers)                              #打印响应头字典
    print(rsp.request) # 打印<pyppeteer.network_manager.Request object at 0x000002C212CAF748>
    print(rsp.status)                               #打印 404
    print(rsp.ok)                                   #打印 False
    print(rsp.buffer())
    await browser.close()
```

3.3 pyppeteer 常用操作

3.3.1 启动项参数设置

在初始化启动器时设置{'headless'：False，'executablePath'：'C:\Program Files (x86)\Google\Chrome\Application\chrome.exe'}参数，其作用是不打开无头模式，指定启动浏览器的路径。这些参数是 pyppeteer 的启动项参数，像这样的启动项参数在 pyppeteer 中有数十项。通过对启动项参数的配置可以实现一些高级功能，例如无头模式、忽略 HTTPS 错误、打开开发者工具、指定使用 Chrome 浏览器或 Chromium 浏览器、代理配置等。

1. 常用配置项参数

启动器支持启动项参数设置，一些参数是非常有必要的，例如防识别参数、浏览器有头模式或者无头模式、设置浏览器数据目录等，下面是常用的配置参数。

(1) ignoreHTTPSErrors：是否忽略 HTTPS 错误，默认为 False。

(2) headless：在无头模式下运行浏览器，默认为 True。如果 appmode 或 devtools 选项为 True，则 headless 默认值为 False。

(3) executablePath：指定 chromium 或 chrome 可执行文件的路径。

(4) slowMo：设置 pyppeteer 操作延迟的毫秒数。

(5) args：要传递给浏览器的附加参数列表，通过该参数传递更多配置参数。

(6) ignoreDefaultArgs：移除指定的 pyppeteer 内置默认参数。

(7) handleSIGINT：使用 Ctrl+C 快捷键关闭浏览器进程，默认为 True。

(8) handleSIGTERM：关闭 SIGTERM 上的浏览器进程，默认为 True。

(9) handleSIGHUP：在 SIGHUP 时关闭浏览器进程，默认为 True。

(10) dumpio：是否将浏览器进程 stdout 和 stderr 导入 process.stdout 和 process.stderr 中，默认为 False。

(11) userDataDir：指定用户数据目录的路径。

(12) env：指定浏览器可用的环境变量值字典，默认与 python 进程相同。

(13) devtools：为每个选项卡自动打开 devtools 面板，默认为 False。如果此选项为 True，将设置 headless 选项为 False。

(14) logLevel：设置日志级别，默认使用根记录器。

(15) autoClose：脚本完成时自动关闭浏览器进程，默认为 True。

(16) loop(asyncio.AbstractEventLoop)：事件循环(实验参数)。

2. 常用附加参数

pyppeteer 库可用的附加参数与 selenium 库基本一致，这些参数来自 Chrome 浏览器命令行启动参数，因此有某一方面特别的功能可以参考官网文档网址是 https://peter.sh/experiments/chromium-command-line-switches/，各种参数项超过 500 余项。通过附加参数设置代理、浏览器尺寸及运行权限等配置。

部分常用的附加启动项参数如表 3-3 所示。

表 3-3 常用附加启动项参数

附加参数	说明
-user-agent=UA	设置 User-Agent
blink-settings=imagesEnabled=false	不加载图片
--disable-gpu	禁用 GPU 硬件加速
--hide-scrollbars	隐藏滚动条
--no-sandbox	禁用所有使用沙盒化的进程的沙盒
--disable-setuid-sandbox	禁用 setuid 沙盒(仅限 Linux)
--start-maximized	启动窗口最大化
--disable-popup-blocking	禁用弹出窗口拦截
--proxy-server=127.0.0.1:1080	设置 127.0.0.1:1080 为请求代理
--load-extension=chrome_extension_path	添加插件，chrome_extension_path 是插件解压后路径
--disable-extensions-except = chrome_extension_path	允许指定的插件运行，通常与一项配置一起使用，chrome_extension_path 是插件解压后路径

3.3.2 识别特征处理

自动化浏览工具不管是 pyppeteer 库还是 selenium 库，它们控制下的浏览器有一个典型的特征，那就是浏览器中 window.navigator.webdriver 值为 true，标志该浏览器是自动化控制的。在正常浏览器的开发者工具中，Console 面板输出该值应该是 undefined，这也是网站识别自动化控制浏览器的主要特征。

在 pyppeteer 包下的 launcher.py 文件中，定义了 DEFAULT_ARGS 列表，该列表中--enable-automation 参数的作用是 Enable indication that browser is controlled by automation，翻译成中文的意思就是，启用浏览器由自动化控制的指示。因此在初始化启动器时，移除该参数即可达到修改 webdriver 特征的目的，如下源码是移除该特征的示例。

```
import asyncio
from pyppeteer import launch, launcher

launcher.DEFAULT_ARGS.remove("--enable-automation")     #移除


async def main():
    browser = await launch(headless=False)
    page = await browser.newPage()
    await page.goto("http://www.baidu.com/")
    await page.mouse.move()
    await page.type('#kw', '测试')
    await page.click('#su', delay=10)
    await browser.close()


asyncio.get_event_loop().run_until_complete(main())
```

或者在启动项参数中设置 ignoreDefaultArgs，即要移除的启动参数。例如：

```
browser = await launch(headless=False, ignoreDefaultArgs=["--enable-automation"])
```

运行脚本启动 Chromuin，在浏览器的开发者工具下的 Console 选项卡中输入 window.navigator.webdriver，即可见如图 3-5 所示的无特征结果。

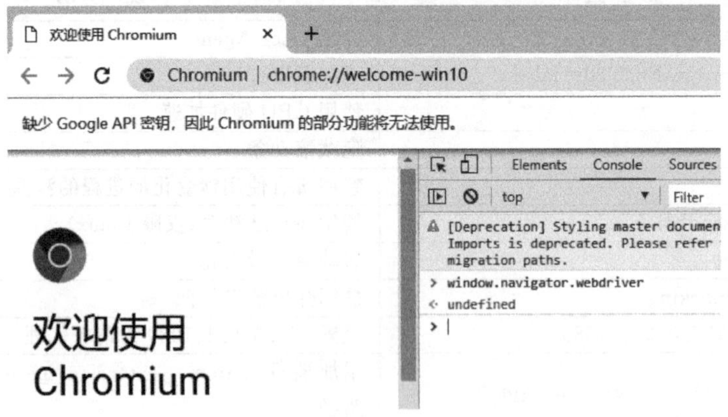

图 3-5 移除 webdriver 特征值

3.3.3 配置代理及认证

pyppeteer 设置代理的流程比较简单，通过附加启动参数--proxy-server 即可设置代理服务器地址。如果连接到代理服务器还需要认证，则通过 Page.authenticate()方法设置认证代理的用户名和密码，源码如下。

```
async def main():
    browser = await launch(headless = False, ignoreDefaultArgs = ["--enable-automation", '
--proxy-server=127.0.0.1:1080'])
    page = await browser.newPage()
    await page.authenticate({'username': 'user', 'password': 'pwd'})
    await page.goto("http://www.baidu.com/")
    await page.mouse.move()
    await page.type('#kw', '测试')
    await page.click('#su', delay=10)
    await browser.close()
```

3.3.4 拦截请求和响应

拦截器是 pyppeteer 的强大功能之一，这也是比 selenium 库更突出的一个功能。pyppeteer 库从内部提供了拦截器来拦截相应的事件，而 selenium 库只能通过第三方的工具才能进行拦截。pyppeteer 拦截器作用于单个 Page 对象，拦截器通过给指定事件添加回调函数来实现其拦截功能。一旦请求拦截启用，除非继续、响应或中止，否则每个请求都将暂停，直到超时。

拦截器的功能强大，应用场景广泛，例如，通过拦截器拦截响应获取 Ajax 加载的数据，通过拦截请求实现代理切换，通过拦截器过滤无效请求或敏感请求等。

使用 pyppeteer 拦截器有三个步骤。第一步是通过 Page. setRequestInterception(True)设置拦截器；第二步是通过 Page. on()绑定拦截的事件和相应的回调函数，常用的绑定事件有 request(请求事件，回调函数默认参数是 Request 对象)、response(响应事件，回调函数默认参数是 Response 对象)；第三步是使用 Page. goto()请求页面。这样请求页面过程中产生的所有拦截目标事件，都会经过回调函数的处理。

拦截请求事件和响应事件的回调函数，它们的默认参数都是请求对象(Request)和响应对象(Response)，也就意味着可以在回调函数内使用这两个对象的相关属性和方法。

如下案例将拦截 likeinlove. com 地址的请求事件和响应事件，将请求目标重定向到 www. baidu. com 地址，并且在响应事件中打印响应 HTML 文档的标题。

```
from pyppeteer import launch
from lxml import etree
import asyncio


async def request_call(request):
    if request.url == 'http://likeinlove.com/':
        await request.continue_({"url": 'https://www.baidu.com'})
    else:
        await request.continue_()                    #释放其他请求


async def resposne_call(response):
    if response.url == 'http://likeinlove.com/':
        content = await response.text()              #获取响应体正文
        xp = etree.HTML(content)
        print(xp.xpath('//title/text()'))            #打印['百度一下,你就知道']
```

```
async def main():
    browser = await launch({"headless": False})
    page = await browser.newPage()
    await page.setRequestInterception(True)
    page.on('request', lambda req: asyncio.ensure_future(request_call(req)))
                                                          #绑定请求事件
    page.on('response', lambda req: asyncio.ensure_future(response_call(req)))
                                                          #绑定响应事件
    await page.goto('http://likeinlove.com')
    await browser.close()


asyncio.get_event_loop().run_until_complete(main())
```

运行上述代码后，本来应该是 likeinlove.com 的内容被替换成了 baidu.com 的内容，响应事件的回调函数打印 baidu.com 的标题。通过上面的案例可以体会到请求拦截和响应拦截的主要处理对象还是 Request 和 Response，关于这两个对象详细的介绍详见 3.2.8 节。

视频讲解

3.4 案例：pyppeteer 动态代理的切换

一般情况下，pyppeteer 动态代理切换有两种方式。一种方式是在启动时设置代理参数--proxy-server，在每次需要切换代理时重新启动新浏览器；另一种方式是设置隧道代理，代理服务器在后台随机分配请求代理，这种方式的代理不可控。本案例是利用 pyppeteer 的拦截器功能来实现自由的代理切换，其原理是通过拦截器对关键的 request 事件进行拦截获取请求对象 Request，然后通过其他请求库获得响应内容，最后通过 Request 对象的 respond()方法设置响应信息返回浏览器。

正常的业务流程是使用 pyppeteer 的启动器打开 Chromium 浏览器，导航到百度首页，输入查询关键字 IP 单击搜索，在搜索结果中有一条结果就是当前 IP 地址。通过设置拦截器，将返回搜索结果的请求拦截，然后通过 requests 设置代理请求，将 requests 返回结果返回浏览器。创建 switch_ip.py 文件，写入如下源码。

```
import asyncio
import requests
from pyppeteer import launch, launcher

launcher.DEFAULT_ARGS.remove("--enable-automation")


async def ip(request):
    if request.url == 'https://www.baidu.com/s?ie=UTF-8&wd=ip':
        url = request.url
        headers = request.headers
        proxies = {'https': 'http://58.218.92.198:2219'}        #代理地址
        r = requests.get(url, headers=headers, proxies=proxies)
        r.encoding = 'utf-8'
        rsp = {"body": r.text, "headers": r.headers, "status": r.status_code}
        await request.respond(rsp)                               #构造该请求的响应对象
        return
    else:
        await request.continue_()                                #释放其他请求
```

```
async def main():
    browser = await launch(headless=False)
    page = await browser.newPage()
    await page.setRequestInterception(True)
    page.on('request', lambda req: asyncio.ensure_future(ip(req)))
    await page.goto("https://www.baidu.com/s?ie=UTF-8&wd=ip")
    await browser.close()


asyncio.get_event_loop().run_until_complete(main())
```

测试代理最好使用正规 IP 代理商提供的免费有限测试 IP，一般网站发布的免费 IP 被泛滥使用，实际的效果并不理想。当设置好可用代理后，运行上述源码搜索出来的 IP 归属地就是代理 IP 对应的地址。

pyppeteer 还有更丰富的场景。例如，目标网站存在某一关键的加密参数，在加密逻辑复杂的情况下，可以直接使用 pyppeteer 在正常业务流程下通过拦截器、Hook 代码来获取该参数的加密结果。这得益于 pyppeteer 提供了与 Chromium 或 Chrome 浏览器更深的交互功能，它基本实现了浏览器中的开发者工具的大部分核心功能。

但是 pyppeteer 也有部分缺点。一方面是 puppteer 快速迭代，而 pyppeteer 几乎没有更新存在的 bug；另一方面是使用异步框架开发，同时也不是标准的 Python 库，对新手并不友好，并且在 Debug 模式下代码执行结果并不直观展示，不利于分析问题。

第4章

反 爬 虫

随着互联网平台知识产权保护意识的增强,作为中立的爬虫也被列为首要的检测目标。从最早的验证码反爬虫,到后来的人机检测、滑动验证、字体反爬虫、CSS 样式反爬虫,以及难度更高的点选验证、答题验证,乃至轨迹绘制等智能检测手段层出不穷。这些防御策略给爬虫的运行带来非常大的阻力,也极大地提高了爬虫开发的门槛。

同时,各大平台出于对流量的保护,平台对爬虫的态度不再友好,不管是作为搜索引擎的爬虫,还是作为定向信息抓取的爬虫,都面临随时被列为不受欢迎访客的问题。

在综合因素的作用下,爬虫与反爬虫已成为独立对抗的行业。没有永远的胜利者,在这样的对抗中促进了信息保护技术的提升,同时也促进了更多爬虫领域技术的创新。

本章要点如下。

(1) 浏览器指纹和浏览器特征的应用场景及其应对方案。

(2) 滑动验证的识别和轨迹生成算法。

(3) 字体反爬虫的原理和处理方案。

(4) CSS 样式反爬虫的原理和处理方案。

(5) 对动态渲染网页的应对策略。

(6) 验证码的生成及其识别与机器训练。

(7) 代理 IP 技术的原理和新的发展趋势。

4.1 设备指纹

浏览器指纹技术广泛应用于访客系统,它是在不依靠访客 IP 和 User-Agent 信息的前提下,用于确定访客唯一身份的有效措施。通常,这种指纹技术基于浏览器所在的硬件信息和所处的环境设置,具有唯一性和不重复性。

大部分指纹技术是基于 HTML5 API 的相关接口,通过 JavaScript 脚本计算来获得指纹字符串,因此受制于浏览器对用户隐私保护程度和用户的安全设置。核心原理是调用 HTML5 的接口渲染数据(如 Canvas、WebGL、Font 等),在同一个设备上的同一个浏览器运行相同的代码,渲染后的数据相同,不同的设备和浏览器运行相同代码后得到的数据有细微差别,就是基于此来生成散列值作为浏览器的指纹的。

相关的资源有 browserleaks 网站,它提供了多种指纹的在线测试功能。开源项目 fingerprintjs 是一个用于获得浏览器多种指纹的 JavaScript 库。mybrowseraddon 网站提供了多种浏览器指纹防御的插件。以上地址参见附录 A。

4.1.1　Canvas 指纹

Canvas 指纹也称为画布指纹，其原理是同一张 Canvas 图像在不同的计算机上可能呈现不同的效果。导致这种情况有以下原因：浏览器使用不同的图像处理引擎、图像导出选项和压缩级别，即使最终图像的像素相同，也可能获得不同的校验和；同时，在操作系统级别上有不同的字体，它们使用不同的算法和设置进行抗锯齿和亚像素渲染。

Canvas 指纹的计算过程是这样的，当用户访问一个页面时，指纹脚本首先用它选择的字体和大小绘制文本，并添加背景色。然后，脚本调用 Canvas API 的 ToDataURL()方法以 dataURL 格式获取画布像素数据，该格式基本上是用二进制像素数据的 Base64 编码表示。最后，脚本获取文本编码的像素数据的散列值作为指纹。如下是获取 Canvas 图像 Base64 字符串的 JavaScript 代码。

```
var canvas = document.createElement('canvas');
var ctx = canvas.getContext("2d");
var txt = "画布指纹";
ctx.textBaseline = "top";                              //设置字体基线位置
ctx.font = "14px 'Arial'";                             //字体属性
ctx.fillStyle = "#f60";                                //绘制颜色
ctx.fillRect(125, 1, 62, 20);                          //绘制被填充的矩形
ctx.fillText(txt, 2, 15);                              //绘制被填充的文本
var b64 = canvas.toDataURL().replace("data:image/png;base64,", "");
alert(b64)
```

Canvas 指纹主要基于浏览器、操作系统和已安装的图形硬件，因此不能唯一识别用户。当其中一个因素改变时，获得的散列值也将改变。尽管 Canvas 指纹不是针对网络爬虫的技术，但是可以利用该技术来识别诸如 Selenium、pyppeteer 自动化控制的浏览器，进而对返回信息作出更改。要应对来自指纹的识别，只需要安装一个浏览器插件 Canvas Fingerprint Defender，插件地址参见附录 A。在 Chrome 应用商店搜索 Canvas Fingerprint Defender 或将本书配套资源中的 Canvas Fingerprint Defender 文件，通过 Chrome 浏览器添加已解压插件的方式加入菜单中。

安装后即可直接使用。每次刷新页面时，页面获取的指纹始终是随机值，从而轻松隐藏真实的画布指纹。当网页试图获取 Canvas 指纹时，Canvas Fingerprint Defender 插件将弹出拦截提示框，如图 4-1 所示。

图 4-1　Canvas Fingerprint Defender 插件拦截提示

4.1.2　WebGL 指纹

WebGL 指纹是设备指纹的一种，通过 JavaScript 的 WebGL API 渲染 3D 图像，并对图像数据进行散列计算。通过 WebGL 生成设备指纹，主要有两种方式：一种是通过获取完整的 WebGL 浏览器报告表，并将其转换成为散列值；另一种是通过渲染隐藏的 3D 图像并将其转换为散列值。最终结果取决于进行计算的设备及其驱动程序，这种方式为不同的设备组合和驱动程序生成了唯一值。

要防御 WebGL 指纹只需要安装一个浏览器插件 WebGL Fingerprint Defender，插件

地址参见附录 A。WebGL Fingerprint Defender 通过在浏览中提供虚假值，隐藏真实的 WebGL 指纹信息，其功能特点如下。

(1) 保护用户不被 WebGL 指纹识别。

(2) 插件没有阻止指纹，而是简单地提供一个随机的假值。

(3) 每次重新加载页面时更新指纹。

(4) 适用于所有的浏览器和操作系统(Windows、Linux 和 macOS)。

在 Chrome 应用商店中搜索 WebGL Fingerprint Defender 或将本书配套资源中的 WebGL Fingerprint Defender 文件通过 Chrome 浏览器添加已解压插件的方式加入菜单中。

图 4-2 WebGL Fingerprint Defender 拦截提示框

安装后即可直接使用。每次刷新页面时，页面获取的指纹始终是随机值，从而轻松隐藏真实的 WebGL 指纹，当网页试图获取 WebGL 指纹时，WebGL Fingerprint Defender 插件将弹出拦截提示框，如图 4-2 所示。

4.1.3 Font 指纹

Font 指纹也叫字体指纹，它是基于测量 HTML 文本元素填充的尺寸，可以计算出一个标识符，该标识符可用于跟踪同一个浏览器。文本渲染是网络浏览器的一个细微而复杂的部分，在字体、内容、字距调整和组合字符等因素的作用下，导致元素的边界和尺寸不同，对单个字符或文本元素进行测量并将结果进行散列计算，从而得到指纹。

要防御字体指纹只需要安装一个浏览器插件 Font Fingerprint Defender，插件地址参见附录 A。Font Fingerprint Defender 通过在浏览时伪造出虚假值来隐藏真实字体指纹。其功能特点如下。

(1) 保护用户不被字体指纹侵害。

(2) 插件没有阻止指纹，而是简单地提供一个随机的假值。

(3) 每次重新加载页面时更新指纹。

(4) 适用于所有的浏览器和操作系统(Windows、Linux 和 macOS)。

在 Chrome 应用商店中搜索 Font Fingerprint Defender 或将本书配套资源中的 Font Fingerprint Defender 文件通过 Chrome 浏览器添加已解压插件的方式加入菜单中。

安装后即可直接使用。每次刷新页面时，页面获取的指纹始终是随机值，从而轻松隐藏真实的 Font 指纹。

4.1.4 AudioContext 指纹

AudioContext 指纹也被称音频指纹，是设备音频信息流的散列计算值。基于环境的音频设置和硬件性能的细微差别，导致音频信号处理上的差异，不同设备和浏览器产生的音频信息流不同，最后得到的散列值也不同。

要防御音频指纹只需要安装一个浏览器插件 AudioContext Fingerprint Defender，插件地址参见附录 A。AudioContext Fingerprint Defender 通过伪造出虚假值来隐藏真实的音频上下文指纹，其功能特点如下。

(1) 保护用户不被音频上下文指纹识别。

(2) 插件没有阻止指纹,而是简单地提供一个随机的假值。

(3) 每次重新加载页面时更新指纹。

(4) 适用于所有的浏览器和操作系统(Windows、Linux 和 macOS)。

在 Chrome 应用商店中搜索 AudioContext Fingerprint Defender 或将本书配套资源中的 AudioContext Fingerprint Defender 文件通过 Chrome 浏览器添加已解压插件的方式加入菜单中。

安装后即可直接使用。每次刷新页面时,页面获取的指纹始终是随机值,从而轻松隐藏真实的 AudioContext 指纹。当网页试图获取 AudioContext 指纹时,AudioContext Fingerprint Defender 插件将弹出拦截提示框,如图 4-3 所示。

图 4-3　AudioContext Fingerprint Defender 拦截提示框

4.2　滑动验证

滑动验证是主流的安全验证产品之一,通过一张带有缺口的背景图和一张缺口大小的前景图,让用户将前景图拖曳到背景图缺口位置。在这一过程中,按照一定的频率采集坐标点,作为轨迹坐标,验证服务器在收到轨迹坐标后对轨迹进行分析。服务器将分析出轨迹中的加速度、滑动时间、滑动的曲线等特征,然后与正常情况下的真人拖动轨迹作对比,从而判断是否为机器人操作。例如,人和机器拖动最明显的特征是:人的轨迹符合变加速度运动模型,并且加速度的变化也是符合一定规律的,形成的轨迹也不可能是一条直线。

目前的滑动验证实现有两种方案:一种是纯前端的实现,另一种是前后端交互的实现。纯前端的实现,就是通过 JavaScript 来完成验证,往往只需要一张背景图,然后通过 Canvas 元素绘制缺口和滑块,只需要将滑块拖动到缺口位置即可,这种很简单不作讨论。前后端交互的方案,由后端返回含缺口的背景图片和滑块图片,拖动滑块后将数据提交给服务器验证并反馈结果。至于为什么一定要后端返回含缺口的图片,那是因为前端绘制会暴露缺口距离,方案一使用 Canvas 绘制缺口,在其标签中有滑块的偏移数据。

4.2.1　滑动距离识别

首先,获得需要验证的背景图和前景图。有的网站直接通过图片的 URL 地址下载图片,有的网站需要解析图片的 Base64 数据,再有的网站是将图片切割成小块再拼凑的,最后一种最简单的方法就是截图。

缺口位置通过 opencv-python 库的 cv2 模块来识别,opencv-python 是 Python 的非官方预构建的仅绑定 CPU 的 OpenCV 软件包,OpenCV 是基于 BSD 许可发行的跨平台计算机视觉和机器学习开源软件库。

使用如下命令安装 opencv-python 库。

```
pip install opencv - python
```

通过 cv2 模块下几个简单的 API,即可实现高效的缺口位置识别,代码如下。

```
import cv2

def gap(bgi, fgi):
    """bgi 含缺口背景图 fgi 缺口图片"""
    target_rgb = cv2.imread(bgi)
    target_gray = cv2.cvtColor(target_rgb, cv2.COLOR_BGR2GRAY)
    template_rgb = cv2.imread(fgi, 0)
    res = cv2.matchTemplate(target_gray, template_rgb, cv2.TM_CCOEFF_NORMED)
    a, b, c, d = cv2.minMaxLoc(res)
    return c[0] if abs(a) >= abs(b) else d[0]
```

其中,bgi 和 fgi 参数分别是背景图片和前景图片,cv2.imread()函数的作用是从图片文件中读取图片数据。cv2.cvtColor()函数用于将图像从一种颜色空间转换为另一种颜色空间,这里转换为灰度图片,以便于提高识别速度。cv2.matchTemplate()函数将模板与重叠的图像区域进行比较,第一个参数 tarrget_graly 是运行搜索的图像,第二个参数 template_rgb 是搜索的模板,模板图像不能大于运行搜索的图像,参数 cv2.TM_CCOEFF_NORMED 表示采用归一化的相关性系数匹配方法,即值越大,匹配概率越高。cv2.minMaxLoc()函数从 matchTemplate 匹配的结果集合中提取出极值,即最大匹配概率和最小匹配概率,以及它们对应的坐标点,返回值形如(−0.27988332509994507,0.7043556571006775,(78,0),(193,2))。

4.2.2 轨迹生成算法

滑块拖动的速度与时间的关系,即变加速度运动模型如图 4-4 所示,x 轴为时间 t,y 轴为滑块移动速度 v,轨迹在坐标系 x 轴的物理模型符合变加速度运动。曲线 1 表示开始滑动的初始阶段,这个阶段速度逐渐增大,加速度越来越小,最后趋于 0,这个阶段大概划过了 2/3 的距离。曲线 2 表示开始减速,因为要靠近缺口位置了,所以速度逐渐降为 0。曲线 3 表示划过缺口位置,往回滑动了一小段距离。

以背景图左下角作为坐标系原点,滑块在拖动中 x 轴方向的距离与 y 轴方向的距离的关系如图 4-5 所示。y 轴方向的坐标上下波动的,这种波动的范围是有限的,并且波动的频率是随机的。

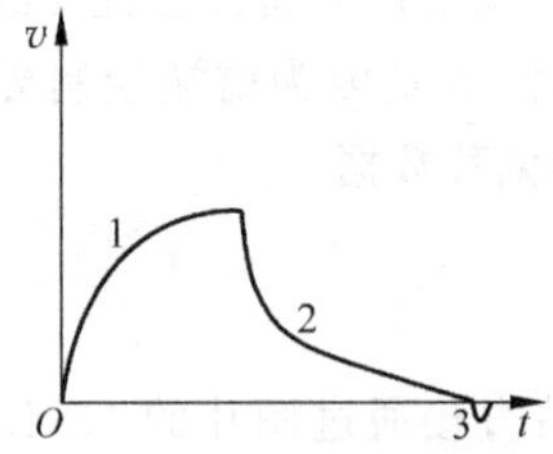

图 4-4 变加速度运动模型

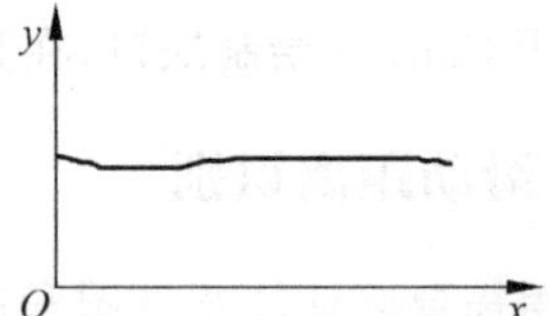

图 4-5 滑动中在 y 轴方向上下波动的示意图

在 x 轴方向上的轨迹是主要的识别数据,按照图 4-4 的变加速度运动模型可以设计一个轨迹生成算法,代码如下。

```
import random

def get_tracks(distance):
    value = round(random.uniform(0.55, 0.75), 2)          #分割加减速路径的阈值
    exceed = int(random.uniform(15, 25))                  #随机超划距离
    distance += exceed                                    #划过缺口 20px
    v, t, route = 0, 0.2, 0  #3 个参数分别用于设置初始速度、采集周期、已生成距离
```

```
plus = []                    #用于记录轨迹
mid = distance * value   #将滑动距离分段,一段为加速,另一段为减速
while route < distance:
    if route < mid:
        a = round(random.uniform(2.5, 3.5), 1)      #指定范围随机产生一个加速度
    else:
        a = - (round(random.uniform(2.0, 3.0), 1)) #指定范围并随机产生一个减速的加速度
    s = v * t + 0.5 * a * (t ** 2)                #计算一个周期需要滑动的距离
    v = v + a * t                                  #计算一个周期结束时的速度
    if route > distance:
        plus.append(distance - route)
    else:
        route += s
        plus.append(round(s))

reduce, a, v = [], 10, 5  #3个参数分别用于设置回滑的轨迹、加速度、初始速度
while sum(reduce) < exceed:
    s = int(v * t + 0.5 * a * (t ** 2))
    v = int(v + a * t)
    if sum(reduce) + s > exceed:
        reduce.append(exceed - sum(reduce))
    else:
        reduce.append(s)
reduce.reverse()                                   #翻转列表从快到慢
return plus + [-i for i in reduce]
```

最后的输出结果形如[0,1,1,2,2,2,2,2,2,2,…,-2,-4,-4,…]。针对不同的滑动距离,需要根据轨迹的离散情况调整随机加速度和减速度的生成范围,其值越大生成的值越大,运动的时间越短,轨迹之间的差距越大。get_tracks()生成的是在 x 轴方向移动的距离,用起点坐标与每个距离累加,即可得到每个点的轨迹。

需要注意,用于计算的距离 distance 是网页经过缩放处理后的实际距离,往往识别的图片是网页大图,比实际距离大了很多,需要按比例缩放。同时还要考虑滑块起点的位置,如果滑块和原图不是左端对齐的,应该减去差异部分的距离,如图 4-6 中所示的 S 段。

图 4-6 滑块与模板的差异距离

4.2.3 滑动验证示例

当得到轨迹后要完成滑动验证有两种思路。一种思路是通过提交原网站要求格式的轨迹数据,往往将轨迹数据经过加密,然后连同 Token 或 Cookie 一起提交给认证服务器,这种思路需要对网站的请求加密过程进行分析,非通用的思路。另一种思路是使用 Selenium 来模拟拖动完成滑动验证。如下案例是基于 Selenium 的实现来阐述其过程的。

图 4-7 dun.163.com 拼图验证 Dome

以滑动拼图的一款产品为例,地址是 https://dun.163.com/trial/jigsaw,该页面中的滑动验证只是 Dome,并不对轨迹作安全效验,只要滑块滑移动到缺口位置即可验证成功,以此来示例滑动验证的流程,如图 4-7 所示。

使用 Selenium 完成网页滑动验证的过程，Selenium 拖动滑块的动作过程如下，完整案例的源码，见本书配套资源中附带代码文件下的 Dome163. py 文件。

拖动网易示例验证过程的源码如下：

```
from selenium import webdriver
from selenium.webdriver import ActionChains
from selenium.webdriver.common.by import By
from selenium.webdriver.support import expected_conditions as EC
from selenium.webdriver.support.wait import WebDriverWait
import requests
import random
import cv2
import time


options = webdriver.ChromeOptions()
options.add_experimental_option('excludeSwitches', ['enable-automation'])
driver = webdriver.Chrome(chrome_options=options)
wait = WebDriverWait(driver, 30)                          #显示等待
login_url = "http://dun.163.com/trial/jigsaw"
driver.maximize_window()                                  #窗口最大化
driver.get(login_url)
time.sleep(2)
driver.find_element_by_xpath('/html/body/main/div[1]/div/div[2]/div[2]/ul/li[2]').click()
time.sleep(1)
background = driver.find_element_by_xpath('//img[@class="yidun_bg-img"]').get_attribute
('src')
slider = driver.find_element_by_xpath('//img[@class="yidun_jigsaw"]').get_attribute('src')
for (img_name, img_data) in zip( ["background.png", "slider.png"], [background, slider]):
    with open(img_name, 'wb') as f:
        rsp = requests.get(img_data)
        f.write(rsp.content)
distance = gap("background.png", "slider.png")            #调用 gap 识别缺口距离
trajectory = get_tracks(distance + 2)                     #获得轨迹数列
slider = wait.until(EC.element_to_be_clickable((By.CLASS_NAME, "yidun_jigsaw")))
ActionChains(driver).click_and_hold(slider).perform()   #按住滑块
for track in trajectory:
ActionChains(driver).move_by_offset(xoffset=track, yoffset=round(random.uniform(1.0,
1))).perform()                                            #拖动滑块
time.sleep(0.05)
ActionChains(driver).release().perform()                  #松开滑块
time.sleep(2)
value = driver.find_element_by_xpath('//input[@name="NECaptchaValidate"]') #检测校验值
if value.get_attribute('value'):
    print('验证成功')
```

Selenium 主要使用动作链 ActionChains 事件来完成滑动验证，将动作分为按下、拖动及弹起。生成的轨迹列表就是每次拖动的距离列表，因为相同动作时间内距离不一样，被网站记录到的鼠标坐标的变化规律更接近于真人操作。

同时需要注意，使用 Selenium 完成滑动验证时，需要屏蔽 Selenium 相关的特征值，否则这些特征值被识别出来时滑动验证将永远无法通过。在 y 轴方向是随机上下抖动的，从而模拟手动滑动时的抖动偏移。

4.3 字体反爬虫

字体反爬虫是比较创新的反爬虫技术，可以保护一些敏感数据免受爬虫的抓取，例如，联系方式、价格、规格等信息。同时对于网站而言，使用字体反爬虫技术也是零成本的保护手段，只需要定义一个网页使用的字体文件，正常用户看到的是正常的信息，但是爬虫获取到的信息是乱码或者虚假的。目前，字体反爬虫技术广泛应用于猫眼电影、汽车之家、58同城等平台的业务中。如图4-8的字体反爬虫示例所示，其中标题是未经渲染的原始字符，价格是浏览器渲染后的字符，它与网页的原始内容差异较大。

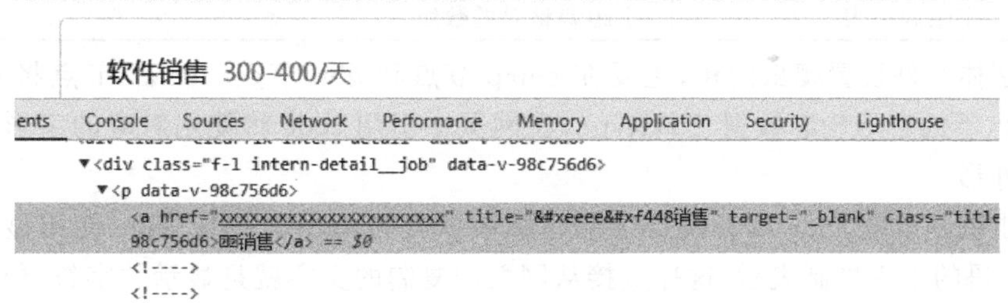

图4-8 字体反爬虫示例

4.3.1 字体反爬虫原理

字体反爬虫是通过CSS3的@font-face规则将指定字体文件存放到Web服务器上，在打开网页时，被自动下载并在页面中进行渲染。在互联网发展初期，还没有CSS3的标准的时候，浏览器就必须使用用户计算机上安装的字体。

在HTML中定义自定义字体的CSS语法如下。

```
<style>
@font-face
{font-family: myFirstFont;
src: url('Sansation_Light.ttf'),
     url('Sansation_Light.eot'); /* IE9+  */
}
div{font-family:myFirstFont;}
</style>
```

网页常用的字体格式是WOFF（Web Open Font Format，Web开放字体格式），是一种网页所采用的字体格式标准，能够有效利用压缩来减小文件的大小，并且不包含加密也不受DRM（数字著作权管理）的限制。

WOFF本质上是包含了基于SFNT的字体，如ttf（True Type Fonts）、otf（OpenType Fonts）、eot（Embedded OpenType）或其他开放字体格式，且这些字体均经过WOFF的编码工具压缩，以便嵌入网页中。wott、ttf、otf、eot等字体之间可以相互转换格式，例如，wott文件可以通过直接修改文件后缀改为ttf，即常用字体文件。

SFNT是一套标准化的字体数据结构格式，定义了各个字元标准化的定址表、数据结构等。以常用的TrueType字体为例，它使用轮廓字体资源的格式编码，ttf文件中包含几个常见的节点信息，如表4-1所示。

表 4-1　TrueType 字体中常见的节点信息

节　点	节　点　名	作　用
head	字体头	字体的全局信息，如版本、发布时间等信息
cmap	字符代码到图元的映射	把字符代码映射为图元索引
glyf	图元数据	图元轮廓定义的轮廓坐标
maxp	最大需求表	字体中所需内存分配情况的汇总数据
mmtx	水平规格	图元水平规格
loca	位置表索引	把元索引转换为图元的位置
name	命名表	版权说明、字体名、字体族名、风格名等
hmtx	水平布局	上高、下高、行间距、最大前进宽度、最小左支撑、最小右支撑
kerm	字距调整表	字距调整对的数组

利用字体文件设置爬虫门槛，主要在 cmap 节点和 glyf 节点。cmap 节点将 code 映射到 glyf 节点下的字形轮廓数据 TTGlyph，在网页中引用 code 将使用对应的字形轮廓数据渲染字体外形。

反爬虫就是改变 code 或者改变字形轮廓数据 TTGlyph。一般 code 使用显示字符的 Unicode 编码的十六进制表示，这样直接从网页中复制的文字就是显示的字符，但是二者如果改变其一，那么显示出来的和实际从网页中复制的文本就不一致，甚至呈现乱码状态，以此达到阻击爬虫的目的。

通过 Python 库的 fontTools 库来解析 ttf 文件，代码如下。

```
pip install fontTools                  #pip 安装 fontTools
from fontTools.ttLib import TTFont

font = TTFont('test.ttf')              #本书配套资源中有该文件
font.saveXML('font.xml')               #转为 xml 文件格式保存
```

打开 font.xml，其中 cmap 节点和 glyf 节点的信息如下。

```
<cmap>
    <tableVersion version="0"/>
    <cmap_format_4 platformID="0" platEncID="3" language="0">
      <map code="0xe6a0" name="ice-cream-round"/><!-- ???? -->
      <map code="0xe6a3" name="ice-cream-square"/><!-- ???? -->
…

<TTGlyph name="ice-cream-round" xMin="0" yMin="0" xMax="904" yMax="776">
      <contour>
        <pt x="308" y="407" on="1"/>
        <pt x="535" y="180" on="1"/>
        <pt x="545" y="171" on="0"/>
        <pt x="570" y="171" on="0"/>
        …
      </contour>
      <contour>
        <pt x="444" y="180" on="1"/>
        <pt x="308" y="45" on="1"/>
        …
```

反爬虫就是把 cmap 下的 code 和 name 的映射关系打乱，并且按照错误的映射去网页渲染，导致显示字符与源码中字符的错位。在网页中应用特定的字符，只需要将其 code 值的 0x 标识换成 &#x。

4.3.2 通用解决方案

要解决字体反爬虫，有两种实现思路，分别是针对少量字体的手动匹配和针对大量字体的自动化匹配。

手动匹配是利用字体软件工具 FontCreator 打开字体文件，然后查看 code 和字形的映射关系，如图 4-9 所示，是使用本书配套资源中的工具 FontCreator 打开本书配套资源中的 number.ttf 文件的效果。9F92 是 code 代码，显示的 0 是字形轮廓，也就是说 9F92 代表数字 0，但是在网页源码中呈现的是乱码状态。

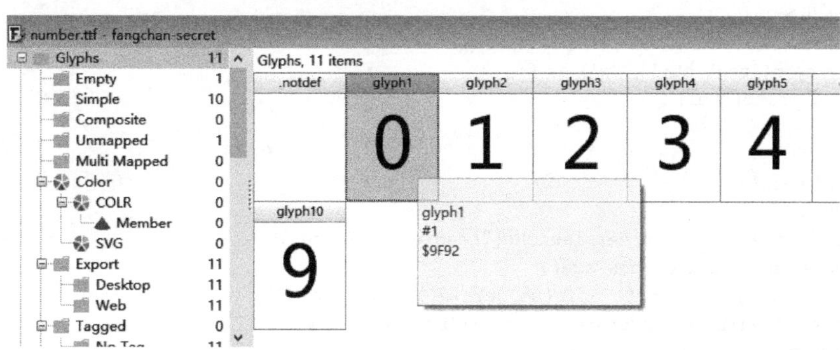

图 4-9 使用 FontCreator 工具查看字体映射关系

自动化解决方案是利用浏览器渲染字形，然后通过 OCR 识别自动创建的 code 和轮廓值，并自动创建映射关系。首先是使用 fontTools 库读取出 ttf 字体文件中的所有 code，然后通过 HTML 模板源码将所有的 code 和字形对应填充进模板，最后通过 pyppeteer 库打开浏览器渲染字形，最后一步就是截图并通过 pytesseract 做 OCR 识别。这里使用 pyppeteer 的原因是可以对单个元素进行截图，使用 OCR 时既可以识别整个页面，也可以对单独的字符进行识别。新建一个 fontOCR.py 文件，用于对字体文件进行渲染和识别，文件内容如下。

```
import os
from io import BytesIO
from fontTools.ttLib import TTFont
import pyppeteer, asyncio
import pytesseract
from PIL import Image


def save_html(file = 'number.ttf'):
    font = TTFont(file)
    font_map = font['cmap'].getBestCmap()
    codes = {hex(k)[2:]: v for k, v in font_map.items()}.keys()
    page = ''.join(
        [f'<span style = "width: 40px;height: 40px">&#x{code}<p id = "{code}"></p></span>
' for code in list(codes)])
    html = """<!DOCTYPE html>
    <html lang = "en">
    <head>
        <meta charset = "UTF - 8">
```

```
        <title>Title</title>
        <style type="text/css">
            @font-face {
                font-family: myFirstFont;
                src: url(number.wotf);
            }
            span {
                font-family: myFirstFont;
                font-size: 10px;
            }
        </style>
    </head>
    <body>""" + page + """
    </body>
    </html>"""
    with open('font.html', 'w') as f:
        f.write(html)


async def main():
    save_html()
    driver = await pyppeteer.launch({"headless": False})
    page = await driver.newPage()
    await page.goto(os.path.join(os.getcwd(), 'font.html'))
    spans = await page.querySelectorAll('span')
    for span in spans:
        code = await span.Jeval('p', 'node => node.getAttribute("id")')
        file = await span.screenshot()
        value = pytesseract.image_to_string(Image.open(BytesIO(file)),
                                            config='--psm 6 --oem 3 -c tessedit_char_
whitelist=0123456789')
        if not value.strip():
            value = pytesseract.image_to_string(Image.open(BytesIO(file)), lang="chi_sim")
        print(f"{code} {value.strip()}")


loop = asyncio.get_event_loop()
loop.run_until_complete(main())
```

save_html()函数把指定的字体文件渲染成 HTML 源码文件，然后通过 main()函数将这个 HTML 源码文件在浏览器中打开，并完成识别的任务。在 save_html()函数中，首先通过 fontTools 库解析传入的 ttf 字体文件，然后解析出其中的 code 编码渲染到 HTML 模板中。main()函数通过 pyppeteer 控制浏览器打开保存的 HTML 源码文件，如图 4-10 所

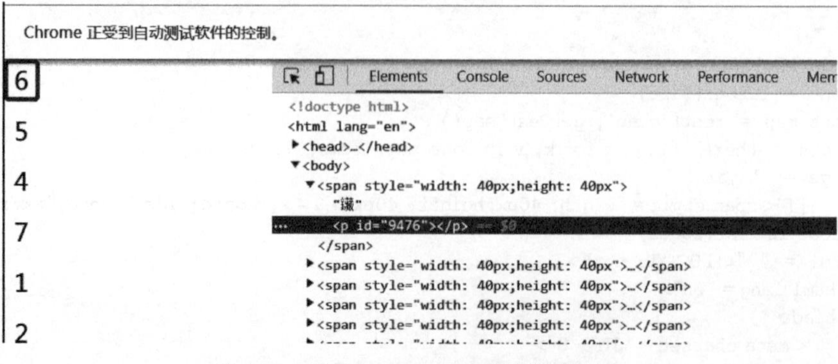

图 4-10　利用 pyppeteer 渲染自定义字库

示。然后截图渲染出来的字形，再使用 OCR 识别截图文件得到结果，最后创建 code 与真实值之间的对应关系。

4.3.3 字体反爬虫示例

视频讲解

目标网址是 http://py36.cn/font.html，它是一个租房信息列表，其中涉及数字的信息都是通过自定义字体显示出来的，包括房型、价格、距离等信息，如图 4-11 所示。查看源码中的关键信息(如价格、位置)，源码中显示出来的是乱码状态，因为源码中的编码没有经过字体文件渲染，使用默认的字体文件就出现了图 4-11 所示的效果。

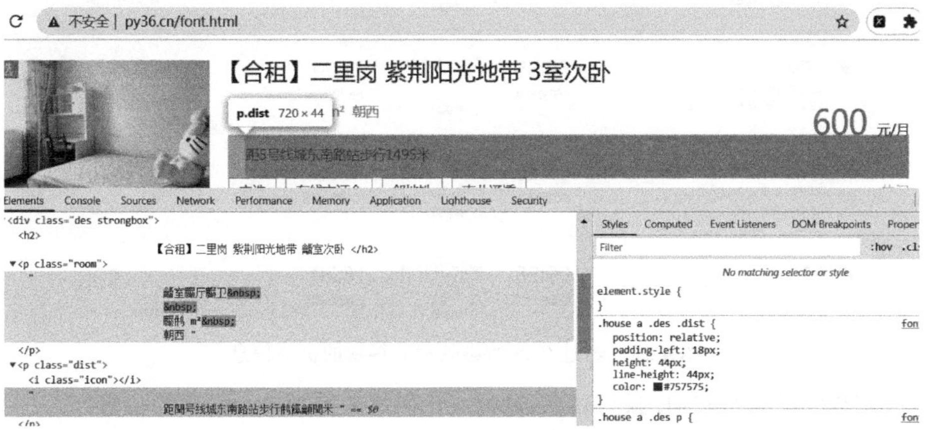

图 4-11 字体反爬虫示例页面

打开浏览器的控制面板，搜索@font-face 关键字，发现页面字体数据是通过 Base64 加载的，将 Base64 后面的编码字符串解码后写入 ttf 文件中，文件类型从@font-face 中传递的类型可以判断，如图 4-12 所示。

```
▼<script>
    !function (w, d) {
            d.write("<style>@font-face{font-family:'fangchan-secret';src:url('data:application/font-
    ttf;charset=utf-
    8;base64,AAEAAAALAIAAAwAwR1NVQiCLJXoAAAE4AAAAVE9TLzL4XQjtAAABjAAAAFZjbWFwq79/aAAAAhAAAAIuZ2x5ZuWI
    AADdGhlYWQa77pdAAAA4AAAADZoaGVhCtADIwAAALwAAAAkaG10eC7qAAAAAAHkAAAALGxvY2ED7gSyAAAEQAAAABhtYXhwAF
    AAAAgbmFtZTd6VP8AAAfMAAACanBvc3QEQwahAAAKOAAAAEUAAQAABmb+ZgAABLEAAAAABGgAAQAAAAAAAAAAAAAAAAAAAAsA
    N8KI9xfDzz1AAsIAAAAAADbtDemAAAAANu0N6YAAP/mBGgGLgAAAAgAAgAAAAAAAAAABAAAACwAqAAMAAAAAAAIAAAAKAAoAAA
    AAAEAAAAKADAAPgACREZMVAAObGF0bgAaAAQAAAAAAAAAAAQAAAAQAAAAAAAAAAAQAAAAFsaWdhAAgAAAABAAAAAQAEAAQAAAAE
```

图 4-12 通过 Base64 加载 ttf 数据

获得页面使用的字体文件后，使用 FontCreator 工具打开文件，可查看字形与 code 码的对应关系，从而手动创建 code 到字形的映射，根据 code 码来替换原有的信息即可。

4.4 CSS 样式反爬虫

CSS 样式反爬虫主要是通过 HTML 的样式属性在源码上混乱信息，但是用户视觉上看到的是正常展示信息。CSS 反爬虫主要由前端开发工程师来实施，难度和前端开发工程师的创意和经验相关，处理这类反爬虫的核心思路是理解其实现的原理，然后根据实现过程反向还原信息。本节以经典的元素排序覆盖、雪碧图拼凑、选择器插入三种经典反爬虫方式来分析。

4.4.1 元素排序覆盖

元素排序覆盖将字符串的每个字符单独放到一个独立的 HTML 元素中，然后通过样式中的偏移属性，如 left 来对字符进行排序，同时加入一些混淆的字符，在排序后被覆盖。案例地址是 www.py36.cn/cc.html。如图 4-13 所示，上面的机票价格信息是单独的元素，是经过排序覆盖后的结果。

图 4-13 经过 CSS 渲染处理后得到的机票信息

实现动态排序的 HTML 源码如下，通过 left 样式来控制单个元素的位置。

```
<em class = "rel">
    <b style = "width:48px;left: - 48px">
        <i style = "width: 16px;"> 4 </i>
        <i style = "width: 16px;"> 2 </i>
        <i style = "width: 16px;"> 1 </i>
    </b>
    <b style = "width: 16px;left: - 16px"> 0 </b>
    <b style = "width: 16px;left: - 48px;"> 5 </b>
</em>
```

如上源码在视觉上获得的价格是 520，但是爬虫解析的结果就相差很大了。这是通过 left 对元素进行排序，第一个 b 标签有三个 i 标签，每个宽 16px，b 标签向左偏移了 48px，也就是说数字 4 的相对坐标是 48、数字 2 的相对坐标 32、数字 1 的相对坐标 16。再看第二个、第三个 b 元素，第二个 b 标签相对坐标 16 替换了 1，第三个 b 标签相对坐标 48 替换了 4，最后结果是 520。

从该网页解析正确信息的源码如下。

```
import requests
from lxml import etree


rsp = requests.get('http://py36.cn/cc.html')
xp = etree.HTML(rsp.text)
items = xp.xpath('//em[@class = "rel"]')
for item in items:
    value = item.xpath('.//i/text()')
    number = item.xpath('.//b')[1:]
```

```
    for n in number:
        left = int(n.xpath('.//@style')[0].split('-')[-1].split('px')[0])
        v = n.xpath('.//text()')[0]
        value[-int(left/16)] = v
    print(''.join(value))
```

4.4.2 雪碧图拼凑

CSS 雪碧图是将小图标和背景图像合并到一张图片上，然后利用 CSS 的背景定位来展示需要显示的图片部分。通过雪碧图可以将一些关键信息以图片的形式保存，然后再拼接成正常的字符串。这种方式有点类似于自定义字体，网址 py36.cn/sc.html 中的租房价格信息就是典型的雪碧图反爬虫。下面的源码渲染后，通过雪碧图展示的价格信息如图 4-14 所示。

```
<div class="price">
    <span class="rmb">¥</span>
    <span class="num"
          style="background-image: url(…);background-position: -149.8px"></span>
    <span class="num"
          style="background-image: url(…);background-position: -107px"></span>
    <span class="num"
          style="background-image: url(…);background-position: -107px"></span>
    <span class="num"
          style="background-image: url(…);background-position: -192.6px"></span>
    <span class="unit">/月</span>
</div>
```

对于简单的雪碧图，可以采用手动创建映射的方法获取数据。如果是动态生成的雪碧图就要考虑使用 cv2 识别出大致的坐标，以识别出来的坐标为中心点来确定一个有效范围集合，然后动完成动态雪碧图的匹配。

网址 py36.cn/sc.html 中只有 0～9 十个数字的雪碧图，可以手动创建映射关系，在抓取时根据相应的坐标替换即可。

图 4-14 通过雪碧图展示的价格信息

4.4.3 选择器插入

在 CSS 样式反爬虫技术中，选择器是一种模式，用于选择需要添加样式的元素。常应用到反爬虫的选择器是 before 和 after，它们的作用分别是在元素之前和元素之后插入内容，例如下面一段源码显示的效果是“通过选择器反爬虫”。

```
<style>
    #test::before {
        content: "过";
    }

    #test::after {
        content: "选择器";
    }
```

```
</style>
<div class="price ">
    通<span id="test"></span>反爬虫
</div>
```

如果是爬虫直接获取会缺失部分内容，缺失的这部分内容在 style 样式中通过选择器属性 before 或 after 在渲染时插入正文中。在网址 http://py36.cn/ct.html 中，部分信息就是通过 before 加载的，content 内容如图 4-15 所示。抓取时先获取对应 id 的 content 值，再做相应的替换。

```
        .hs_kw12_configXV::before {
            content: "紧凑型车";
        }

        .hs_kw6_configXV::before {
            content: "年或";
        }

        .hs_kw0_configXV::before {
            content: "万";
        }

    </style>
  </head>
••• ▼<body> == $0
    ▼<table class="tbcs" id="tab_0" style="width: 100%;">
```

图 4-15 content 内容

实际情况往往比 py36.cn/ct.html 中的案例更加复杂，style 样式通过 JavaScript 动态生成，并且 JavaScript 也经过混淆等保护处理，更多的是考验 JavaScript 的分析能力。

4.5 动态渲染

随着前后端分离模式的流行，HTML 动态渲染变得普遍，这也给爬虫带来了新的挑战。动态渲染的网页直接请求页面地址获得的网页往往不含有效信息，需要单独分析数据加载的接口，而大多数情况下，这些接口通信数据经过加密提高了爬虫获取信息的难度。

对于动态渲染的网页，打开页面 URL 返回的是 HTML 框架，该框架有加载的资源地址和渲染的逻辑，通过 Ajax 异步加载所需的资源，再通过 JavaScript 进行动态渲染。本章讨论 Ajax 加载的流程，以及爬虫用于动态渲染的一些新技术。

除了常规的 pyppeteer 和 Selenium 可用于渲染动态加载的网页，这里还提供了 requests 库的作者写的另一个动态渲染库 requests_html，以及一种全新的大规模动态渲染的方案，用于替代 Splash 渲染，主要解决 Splash 被识别的问题。

4.5.1 Ajax 动态加载信息

Ajax 是综合了多项技术的浏览器端网页开发技术。传统的 Web 应用通过客户端填写表单并提交表单，然后服务器接收并处理传来的表单返回响应网页。与之不同的是，Ajax 应用可以只向服务器发送只获取必需数据的请求，并在获得响应后采用 JavaScript 将数据渲染到 DOM(Document Object Model，文档对象模型)。

XMLHTTP 是 Ajax 技术的重要组成部分，是一组 API 函数集，可被 Web 浏览器内嵌的脚本语言调用(如 JavaScript、JScript、VBScript 等),通过 HTTP 在浏览器和 Web 服务器之间收发 JSON 或其他数据,其主要作用是实现 POST 和 GET 通信并绑定响应的回调函数。

XMLHTTP 请求是分析 Ajax 异步加载的重点,在浏览器的开发者面板下的 Network 选项卡中标注的类型是 XHR(即 XMLHttpRequest)的请求即为异步加载请求,如图 4-16 所示。

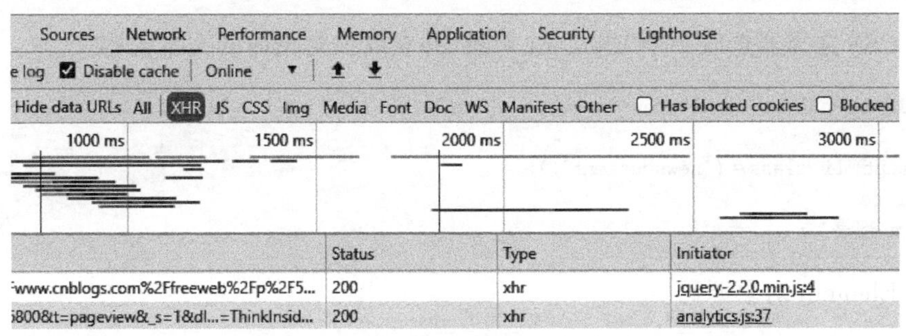

图 4-16　XMLHttpRequest 异步加载请求

4.5.2　requests-html 渲染

requests-html 库是 requests 库之后的另一种爬虫工具,它是对 pyppeteer、requests、lxml、pyquery、bs4 等库的高级封装,只支持 Python 3.6 及以上版本。其主要特色是支持 HTML 的渲染和解析,其主要功能特点如下。

(1) 完全支持 JavaScript。

(2) 支持 CSS 选择器、XPath 选择器。

(3) 模拟用户代理。

(4) 自动跟踪重定向。

(5) 连接池和 Cookie 管理。

(6) 异步支持。

本节将介绍 requests-html 在网页渲染方面的使用方法,尽管还有很多强大的功能,但在这里不再深入讨论。

开始之前使用如下命令安装 requests-html 库。

```
pip install requests - html
```

requests-html 在 requests. Session 的基础上封装了 HTMLSession 和 AsyncHTMLSession 类,用于网络请求、连接和 Cookie 的管理。在 requests. Resposne 的基础上封装了 HTMLResponse 类,提供了更多的解析方法。HTMLSession 和 HTMLResponse 的使用方法如下。

发送 GET 请求。

```
>>> from requests_html import HTMLSession
>>> session = HTMLSession()
>>> rsp = session.get(url = "http://www.likeinlove.com")
>>> rsp
<Response [200]>
```

获取页面中含有的原始 url 列表和绝对路径 url 列表。

```
>>> rsp.html.links
{'/info/89.html', '/info/72.html', '/search/page_1.html?keyboard = CSDN', …
>>> rsp.html.absolute_links
{'https://www.likeinlove.com/info/100.html', 'https://www.likeinlove.com/info/110.html#
diggnum', …
```

通过 CSS 选择器选取一个 Element 对象,并获取该对象内的文本内容。

```
>>> el = rsp.html.find('.newscurrent', first = True)
>>> el
<Element 'li' class = ('newscurrent',)>
>>> el.text
'Django 部署'
```

获取 Element 对象源码。

```
>>> el.html
'<li class = "newscurrent">Django 部署</li>'
```

支持 XPath 选择器。

```
>>> rsp.html.xpath("//li[@class = 'newscurrent']")
[<Element 'li' class = ('newscurrent',)>]
```

返回渲染后的 HTML 文本。

```
>>> rsp.html.render()
```

调用 render()方法将在 Chromium 里重新加载响应,并用最新获取到的 HTML 替换掉原来的 HTML。如果本地没有 Chromium 浏览器,第一次调用 render()方法时代码会自动下载 Chromium。

render()方法实例化参数如下。

render(retries: int=8, script: str=None, wait: float=0.2, scrolldown=False, sleep: int=0, reload: bool=True, timeout: Union[float, int]=8.0, keep_page: bool=False)

相关参数解释如下。

(1) retries:在 Chromium 里加载页面的重试次数。

(2) script:可选参数,页面上执行的 JavaScript。

(3) wait:参选参数,页面加载完成前的等待时间(单位为秒)。

(4) scrolldown:根据内部智能分页,向后翻 scrolldown 页。

(5) sleep:在 render 初始化后,程序暂停指定秒数。

(6) reload:如果为 False,则不会重新从浏览器加载内容,而是读取内存里的内容。

(7) keep_page:如果为 True,则允许通过 r.html.page 与浏览器页面交互。

如果指定 script,将会在运行时执行提供的 JavaScript,如下面源码所示。

```
>>> script = """
...         () => {
...             return {
```

```
...                 width: document.documentElement.clientWidth,
...                 height: document.documentElement.clientHeight,
...                 deviceScaleFactor: window.devicePixelRatio,
...             }
...         }
...     """
>>> rsp.html.render(script = script,timeout = 30)
{'width': 800, 'height': 600, 'deviceScaleFactor': 1}
```

4.5.3 替 Splash 渲染方案

Splash 是一个 JavaScript 渲染服务，是实现 HTTP API 的轻型网络浏览器，使用 Twisted 和 QT5 在 Python 3.0 中实现，并基于 Twisted 异步框架实现并发。

Splash 的主要功能如下。

(1) 并行处理多个请求页面。

(2) 获取返回的 HTML 代码或者获取返回页面的截屏图片。

(3) 通过禁止图片加载，或者使用 Adblock Plus 插件来提高加载页面的速度。

(4) 在页面的上下文中执行用户的 JavaScript 代码。

(5) 编写 lua 脚本来操作浏览器。

(6) 在 Splash-Jupyter 中支持 lua 脚本。

(7) 在格式化的 HAR 数据中获取渲染的相关数据。

不可否认，Splash 在无头浏览器领域上依旧是强大的神器，被广泛应用于爬虫项目中的 JavaScript 渲染。但是 Splash 也有缺点，例如，基于 lua 的脚本控制增加了学习成本、社区发展不完善、一些功能不成熟。因此设计一种完全基于 Python 生态的动态渲染方案，可以通过现有的成熟工具（如 Selenium、pyppeteer），在合理的设计框架下来提升渲染效率（如异步服务、浏览器启停管理）。

替代 Splash 渲染方案的设计是基于 asyncio、Selenium、aiohttp 来实现异步的 JavaScript 动态渲染服务，其主要特点如下。

(1) 渲染效率提升，整体采用 asyncio 异步框架，同时在浏览器管理上避免了耗时的频繁开关，浏览器统一由服务器管理，同时通过禁用图片等设置加速渲染。

(2) 高扩展性，基于 Selenium Grid 的远程 Chrome 集群控制，可扩展成千上万个浏览器。

(3) 成熟的功能，基于发展成熟的 Selenium 开发，支持 Selenium 的所有功能，如代理设置、图片加载控制、user-agent 信息设置、Cookie 处理等。

(4) 高灵活性，既可以基于远程的浏览器，也可以基于本地浏览器，还可使用 pyppeteer 渲染。

(5) 高并发，基于 aiohttp 异步框架的服务器端，支持大量请求连接。

(6) 容易上手，控制脚本是使用 Selenium 时的代码文本。

(7) 防识别，识别的处理方法和单独使用 Selenium 时一致，便捷更新。

替代 Splash 渲染方案的架构方式是通过 aiohttp 提供异步的接口服务，再通过 asyncio 异步执行 Selenium 代码，后台使用远程的 Selenium Grid 集群浏览器或者本地浏览器打开。后台服务提供了统一的浏览器管理，正常情况下只需要开关一次，在浏览器崩溃时，后台服务器自动重启浏览器。服务器端 Chrome 浏览器的管理主要通过异步的通信队列 asyncio.Queue,并通过 asyncio 的执行器来运行堵塞的浏览器脚本代码。

在英特尔 Core i7-9750H@2.60GHz、六核、16GB 内存的本地计算机上,测试该架构的渲染效率,测试结果如表 4-2 所示。平均每秒完成的请求数在 20 个左右,与渲染效率和浏览器的数量、硬件性能、网络带宽、网站资源大小相关,因此推荐使用分布式的 Selenium Grid 浏览器集群,可以极大地提升渲染效率。

表 4-2 本机浏览器多开渲染测试

浏览器数/个	页面数/个	完成时间/s
10	500	32.3
10	1000	57.1
10	1500	80
10	2000	140.7
20	500	27
20	1000	52
20	1500	88.5
20	2000	94.5

下面将对本机浏览器多开渲染方案的实施过程进行分析。首先确定 aiohttp 服务器端的基本框架代码如下。创建了全局的异步队列 queue 和全局值配置字典 conf,然后创建 aiohttp 应用 app,创建三个路由/open、/run、/close,分别用于启动浏览器、运行浏览器的控制脚本、关闭浏览器,三个路由都是 POST 接口。协程函数 param_request()用于解析收到的 form 表单格式数据或者收到的 JSON 数据。

```
from aiohttp import web
from asyncio.queues import Queue
import asyncio
from selenium import webdriver
from selenium.webdriver.chrome.options import Options
from json import loads, dumps
import time
from time import sleep

async def param_request(request):
    """解析收到的数据"""
    post = await request.post()
    text = await request.text()
    return post if post else loads(text)

queue = Queue(50)
conf = dict()
app = web.Application(debug=True)
app.add_routes([web.post('/open', open),
                web.post('/run', run),
                web.post('/close', close), ])
web.run_app(app)
```

启动浏览器接口对应的异步程序是 open,源码如下。它主要由协程函数 open()和函数 open_driver()组成。open()在收到拉起浏览器的请求后,将解析出初始化参数,解析出这些参数后将更新到全局的配置字典 conf 中，为了后面运行中某一单独浏览器崩溃重启时按照配置启动，函数 open_driver()用于具体地打开浏览器操作并返回操作对象 driver，将 driver 加入异步队列 queue 中，完成初始化。

上面是整个方案运行的第一步。只有启动了浏览器，在执行浏览器控制脚本时，才不会因为队列没有 driver 而堵塞。

```
async def open(request):
    """api 创建 driver"""
    data = await param_request(request)
    conf.update(data)
    number = data.get('number', 10)
    loop = asyncio.get_event_loop()
    tasks = [loop.run_in_executor(None, open_driver) for _ in range(int(number))]
    for driver in asyncio.as_completed(tasks):
        await queue.put(await driver)
return web.Response(text = f"创建 driver 成功: {queue.qsize()}")

def open_driver():
    """连接远程浏览器或本地浏览器"""
    args = conf.get('args', ['--headless', '--start-maximized', '--disable-infobars'])
    kwargs = conf.get('kwargs', {"prefs": {'profile.default_content_setting_values':
{'images': 2, }}})
    url = conf.get('url', 'http://127.0.0.1:32768/wd/hub')
    is_remote = conf.get('is_remote', False)
    options = Options()
    [options.add_argument(arg) for arg in args]
    [options.add_experimental_option(k, v) for k, v in kwargs.items()]
    if is_remote:
        driver = webdriver.Remote(
            command_executor = url,
            desired_capabilities = {'browserName': 'chrome'},
            options = options
        )
    else:
        driver = webdriver.Chrome(options = options)
    return driver
```

运行浏览器控制脚本对应的接口是 run，源码如下。它主要由协程函数 run()和函数 run_cmd()组成。协程函数 run()主要解析渲染请求，解析出待执行的源码字符串 cmd，然后通过执行器 run_in_executor 的默认线程池来执行 run_cmd()函数。run_cmd()是执行本文命令的主要函数，通过内置函数 compile()将源码文本编译为代码对象配合 exec 命令运行，exec 命令可以执行语句块但不返回任何内容，而 eval 命令只能执行单一语句但有返回内容。这里，使用 exec 执行 return 之前的编译代码块，使用 eval 命令执行 return 之后的代码，并返回执行结果。

```
async def run(request):
    """api 运行命令"""
    data = await param_request(request)
    driver = await queue.get()
    cmds = data.get('cmd', None)
    if cmds is None:
```

```
            result, status = "命令不为空", 503
        else:
            loop = asyncio.get_event_loop()
            try:
                result = await loop.run_in_executor(None, run_cmd, driver, cmds)
                try:
                    driver.delete_all_cookies()
                except:
                    pass
                status = 200
            except BaseException as e:
                close_driver(driver)
                loop = asyncio.get_event_loop()
                driver = await loop.run_in_executor(None, open_driver)
                status, result = 503, str(e)
        await queue.put(driver)
        return web.Response(text = result, status = status)

def run_cmd(driver, cmds):
    """执行 driver 命令"""
    comd_line = cmds.split('return')
    code = compile(comd_line[0].strip(), '', 'exec')
    exec(code)
    return str(eval(comd_line[-1].strip()))
```

参数 cmd 中的代码块完全按照 Python 的编程风格，但是需要注意，代码块中 driver 就是默认的浏览器操作对象，最后一行一定要使用 return 返回需要获得的信息，整个代码块只能有一行 return，代码块缩进按照 Python 语法缩进，可以创建新的变量名。例如，下面通过 JSON 提交的几个 cmd 参数都是正确的。

```
# 获取 py36.cn 的 cookie
{"cmd": "driver.get('http://py36.cn/')\nreturn driver.get_cookies()"}

#获取 py36.cn 的 html 源码
{"cmd": "driver.get('http://py36.cn/')\nreturn driver.page_source"}

#获取 py36.cn 的 title 源码
{"cmd": "driver.get('http://py36.cn/')\ntitle = driver.title\nreturn title"}
```

关闭浏览器对应的接口是 close，源码如下。其主要由协程函数 close()和函数 close_drive()组成。close()的主要作用是解析出要关闭多少浏览器的 number 参数，如果值为 all 则，将全部关闭。

```
def close_driver(driver):
    """关闭 driver"""
    try:
        driver.close()
        driver.quit()
    except BaseException:
        pass

async def close(request):
    """api 关闭 driver"""
```

```
    data = await param_request(request)
    number = data.get('number', 'all')
    if number.isdigit() and int(number) < queue.qsize():
        for _ in range(int(number)):
            close_driver(await queue.get())
    else:
        for _ in range(int(queue.qsize())):
            close_driver(await queue.get())
    return web.Response(text = f"关闭: {number} 剩余: {queue.qsize()}")
```

完整源码见本书配套资源中的 asyncioDriver. py 文件,下面将对该方案的使用流程做介绍。支持使用 Selenium Grid 集群,这里以本地 Chrome 浏览器为例,如果使用本地 Chrome 浏览器,确认驱动及环境是否正确安装。

首先运行 asyncioDriver. py 脚本,然后根据日志中监听的端口发送启动 Chrome 的请求,参数包括创建浏览器的数量 number 和添加至启动项的参数列表 args(默认['--headless', '--start-maximized', '--disable-infobars'],分别是设置无头模式、设置窗口最大、设置隐藏信息栏),添加实验性质的参数 kwargs(默认{"prefs": {'profile. default_content_setting_values': {'images': 2, }}},设置不加载图片)、用于连接远程 Hub 节点的地址 url、是否连接远程浏览器的 is_remote 参数(默认 False,打开本地浏览器)。通过 Postman 调用启动接口的启动测试请求及响应结果如图 4-17 所示。

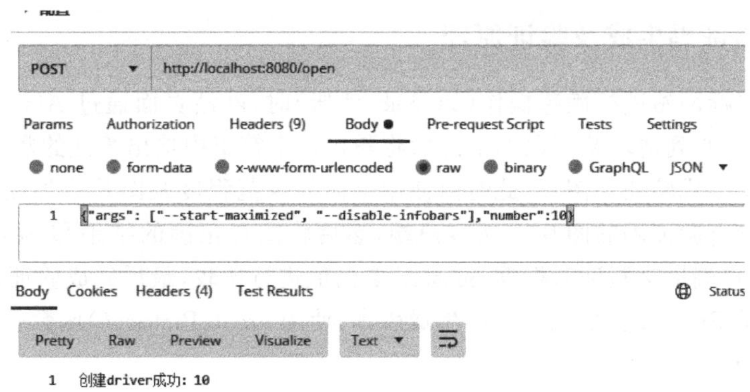

图 4-17 通过 Postman 调用启动接口的启动测试请求及响应结果

然后,可以发送需要执行的命令参数 cmd,执行成功折返状态码 200 和执行结果,执行失败返回状态码 503 及异常的详细情况,如图 4-18 所示。

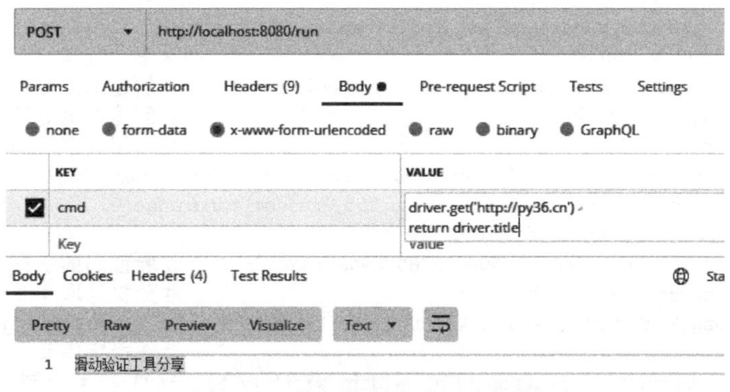

图 4-18 执行控制脚本返回标题

如果需要关闭浏览器并释放资源，可以调用关闭浏览器接口，如图 4-19 所示。

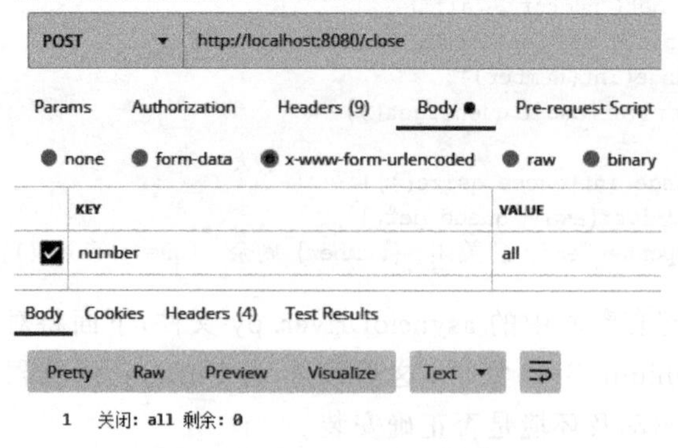

图 4-19 调用关闭浏览器接口

4.6 图片验证码

即使在各种智能安全产品层出不穷的今天，图片验证码依旧占据了很大的应用场景。这是因为验证码的成本基本趋于零，同时，用户早已养成进行验证码验证的习惯，不会影响用户体验。但是对于自动化程序和爬虫来说是致命的和高成本的。

4.6.1 验证码生成及验证原理

当用户在目标网站进行敏感操作（如登录、注册）时，网站页面通过 Ajax 向后台发送验证请求，网站后台收到请求验证码的信息后将随机从字符集中选出验证的数字或字母，然后根据采用的字体生成验证的图片，此时由使用字体的规范程度及图片添加噪点的多少决定难度。将生成含有验证码的图片返回客户端，然后将图片正确的结果和 Session 信息保存在服务器，当客户端提交验证后根据 Session 取出值进行比较，最后完成验证。

如下代码是 Python 实现验证码的生成脚本，使用 createPicture()函数生成验证码的效果如图 4-20 所示。

```
from PIL import Image, ImageDraw, ImageFont
import random


def createPicture():
    bgcolor = (random.randrange(20, 100), random.randrange(20, 100), 255)  #背景色
    width, height = 200, 50                                       #图片宽高
    img = Image.new('RGB', (width, height), bgcolor)              #创建图片对象
    draw = ImageDraw.Draw(img)                                    #创建画笔对象
    for i in range(0, 200):                                       #调用画笔的 point 函数绘制噪点
        xy = (random.randrange(0, width), random.randrange(0, height))
        fill = (random.randrange(0, 255), 255, random.randrange(0, 255))
        draw.point(xy, fill=fill)
    char = 'ABCD123EFGHIJK456LMNOPQRS789TUVWXYZ0'                 #验证码的字符集
    rdmStr = random.sample(char, 4)                               #随机选取 4 个值作为验证码
    font = ImageFont.truetype(r'C:\WINDOWS\Fonts\BRUSHSCI.TTF', size=height // 3 * 2)
                                                                  #选择字体及大小
    for i, x in enumerate(list(range(10, width, width // 5))[:4]):  #绘制 4 个字
```

```
        fontcolor = (255, random.randrange(0, 255), random.randrange(0, 255))
                                                                    #构造字体颜色
        draw.text((x, height // 6), rdmStr[i], font = font, fill = fontcolor)
    del draw
img.show()                                                          #打开验证码图片
img.save('test.png')
```

图 4-20 createPicture()函数生成验证码的效果

4.6.2 Tesseract 4 环境部署

Tesseract 是一个光学字符识别引擎,支持多种操作系统,是最精准的开源光学字符识别引擎之一。而 Tesseract 4 在以前的版本上增加了基于 OCR 引擎的 LSTM(Long Short-Term Memory,长短期记忆),同时兼容 Tesseract 3 的传统 Tesseract OCR 引擎,识别准确率进一步提高。

首先,安装 Tesseract 4 客户端和 Python 调用的驱动库,客户端的下载地址是 https://digi.bib.uni-mannheim.de/tesseract/, 这里下载的版本是 tesseract-ocr-w64-setup-v4.0.0.20181030.exe。然后安装,Python 使用的驱动库 pytesseract,通过 pip 命令即可安装。

需要注意,在安装 Tesseract 客户端时,需要勾选 Additional language data(download)(下载语言包)选项,如图 4-21 所示。安装完成后,将安装目录加入系统环境变量中(如 C:\Program Files (x86)\Tesseract-OCR),同时把安装目录下的 tessdata 文件(如 C:\Program Files (x86)\Tesseract-OCR\tessdata)复制到 Python 解释器安装目录下(如 C:\Users\inlike\Anaconda3\tessdata),然后在 CMD 命令行界面中输入 tesseract -version 查看版本。

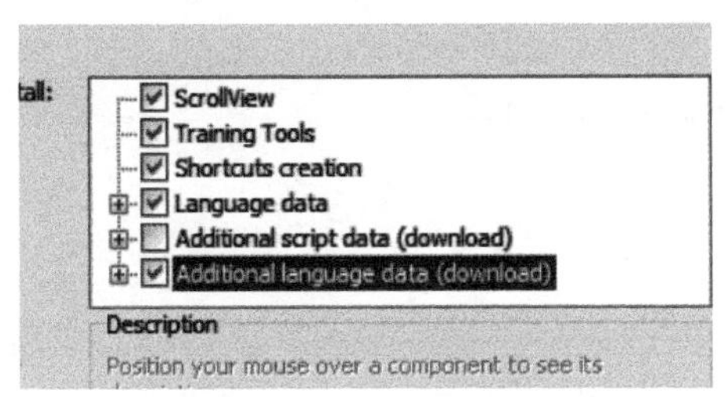

图 4-21 下载语言包

图 4-22 初始验证码图片 1.png

4.6.3 二值化、去噪点和识别

对于一张验证码图片,如图 4-22 所示,它的识别准确率是很低的。一方面是各种色彩导致的,另一方面是背景中的噪点导致的,因此去除图片中的噪点和图片黑白化对于提升准确率很有必要。

验证码图片二值化的主要思路是利用 PIL 库的 Image 对象,先将图片转为灰度图片,然后根据背景色彩深度设置一个阈值将图片颜色转为黑白图片,实现代码如下。

```
from PIL import Image
img = Image.open('1.png')
imgGray = img.convert('L')                                  #灰度处理
```

```
img_black_white = imgGray.point(lambda x: 0 if x > 100 else 255)        #黑白阈值 100
img_black_white.save('2.png')
```

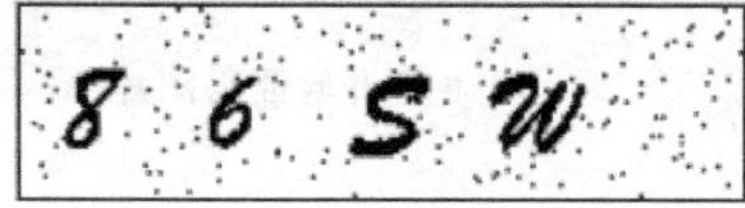
图 4-23 经过灰度和黑白化处理的图片 2.png

转为黑白图像的原理是，根据颜色深度的阈值将像素设置为 0 或 255，在此之前需要将图片灰度化以区分背景与内容。处理后的效果如图 4-23 所示，此时背景变成了白色，图片的内容和图片中的噪点变成了黑色。

去噪点需要理解两个重要的概念：灰度值和二值化(Image Binarization)。灰度值是表明图像明暗的数值，即黑白图像中点的颜色深度，范围一般为 0～255。二值化就是将图像上的像素点的灰度值设置为 0 或 255，也就是将整个图像呈现出明显的黑白效果的过程。

验证码图片去噪点主要是先获得 RGB 图片的灰度值，然后转为二值化，再根据噪点特征的算法来判断是否为噪点。例如，判断图片 2.png 是否为噪点的方法就是遍历图片中所有的像素点，然后判断它周边点的颜色，如果相邻上、下、左、右四个点超过半数是白色，那么说明这个点大概率是噪点，再将这个点设置为白色，这就达到消除噪点的目的。

如下代码是采用四个点判断的方法，经过去噪点处理后的样本图片 3.png 的效果如图 4-24 所示，少了很多干扰因素，识别准确率提高很多。在更加复杂的识别中，可以选取目标点周边更多参照点，往往选取奇数个点，这样不会出现相等的情况。

```
import cv2

imgCv = cv2.imread('2.png')
imgCvGray = cv2.cvtColor(imgCv, cv2.COLOR_BGR2GRAY)      #获取灰度值
h, w = imgCvGray.shape
for y in range(0, w):                                      #遍历像素灰度值进行处理
    for x in range(0, h):
        # 去掉边框上的点
        if y == 0 or y == w - 1 or x == 0 or x == h - 1:
            imgCvGray[x, y] = 255
            continue
        count = 0
        if imgCvGray[x, y - 1] == 255:
            count += 1
        if imgCvGray[x, y + 1] == 255:
            count += 1
        if imgCvGray[x - 1, y] == 255:
            count += 1
        if imgCvGray[x + 1, y] == 255:
            count += 1
        if count > 2:
            imgCvGray[x, y] = 255
cv2.imwrite('3.png', imgCvGray)
```

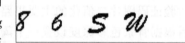

图 4-24 经过去噪点后的图片 3.png

在上述源码中，cv2.cvtColor()方法可以直接获取到图像的二值，因为在灰度处理时根据阈值将图片 1.png 保存为黑白图片，只有两种颜色因此不再是 0～255 的灰度值。如果是处理更为丰富的图片，需要考虑使用 cv2.threshold、cv2.adaptiveThreshold 做二值化，前者是简单

的阈值操作,后者是自适应阈值操作,它们都能获取到二值。

图片 3.png 就是比较理想的识别图片,去除了噪点和其他干扰因素。下面开始使用 Tesseract 4 做识别。在调用 tesseract 时,最重要的三个参数是-l(Language)、--oem(OCR Engine Modes)和--psm(Page Segmentation Modes),适当的配置可以提高识别的准确率。

-l 参数,控制输入文本的语言,用 eng 表示英文(默认语言),用 chi_sim 表示中文简体,通过 tesserocr.get_languages()方法可以获得安装语言的列表。例如:

```
import tesserocr
tesserocr.get_languages()
```

--oem 参数,使用 oem 选择算法类型,有四种操作模式可供选择,分别用 0~3 四个值来表示,其代表的算法类型如下。

(1) 0:只使用传统引擎。

(2) 1:只使用神经网络 LSTM 引擎。

(3) 2:传统和神经网络的结合。

(4) 3:默认使用系统选择。

--psm 参数,指定 Tesseract 使用的自动页面分割模式,根据实际识别场景指定模式有利于识别准确率的提升,其可选值及作用如下。

(1) 0:仅限方向和脚本检测(OSD)。

(2) 1:使用 OSD 自动分页。

(3) 2:自动页面分割,但没有 OSD 或 OCR。

(4) 3:全自动页面分割,但没有 OSD(默认)。

(5) 4:假设一列可变大小的文本。

(6) 5:假设一个垂直对齐文本的统一块。

(7) 6:假设一个统一的文本块。

(8) 7:将图像视为单个文本行。

(9) 8:将图像视为单个单词。

(10) 9:将图像视为圆形中的单个单词。

(11) 10:将图像视为单个字符。

(12) 11:稀疏文字。找到尽可能多的文本,没有特定的顺序。

(13) 12:带 OSD 的稀疏文本。

(14) 13:将图像视为单个文本行。

理解上面三个参数后,下面使用 Tesseract 来识别降噪后的图片 3.png,代码如下。

```
import tesserocr
from PIL import Image
image = Image.open('3.png')
config = ("-l eng --oem 3 --psm 7")
text = pytesseract.image_to_string(image, config=config)
print(text)          # 输出结果 G6 SUW\n\x0c
```

输出的结果是 G6SUW,只识别准确出了两位数,并且识别结果是五位,明显与验证码不匹配。这是正常的现象,因为生成验证码使用的字库不是常规的字库,所以识别率较低,接下来要对 Tesseract 4 进行训练提高准确率。

4.6.4 Tesseract 4 样本训练

下面用生成的验证码图片来训练 Tesseract 4，以提高识别的准确率。这种方式不仅适合图片和数字的验证码，也适合汉字点选的方式，识别出文字再获取坐标，最后单击。

首先使用验证码生成脚本，生成一定量的验证码，将这些验证码去噪点并转为黑白图片，以验证码的内容作为文件名，以 tif 作为文件扩展名。以训练 50 张验证码图片为例，大概需要生成六七十张原始验证码，剔除一些黑白化后模糊的图片，留下 9 张如图 4-25 所示，这一步直接替代了人工标注的过程，生成验证码脚本在本书配套资源中的 createSample. py 文件中。

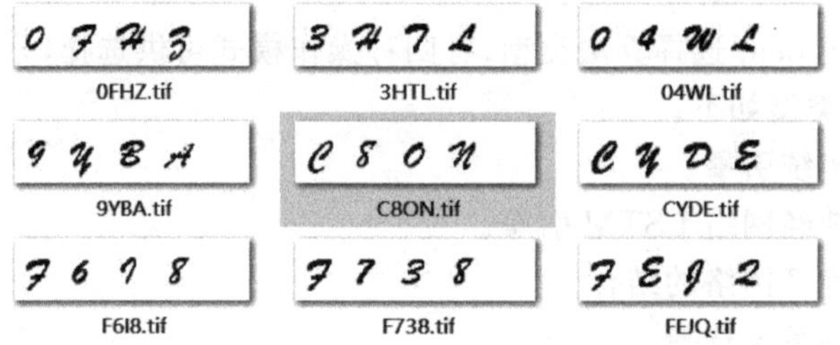

图 4-25 生成的已标注的验证码

1. 样本采集、降噪、标注

在实践中这一步往往最烦琐，通过接口或 Selenium 采集一定量的验证码图片，然后黑白化降噪处理，手动再把验证码的内容作为文件名保存起来，保存的扩展名是 tif。此时，这一步已经由脚本自动完成。

2. 合并 TIFF，生成 Box 盒子文件

下载辅助工具 jTessBoxEditor，下载地址是 https://sourceforge. net/projects/vietocr/files/jTessBoxEditor/。jTessBoxEditor 用于合并 TIFF 文件和修正 Box 盒子，运行在 Java 虚拟机环境上。依次单击 Tools→Merge TIFF 命令，弹出文件选择框如图 4-26 所示，选择所有要参与训练的 TIFF 文件，在"文件名"文本框中输入要合成的新文件名，命名格式是[lang]. [fontname]. exp[idx]. tif，lang 表示语言名称，fontname 表示字体名称，idx 表示序号，这里命名为 test. testfont. exp0. tif。单击 Enter 键后生成 test. testfont. exp0. tif 文件。

打开命令行工具，切换到 test. testfont. exp0. tif 文件所在的目录，执行下列命令生成同名的 box 盒子文件 test. testfont. exp0. box。

```
tesseract test.testfont.exp0.tif test.testfont.exp0 batch.nochop makebox
```

box 文件记录了各个字符框的坐标信息，如图 4-27 所示。

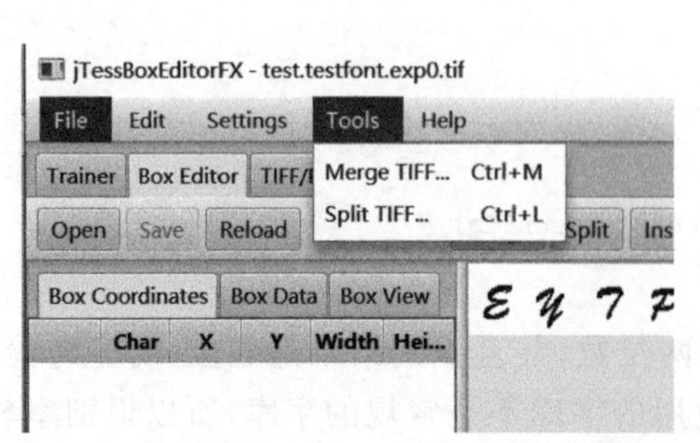

图 4-26 jTessBoxEditor 的 Tools 下的 Merge TIFF

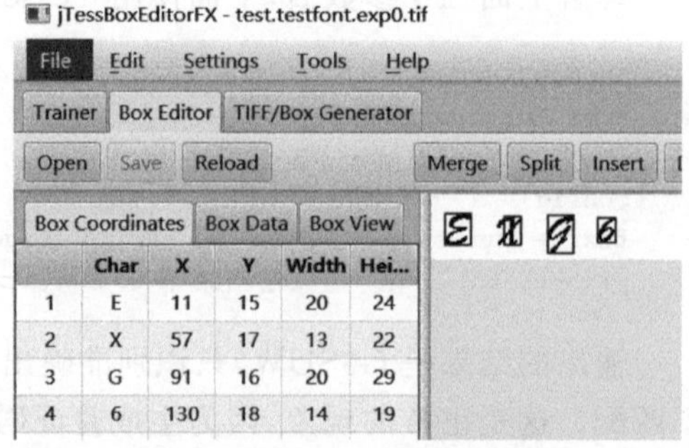

图 4-27 查看 box 文件信息

3. 修正 Box 盒子文件

调整 box 文件中未完整匹配的字符和对应字符框的对应坐标，使训练的结果更加准确。在 jTessBoxEditor 界面中，单击 Box Editor 选项卡下的 Open 按钮，打开 test.testfont.exp0.box 文件，调整未匹配的字符，如图 4-28 所示。通过 Box Coordinates 和上方按钮调整字符对应的边框位置和大小，调整后单击 Save 按钮保存，通过底部箭头翻页。

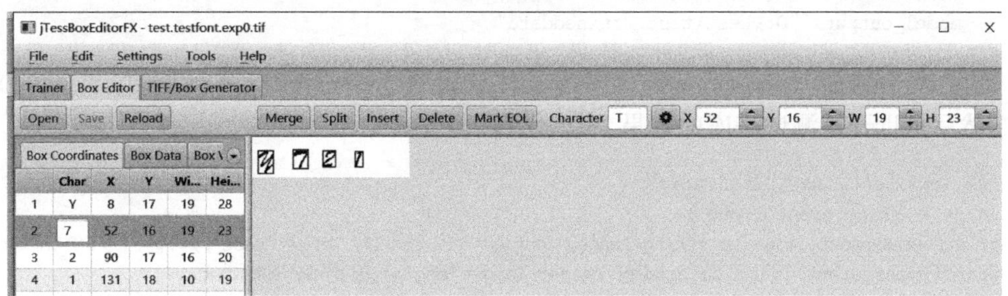

图 4-28 查看 box 文件信息

4. 生成训练语料文件，提取语言 lstm 文件

将 test.testfont.exp0.box 和 test.testfont.exp0.tif 放置到统一的文件目录下，执行下列命令生成训练所需的语料文件 lstmf 文件，参数 l 是用到的语言，参数 psm 是识别模式，在同级目录下生成 test.testfont.exp0.lstmf 文件。代码如下。

```
tesseract test.testfont.exp0.tif test.testfont.exp0 -l eng --psm 6 lstm.train
```

在生成 lstmf 文件时，使用的是 eng 语言，还需要提取出 eng 的 lstm 文件，从 Tesseract 安装目录下的语言包中复制 eng.traineddata 文件或者从 https://github.com/tesseract-ocr/tessdata_best 中下载，然后在文件目录内执行如下命令，生成 eng.lstm 文件。

```
combine_tessdata -e eng.traineddata eng.lstm
```

5. 开始训练

将 test.testfont.exp0.lstmf、eng.lstm、eng.traineddata 放置在同一文件夹下面，并新建 eng.training_files.txt 的文本文件和 output 空文件夹，在文本文件内输入 test.testfont.exp0.lstmf 文件的绝对路径。

使用下面的命令开始训练，其中 model_output 参数是模型训练输出的路径；continue_from 参数用于指定从现有模型训练；参数 train_listfile 列出了训练数据文件的文件名；traineddata 参数用于指定可选语言模型的入门级训练数据文件的路径；debug_interval 参数用于指定隔多少次迭代后显示调试信息；max_iterations 参数用于指定最大迭代次数。完整的官网教程和可选参数参见 https://tesseract-ocr.github.io/tessdoc/TrainingTesseract-4.00。

```
lstmtraining \
--model_output="D:\test\output\" \
--continue_from="D:\test\eng.lstm" \
--train_listfile="D:\test\eng.training_files.txt" \
--traineddata="D:\test\eng.traineddata" \
--debug_interval -1 \
--max_iterations 4000
```

训练完成后，在文件夹中生成多个 checkpoint 记录文件，接着使用命令把这些文件和 eng.traineddata 文件合成为新的 traineddata 文件，使用命令如下。

```
lstmtraining \
-- stop_training \
-- continue_from = "D:\test\output\output_checkpoint" \
-- traineddata = "D:\test\eng.traineddata" \
-- model_output = "D:\test\test.traineddata"
```

最后，将合成的 test.traineddata 字库文件放置到 Tesseract 安装目下的 tessdata 文件夹内，然后可以开始测试字库的效果，测试代码如下。

```
cv2.imwrite('3.png', imgCvGray)
image = Image.open('3.png')
print(pytesseract.image_to_string(image, config = '-- oem 1', lang = 'test')) # 输出 § 6SW\n\x0c
print(pytesseract.image_to_string(image, lang = 'eng')) 输出 G6 SUW\n\x0c
```

正确的结果是 86SW，经过训练后的识别结果与正确结果相差一位，这是因为样本数较少导致的误差。通过生成一批验证码来测试训练后的准确率，准确率由开始的 0 提升到 11%，增加训练样本还能进一步提升准确率。

4.7 IP 限制

IP 反爬虫依旧是有效的防御措施，通过检测 IP 访问频率来拉黑该 IP，或者弹出其他验证方式，从而阻止爬虫的运行，增加数据获取的成本。

4.7.1 代理技术原理及发展现状

客户端首先与代理服务器创建连接，接着根据代理服务器所使用的代理协议，请求对目标服务器创建连接，或者获得目标服务器的指定资源，代理的主要作用就是接收客户端发送的请求后转发给目标服务器。

根据代理服务器访问目标网站使用的协议不同，常用的代理可以分为 SOCKS4/5 代理和 HTTP/HTTPS 代理，前者使用 Socks 协议连接至目标服务器，后者使用 HTTP 协议。除此之外，还有 FTP 代理、RTSP 代理、Telnet 代理、POP3/SMTP 代理。

根据客户点在目标站点的匿名程度分为高度匿名代理、普通匿名代理、透明代理、间谍代理。高度匿名代理会原封不动地转发数据包，目标站点记录的是代理服务器的 IP；普通匿名代理会在数据包上做一些改动（如添加 HTTP_VIA 和 HTTP_X_FORWARDED_FOR 请求头），有一定概率会发现目标站点是代理服务器，并追查到客户端的 IP；透明代理不改动数据包，但是会告诉目标站点客户端的 IP；间谍代理是指在实现代理功能的同时，记录客户端的传输数据。

就目前而言，大部分代理商的 IP 都是基于自建机房、云主机、VPS（Virtual Private Server，虚拟专用服务器），尽管提供了大量的 IP 地址，但是 IP 地址段重复率高，一方面是因为 IP 出口都是由运营商提供的，出口 IP 段受到限制。IP 段受限的另一方面是因为爬虫业务的重叠，导致同一 IP 在相同业务中多次被使用，即使是号称千万 IP 池的供应商其可用 IP 数也不多。

在这种情况下，高质量的分布式的家庭代理 IP 应运而生。

4.7.2　全新分布式家庭代理

分布式家庭代理是指代理池由成千上万的真实家庭网络组成，借助于真实的 IP 地址，避免打上机房 IP、VPS IP 的标签。代理的技术实现原理，是通过分布式的架构，将代理服务器分布于真实的家庭计算机中，如挂机软件、后台程序。目前企业级的分布式家庭代理效果较好的是 Luminati，官网地址是 http://www.luminati-cn.net/。

4.7.3　零成本纯净测试 IP

通过手机可以创建一个用于测试的 IP 池，其思路是通过手机流量从附近基站获取动态 IP，然后自动切换。受制于 IP 段，该方式只能用于一些业务的测试，操作方法如下。

通过数据线将手机连接至计算机，在手机端打开网络共享，操作路径是“设置”→“连接与共享”→“通过 USB 共享网络”或者计算机通过手机热点直接连接到“手机热点”的网络中。关闭手机的 WiFi，打开手机流量，此时的计算机 IP 和手机出口 IP 是同一个，要实现切换手机 IP，只需要开关一下飞行模式，将从附近基站重新获取一个 IP 地址。

第5章

分布式爬虫系统的设计

视频讲解

尽管有诸如Scrapy等强大的爬虫框架,也有如scrapy-redis的分布式爬虫框架,但是,它们并不能应用于所有的爬虫业务中。一些业务对于时效性和准确性有着严格的要求,这个时就不得不考虑针对特定业务设计专用的框架。本章首先基于Redis介绍常用的分布式消息分发模型:发布-订阅和消息队列,再介绍经典的消息中间件RabbitMQ和Kafka,最后介绍Python的分布式框架Celery。消息系统作为分布式系统的核心,它们解决了分布式系统的消息传递问题,熟练使用消息系统就能快速构建自己的分布式爬虫应用。成熟的消息系统中间件,可以保证消息的完整性,这些中间件在失误率要求较高的业务场景中被广泛应用。

本章以分布式爬虫系统为主题,主要阐述分布式爬虫系统的设计核心——消息系统。从基础的底层消息传递模式,到成熟的中间件RabbitMQ和Kafka的原理和运用,再到分布式的框架Celery的使用。

本章要点如下。

(1) 基于Redis如何实现发布-订阅的消息模式。

(2) 基于Redis如何实现消息队列的消息模式。

(3) 消息中间件RabbitMQ的设计原理。

(4) RabbitMQ的工作流程和工作模式。

(5) 在Python中如何使用RabbitMQ中间件。

(6) Kafka的设计原理和模式。

(7) Kafka的工作流程。

(8) 在Python中如何使用Kafka。

(9) 分布式框架Celery的架构。

(10) 如何使用Celery分布式框架。

5.1 消息系统的消息传递模式

消息系统主要处理数据从一个应用程序到另一个应用程序的传递问题,使应用程序可以专注于事务逻辑的处理,而不用过多地考虑如何将消息共享出去,这也是分布式爬虫系统设计的核心。

消息系统有两种消息传递模式:一种是点对点模式即通信队列方式;另一种是基于发布-订阅的消息系统。本章讨论基于Redis的这两种方式的实现,分别是Redis发布-订阅框架和分布式通信队列，其中1.7.1节中对基于Redis的分布式通信队列做了深入的介绍，scrapy-redis是通过队列实现分布式的经典框架，本章重点介绍相关概念及基于Redis订阅-发布功能的分布式框架实现。

基于Redis的分布式系统通常是利用公网上的一台Redis服务器来实现各个主机之间的通信。通过Redis列表数据格式，可以实现先进先出或先进后出的通信队列，scrapy-redis框架就是基于此功能实现多种通信方式的。

5.1.1　发布-订阅模式

发布-订阅是一种消息范式，消息的发送者（发布者）不会将消息直接发送给特定的客户端（订阅者），同样，订阅者可以接收一个或多个频道的消息，无须了解发布者。发布-订阅是消息队列范式的"兄弟"，通常是更大的面向消息中间件系统的组成部分。大多数消息系统在API中同时支持消息队列模型和发布-订阅模型。

发布-订阅模型的优势在于松耦合和高扩展性。松耦合不仅是在位置上解绑，更是在时间上解绑，发布者和订阅者无须顾及彼此的状态，区别于传统的客户端-服务器端模式。在扩展性方面，通过并行操作、消息缓存，发布-订阅在分布式爬虫架构中提供了比传统的客户端-服务器更好的容错性，发布者和订阅者只需要遵循消息发送和接收的规则，不需要彼此适应。

一般很少直接基于Redis来实现发布-订阅模式，因为在发布-订阅中，如何保证可靠的消息消费是复杂的工作，往往是直接使用成熟的消息中间件来实现发布-订阅的消息模式，例如Kafka、RabbitMQ。

5.1.2　点对点模式

点对点模式常用的实现方式是通信队列，通过公共的Redis服务可以实现不同主机在同一个Redis的队列里面通信。消息队列提供了异步的通信协议，消息的发送者和接收者不需要同时与消息队列交互，消息会保存在队列中，直到接收者取回它。

消息队列本身是异步的，它允许接收者在消息发送很长时间后再取回消息，这和大多数通信协议是不同的，它的最大缺点是接收者必须轮询消息队列，才能接收到最近的消息，增加了接收者的资源开销。

scrapy-redis是典型的基于Redis消息队列的框架，使用了起始任务队列和爬虫任务队列。通过操作Redis的不同的数据格式，实现了FifoQueue（先进先出队列）、LifoQueue（先进后出队列）、PriorityQueue（优先级队列），前两者都是使用Redis的列表数据类型，后者使用的是Redis的有序数据类型。

一般Redis实现的消息队列使用在轻量级、高并发、延迟敏感、错误率要求低的爬虫系统中。要在任务丢失零容忍的场景中使用通信队列，就不得不考虑成熟的中间件，例如RabbitMQ就是典型的高可靠消息队列中间件。

5.1.3　Redis发布-订阅框架

发布-订阅模型将发布的消息分为不同的类别，订阅者可以只接收感兴趣的消息，无须了解发布者的存在。在发布-订阅模型中，订阅者通常接收所有发布的消息的一个子集。选择接收和处理消息的过程被称作过滤，有两种常用的过滤形式：基于主题的过滤和基于内容的过滤。

在基于主题的过滤系统中，消息被发布到主题的命名通道上。订阅者将接收到其订阅的主题上的所有消息，并且所有订阅同一主题的订阅者将接收到同样的消息，发布者负责定义消息类别。在基于内容的过滤系统中，订阅者订阅其感兴趣的消息的条件，只有当消息的属性或内容满足订阅者定义的条件时，消息才会被投递到该订阅者，订阅者需要负责对消息进行分类。一些系统支持两者的混合：发布者发布消息到主题上，而订阅者将基于内容的订阅注册到一个或多个主题上。

发布者与订阅者松耦合，甚至不需要知道两者的存在。由于主题才是关注的焦点，发布者和订阅者可以对系统拓扑结构保持一无所知的状态，各自继续正常操作而无须顾及对方。在传统的紧耦合的客户端-服务器模式中，当服务器进程不运行时，客户端将无法发送消息给服务器，服务器也无法在客户端不运行时接收消息。许多发布-订阅系统不但将发布者和订阅者从位置上解耦，还从时间上解耦他们。

通过并行操作、消息缓存、基于树或基于网络的路由等技术，发布-订阅提供了比传统的客户端-服务器更好的可扩展性。另外，在企业环境之外，发布-订阅模型已经证明了它的可扩展性远超过一个单一的数据中心，通过网络聚合协议，如 RSS 和 Atom 提供互联网范围内分发的消息。

使用 Redis 发布订阅，可以设定对某一个 key 值进行消息发布及消息订阅。当一个 key 值上进行了消息发布后，所有订阅它的客户端都会收到相应的消息。这样的功能也可以用来开发实时的分布式系统，适用于对延迟要求较高的场景中。

Redis 数据库内置发布-订阅模式，相关的操作方法如表 5-1 所示。

表 5-1 Redis 订阅-发布支持的相关操作方法

命　　令	作　　用
PSUBSCRIBE pattern [pattern…]	订阅一个或多个符合给定模式的频道
PUBSUB subcommand [argument [argument…]]	查看订阅与发布系统状态
PUBLISH channel message	将信息发送到指定的频道
PUNSUBSCRIBE [pattern [pattern…]]	退订所有给定模式的频道
SUBSCRIBE channel [channel…]	监听频道发布的消息
UNSUBSCRIBE [channel [channel…]]	停止频道监听

下面将用 Python 设计 Redis 订阅-发布的一个框架，该框架的核心功能有两个，一个是保持系统活性的心跳功能，一个是绑定频道后收到对应消息自动回调的功能，源码如下。

```
import redis
import time
import threading


class RedisMsg:

    def __init__(self, url = 'redis://127.0.0.1:6377/0', timeout = 1):
        pool = redis.ConnectionPool.from_url(url)
        self.beat = None          #心跳线程属性
        self.timeout = timeout
        self._client = redis.Redis(connection_pool = pool)
        self._sub = None
```

```
    def putmsg(self, channel, msg):
        """将信息发送到指定频道"""
        return self._client.publish(channel, msg)

    def creatpub(self):
        """创建订阅者"""
        if self._sub is None:
            self._sub = self._client.pubsub()

    def startsub(self, channel, *channels, **function):
        """
        启动订阅者并监听多个频道,启动心跳线程
        :param timeout: 心跳线程的跳动间隔时间
        :param channel: 监听频道 channel
        :param channels:更多频道 channel1, channel2, channel3
        :param function:给频道指定回调函数 channel = function
        :return:
        """
        task = threading.Thread(target = self._runsub, args = (channel, function, *channels))
        task.start()
        if self.beat is None or not self.beat.is_alive():
            self.beat = threading.Thread(target = self._heartbeat, args = ())
            self.beat.start()

    def addchannel(self, channel, *channels, **function):
        """添加监听频道"""
        if self._sub is None:
            self.startsub(channel, *channels, **function)
        if self.beat.is_alive():
            self.startsub(channel, *channels, **function)
        else:
            self._sub.subscribe(channel, *channels, **function)

    def delchannel(self, channel, *channels):
        """取消监听指定的频道"""
        self._sub.unsubscribe(channel, *channels)

    def _runsub(self, channel, function, *channels):
        """监听订阅信道的子线程"""
        if self._sub is None:
            self.creatpub()
        self._sub.subscribe(channel, *channels, **function)
        for message in self._sub.listen():
            print(message)

    def _heartbeat(self):
        """心跳子线程函数"""
        while True:
            time.sleep(self.timeout)
            channels = self._sub.channels
            if not channels:
                break
            self._sub.ping()


def channel1(msg):
    """处理 channel1 的自动回调函数"""
    print(f"这是频道 1 回调处理程序: {msg}")
```

```
def channel2(msg):
    """处理 channel1 的自动回调函数"""
    print(f"这是频道 2 回调处理程序:{msg}")


if __name__ == '__main__':
    test = RedisMsg()
    test.startsub("channel1", "channel2", channel1 = channel1, channel2 = channel2)
    time.sleep(5)
    test.putmsg("channel1", "channel1 的消息")
    time.sleep(2)
    test.putmsg("channel2", "channel2 的消息")
    time.sleep(5)
    test.addchannel("channel3")
    time.sleep(5)
    test.putmsg("channel3", "channel3 的消息")
    test.delchannel("channel1", 'channel2')
```

输出结果如下。

```
{'type': 'subscribe', 'pattern': None, 'channel': b'channel1', 'data': 1}
…
{'type': 'pong', 'pattern': None, 'channel': None, 'data': b''}
这是频道 1 回调处理程序:{'type': 'message', 'pattern': None, 'channel': b'channel1', 'data': b
'channel1\xe7\x9a\x84\xe6\xb6\x88\xe6\x81\xaf'}
{'type': 'pong', 'pattern': None, 'channel': None, 'data': b''}
{'type': 'pong', 'pattern': None, 'channel': None, 'data': b''}
这是频道 2 回调处理程序:{'type': 'message', 'pattern': None, 'channel': b'channel2', 'data': b
'channel2\xe7\x9a\x84\xe6\xb6\x88\xe6\x81\xaf'}
{'type': 'pong', 'pattern': None, 'channel': None, 'data': b''}
…
{'type': 'pong', 'pattern': None, 'channel': None, 'data': b''}
```

如上框架基于 Redis 数据库的发布-订阅机制，具备发布-订阅模式的核心机制，包括心跳机制、订阅回调机制、发布消息机制、频道操作机制，下面将对该框架具体功能做解释。

为什么要设置心跳机制？设置心跳机制一方面是为了对 Redis 服务器及客户端之间的网络进行检测，如果出现网络问题可以及时重试；另一方面，Redis 在一定空闲时间后会释放连接，当订阅者与发布者之间并不活跃，并且超过 Redis 检测时间时则认为空闲，将断开连接。源码中是通过一个单独的线程定时发送空消息，以保证订阅者和 Redis 服务器按照一定的频率通信，心跳线程将根据监听频道情况选择结束心跳。运行结果中的{'type': 'pong', 'pattern': None, 'channel': None, 'data': b''}数据就是订阅者收到的心跳测试数据，发送频率是一秒一次，这个频率可以通过修改 timeout 属性来控制，默认是 1 秒。

设置心跳线程在很多场景中会经常用到，基于 Redis 的订阅-发布还提供了一些自动完成心跳效果的设置。redis-py 库可以在命令发出之前定期地运行状况检查，以检测连接的活跃性，可以将 health_check_interval＝N 传递给 Redis 或 ConnectionPool 类，或作为 RedisURL 中的查询参数。health_check_interval 的值必须是整数，默认值为 0，禁用运行状况检查。任何正整数将启用运行状况检查，如果基础连接空闲时间超过 health_check_interval 秒，则在执行命令之前执行运行状况检查。例如，health_check_interval＝30 将确保在该连接上执行命令之前，对空闲 30 秒或更长时间的所有连接运行状态检查。如果应用程序在 30 秒后断开空闲连接，则应将 health_check_interval 选项设置为小于 30 的值。

启用 health_check_interval 选项也适用于创建的所有 PubSub 连接。PubSub 用户需要确保 listen()的调用比 health_check_interval 时间更频繁。如果 PubSub 实例不经常调用 listen(),则应定期显式调用 pubsub. check_health()以保持连接的活跃性。

这两行信息{'type': 'subscribe', 'pattern': None, 'channel': b'channel1', 'data': 1} {'type': 'subscribe', 'pattern': None, 'channel': b'channel2', 'data': 2},是订阅者监听成功的反馈信息,首次使用 listen()监听成功将打印出来,分别是客户端执行的命令类型 type、匹配模式 pattern、频道 channel、发布者的连接顺序。每当设置一个频道监听都会打印出该条信息。

这是频道 1 回调处理程序输出的信息{'type': 'message', 'pattern': None, 'channel': b'channel1', 'data': b'channel1\xe7\x9a\x84\xe6\xb6\x88\xe6\x81\xaf'},该条信息是发布者发布信息后,订阅者收到了信息,并且订阅者在该频道设置了回调函数,这是 channel1()函数自动回调打印出来的 msg。对于每个频道消息结构都是一样的,是一个 dict 类型的数据,包含消息类型字段 type、频道 channel、消息数据 data、匹配模式 pattern。这些信息默认以回调函数的唯一参数形式传入,只需要实现特定的回调信息和信息的处理函数,然后在监听的时候绑定即可。

使用频道绑定函数,支持同时绑定多个频道,并且支持频道名和回调函数名以键值对形式传入,在监听端口后会自动调用绑定的回调函数。同时,可以使用 sub. channels 获取所有监听信道与对应回调函数的属性字典。上述源码中的心跳函数,在每次心跳时会检测一下监听字典是否为空,如果空就不再执行心跳。

startsub()函数作为主要功能的实现,一方面是在设置监听频道后创建一个子线程单独监听,另一方面是在没有心跳线程的时候创建心跳线程。self. _runsub()函数的主要作用是添加监听频道、绑定频道与回调函数、启动监听,分别是通过 self. _sub. subscribe(channel, * channels, ** function)、self. _sub. listen()实现的。

5.2 基于 RabbitMQ 中间件的设计

RabbitMQ 是实现了高级消息队列协议(Advanced Message Queuing Protocol, AMQP)的开源消息代理软件,也称为面向消息的中间件。RabbitMQ 服务器是用 Erlang 语言编写的,而聚类和故障转移是构建在开放电信平台框架上的。

Rabbit 科技有限公司开发了 RabbitMQ,并提供支持。起初 Rabbit 科技是 LSHIFT 和 CohesiveFT 在 2007 年成立的合资企业,2010 年 4 月被 VMware 旗下的 SpringSource 收购,RabbitMQ 在 2013 年 5 月成为 GoPivotal 的一部分。

有这样的场景:爬虫任务数不多但是每条任务信息的价值极大,如何保证完成每条任务被执行而不出差错?这个时候可以考虑使用 RabbitMQ。RabbitMQ 是常用的消息中间件,有多种消息交换模式,如发布-订阅、路由、通配符等,是典型的生产者-消费者机制,并且具有消息确认机制,在分布式主机相互配合、多任务交叉的场景中,能够保证每条任务的运行,同时 RabbitMQ 也可以用于设计分布式爬虫系统。

高级消息队列协议是一种二进制应用层协议,用于应对广泛的面向消息应用程序的支持。协议提供了消息流控制,保证一个消息对象的传递过程,如至多一次、保证多次、仅有一次等，和基于 SASL 和 TLS 的身份验证和消息加密。

RabbitMQ 的特点如下。

(1) 异步消息，支持多种消息传递协议、消息排队、传递确认、到队列的灵活路由、多种交换类型。

(2) 跨语言支持，支持主流的开发语言，如 Java、. NET、PHP、Python、JavaScript、Ruby、Go 等。

(3) 分布式部署支持，部署为集群以实现高可用性和吞吐量，跨多个可用区域和区域联合。

(4) 易于部署，可插拔的身份验证、授权，支持 TLS 和 LDAP。

(5) 工具和插件支持，可使用的工具和插件的种类繁多，支持持续集成及与其他企业系统的集成。

(6) 管理与监控，提供了命令行工具和用于管理与监视 RabbitMQ 的 UI 界面。

5.2.1 RabbitMQ 基础

RabbitMQ 是消息代理，它接收生产者发布的消息并发送给对应的消息队列，等待消费者从消息队列里消费消息，它的作用是消息的集散中心。RabbitMQ 业务逻辑由四个重要部分组成：生产者(Producer)、消费者(Consumer)、交换机(Exchange)、队列(Queue)，即 RabbitMQ 的工作流程示意图如图 5-1 所示。

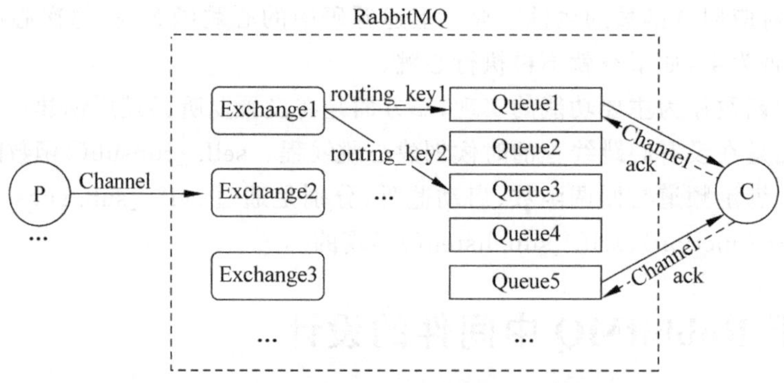

图 5-1 RabbitMQ 工作流程示意图

生产者和消费者通过应用服务器创建的 TCP 连接(Connection)上的虚拟通道(Channel)发送和接收消息。生产者向 RabbitMQ 服务器推送消息时，首先在连接上获取一个通道，通过通道声明一个交换机，然后在向 RabbitMQ 服务器推动消息的时候指定处理消息的交换机和路由键(routing_key)。消费者获取 RabbitMQ 服务器推送的消息时，首先在连接上获取一个通道，通过通道将交换机、路由键、队列绑定(Binding)，交换机与队列的绑定关系可以是多对多，然后通过消费方法指定要消费的队列、消息回调函数、消息是否需要 ack 确认、消息是否持久化等属性。

上述流程中涉及 RabbitMQ 中的几个重要概念，其定义或作用如下。

(1) 生产者(Producer)：发送消息的客户端。

(2) 消费者(Consumer)：接收消息的客户端。

(3) 队列(Queue)：存储消息的队列，可以设置为持久化、临时或者自动删除。

(4) 消息(Message)：由生产者通过 RabbitMQ 发送给消费者的信息。

(5) 连接(Connection)：连接 RabbitMQ 和应用服务器的 TCP 连接。

(6) 通道(Channel)：连接里的一个虚拟通道，当生产者和消费者发送或接收消息时，这些操作都是通过通道进行的。

(7) 交换机(Exchange)：交换机负责从生产者那里接收消息，并根据交换类型和路由键分发到对应的消息列队里。要实现消息的接收，一个队列必须绑定一个交换机。

(8) 绑定(Binding)：绑定是队列和交换机的一个关联连接。

(9) 路由键(Routing Key)：绑定交换机和队列的关键字，交换机根据工作模式和路由键，决定如何分发消息到列队。

(10) 虚拟主机(Virtual Host，Vhosts)：每个 Vhost 都是一个 RabbitMQ 服务，分别管理各自的 Exchange、Binding、Queue，用于对不同用户的权限管理。

交换机有四种类型，分别是 direct(默认)、fanout、topic 和 headers，不同类型的 Exchange 转发消息的策略有所不同。direct 是直接交换机，将消息转发到完全匹配路由键绑定的消息队列上；fanout 是扇出交换机，不管消息的路由键设置是什么，消息都会转发给所有与之绑定的队列；topic 是主题交换机，按照通配符的方式，将消息转发给所有匹配路由键的消息队列；headers 是标头交换机，声明标头交换机，在绑定一个队列的时候，定义一个字典数据结构的消息头；消息发送的时候，会携带一组字典数据结构的信息；当字典的内容匹配上的时候，消息就会被写入队列。绑定交换机和队列的时候，字典结构中要求携带 x-match 键，其值可以是 any 或者 all，代表消息携带的字典是需要全部匹配(all)，还是仅需要匹配一个键(any)就可以。相比直连交换机，标头交换机的优势是匹配的规则不被限定为字符串。

5.2.2 Docker 部署 RabbitMQ

1. Windows 下使用 Docker 部署 RabbitMQ

1) 创建映射文件、启动 RabbitMQ 容器

在 D 盘下创建 rabbitmq/data 路径的文件，并将该文件设置为 Docker 共享文件夹，然后使用如下命令创建容器，并安装管理器插件 rabbitmq_management，安装后如图 5-2 所示。

```
docker run --restart=always --hostname rabbit --name rabbit -v D:\rabbitmq\data:/var/lib/rabbitmq/mnesia -e RABBITMQ_DEFAULT_USER=root -e RABBITMQ_DEFAULT_PASS=123456 -p 15672:15672 -p 5672:5672 -d rabbitmq:latest

# 加载 Web 端管理器插件
docker exec rabbit rabbitmq-plugins enable rabbitmq_management
```

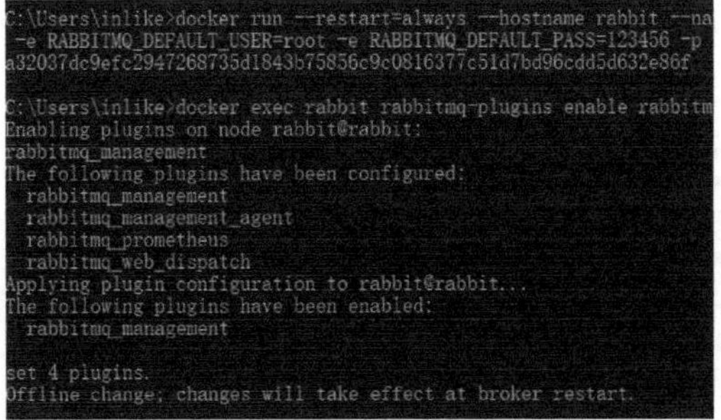

图 5-2　创建 RabbitMQ 容器并安装插件

上述源码命令的解释如下。

```
docker run
-- restart = always                                # 自动重启
-- hostname rabbit                                 # 节点名称
-- name rabbit                                     # 实例化容器名称
- v D:\rabbitmq\data:/var/lib/rabbitmq/mnesia      # 映射容器内数据文件夹
- e RABBITMQ_DEFAULT_USER = root                   # 设置默认环境变量及 RabbitMQ 用户名
- e RABBITMQ_DEFAULT_PASS = 123456                 # 设置默认环境变量,RabbitMQ 的密码
- p 15672:15672                                    # 映射 Web 控制台端口
- p 5672:5672                                      # 映射应用访问端口
- d rabbitmq:latest                                # 使用最新镜像
```

2）验证服务

打开本地浏览器，输入 http://localhost:15672/#/，正常情况下会出现 Web 管理界面的登录窗口，如图 5-3 所示。然后输入设置的账号 root 和密码 123456，单击 Login 按钮，可看到如图 5-4 所示的登录后界面，则代表 RabbitMQ 服务安装成功，后面将用 RabbitMQ 实现分布式爬虫的设计。

图 5-3　RabbitMQ 管理界面登录窗口

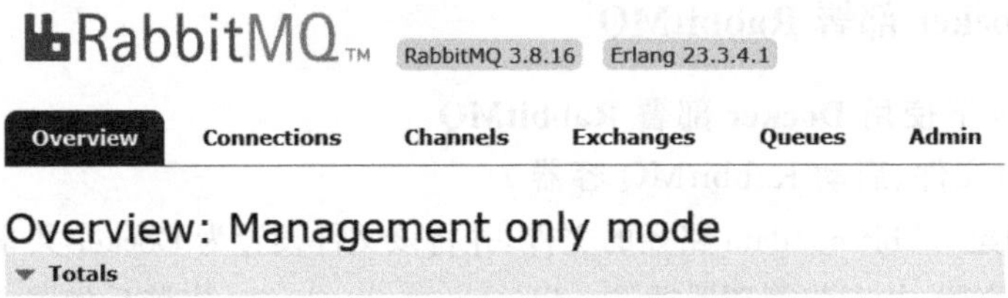

图 5-4　RabbitMQ 登录后界面

2. Linux 下使用 Docker 部署 RabbitMQ

如果直接安装 RabbitMQ 带管理界面的版本，需要后缀带有 mangement 的镜像，可以从 Docker Hub 官方镜像源查询那些带有 mangement 后缀的版本。打开官网镜像源地址 https://hub.docker.com/，在上方搜索框输入 RabbitMQ，单击 Serch 按钮获取结果列表，在 Tags 标签中查找带有 mangement 后缀的版本，如图 5-5 所示。

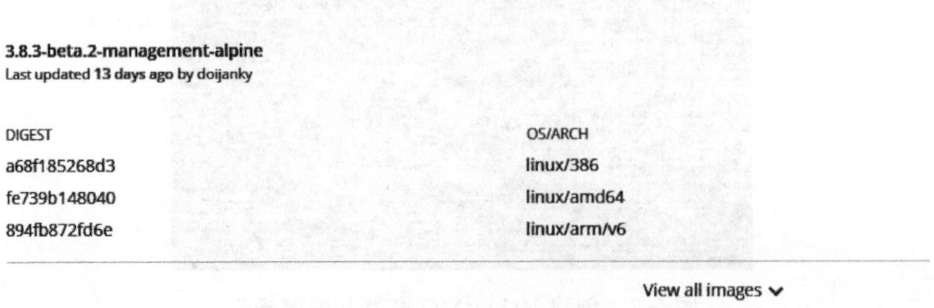

图 5-5　带有 mangement 后缀的版本

这里找到镜像标签是 3.8.3-beta.2-management-alpine 的版本，使用 docker pull rabbitmq：3.8.3-beta.2-management-alpine 命令拉取镜像。

1）创建映射文件、启动 RabbitMQ 容器

在/home 路径下创建/home/rabbitmq/data 路径文件，编辑容器启动命令。

```
docker run --restart = always --hostname rabbit --name rabbit -v /home/rabbitmq/data:/
var/lib/rabbitmq -e RABBITMQ_DEFAULT_USER = root -e RABBITMQ_DEFAULT_PASS = 123456 -p
15672:15672 -p 5672:5672 -d rabbitmq: 3.8.3-beta.2-management-alpine
```

上述命令的解释如下。

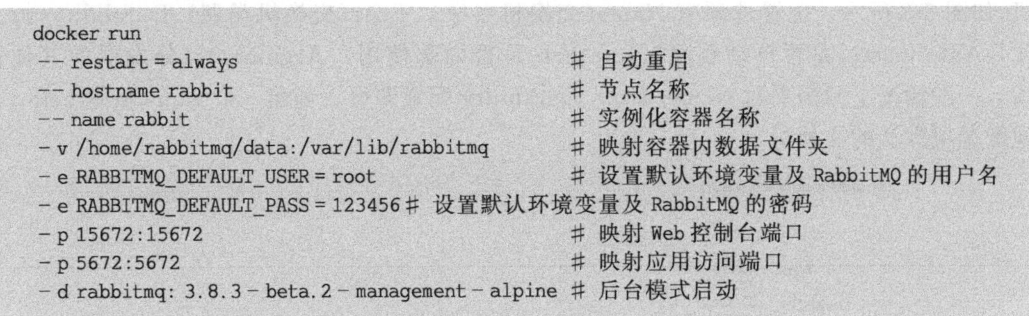

```
docker run
--restart = always                                # 自动重启
--hostname rabbit                                 # 节点名称
--name rabbit                                     # 实例化容器名称
-v /home/rabbitmq/data:/var/lib/rabbitmq          # 映射容器内数据文件夹
-e RABBITMQ_DEFAULT_USER = root                   # 设置默认环境变量及 RabbitMQ 的用户名
-e RABBITMQ_DEFAULT_PASS = 123456# 设置默认环境变量及 RabbitMQ 的密码
-p 15672:15672                                    # 映射 Web 控制台端口
-p 5672:5672                                      # 映射应用访问端口
-d rabbitmq: 3.8.3-beta.2-management-alpine # 后台模式启动
```

成功执行命令后将启动 RabbitMQ，如图 5-6 所示。

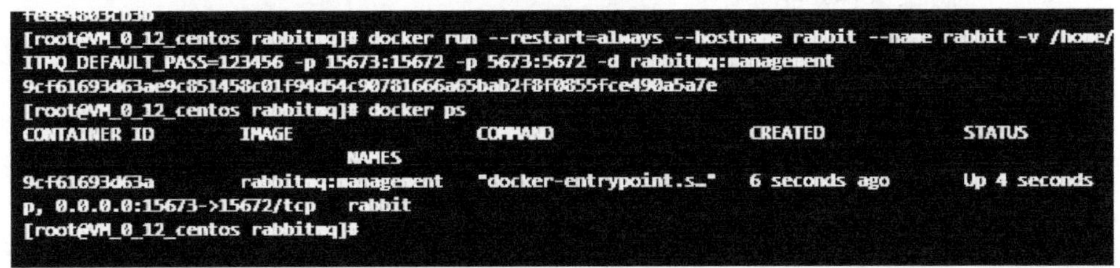

图 5-6　执行命令启动 RabbitMQ

2）验证服务

打开本地浏览器，按照 ip:prot 格式输入服务的主机 IP 地址和端口，例如上述案例的地址是 118.24.52.111:15672，正常情况下会出现 Web 管理页面的登录窗口。

5.2.3　RabbitMQ 可视化管理

首先需要正确部署 RabbitMQ 环境，打开 RabbitMQ 的管理界面，如图 5-6 所示。

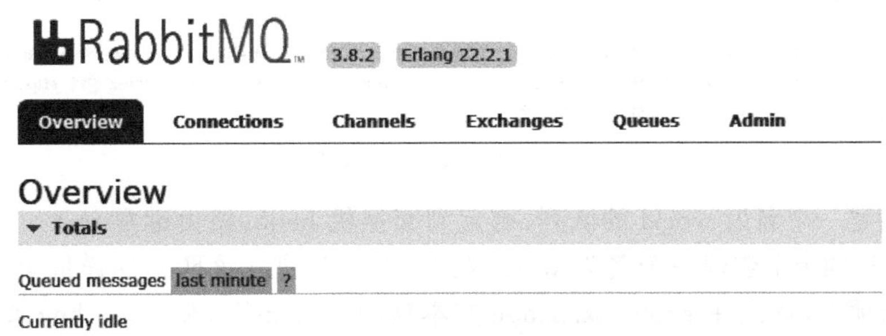

图 5-7　RabbitMQ 的管理界面

Overview 选项卡中是 RabbitMQ 的总览信息，其下的 Totals 面板是消息统计图表；Connections 选项卡中是生产者和消费者的连接情况，它是 TCP 的连接信息；Channels 选项卡是建立在连接上的通道信息，每个消费者或者生产者工作时都需要一条通道；Exchange 选项卡中是交换机的信息及配置选项，通过该菜单可以对交换机进行手动的管理；Queues 选项卡中是队列情况，包括消息的状态统计；Admin 选项卡中是用户管理信息，主要是用户的增、删、改、查以及虚拟主机和规则等的配置。

主要关注 Exchange 选项卡和 Queues 选项卡，这是两个常用的菜单，用来对交换机和队列进行操作。单击 Exchange 选项卡中的 Add a new exchange 选项可以增加一个交换机，如图 5-8 所示。配置选项有 Name（交换机名字）、Type（交换机类型）、Durability（持久化）、Auto delete（是否自动删除）、Internal（是否内部使用）、Arguments（分发器的其他选项），一般情况下只需要对 Name、Type、Durability 配置即可。创建一个 name 值是 hello，其他配置项默认的交换机。

▼ Add a new exchange
Name: hello *
Type: direct
Durability: Durable
Auto delete: ? No
Internal: ? No
Arguments: = String
Add Alternate exchange ?
Add exchange

图 5-8 增加一个交换机

单击 Queues 选项卡中的 Add a new queue 选项，可以增加一个队列，如图 5-9 所示。

配置选项有 Name（队列名）、Durabilit（持久化）、Auto delete（自动删除）、Arguments（属性参数），其中 Name 是必填参数。创建一个队列后，需要从 All queue 选项下的队列列表中进入队列详情页，单击 Bindings 选项设置队列与关键词、交换机的绑定，如图 5-10 所示。

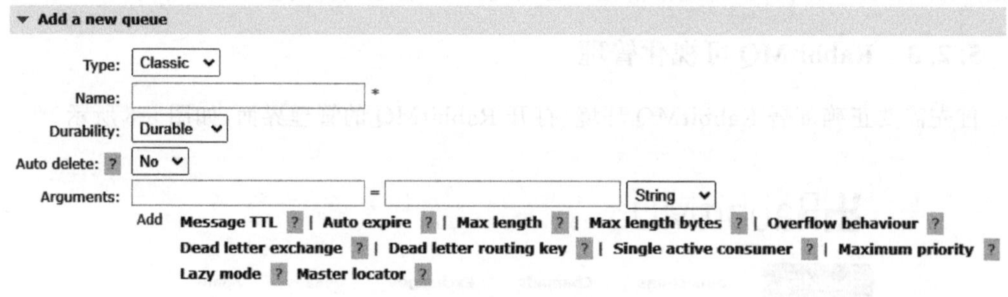

图 5-9 增加一个队列

这里创建一个名为 world 的队列，绑定到交换机 hello，路由键是 test。首先在 Add a new queue 选项卡下创建一个名为 world 的队列，然后进入该队列的详情页，在详情页的 Bindings 选项中，依次在 From exchange 文本框中输入 hello，Routing key 文本框中输入 test，单击 Bind 按钮即可完成绑定。

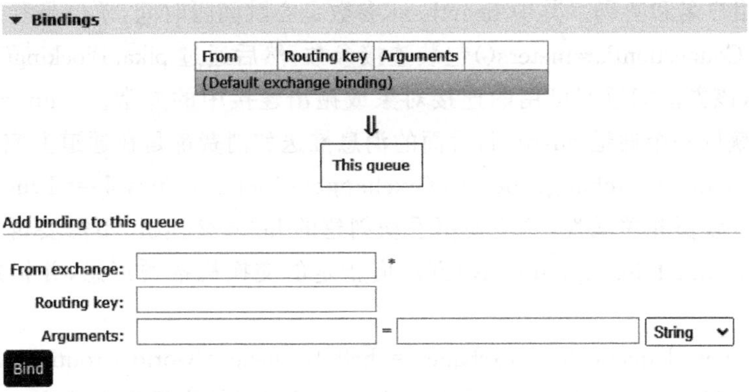

▼ Bindings

From	Routing key	Arguments
(Default exchange binding)		

⇓

This queue

Add binding to this queue

From exchange: *

Routing key:

Arguments: = String

Bind

图 5-10　队列与关键词、交换机的绑定

5.2.4　Python 中使用 RabbitMQ

RabbitMQ 提供了多种语言的开发接口，Python 使用的模块是 pika，首先确保运行环境中存在该库。使用 pika 实现 RabbitMQ 的生产者和消费者，其思路是客户端与服务器先创建 TCP 连接，然后从连接中生成通道，消费者和生产者的相关操作都是在通道上完成的。

下面是实现生产者和消费者通信的示例代码，使用的是在前面已经创建的 hello 交换机和 world 队列。

```
import pika


def callback(ch, method, properties, body):
    """
    消费者的回调函数
    :param ch:
    :param method:
    :param properties:
    :param body:
    :return:
    """
    print(" [消费者消息: ] %r" % body)


user_pwd = pika.PlainCredentials('root', '123456')
conn = pika.BlockingConnection(pika.ConnectionParameters(host = 'localhost', port = 5672,
heartbeat = 10,
credentials = user_pwd))
channel = conn.channel()
# 创建交换机
# channel.exchange_declare(exchange = 'hello', durable = True)
channel.basic_publish(exchange = 'hello', routing_key = 'test', body = 'hello world')
# channel.queue_bind(exchange = 'hello', queue = 'world', routing_key = 'test')
# 绑定
channel.basic_consume('world', callback, auto_ack = True)
channel.start_consuming()
```

其中，callback()是用于回调的函数，该函数有固定的形参。pika.PlainCredentials()方法用于创建默认的身份验证方法的凭据对象，如果没有向该方法传递参数，将自动创建一个都是 guest 的用户名和密码。其中 heartbeat 参数是心跳间隔时间，单位是秒。

使用 pika.ConnectionParameters()包装连接参数，然后通过 pika.BlockingConnection()堵塞式创建连接，该方法能返回可用的连接对象或抛出连接中的异常。conn.channel()的作用是从连接上获取一个通道 channel，后面的消息推送和消费都是在通道上完成的。

注释掉的 channel.exchange_declare(exchange='hello', durable=True)，其作用是创建一个交换机并设置相关属性，这里使用手动创建的 hello 交换机，不需要再另外创建一个交换机。通过 channel.basic_publish()方法向指定的交换机推送消息，并指定该消息的路由键。

注释掉的 channel.queue_bind(exchange='hello', queue='world', routing_key='test')，其作用是绑定交换机、队列、路由键，这里使用的是已经绑定的交换机和队列。通过 channel.basic_consume()方法设置消费的队列和回调函数以及是否确认消息，如果确认消息则回调函数中调用 ch.basic_ack(delivery_tag=method.delivery_tag)完成确认，不确认的消息会一直保存在队列中直到被其他消费者消费或过期删除。

channel.start_consuming()开始监听队列，程序将堵塞等待来自队列的消息。

下面将基于 RabbitMQ 设计一个用于分布式爬虫通信的框架，主要使用直接交换机。新建一个 rabbitmq.py 文件，写入以下代码。

```
import pika


class RabbitMQBASE:

    def __new__(cls, *args, **kw):
        if not hasattr(cls, '_instance'):
            new = super(RabbitMQBASE, cls)
            cls._instance = new.__new__(cls)
        return cls._instance

    def __init__(self, use, pwd, host, port=5673, heartbeat=30):
        user_pwd = pika.PlainCredentials(use, pwd)
        self.s_conn = pika.BlockingConnection(
                pika.ConnectionParameters(host=host, port=port, heartbeat=heartbeat,
credentials=user_pwd))

    def channel(self):
        """
        获取通道
        :return:
        """
        return self.s_conn.channel()

    def close(self):
        """
        关闭链接
        :return:
        """
        self.s_conn.close()
```

```
class RabbitMQ(RabbitMQBASE):

    def __init__(self, use, pwd, host, port, queue_key, exchange,
                 queue_name, ack = True, exchange_durable = True, queue_durable = True):
        RabbitMQBASE.__init__(self, use, pwd, host, port)
        self.exchange = exchange
        self.queue_name = queue_name
        self.queue_key = queue_key
        self.ack = ack
        self.exchange_durable = exchange_durable
        self.queue_durable = queue_durable

    def rabbit_get(self, callback = None):
        """
        消费者
        :param callback: 传入回调函数
        :return:
        """
        channel = self.channel()
        channel.queue_bind(exchange = self.exchange,      #将交换机、队列、关键字绑定
                           queue = self.queue_name, routing_key = self.queue_key)
        channel.basic_consume(self.queue_name, callback if callback else self.callback, auto_ack =
self.ack)
        channel.start_consuming()                         #堵塞等待消息

    def callback(self, ch, method, properties, body):
        """
        示例消息回调函数
        :param ch:
        :param method:
        :param properties:
        :param body: 消息正文
        :return:
        """
        print(f"[消息: ]{body.decode()}")
        if self.ack is False:
            ch.basic_ack(delivery_tag = method.delivery_tag)

    def rabbit_put(self, msg_key, message = 'hello world'):
        """
        生产者
        :param msg_key: 路由关键字
        :param message: 需要发送的消息
        :return:
        """
        channel = self.channel()
        channel.exchange_declare(exchange = self.exchange, durable = self.exchange_durable)
        channel.basic_publish(exchange = self.exchange, routing_key = msg_key, body =
message)
        channel.close()
```

通过单例模式保证实例化一个 RabbitMQ 对象，避免创建多余的 TCP 链接。在 RabbitMQ 对象中，既实现了消费者方法又实现了生产者方法，但是需要注意消费者运行后，程序将处于堵塞状态。在消费者的回调函数内可以调用生产者方法产生新任务，这样就实现了网络爬虫大致的下载-解析-下载的整体工作路线。

RabbitMQ 对象的初始化参数有 use(连接用户名)、pwd(连接密码)、host(链接地址)、port(连接端口)、queue_key(队列绑定的关键字)、exchange(交换机)、queue_name(队列名)、ack(消息确认,为 False 时需要确认)、exchange_durable(交换机持久化)、queue_durable(队列持久化)。

rabbit_put()是生产者方法,参数 msg_key 是消息的路由键,参数 message 是要发送的消息; rabbit_get()是消费者方法,首先使用 queue_bind()方法绑定消费的队列、交换机和路由键,然后使用 basic_consume()方法设置监听的队列和回调方法,即是否确认消息,最后使用 start_consuming()开始堵塞监听,当收到消息时将自动调用指定的回调方法。

通过 RabbitMQ 的生产者和消费者,可以快速实现分布式爬虫系统的开发。针对不同层级的 URL,可以绑定不同的队列,指定不同的回调函数,通过确认机制实现任务的精准执行。同时借助于 RabbitMQ 自带的任务分发机制,可以很容易地扩展系统,实现任务的高并发。

5.3 基于 Kafka 中间件的设计

Kafka 是一个分布式的发布-订阅消息系统和一个强大的队列,适用于大数据场景中。Kafka 支持离线和在线消息消费,消息在磁盘上持久化保存,并通过集群内复制备份,保障数据安全。Kafka 构建在 Apache ZooKeeper 的同步服务之上,可与 Apache Storm 和 Apache Spark 非常好地集成,便于实时流式数据分析。

ApacheZooKeeper 是 Apache 软件基金会的一个软件项目,它为大型分布式计算提供开源的分布式配置服务、同步服务和命名注册。Storm 是一个分布式计算框架,主要由 Clojure 编程语言编写。Apache Spark 是一个开源集群运算框架,最初是由加州大学伯克利分校 AMPLab 所开发。

Kafka 专为分布式高吞吐量系统而设计。Kafka 与其他传统消息传递系统相比,具有更好的吞吐量、内置分区、复制备份和固有的容错能力等特点,这使它非常适合作为设计大规模消息处理的系统中间件。

通过 Kafka 设计的分布式爬虫系统,可以更好地嵌入大数据分析平台。不管是在任务的分发还是任务结果的存储和传递中,每秒超百万次的读写操作为大型爬虫系统提供了高并发的任务读写服务,为分布式大数据处理系统提供了数据高效分析和处理的基础服务。

5.3.1 Kafka 基础

1. Kafka 集群架构

Kafka 集群服务主要由生产者(Producer)、消费者(Consumer)、代理(Broker)、ZooKeeper 组成,它们之间的关系如图 5-11 所示。Kafka 集群中有很多台 Server,其中每台 Server 都可以存储消息,将每台 Server 称为一个 Kafka 实例,也叫作 Broker。

Zookeeper 是 Broker 和消费者之间的协调接口。Kafka 服务器是无状态的,它们通过 Zookeeper 集群共享信息。Kafka 在 Zookeeper 中存储主题、代理等基本元数据信息。将所有关键信息存储在 Zookeeper 中,并且在其整体上复制此数据,当 Broker 或 Zookeeper 发生故障时,不会影响 Kafka 集群的状态。

在 Broker 中,信息是按照主题分类后保存到相同主题(Topic)下分区(Partition)中的,

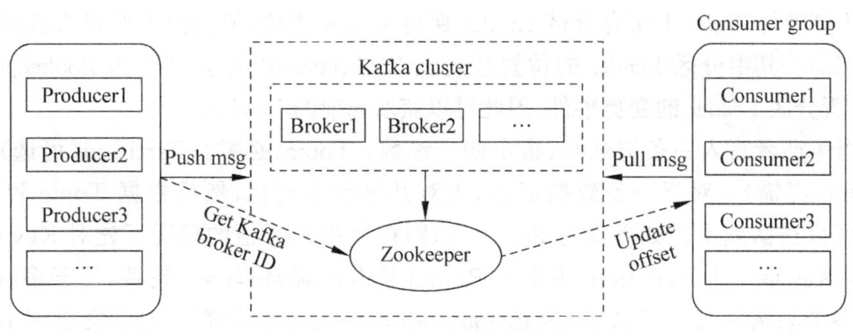

图 5-11 Kafka 集群架构示意图

消费者通过偏移量(Offset)来获取对应分区中的数据。一个主题里保存的是同一类消息，每个生产者将消息发送到 Kafka 中，都需要指明该消息所属的主题。每个主题都可以分成多个分区，每个分区在存储层面是日志文件，任何发布到此分区的消息都会被直接追加到文件的尾部，避免单个数据文件达到磁盘存储上限。在分布式的集群中，同一个主题下的分区可以分布在不同的 Broker 上，每个 Broker 负责存储在自己机器上的文件读写。

消息在分区文件中的位置称为偏移量，它是一个 Long 型数字，用于标记一条消息，因此文件只能顺序地读写，基本不存在对数据的随机读写操作。当消息被消费者消费之后，Kafka 也不会立即删除该消息，而是通过配置文件使系统过一段时间后自动删除该消息，以释放磁盘空间。

Kafka 分布式消息存储的实现过程如下。消息保存在主题中，为了实现大数据的存储，一个主题被划分为多个分区，每个分区对应一个文件，可以分别存储到不同的机器上，以实现分布式的集群存储。同时每个分区可以设置一定的副本，备份到多台机器上，以提高可用性。

Kafka 分布式消息备份的实现是通过配置分区的备份数，每个分区将被备份到多台机器上。Kafka 对同一个文件的多个备份进行管理和调度的方案是：每个分区选举一个 Broker 作为 Leader，由 Leader 负责该分区的所有读写，其他 Broker 作为跟随者，只需要保持简单地与 Leader 同步。如果原来的 Leader 失效，则会从该分区的跟随者中重新选一个新的 Leader。

作为 Leader 的服务器承担了该分区所有的读写请求压力，为了确保整体的负载均衡，Kafka 将 Leader 分散到不同的 Broker 上。因为从整体来看，多少个分区就意味着会有多少个 Leader 需要协调。

2. Kafka 的工作流程

Kafka 消费者的消费过程是这样的：每个消费者都属于一个消费组，一个组可以包含多个消费者。订阅主题是以一个消费组的形式来订阅的，发送到主题的消息只会被该主题下的每个消费组中的一个消费者消费。如果所有的消费者都在同一个组，那么就像是一个点对点的消息系统；如果每个消费者都在不同的组，那么消息会广播给所有的消费者。

一个分区只能被一个消费组下的一个消费者消费，但是又可以同时被多个消费组消费，消费组里的每个消费者都关联到一个分区。同一个消费组的两个消费者不会同时消费一个分区消息，但是在消息队列模式下可以共享消息。分区中的消息不存在状态的控制，也没有复杂的消息确认机制，当消息被消费者接收之后，需要保存 Offset 记录。

Kafka 发布-订阅模式消息的工作流程如下。

(1) 生产者与 Topic 下所有分区 Leader 保持 socket 连接,消息由生产者直接通过 socket 发送到 Broker。其中分区 Leader 的位置注册在 Zookeeper 中,生产者作为 Zookeeper 的客户端,可以监听分区 Leader 的变更事件,因此可以获取当前的 Leader。

(2) 当生产者写入一条记录时,指定四个参数：Topic(必需)、Partition(可选)、Key(可选)和 Value(必需)。对于一条数据记录,先对其进行序列化,然后根据 Topic 和 Partition 放进对应的发送队列中。如果没有 Partition,则在存在 Key 值的情况下先对 Key 进行散列计算,相同 Key 取一个 Partition,否则由 Round-Robin(循环/轮转/轮替,用于多种情况中,通常指将多个某物轮流用于某事)来选 Partition。一般是多条消息批量发送到 Broker,避免频繁的 I/O 操作拖慢整体的响应速度。

(3) 当消费者订阅主题时,Kafka 将向消费者提供主题的当前偏移,并且还将偏移保存在 Zookeeper 系统中。消费者将定期请求 Kafka 的新消息,一旦 Kafka 收到来自生产者的消息,它会将这些消息转发给消费者。

(4) 消费者收到消息并进行处理,一旦消息被处理,消费者将向 Broker 发送确认。

(5) Kafka 收到确认,它将偏移更改为新值,并在 Zookeeper 中更新它(在 0.10 版本后,Offset 保存在一个名叫 consumeroffsetstopic 的 Topic 中)。

Kafka 消息队列模式下,消费过程略有不同。同一个消费组中订阅相同主题的消费者则被认为是单个组,并且消息在它们之间共享,具体消费过程如下。

(1) 单个消费者订阅特定主题,Kafka 以发布-订阅模式相同的方式与消费者交互,直到同一消费组下的新消费者也订阅了这个主题。

(2) 新消费者订阅后,Kafka 将其操作切换到共享模式,将在同一个组下的两个消费者之间共享数据,直到用户数达到为该主题配置的分区数。

(3) 一旦消费者的数量超过该主题下的分区数量,新消费者将不会再接收到任何消息,直到现有消费者取消订阅。出现这种情况是因为 Kafka 中的每个消费者都将分配至少一个分区,并且一旦所有分区被分配给现有消费者,新消费者必须等待。

5.3.2 docker 部署 Kafka 集群

下面通过 docker-compose 编排 Kafka 集群,目标是创建一个 zookeeper 容器,两个 Kafka 实例容器,通过 kafka-manager 来管理该集群。新建一个 docker-compose.yml 文件,向该文件写入以下指令。

```
version: '2'
services:
  zookeeper:
    image: zookeeper
    ports:
      - "2181:2181"

  kafka1:
    image: wurstmeister/kafka
    ports:
      - "9092:9092"
      - "9001:9001"
    environment:
      KAFKA_ADVERTISED_HOST_NAME: 192.168.0.104
```

```
      KAFKA_ADVERTISED_LISTENERS: PLAINTEXT://192.168.0.104:9092
      KAFKA_LISTENERS: PLAINTEXT://0.0.0.0:9092
      KAFKA_ZOOKEEPER_CONNECT: zookeeper:2181
      JMX_PORT: 9001

  kafka2:
    image: wurstmeister/kafka
    ports:
      - "9093:9092"
      - "9002:9002"
    environment:
      KAFKA_ADVERTISED_HOST_NAME: 192.168.0.104
      KAFKA_ADVERTISED_LISTENERS: PLAINTEXT://192.168.0.104:9093
      KAFKA_LISTENERS: PLAINTEXT://0.0.0.0:9092
      KAFKA_ZOOKEEPER_CONNECT: zookeeper:2181
      JMX_PORT: 9002

  kafka-manager:
    image: sheepkiller/kafka-manager
    ports:
      - 9000:9000
    environment:
      ZK_HOSTS: zookeeper:2181
```

docker_com pose. yml 文件创建了四个容器，分别是 zookeeper、kafka1、kafka2、kafka-manager。zookeeper 用于管理创建的两个 Kafka 实例，kafka-manager 是 Kafka 的可视化管理平台。关于 Kafka 实例中的环境变量的解释如下。

(1) KAFKA_ADVERTISED_HOST_NAME：设置主机名，用于其他组件连接。

(2) KAFKA_ADVERTISED_LISTENERS：发布到 zookeeper 的地址，用于客户端的连接。一般使用宿主主机的 IP 并映射端口让外部可以访问，这里需要改成对应的部署主机的 IP。

(3) KAFKA_LISTENERS：指定 Broker 绑定的端口和协议。

(4) KAFKA_ZOOKEEPER_CONNECT：指定连接至 zookeeper 的地址。

完成配置后，在文件目录下通过 docker-compose up 命令构建镜像并启动容器，启动后在浏览器中访问 http://localhost:9000/，打开 Kafka Manager 管理界面，如图 5-12 所示。

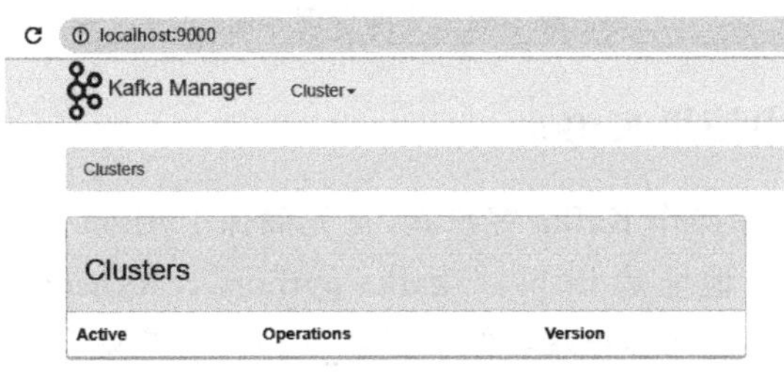

图 5-12 Kafka Manager 管理界面

5.3.3 Kafka 可视化管理

在 Kafka Manager 管理界面中，单击 Clusters 下拉菜单中的 Add Cluster 添加刚才部

署的 zookeeper，Cluster Name 文本框中输入集群名 task，Cluster Zookeeper Hosts 文本框中填入 zookeeper 的地址 zookeeper:2181，并在面板中勾选下列几项。

- Enable JMX Polling (Set JMX_PORT env variable before starting kafka server)
- Enable Logkafka
- Poll consumer information (Not recommended for large # of consumers)
- Enable Active OffsetCache (Not recommended for large # of consumers)

其他配置项使用默认值即可。在页面底部单击 Save 按钮，返回首页即可看见新加的集群在列表中，如图 5-13 所示。

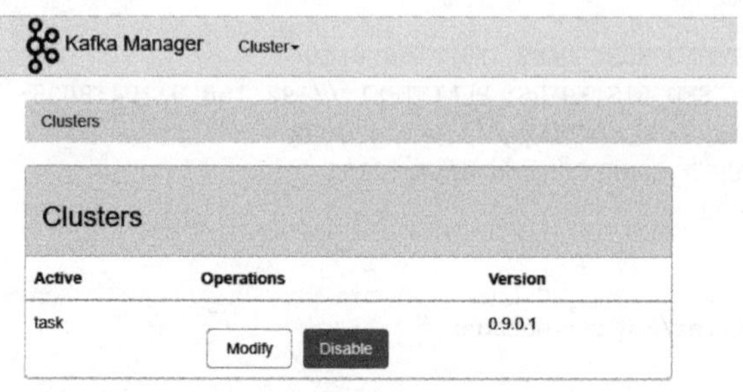

图 5-13　添加 Zookeeper

单击 task 即可进入该集群的管理界面，如图 5-14 所示。在管理菜单中可以直接对主题、分区、备份进行手动管理，同时还有消费者、数据、性能等多项指标的状态监控和管理。

Kafka Manager task Cluster Brokers Topic Preferred Replica Election Reassign Partitions Consumers Logkafka

Clusters / task / Brokers

← Brokers

Id	Host	Port	JMX Port	Bytes In	Bytes Out
1001	192.168.0.104	9092	9001	0.00	0.18
1002	192.168.0.104	9093	9002	0.83	0.00

Combined Metrics

Rate	Mean	1 min	5 min	15 min
Messages in /sec	0.00	0.00	0.00	0.00
Bytes in /sec	1.32	0.83	1.31	0.75
Bytes out /sec	0.10	0.18	0.17	0.07
Bytes rejected /sec	0.00	0.00	0.00	0.00
Failed fetch request /sec	0.00	0.00	0.00	0.00
Failed produce request /sec	0.00	0.00	0.00	0.00

图 5-14　集群管理界面

5.3.4 Python 中使用 Kafka

使用 kafka-python 库操作 Kafka 客户端，首先确保 Python 运行环境中已经正确安装了 kafka-python 库，官方地址是 https://kafka-python.readthedocs.io/en/master/index.html。kafka-python 库实现的客户端类似于官方的 Java 客户端，并带有大量的 pythonic 接口，kafka-python 支持的最低 brokers 版本是 0.8.0。支持消息的压缩发送和数据的自动编码解码，以及封装了 Kafka 提供的高级功能接口。

下面使用 kafka-Python 库结合上面创建的 Kafka 集群实现 Kafka 消费者和生产者的示例，源码如下。

```
from kafka import KafkaProducer, KafkaConsumer, KafkaClient


def kafka_put(topic = "test", msg = "hello world"):
    """
    kafka生产者,默认消息 hello world
    :param topic:
    :param msg:
    :return:
    """
    producer = KafkaProducer(bootstrap_servers = ["192.168.0.104:9092", "192.168.0.104:
9093"], )
    producer.send(topic, value = msg.encode())
    producer.flush()
    producer.close()


def kafka_get(topic = "test", group_id = "user"):
    """
    kafka 消费者,默认用户组是 user
    :param topic:
    :param group_id:
    :return:
    """
    consumer = KafkaConsumer(topic, bootstrap_servers = ["192.168.0.104:9092", "192.168.
0.104:9093"], group_id = group_id, auto_offset_reset = 'earliest')
    for message in consumer:
        print(f"{message.topic}, {message.partition}, {message.offset}, {message.key},
{message.value}")


if __name__ == '__main__':
    kafka_put()
    kafka_get() # 打印 test, 0, 2, None, b'hello world'
```

生产者和消费者中的 bootstrap_servers 参数是客户端用来引导初始集群元数据的链接地址列表,至少需要一个 Broker 的地址来响应元数据的 API 请求,如果未指定服务器则默认为 localhost:9092。

生产者中的 send()方法,向集群的特定主题发送数据,可以通过 value_serializer 参数指定数据的编码方法,一般为匿名方法,例如 lambda m: json.dumps(m).encode()是序列化字典,然后使用 UTF-8 编码,指定后可以直接发送字典数据。flush()方法是不缓冲数据而直接发送,这样订阅的消费者可以立即收到消息。

消费者中的 auto_offset_reset 参数是重置 OffsetOutOfRange 错误的偏移量的策略,只有两个值分别是 earliest 和 latest,前者移至最早的消息,后者移至最新的消息。除此之外,可以通过 value_deserializer()方法指定消息的自动解码如 lambda m: json.loads(m.decode())。

除了上面涉及的一些参数和方法外,kafka-python 还提供了更多的生产者和消费者的实例化参数和 Kafka 服务的接口方法,例如消费者订阅多主题的 subscribe(topics=['topic1', 'topic2'])、生产者绑定消息发送状态的 add_callback()和 add_errback()方法。

基于 Kafka 的分布式爬虫系统的设计思想,是通过 Kafka 消息中间件实现各个分布式主机上的爬虫生产者和消费者之间的通信。一个主题下的爬虫任务将被相同组下的一个消费者消费,还可以被不同消费组同时消费,基于此特性让同一个网站任务的爬虫在同一个组获取消息,如果要获取不同维度信息的爬虫,可以设置在不同的组,同时接收任务消息。

5.4 基于Celery分布式框架的设计

Celery与之前涉及的Redis和消息中间件不同,它是一个成熟的分布式框架,它的消息底层支持Redis和RabbitMQ,是更为高级的分布式Python库。Celery不仅是一款消息队列工具,还是一个任务调度的工具。其特点是简单、灵活、快速、高度可用,它是可靠的分布式框架,可用于调度分布式任务的执行。

5.4.1 Celery基础

Celery架构主要由Task、Broker、Worker、Backend四部分组成,其组成示意图如图5-15所示。Task是分布执行的任务,可以是异步任务,也可以是定时任务;Broker是中间人,是任务调度队列,在应用程序和Worker之间传递消息;Worker是任务执行单元,是分布式系统的各个节点,实时监控消息队列并发地运行任务;Backend是结果后端,用于保存任务结果和状态。

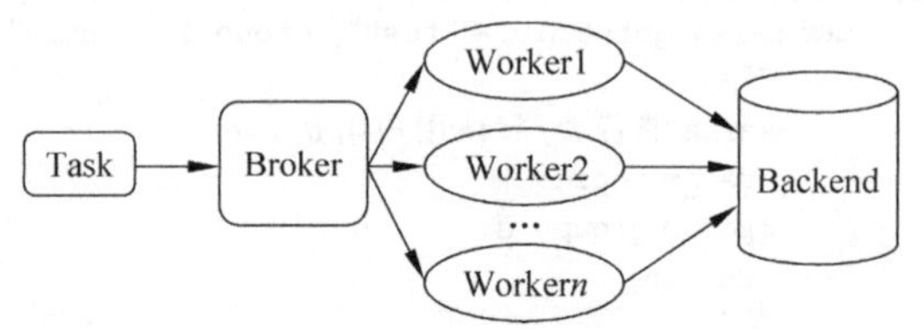

图5-15 Celery组成示意图

Celery通过第三方的消息中间件来实现Broker。支持的消息中间件包括RabbitMQ、Redis、Amazon SQS、Zookeeper,Celery对消息中间件的支持功能如表5-2所示。常用Redis和RabbitMQ作为消息中间件,Celery对RabbitMQ的支持性非常好,推荐使用RabbitMQ作为Broker。

表5-2 Celery对消息中间件的支持中间件功能

中　间　件	状　　态	是否有监控	是否有远程控制
RabbitMQ	稳定	有	有
Redis	稳定	有	有
Amazon SQS	稳定	无	无
Zookeeper	实验性	无	无

如果要跟踪任务或需要返回值,则Celery必须将状态存储或发送到某个地方,以便以后可以检索它们。有几种内置的结果后端可供选择:SQLAlchemy/Django ORM、MongoDB、Memcached、Redis、RPC(RabbitMQ/AMQP),甚至可以根据开发接口定义自己的后端。

Worker是包含任务执行程序的应用,它分布运行在各个主机上,与中间人Broker通信。当Broker收到任务后,会调度给某一个Worker执行,如果任务执行时长超过了默认或配置的visibility_timeout,将指定其他Worker重新执行该任务。

Flower是Celery的可视化监控和管理工具,是Celery推荐的监视器。Flower提供了任务的进度和历史信息查询、任务的详情查询(执行参数、开始时间、运行时间、任务结果等)、运行的异常信息查询和追溯,以及聚合的图表和统计信息面板功能。它还具有远程控制功能，例如查看 Worker 的状态和统计信息，关闭和重启 Worker 实例，查看并修改一个 Worker 实例所指向的任务队列，撤销或终止任务等。

5.4.2　Celery 的使用

1. 创建 Celery

Celery 是由 Python 编写的库，使用前应确保 Python 环境中正确安装了该库，可通过执行 pip install celery 命令完成安装。使用前导入 Celery 的 Celery 实例并初始化，后面的创建任务和管理 Worker 都在 Celery 实例上操作。

创建一个名为 tasks.py 的文件，写入下面的代码，实现一个简单的分布式任务。

```
from celery import Celery

app = Celery('tasks', broker = 'pyamqp://guest@localhost//')

@app.task
def add(x, y):
    return x + y
```

Celery 实例化的第一个参数是当前模块名称，用于启动 Worker 时自动查找模块下定义的任务。对于简单的项目，定义所有内容在一个模块中即可，大型项目应该创建一个文件夹作为专用模块，在模块下定义多个任务文件，启动 Worker 时可以自动发现任务。

Celery 实例化的第二个参数是 Broker 关键字参数，定义消息代理的 URL 链接地址。默认使用 RabbitMQ 作为 Broker，URL 格式为 amqp://host:port，带用户名和密码认证的格式是 amqp://user:password@host:port；使用 Redis 作为 Broker 时的 URL 格式是 redis://hoist:port；如果带密码认证，则 URL 格式是 redis://password@host:port。

除了上面两个常用参数外，常用的还有 backend 参数和 include 参数。backend 参数是指定要使用的结果后端，它用于跟踪任务状态和结果，默认情况下禁用结果。include 参数是 Worker 启动时要导入的模块列表，在列表中添加任务模块，以便 Worker 能找到 task。

2. 注册任务

上面使用@app.task 装饰器注册任务类，注册后的任务在 Worker 启动时可以被远程调用。每个任务类都有一个唯一的名称，并且在消息队列中引用该名称，便于 Worker 找到并执行对应的任务函数。调度的任务在 Worker 确认消息之前，不会从任务队列中删除该任务消息，如果 Worker 被中断(kill)或出现意外情况(例如突然关机)，该 Worker 下的所有的消息会被传递给其他的 Worker。

除了上面的直接创建任务外，还可以通过@task(bind=True)绑定任务，绑定任务通过 task 装饰器的 bind 参数实现，被绑定的任务方法的第一个参数是 self，Python 绑定方法的操作如下。

```
@app.task(bind = True)
def get_id(self):
    return self.request.id
```

3. 启动 Worker

启动 Worker，在 tasks 模块目录下使用如下命令。

```
celery -A tasks worker --loglevel=INFO
```

启动后在控制台会输出如下调试信息，可查看配置(config)、任务队列(queues)、任务函数列表(tasks)。

```
- *** --- * ---
- ** ---------- [config]
- ** ---------- .> app:         tasks:0x2379301ff48
…
--- ***** -----
-------------- [queues]
               .> celery         exchange=celery(direct) key=celery

[tasks]
  . tasks.get_id
```

启动时，默认的并发数为当前计算机的 CPU 数，可以通过设置 celery worker -c 项进行自定义设置并发数。如果要对任务进行速率限制，则通过在启动命令后使用 control 项。如果要指定某个 Worker 运行某个队列的任务，则可以通过-Q 指定监听的任务队列，在没有配置路由任务的情况下默认队列是 celery。Celery 还提供了更多的启动参数设置，运行命令 celery worker --help 可查看支持的启动项参数。例如：

```
celery -A tasks worker --loglevel=INFO -c 2                          #并发数为2
celery -A tasks worker --loglevel=INFO control rate_limit tasks.add 10/m #限制 add 每分钟执行 10 次任务
celery -A tasks worker --loglevel=INFO -Q celery                     # 处理默认队列任务
```

如果想在后台启动 Worker 或借助于守护程序(如 Supervisor)，可以使用 celery multi 命令(windows 不支持)在后台启动一个或多个 Worker，启动、重启、停止的命令如下，其中 w1 为启动的 Worker 名。

```
celery multi start w1 -A tasks -l info        #启动
celery multi restart w1 -A tasks -l info      #重启
celery multi stop w1 -A tasks -l info         #停止
```

4. 程序调用

启动 Worker 后，可以在其他应用中导入注册的任务函数，然后在本地运行或者通过远程 Worker 运行任务，代码如下。

```
>>> from tasks import add                    #导入穿件的 tasks.py
>>> add.delay(1,1)                           #通过 Worker 执行，返回 AsyncResult 对象
<AsyncResult: 00dc9a2a-359a-4f62-ac1f-02aaba65bd49>
>>> add(1, 1)                                #本地执行，返回执行结果 2
2
```

通过远程 Worker 执行任务，导入任务后调用 delay()方法并传入任务所需要的参数。delay()方法实质上为 apply_async()方法的快捷方法，而 apply_async()可以指定调用时执行的参数，例如运行的时间、使用的任务队列等。例如：

```
>>> add.apply_async((1, 1), queue='lopri', countdown=10)
```

delay()和 apply_async()方法都会返回一个 AsyncResult 实例化对象,同时每个任务被调用时会赋值一个任务 ID(UUIID)。AsyncResult 用于检查任务的状态,等待任务完成或使用 AsyncResult 对象的 get()方法获取任务返回值,或者在任务失败情况下用于获取异常和回溯。

一个任务当前只能有一个状态,如果有多个状态过程,依次状态是 PENDING(挂起)、STARTED(启动)、SUCCESS(成功)/FAILURE(失败),特殊情况下还有 RETRY(重试),这些可以通过 AsyncResult. state 查看状态。当决定任务是都重试时,可以通过调用 AsyncResult. failed()来判断是否失败,或通过 AsyncResult. successful()来判断任务是否成功。例如:

```
>>> result = get_id.delay()
>>> result.status
'SUCCESS'
>>> result.state
'SUCCESS'
>>> result.failed()
False
>>> result.successful()
True
```

5. 配置结果后端

默认情况下不启用结果存储,如果要获得任务结果,需要配置 backend 存储任务状态和结果。在上面示例中并没有配置 backend 参数,直接对返回的 AsyncResult 调用 get()方法,将返回错误。如果使用 RabbitMQ 作为结果后端,那么它是特殊的结果后端,因为它并不是存储状态,而是将其作为消息发送,结果只能检索一次,并且只能由发起任务的客户端检索,连接的 URL 以 rpc://开头。修改上面的 Celery 实例,增加 backend 参数,然后重新启动 Worker。代码如下:

```
app = Celery('tasks', broker = 'pyamqp://guest@localhost//', backend = rpc://guest@
localhost//')
```

在 Python 的命令行界面中重新导入任务函数 add(),使用 delay()方法执行并获取 AsyncResult 实例化对象,然后调用 get()方法查询执行结果。代码如下:

```
>>> from tasks import add
>>> result = add.delay(1,1)
>>> result.get()
2
```

6. 日志问题

Celery 使用的是 Python 标准的日志库,运行 Worker 时会自动记录日志信息。手动配置日志记录器可通过 Celery 提供的 get_task_logger()方法在模块顶部为所有任务创建一个共有的日志记录器。例如:

```
logger = get_logger(__name__)


@app.task(bind = True)
```

```
def get_id(self):
    logger.info(f"ID {self.id}")
    return self.request.id
```

7. 独立配置

在复杂的业务中时常需要烦琐的配置，此时需要将配置独立出来，以方便修改。Celery 提供了直接读取配置文件和更新当前配置的功能。

支持在代码中更新配置，通过 Celery 下的 update()方法，指定需要更新的参数。例如：

```
from celery import Celery
from celery.utils.log import get_logger

app = Celery('tasks')
app.conf.update(broker = 'pyamqp://guest@localhost//', backend = rpc://guest@localhost//')
```

通过 app.config_from_object()方法可直接从配置文件中读取配置项。在 Celery 4.0 版中引入了小写字母的配置名，同时配置项的前缀命名也有所变化。在新版本中，以前大多数顶级的 CELERY_前缀，都被新的 task_前缀替代，但在 Celery 6.0 版本之前仍然可以读取旧的配置文件，常用新旧配置项参数对照及作用如表 5-3 所示，完整配置项可参考官方文档，地址是 https://docs.celeryproject.org/en/stable/userguide/configuration.html#configuration。

表 5-3 Celery 常用新旧配置项参数对照及作用

Celery 旧版本的配置	Celery 4.0+ 新版本的配置	参数的作用	配置示例/默认值
CELERY_ACCEPT_CONTENT	accept_content	允许的内容类型、序列化程序的白名单	['json']
CELERY_ENABLE_UTC	enable_utc	如果启用，消息中的日期和时间将转换为 UTC 时区	默认启用
CELERY_IMPORTS	imports	工作程序启动时要导入的一系列模块	["requests"]
CELERY_INCLUDE	include	作用与 imports 相同，设置的模块在 imports 导入之后再导入	["selenium"]
CELERY_TIMEZONE	timezone	指定自定义时区，支持 pytz 库内的时区	默认为 UTC
CELERYBEAT_MAX_LOOP_INTERVAL	beat_max_loop_interval	beat 调度在检查计划之间可以休眠的最大秒数	默认为 0
CELERYBEAT_SCHEDULE	beat_schedule	beat 调度的周期性任务	{}
CELERYBEAT_SCHEDULER	beat_scheduler	默认的调度器类	默认为 celery.beat:PersistentScheduler
CELERYBEAT_SCHEDULE_FILENAME	beat_schedule_filename	存储的周期性任务，最后运行时间的文件的名称	默认为 celerybeat-schedule
CELERYBEAT_SYNC_EVERY	beat_sync_every	在发出另一个数据库同步之前，可以调用的定期任务数	默认为 0
BROKER_URL	broker_url	默认代理 URL	默认为 amqp://

续表

Celery 旧版本的配置	Celery 4.0+ 新版本的配置	参数的作用	配置示例/默认值
BROKER_TRANSPORT_OPTIONS	broker_transport_options	传递给底层传输中间件的附加选项的字典	{'max_retries':5}
BROKER_CONNECTION_TIMEOUT	broker_connection_timeout	放弃与 AMQP 服务器连接之前，默认等待的超时时间	默认为 4 秒
BROKER_CONNECTION_RETRY	broker_connection_retry	如果与 AMQP 消息中间件的连接断开，自动重连	默认启用
BROKER_CONNECTION_MAX_RETRIES	broker_connection_max_retries	放弃与 AMQP 服务器重新建立连接之前的最大重试次数	默认为 100 次
BROKER_LOGIN_METHOD	broker_login_method	设置自定义 amqp 登录方式	默认为 AMQPLAIN
BROKER_POOL_LIMIT	broker_pool_limit	连接池中打开的最大连接数	默认为 10
BROKER_USE_SSL	broker_use_ssl	在消息中间件连接上使用 SSL，支持 pyamqp、redis	默认禁用
CELERY_MONGODB_BACKEND_SETTINGS	mongodb_backend_settings	MongoDB 后端设置，支持 database、taskmeta_collection、max_pool_size、options 字段配置	{'database':'mydb', 'taskmeta_collection':'my_taskmeta_collection',}
CELERY_EVENT_QUEUE_EXPIRES	event_queue_expires	一个监控客户端事件的队列，被删除前的过期时间	默认为 60 秒
CELERY_EVENT_QUEUE_TTL	event_queue_ttl	一个发送到监控客户端事件队列消息的过期时间	默认为 5 秒
CELERY_EVENT_QUEUE_PREFIX	event_queue_prefix	事件接收队列名称的前缀	默认值为 celeryev
CELERY_EVENT_SERIALIZER	event_serializer	当发送事件消息时使用的消息序列化格式	默认值为 JSON
CELERY_REDIS_DB	redis_db	指定 Redis 使用的库名	"spider"
CELERY_REDIS_HOST	Redis_host	指定 Redis 数据库 host 地址	"118.24.52.111"
CELERY_REDIS_MAX_CONNECTIONS	redis_max_connections	Redis 连接池中用于发送和检索结果的最大连接数	默认无限制
CELERY_REDIS_USERNAME	redis_username	Redis 连接用户名	"Admin"
CELERY_REDIS_PASSWORD	redis_password	Redis 连接密码	"123abc"
CELERY_REDIS_PORT	redis_port	redis 连接端口	6379
CELERY_REDIS_BACKEND_USE_SSL	redis_backend_use_ssl	Redis 后端是否使用 SSL	默认禁用
CELERY_RESULT_BACKEND	result_backend	用来存储结果的后端	result_backend='db+scheme://user:password@host:port/dbname'
CELERY_MAX_CACHED_RESULTS	result_cache_max	启用结果的客户端缓存	默认禁用

续表

Celery 旧版本的配置	Celery 4.0+新版本的配置	参数的作用	配置示例/默认值
CELERY_MESSAGE_COMPRESSION	result_compression	结果值的可选压缩方法	默认无压缩
CELERY_RESULT_EXPIRES	result_expires	存储的结果被删除的时间	默认 24 小时后
CELERY_RESULT_PERSISTENT	result_persistent	结果持久化存储	默认禁用
CELERY_ACKS_LATE	task_acks_late	任务消息在任务执行后确认	默认禁用
CELERY_ACKS_ON_FAILURE_OR_TIMEOUT	task_acks_on_failure_or_timeout	task_acks_late 启用时，关于任务的所有消息都将被确认	默认启用
CELERY_ALWAYS_EAGER	task_always_eager	如果为 True 则所有任务将在本地堵塞执行并返回	默认禁用
CELERY_ANNOTATIONS	task_annotations	在配置文件中重写任意任务属性	更改所有任务的 rate_limit 属性：task_annotations={'*':{'rate_limit':'10/s'}}
CELERY_COMPRESSION	task_compression	任务消息的默认压缩算法	默认为 None
CELERY_CREATE_MISSING_QUEUES	task_create_missing_queues	自动创建未声明队列	默认启用
CELERY_DEFAULT_EXCHANGE	task_default_exchange	默认消息交换器	默认为 celery
CELERY_DEFAULT_EXCHANGE_TYPE	task_default_exchange_type	默认消息交换器类型	默认为 direct
CELERY_DEFAULT_QUEUE	task_default_queue	默认消息队列	默认 celery
CELERY_DEFAULT_RATE_LIMIT	task_default_rate_limit	任务的全局默认速率限制，默认无限制	"10/s"
CELERY_DEFAULT_ROUTING_KEY	task_default_routing_key	默认路由键	默认为 celery
CELERY_IGNORE_RESULT	task_ignore_result	是否存储任务返回值	默认禁用
CELERY_PUBLISH_RETRY	task_publish_retry	在连接丢失或其他连接错误的情况下，是否重试发布任务消息	默认启用
CELERY_PUBLISH_RETRY_POLICY	task_publish_retry_policy	定义在连接丢失或其他连接错误的情况下，重试发布任务消息时的默认策略	{'max_retries':3,#最大重试次数 'interval_start':0,#间隔开始 'interval_step':0.2,#间隔步长 'interval_max':0.2,#间隔最大值}

续表

Celery 旧版本的配置	Celery 4.0+ 新版本的配置	参数的作用	配置示例/默认值
CELERYD_SOFT_TIME_LIMIT	task_soft_time_limit	任务的软时间限制，以秒为单位	默认无限制
CELERY_TASK_TRACK_STARTED	task_track_started	是否显示详细的任务状态信息	默认禁用
CELERYD_TIME_LIMIT	task_time_limit	任务的硬时间限制，超时将"杀死"工作进程并使用一个新的工作进程替代	默认无限制
CELERYD_CONCURRENCY	worker_concurrency	执行任务的并发工作单元数量	默认是 CPU 的核心数
CELERY_DISABLE_RATE_LIMITS	worker_disable_rate_limits	禁用所有速率限制，包括任务单独设置的速率限制	默认禁用
CELERY_ENABLE_REMOTE_CONTROL	worker_enable_remote_control	工作单元的远程控制是否启用	默认启用
CELERYD_HIJACK_ROOT_LOGGER	worker_hijack_root_logger	移除用户配置的根日志记录器的处理函数	默认启用
CELERYD_LOG_COLOR	worker_log_color	启用/禁用 Celery 应用日志输出的颜色	在中端中默认启用
CELERYD_LOG_FORMAT	worker_log_format	日志消息格式	[%(asctime)s:%(levelname)s/%(processName)s]%(message)s
CELERYD_WORKER_LOST_WAIT	worker_lost_wait	工作单元意外结束，抛出 WorkerLostError 异常之前的等待时间	默认为 10 秒
CELERYD_MAX_TASKS_PER_CHILD	worker_max_tasks_per_child	一个工作单元进程在被一个新的进程替代之前可以执行的最大任务数	默认无限制
CELERYD_POOL_RESTARTS	worker_pool_restarts	如果启用，工作单元池可以使用 pool_restart 远程控制命令进行重启	默认禁用
CELERYD_PREFETCH_MULTIPLIER	worker_prefetch_multiplier	工作单元一次性获取的消息数，是这个设置值乘以并发进程的数量	默认为 4
CELERYD_REDIRECT_STDOUTS	worker_redirect_stdouts	如果启用，标准输出和标准错误输出将重定向到当前日志器	默认启用
CELERYD_REDIRECT_STDOUTS_LEVEL	worker_redirect_stdouts_level	标准输出和标准错误输出的日志级别	默认 WARNING
CELERY_SEND_EVENTS	worker_send_task_events	发送任务相关的事件，可以被类似 Flower 的工具监控	默认禁用

续表

Celery 旧版本的配置	Celery 4.0+ 新版本的配置	参数的作用	配置示例/默认值
CELERYD_TASK_LOG_FORMAT	worker_task_log_format	任务中记录的日志，使用的格式	[%(asctime)s: %(levelname)s/%(processName)s][%(task_name)s(%(task_id)s)]%(message)s

新建一个配置对象文件 settings.py，写入下列配置。

```
broker_url = 'pyamqp://'                    # Broker 地址
result_backend = 'rpc://'                   # Backend 地址
task_routes = {                             # 指定任务监听队列
    'tasks.add': 'low-priority',
}
task_annotations = {                        # 限定任务执行速度
    'tasks.add': {'rate_limit': '10/m'}
}
```

然后修改 tasks.py 文件，读取上面的配置对象：

```
from celery import Celery
from celery.utils.log import get_logger

app = Celery('tasks)
app.config_from_object("settings")
```

如果要读取配置对象中指定前缀的配置项，可通过 config_from_object()方法中的 namespace 参数指定配置项的命名空间。

5.4.3 Celery 可视化管理

使用 Celery 可视化管理工具 Flower 之前，需要先安装 Flower 库。常用的启动 Flower 的方式有两种，分别是从 Celery 项目模块启动、通过 Docker 镜像启动。目前前一种方式只适用于 Celery 4.0 版本系列，不兼容最新版本的 Celery。通过 Docker 启动 Flower，不受 Celery 版本的影响，推荐该方式。例如：

```
celery -A tasks.app flower --port=5555            # 从 Celery 项目目录下启动
docker run --name flower -p 5555:5555 mher/flower:0.9.5 flower --broker=pyamqp://
                                                  # 从 Docker 启动，指定 broker 地址监听任务
```

启动后访问 5555 端口，打开 Flower 监控面板，如图 5-16 所示。有 Dashnard、Tasks、Broker 等的详细列表信息，进入列表还能对相应项进行管理，例如对任务设置限速和执行时间，查看每项任务的详情和结果，如果出现异常会有异常信息反馈、Broker 消息的消费统计情况等。最后一项 Monitor 是各种性能的监控面板，包括任务成功和失败情况、任务执行时间和任务排队情况。

5.4.4 路由任务与定时任务

如果要给不同的机器分配不同的任务来执行，就需要配置任务的路由队列，将不同的任

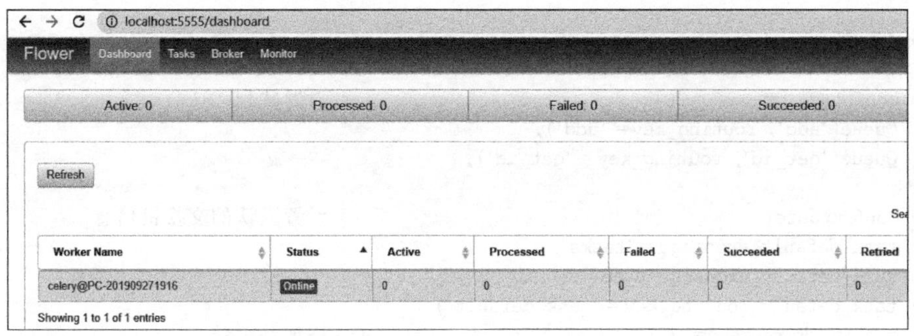

图 5-16　Flower 监控面板

务分配到对应的队列中,在 Worker 启动时只监听指定队列的任务。如果要让任务每隔一段时间就执行一次,例如每隔 24 小时就自动刷新一下数据,那么就需要使用定时任务。

1. 路由任务

路由任务分为自动路由任务和手动路由任务。自动路由任务适用于简单配置,只需要指定任务和其对应的队列名即可,支持通配符。简单路由任务隐藏了复杂的 AMPQ 协议实现,因为交换机的名称与队列的名称一致,所以非 AMPQ 的后端组件(如 Redis、SQS)也适用。例如:

```
app = Celery('tasks', broker = 'amqp:// ', backend = 'rpc:// ')
logger = get_logger(__name__)
app.conf.task_routes = {'tasks.add': {'queue': 'add'}, 'tasks.get_ * ': {'queue': 'get_id'}} #
简单路由
app.conf.task_default_queue = 'add' # 更改默认监听队列


@app.task(bind = True)
def get_id(self):
    logger.info(f"ID {self.request.id}")
    return self.request.id


@app.task
def add(x, y):
    return x + y
```

通过 task_routes 配置任务的队列,配置后匹配的任务会被发送到指定的队列。但是 Worker 还是监听的默认队列 celery,需要通过 task_default_queue 修改监听的默认队列,或者在启动 Worker 时指定需要监听的队列,这样才会获得相应任务数据并执行。如果要在一台 Worker 上监听上面源码中的 add 和 get_id 队列,启动命令时可以添加 Q 参数,代码如下。

```
celery -A tasks worker --loglevel = INFO -Q add,get_id
```

手动路由是通过创建队列实例指定队列、交换机、路由键,其配置类似于使用 RabbitMQ 的设置,队列实例的定义是通过 Kombu 来实现的,Kombu 为 AMQ 协议通信提供了高级接口,使 Python 中的消息传递尽可能简单。下面是一个定义路由队列的实例。

```
app = Celery('tasks', broker = 'pyamqp:/ ', backend = 'rpc:// ')
logger = get_logger(__name__)
```

```
from kombu import Queue

app.conf.task_queues = (                                   #设置队列
    Queue('add', routing_key = 'add'),
    Queue('get_id', routing_key = 'get_id'),
)
app.conf.update(                                           #设置默认的交换机信息
    task_default_exchange = 'tasks',
    task_default_exchange_type = 'topic',
    task_default_routing_key = 'task.default')
app.conf.task_routes = {                                   #添加路由键
    'tasks.add': {
        'queue': 'add',
        'routing_key': 'add',
        'priority': 10,                                    #优先级
    },
    'tasks.get_id': {
        'queue': 'get_id',
        'routing_key': 'get_id',
        'priority': 5,
    },
}
```

task_queues 是一个包含 Queue 实例的列表，默认运行的 Worker 将监听所有创建的队列，但是可以通过启动参数中的-Q 指定 Worker 需要监听的队列。如果不想修改默认的 exchange 和 exchange_type 的值，将自动设置为 task_default_exchange 和 task_default_exchange_type。

增加 task_routes 的目的是将任务路由到指定的任务队列中。同时在 RabbitMQ 和 Redis 作为 Broker 的 Celery 实例中，可以通过 priority 指定队列的默认优先级。除了使用 task_routes 配置让任务路由到指定队列，还可以通过 Task. apply_async()重载队列和路由键。例如：

```
>>> result = add.apply_async(args = (1,1),queue = "add",routing_key = "add")
>>> result
<AsyncResult: 01028cc7 - 31e9 - 47d1 - 9bd8 - 3ccd11019192>
>>> result.state
'SUCCESS'
>>> result.get()
2
```

2. 定时任务

Celery Beat 是一个调度程序，它定期启动任务，然后由集群中的 Worker 执行任务。默认情况下会从配置中的 beat_schedule 项中获取条目，但是也可以从 SQL 等数据库中获取。需要注意的是调度程序要在单独的进程中执行，应确保一次只运行一个调度程序，否则最终将导致任务重复。

默认情况下，定期任务计划使用 UTC 时区，但是可以使用时区设置更改使用的时区。例如配置 Asia/Shanghai，代码如下。

```
timezone = 'Asia/Shanghai' #或 app.conf.timezone = 'Asia/Shanghai'
```

beat_schedule 配置项是一个字典，含有计划名和计划字段的字典集合，例如每隔 30 秒执行一次 add，代码如下。

```
app.conf.beat_schedule = {
    'add-every-30-seconds': {
        'task': 'tasks.add',
        'schedule': 30.0,
        'args': (1, 1)
    },
}
app.conf.timezone = 'UTC'
```

配置字段中的 task 是指要执行任务的名称，schedule 是执行周期，单位是秒，args 是任务所需的位置参数，需要传递关键字参数可以通过 kwargs 字段实现。除此之外，还有 options 字段，用于传递 apply_async()方法支持的任何参数(如 exchange、routing_key、expires 等)。

启动 Celery Beat 服务，可以单独启动 Beat，也可以嵌入 Worker 一起启动。启动后，Beat 需要将任务的最后运行时间存储在本地数据库文件(默认情况下命名为 celerybeat-schedule)中。命令如下。

```
celery -A tasks beat              #单独启动
celery -A tasks worker -B         #嵌入 Worker 启动
```

除了上面使用的是默认调度 celery.beat.PersistentScheduler 外，还有 Crontab 调度器和 Solar 调度器。Crontab 调度器可以精确控制任务执行时间，例如在一天或一周的某时某分某秒更新。Solar 调度器可以根据日出、日落、黎明或黄昏等事件来执行任务，因此使用该调度器不仅要指明事件，还要指明经纬度。更多事件类型可以参考地址 https://docs.celeryproject.org/en/stable/userguide/periodic-tasks.html#crontab-schedules 中的信息。

```
from celery.schedules import crontab

app.conf.beat_schedule = {
    #每周一早上七点半执行
    'add-every-monday-morning': {
        'task': 'tasks.add',
        'schedule': crontab(hour=7, minute=30, day_of_week=1),
        'args': (16, 16),
    },
}

from celery.schedules import solar

app.conf.beat_schedule = {
    # 在墨尔本日落时执行
    'add-at-melbourne-sunset': {
        'task': 'tasks.add',
        'schedule': solar('sunset', -37.81753, 144.96715),
        'args': (16, 16),
    },
}
```

第6章

编码及加密

视频讲解

本章主要介绍在处理网页文档及本地文件时常用到的编码，以及广泛应用于前端信息加密的标准加密算法。这些加密算法广泛应用于网络通信和数据传输，是分析网页通信不可略过的关键环节。

编码是信息从一种形式或格式转换为另一种形式或格式的过程，解码则是编码的逆过程。字符编码(Character Encoding)是把字符集中的字符编码为指定集合中的某个对象，以便文本在计算机中存储和通过网络传递。在密码学中，加密(Encryption)是将明文信息改变为难以读取的密文内容，使之变得不可读的过程；只有拥有解密方法的对象，经由解密过程，才能将密文还原为正常可读的内容。

本章要点如下。

(1) 文件的编码与乱码的原理。

(2) 字符在 Python 中的编码和解码。

(3) URL 编码介绍及常用的转换方法。

(4) Python 新增的 Bytes 类型及应用。

(5) Base64 编码与字符串、Bytes 之间的相互转换。

(6) DES 和 3DES 加密方法的原理及 Python 实现。

(7) AES 加密原理及 Python 实现。

(8) RSA 公钥、私钥的概念及签名、验证过程。

(9) MD5 加密与 SHA 加密的实现。

6.1 编码及转换

在 Python 中，经常涉及数据的编码转换，尤其是在处理文件读写和加密、解密过程中。文件读写针对不同的文件类型，需要使用不同的读写方式。如果是读写文本文件，则直接读取文本字符串；如果是读写图像数据，就需要读取文件的二进制内容。在加密、解密过程中，不管是常用的 RSA、DES 还是信息摘要算法 MD5，在 Python 中，它们都只接受字符串的 Bytes 数据格式，这就涉及字符串如何转为 Bytes 类型数据的问题。

6.1.1 编码与乱码原理

要理解计算机对字符的编码过程，需要先理解三个关键的概念：字库表(Character

Repertoire)、编码字符集(Coded Character Set)、字符编码(Character Encoding)。字库表是一个定义了所有可读或者可显示字符顺序的数据库,它决定了整个字符集能够表达的字符范围。编码字符集(简称字符集),是用一个编码值表示一个字符,这个值是字符在编码字符集中的序号,常见的字符集有ASCII字符集、GB2312字符集、Unicode字符集等。字符编码,是字符集中的编码值与计算机存储数值之间的转换过程,也是将字符编码转换为二进制数值存储的过程。字符编码是字符集的一种转换方式,例如Unicode是字符集,但它可以有多种字符编码实现方式,如UTF-8、UTF-16、UTF-32编码等。

常用的UTF-8编码是一种针对Unicode的可变长度字符编码方案,也是一种前缀码。它可以用1～4字节(Byte)对Unicode字符集中的所有有效编码点进行编码,属于Unicode标准的一部分,是电子邮件、网页及其他存储或发送文字优先采用的编码方式。

乱码出现的原因是编码或解码时使用了不匹配的字符集,例如,对于"测试"这两个字,使用UTF-8进行编码,然后使用GBK解码,结果如下。

```
>>> word = "测试"
>>> encode = word.encode('UTF - 8')
>>> encode
b'\xe6\xb5\x8b\xe8\xaf\x95'
>>> encode.decode('gbk')
'娴嬭瘯'
>>> encode.decode()          # 默认 UTF - 8 解码
'测试'
```

如果遇到不能解码常用的编码的情况,可以尝试ISO-8859-1解码,它以ASCII作为基础,在空置的0xA0～0xFF的范围内,加入96个字母及符号,包括拉丁字母及其附加符号。ISO-8859-1字符集在解码国外的一些网页时很有效,它是法语、芬兰语、英语及部分欧洲语言的编码字符集。

6.1.2 URL编码转换

URL编码又称百分号编码(Percent-Encoding)是统一资源定位符(URL)和统一资源标志符(URI)的主要编码方案。它用于为application/x-www-form-urlencoded MIME准备数据,因为它通过HTTP的请求操作(Request)提交HTML表单数据。

如果一个保留字符,在特定上下文中具有特殊含义(称作reserved purpose),且URI中必须将该字符用于其他目的,那么该字符必须使用URL编码,其编码规则如表6-1所示。

表6-1 保留字符的URL编码规则

符　号	URL编码值	符　号	URL编码值
!	21%	,	%2C
#	23%	/	%2F
$	24%	:	%3A
&	26%	;	%3B
'	27%	=	%3D
(	28%	?	%3F
)	29%	@	40%
*	%2A	[	%5B
+	%2B	]	%5D

对于中文等其他字符，目前的标准处理方法是先将其转换为 UTF-8 字节序列，然后对其字节值使用 URL 编码。在 Python 中可以使用 urllib.parse 对 URL 编码、解码，示例代码如下。

```
>>> from urllib.parse import quote, unquote
>>> quote("测试")
'%E6%B5%8B%E8%AF%95'
>>> unquote('%E6%B5%8B%E8%AF%95')
'测试'
```

6.1.3 Bytes 对象

在 Python 中，Bytes 对象是由单个字节构成的不可变序列，是 Python 3.x 中的新增的类型。Bytes 对象是以字节序列的形式（二进制形式）存储数据，记录数据在内存中的原始状态。Bytes 字面值中只允许出现 ASCII 字符（无论源代码声明的编码是什么），因为采用的二进制协议是基于 ASCII 的文本编码，所以任何超出 127 的二进制值，必须使用相应的转义序列形式加入 Bytes 字面值。Bytes 类型的数据可用于互联网传输、网络通信编程及存储图片、音频、视频等二进制格式的文件。

在 Python 中，Bytes 对象的许多特性与字符串对象紧密相关，字符串与 Bytes 对象可以互相转换。一般通过 bytes()方法或字符串编码实现二者的转换，代码如下。

```
>>> "转换".encode()
b'\xe8\xbd\xac\xe6\x8d\xa2'
>>> bytes("转换", encoding='UTF-8')
b'\xe8\xbd\xac\xe6\x8d\xa2'
>>> b'\xe8\xbd\xac\xe6\x8d\xa2'.decode()
'转换'
```

6.1.4 Base64 编码

Base64 编码是基于 64 个可打印字符表示二进制数据的，可打印字符包括大写字母 A～Z、小写字母 a～z、数字 0～9 和两个可打印符号＋和/。

经过 Base64 编码后的数据比原始数据略长，长度大约为原长的 135.1%。转换时，将 3 字节的数据先后放入一个 24 位的缓冲区中，先来的字节占高位。如果数据最后不足 3 字节，缓冲区中剩下的位(Bit)用 0 补足。每次取出 6 位，按照其值选择对应的字符作为编码后的输出，直到全部输入数据转换完成。例如，使用 Base64 编码 Man 单词，其对应的 ASCII 编码、二进制位、索引及 Base64 编码 Man 过程如表 6-2 所示。

若原数据长度不是 3 的倍数且剩下一个输入数据时，则在编码结果后加 2 个“＝”；若剩下 2 个输入数据时，则在编码结果后加一个＝。使用 Python 对字符串进行 Base64 编码时，需要先将字符串转为 Bytes 数据，再进行编码。同样地，对 Base64 编码后的字符串进行解码时，需要将解码结果编码才能得到字符串，示例代码如下。

```
>>> from base64 import b64decode,b64encode
>>> b64encode("编码".encode())
b'57yW56CB'
>>> b64decode('57yW56CB')
b'\xe7\xbc\x96\xe7\xa0\x81'
```

```
>>> b64decode('57yW56CB').decode()
'编码'
>>> b64decode(b'57yW56CB').decode()
'编码'
```

表 6-2 Base64 编码 Man 过程

<table>
<tr><th>文 本</th><th>ASCII 编码</th><th>二进制位</th><th>索 引</th><th>Base64 编码</th></tr>
<tr><td rowspan="8">M</td><td rowspan="8">77</td><td>0</td><td rowspan="6">19</td><td rowspan="6">T</td></tr>
<tr><td>1</td></tr>
<tr><td>0</td></tr>
<tr><td>0</td></tr>
<tr><td>1</td></tr>
<tr><td>1</td></tr>
<tr><td>0</td><td rowspan="6">22</td><td rowspan="6">W</td></tr>
<tr><td>1</td></tr>
<tr><td rowspan="8">a</td><td rowspan="8">97</td><td>0</td></tr>
<tr><td>1</td></tr>
<tr><td>1</td></tr>
<tr><td>0</td></tr>
<tr><td>0</td><td rowspan="6">5</td><td rowspan="6">F</td></tr>
<tr><td>0</td></tr>
<tr><td>0</td></tr>
<tr><td>1</td></tr>
<tr><td rowspan="8">n</td><td rowspan="8">110</td><td>0</td></tr>
<tr><td>1</td></tr>
<tr><td>1</td><td rowspan="6">46</td><td rowspan="6">u</td></tr>
<tr><td>0</td></tr>
<tr><td>1</td></tr>
<tr><td>1</td></tr>
<tr><td>1</td></tr>
<tr><td>0</td></tr>
</table>

6.2 加密与解密

6.2.1 概述

常用的加密方法有对称加密、非对称加密、散列函数。

对称加密(Symmetric-key)又称为对称密钥、私钥加密、共享密钥加密。这类算法在加密和解密时使用相同的密钥,或是使用两个可以简单地相互推算的密钥。常见的对称加密算法有 AES、3DES、DES。

对称加密有五种常用的分组模式：ECB(Electronic Code Book,电子密码本)模式是最基本的加密模式,无初始向量,相同的明文得到相同的密文；CBC(Cipher Block Chaining,密码分组链接)模式是广泛应用的模式,其明文在加密前要与初始向量(Initialization Vector,IV)进行异或运算后再加密,不同的初始向量得到不同的密文；CFB(Cipher

Feedback，加密反馈模式），类似于 CBC 将密文和明文进行移位异或运算，可以将块密码变为自同步的流密码；OFB(Output FeedBack，输出反馈)模式将块密码变成同步的流密码，它产生密钥流的块，然后将其与明文块进行异或得到密文；CTR(Counter mode，计数器)模式与 OFB 模式相似，CTR 模式将块密码变为流密码，通过递增一个加密计数器以产生连续的密钥流，计数器可以是任意保证长时间不产生重复输出的函数，一般使用普通计数器。

非对称加密(Asymmetric Cryptography)又称公开密钥加密(Public-key Cryptography)它需要两个密钥：公钥和私钥，公钥用作加密，私钥则用作解密。公钥可以公开，但是私钥不可以公开，必须由用户自行严格秘密保管。基于公开密钥加密的特性，它还能提供数字签名的功能，使电子文件可以得到如同在纸本文件上亲笔签署的效果。常见的公钥加密算法有 RSA、ElGamal、Rabin(RSA 的特例)、DSA、ECDSA。

散列函数(Hash Function)又称散列算法、散列函数，是一种从任何一种数据中创建小的数字"指纹"的方法。散列函数把消息或数据压缩成摘要，使数据量变小，将数据的格式固定下来。散列算法计算出来的散列值具有不可逆(无法逆向演算回原本的数值)的性质，因此可有效地实现加密功能。常见的散列函数加密算法有 MD5、SHA。

初始化向量(Initialization Vector，IV)是许多工作模式中，用于将加密随机化的一个位块，使用了不同的初始化向量之后，即使同样的明文被多次加密也会产生不同的密文。

数据填充，块密码只能对确定长度的明文数据块进行处理，而明文的长度通常是可变的，因此在使用部分模式(即 ECB 和 CBC)加密时，如果明文并非指定大小的整数倍，则需要将最后一块在加密前进行填充，在解密时则需要使用同样的填充模式将填充的数据去除。常用的填充模式有 NoPadding、PKCS5Padding、PKCS7Padding、ISO10126Padding、ISO7816-4Padding、ZeroBytePadding、X923Padding 等。

NoPadding 模式不对明文数据进行填充，在此填充模式下，要求原始数据必须是分组大小的整数倍，非整数倍则无法使用该模式。在 DES 加密算法下，要求明文的长度必须是 8 字节的整数倍；在 AES 加密算法下，要求明文的长度必须是 16 字节的整数倍。

在 PKCS5Padding 和 PKCS7Padding 模式这两种模式下的填充字节序列中，每个字节填充值为需要填充的字节长度，例如填充的原始数据块是 FF FF FF FF FF FF，该数据块需要填充 2 字节，使用 PKCS5Padding、PKCS7Padding 模式填充后的新数据块为 FF FF FF FF FF FF 02 02。PKCS5Padding 与 PKCS7Padding 的区别是，PKCS5Padding 是 PKCS7Padding 的子集，PKCS7Padding 填充的块大小可以为 1～255 中的任意值，而 PKCS5Padding 只能填充固定大小为 8 的块。

ISO10126Padding 模式下将填充至符合大小的块，填充值最后一个字节为填充的数量数，其他位置字节填充 0x00，例如填充的原始数据块是 FF FF FF FF FF FF FF FF FF，该数据块需要填充 7 字节，使用 ISO10126Padding 模式填充后的新数据块为 FF FF FF FF FF FF FF FF FF 00 00 00 00 00 00 07。

ISO7816-4Padding 模式填充数据块时填充的第 1 字节为 0x80，然后用 0x00 填充其余字节。例如填充的原始数据块是 FF FF FF FF FF FF FF FF FF，该数据块需要填充 7 字节，使用 ISO7816-4Padding 模式填充后的新数据块为 FF FF FF FF FF FF FF FF FF 80 00 00 00 00 00 00。

ZeroBytePadding 模式填充数据块时只用 0x00 进行填充。例如填充的原始数据块是

FF FF FF FF FF FF FF FF FF,该数据块需要填充 7 字节,使用 ZeroBytePadding 模式填充后的新数据块为 FF FF FF FF FF FF FF FF FF 00 00 00 00 00 00 00。

X923Padding 模式填充数据块时填充的最后 1 字节为填充的数量数,其他字节填充 0x00。例如填充的原始数据块是 FF FF FF FF FF FF FF FF FF,该数据块需要填充七个字节,使用 X923Padding 模式填充后的新数据块为 FF FF FF FF FF FF FF FF FF 00 00 00 00 00 00 07。

6.2.2 DES 与 3DES

DES(Data Encryption Standard,数据加密标准)是一种基于 56 位(不含 8 位校验位)密钥的对称加密算法。DES 已被证明是一种不安全的加密方法,因为其使用的 56 位密钥过短。1999 年 1 月,distributed. net 与电子前哨基金会合作,在 22 小时 15 分钟内公开破解了一个 DES 密钥。

DES 是一种典型的块密码加密,将固定长度的明文通过一系列复杂的操作变成同样长度的密文的算法。对 DES 而言,密钥块长度为 64 位,使用密钥来自定义变换过程,因此该算法认为,只有持有加密所用的密钥才能解密密文。密钥表面上是 64 位的,然而只有其中的 56 位被实际用于算法,其余 8 位可以被用于奇偶校验,并在算法中被丢弃。因此,DES 的有效密钥长度仅为 56 位。与其他块密码相似,DES 自身并不是加密的实用手段,而必须以某种工作模式进行实际操作。

3DES 也称为三重数据加密算法,是一种对称加密算法,相当于是对每个数据块应用三次加密标准(DES)算法。3DES 是通过增加 DES 的密钥长度来避免被破解,并不是一种全新的块密码算法。

3DES 使用"密钥包",包含 3 个 DES 密钥: K1、K2 和 K3,它们均为 56 位(除去奇偶校验位)。加密算法为密文=EK3(DK2(EK1(明文))),也就是说,使用 K1 为密钥进行 DES 加密,再用 K2 为密钥进行 DES 解密,最后以 K3 进行 DES 加密。

而解密则为其反过程: 明文=DK1(EK2(DK3(密文))),即以 K3 解密,以 K2 加密,最后以 K1 解密。每次加密操作都只处理 64 位数据,称为"一块"数据。无论是加密还是解密,中间一步都是前后两步的逆向过程。

Python 的 PyDes 库可以实现 DES 和 3DES 加密、解密的方法,使用前需要先安装该库。对于 DES 或 3DES 的加密结果,不能直接使用 UTF-8 对其进行编码,这是因为加密的结果不一定在 ASCII 字符集中,可以通过 Base64 库下的 encodebytes()和 decodebytes()方法,对 Bytes 类型的密文进行 Base64 编码和解码,以便在网络中传输。

1. Python 实现 DES 加密、解密

使用 DES 加密时,密钥长度必须是 8 字节。在 CBC 模式、CFB 模式、OFB 模式、MODE_OPENPGP 模式下,需要一个初始化向量 iv,如果没有显式指定 iv,将生成一个随机的字节字符串。对于需要加密的文本,文本长度应该为 8 字节的倍数,不足部分需要填充文本。

如下代码使用 CBC 模式实现了 DES 加密文本,是实践中常用的一种加密模式。加密和解密传入的明文、密钥、初始向量和密文应该是 Bytes 类型,加密和解密的过程如下。

```
from pyDes import des, CBC, PAD_PKCS5

plaintext = "DES 加密"                                # 加密文本
```

```
key = b'12345678'                                    # 密钥必须为 8 字节长度
iv = b'01010101'
des = des(key, CBC, iv, padmode = PAD_PKCS5)         # 密钥和 iv 是 8 字节长度数据
result = des.encrypt(plaintext.encode())             # 加密
print(result)                                        # 打印信息
b'$k"\xea\xbc\xde\xa7\x15\xcd\x07\xc5\xb91\xe6\xd0\xa8'
text = des.decrypt(result)                           # 解密
print(text.decode())                                 # 打印信息 DES 加密
```

2. Python 实现 3DES 加密、解密

使用 3DES 加密时，密钥长度必须是 16 或者 24 字节长。在 CBC 模式、CFB 模式、OFB 模式、MODE_OPENPGP 模式下，需要一个初始化向量 iv，如果没有显式指定 iv，将生成一个随机字节字符串。对于需要加密的文本，文本长度应该为 8 字节的倍数，不足部分需要填充文本。

如下代码使用 CBC 模式实现了 3DES 加密文本，是实践中常用的一种加密模式。加密和解密传入的明文、密钥、初始向量和密文应该是 Bytes 类型，加密和解密的过程如下。

```
from pyDes import triple_des, CBC, PAD_PKCS5


plaintext = "3DES 加密"                                  # 加密文本
key = b'123456789qazxswe'                              # 密钥 16/24 位
iv = b'01010101'
des = triple_des(key, CBC, iv, pad = None, padmode = PAD_PKCS5)
result = des.encrypt(plaintext.encode())               # 加密
print(result)                                          # 打印信息
b'\xb3\xe8\n9\xfa\x8a*\x8c\x1c\xbeA\xec\xce\x19WY'
text = des.decrypt(result)                             # 解密
print(text.decode())                                   # 打印信息 3DES 加密
```

6.2.3 AES 加密

AES(Advanced Encryption Standard，高级加密标准)又称 Rijndael 加密法，这个标准用来替代原先的 DES。AES 已经被多方分析且广为全世界使用，是对称密钥加密体系中最流行的算法之一。

AES 的区块长度固定为 128 位，密钥长度则可以是 128 位，192 位或 256 位。使用 AES 加密时，明文长度应该是 16 字节的整数倍，即区块长度的整数倍。其密钥除了 MODE_SIV 模式下密钥为 32 字节、48 字节、64 字节外，常用的 CBC 和 ECB 及其他模式密钥长度是 16 字节、24 字节、32 字节。

在 CBC 模式、CFB 模式、OFB 模式、MODE_OPENPGP 模式下，需要一个初始化向量 iv，如果没有显式指定 iv 将生成一个随机字节字符串。对于需要加密的文本，文本长度应该为 8 字节的倍数，不足部分需要填充文本。

如下代码使用 CBC 模式和 PKCS7Padding 填充模式实现了 AES 加密文本，是实践中常用的一种加密模式。加密和解密传入的明文、密钥、初始向量和密文应该是 Bytes 类型，加密和解密的过程如下。

```
from Crypto.Cipher import AES
from Crypto.Cipher.AES import MODE_CBC
import base64

plaintext = "AES 加密"
key = b"1234abcd1234abcd"
iv = b"1010101010101010"
aes = AES.new(key, MODE_CBC, iv = iv)


def padding(t):
    """
    PKCS7Padding 填充模式
    """
    if not isinstance(t, bytes):
        t = bytes(t, encoding = 'utf - 8')
    m = 16 - len(t) % 16                                  # 计算需要填充的数量
    n = m * chr(m).encode()
    return t + n
unpadding = lambda s: s[: - ord(s[len(s) - 1:])]      # 去掉 PKCS7Padding 填充字节的匿名函数
enc_result = aes.encrypt(padding(plaintext))          # 加密并 Base64 编码
print(base64.encodestring(enc_result))                # 输出
b'8sKkp0iTgMuIhWGd + 68SMg == \n'
aes = AES.new(key, MODE_CBC, iv = iv)
dec_result = aes.decrypt(enc_result)                  # 解密
print(unpadding(dec_result))                          # 输出 AES 解密结果
b'AES\xe5\x8a\xa0\xe5\xaf\x86'
```

6.2.4 RSA 加密及签名

RSA 加密算法是一种非对称加密算法，其原理是寻求两个大素数比较容易，而将它们的乘积进行因式分解却十分困难，也就是说对越大的整数做因式分解越困难，RSA 算法则越可靠。到目前为止，世界上还没有任何可靠的攻击 RSA 算法的方式，只要其钥匙的长度足够长，则用 RSA 加密的信息实际上是不能被破解的。

RSA 的缺点是速度比 AES、3DES 及其他对称算法慢很多，一般只用于少量关键数据的加密。加密大文件时，需要先用 AES 或者 3DES 加密，再用 RSA 加密对称加密的密钥。

RSA 公钥和密钥的生成流程是：随机选择两个不相等的大质数 P 和 Q，计算出二者的乘积 N，然后计算 N 的欧拉函数 $\phi(N)$（公式：$\phi(N)=(P-1)(Q-1)$）。再随机选择一个整数 E，且满足 $1<E<\phi(N)$ 及 E 与 $\phi(N)$ 互质的条件，计算 E 对于 $\phi(N)$ 的模反元素 D（公式 $\mathrm{ED}(\mathrm{mod}\phi(N))=1$。对于两个互质的正整数 a 和 n，一定可以找到整数 b，满足 $ab-1$ 被 n 整除，则 b 就叫作 a 的“模反元素”。最后按照 ASN.1（Abstract Syntax Notation One，抽象语法标记）标准，将 N 和 E 封装成公钥，N 和 D 封装成私钥。

RSA 消息签名的过程是：假如 A 向 B 传递一个署名的消息，A 计算出要发送消息的散列值，然后用自己的私钥加密散列值，将加密后的散列值连同消息一起发送给 B。B 收到消息后用 A 的公钥解密出散列值，然后使用与 A 相同的散列值计算方法计算消息的散列值，最后比较两个散列值是否相同，以鉴别消息在传播路径上有没有被篡改。

Python 实现 RSA 加密推荐使用 rsa 库，可以使用 pip install rsa 命令完成安装。

1. 生成密钥对

使用 rsa 库时，可以直接生成密钥对，也可以从 pem 后缀文件中读取密钥，两种方式的代码如下。

```
import rsa

pubkey, privkey = rsa.newkeys(1024)                  #生成 1024 位 公钥私钥对
with open('pubkey.pem', 'wb') as f:
    f.write(pubkey.save_pkcs1())                     #保存公钥到文件
with open('privkey.pem', 'wb') as f:
    f.write(privkey.save_pkcs1())                    #保存私钥到文件
with open('pubkey.pem', 'rb') as f:
    pubkey = rsa.PublicKey.load_pkcs1(f.read())      #从文件读取公钥
with open('privkey.pem', 'rb') as f:
    privkey = rsa.PrivateKey.load_pkcs1(f.read())    #从文件读取私钥
```

2. 公钥加密

加密时，向 encrypt()方法传入 Bytes 类型的数据和公钥。实现代码如下。

```
import rsa
import base64


pubkey, privkey = rsa.newkeys(1024)                  #生成 1024 位公钥私钥对
message = "使用 RSA 加密"                             #加密内容
msg = rsa.encrypt(message.encode(), pubkey)          #加密
encrypt = base64.encodebytes(msg)                    #Base64 编码密文
print(encrypt)

# 打印密文结果
b ' OBkT7bTQmwC7qUwNQxGjFR7DUFr7Vi9JfBY8NG + GxwgqnCwstntGsrC/k2hvnoSBawkpSyiUXW1p \
naAAzDITwFQAoqSstMEjrN5vkvA6KOjGD1gwUzsz + c11dF6UDyjk4Ga8Q0PJjQ1GWLKpCDCBtP50J \
nJePiQMzOrVumFuSCFmY = \n'
```

3. 私钥解密

如果密文经过 Base64 编码，使用 rsa 库解密前，需要将密文解码成 Bytes 类型的数据，然后向 encrypt()方法传入密文和私钥。实现代码如下。

```
import rsa
import base64
pubkey, privkey = rsa.newkeys(1024)                  #生成 1024 位公钥私钥对
message = "使用 RSA 加密"                             #加密内容
msg = rsa.encrypt(message.encode(), pubkey)          #加密
print(msg)
message = rsa.decrypt(msg, privkey).decode()         #解密
print(message)

# 打印密文结果
b"Dn\xe3\x03\xc1C\xeb\xe7\xff\x95\x0f|\xc1\x8f\x16\xc4Y\xe6 - #\xfaV,\xf0\xe6\xc1y5\
x15aD\xef\xdd\x92}&Z\xe1\x1d\xd5g`\x075\x93\x98\x0f\x90\xd0\xe1\xfb\xc9\xa52\xf0\x8f\
x8f,\xbb\\\xb0R\xdb\xdd>\x08 $ \x92?\x16E\xa8K\x08\x08\xc7Tb\x0f\x07\xbd\x87\xf4\x0f\x05\xf4
+\xef\xec~\x98\xd2[\x15\xb6mJJ\x92A\xe0\xc8B\x1c&\x9f\x14v\x08y\xe5\x02@\x92\xca'\xe0
\xaf\xd6\xb5\xe3 $ \x9e % x4\x87\xd8"

# 打印文明结果
使用 RSA 加密
```

4. 签名及验证

签名的原理是假如A给B发送消息，A先计算出消息的摘要信息，然后使用自己的私钥加密消息摘要，被加密的消息摘要就是签名，并将这个签名加在消息后面。

验签的原理是B收到消息后，使用和A相同的方法提取消息摘要，然后用A的公钥解密签名，并与自己计算出来的消息摘要进行对比，如果相同则说明消息没有被篡改，反之则说明消息被篡改过，这个过程就是验签。

RSA签名用于防止消息被篡改，消息的签名只在拥有私钥的一端产生，并且由对应的公钥验证。即使消息传输中被修改，但是没有私钥无法重新签名，很容易验证出消息被篡改过。签名使用的散列函数可以使用MD5、SHA-1、SHA-224、SHA-256、SHA-384、SHA-512，签名和验签的参数都是Bytes类型，一般签名后还需要经过Base64编码。验签成功将返回使用的散列函数名，验签失败将抛出VerificationError错误。

签名和验签过程，示例代码如下。

```
import rsa
import base64
from rsa.pkcs1 import VerificationError

pubkey, privkey = rsa.newkeys(1024)                          #生成1024位公钥私钥对
message = "使用RSA加密"
sign = rsa.sign(message.encode(), privkey, 'SHA-1')          #私钥签名
print(sign)
try:
    result = rsa.verify(message.encode(), sign, pubkey)  #公钥验签
    print(result)
except VerificationError:
print(False)                                                 #验签失败

# 打印sign结构
b'\xc8\x01\x03\x8f\xb3\x855 aGm*Y\xcbc\xb01\xe5X6*\x8ep\xb5\x1f\xf2\x8c\xe1\xe8M\xc4\xa9\xbeU\xc1\x14\x99&\xd1\x0b\x00\xc3\x17\xb8{\xc3*s/\xb0\xcb\x1e}\xa8\xc9p\xaf\xf7\x8dk\xadD\xbfP\x8c\xff\x90\x14<As\xd4\xc2\x8fW?Z\xdb\xbd\x17\xf0\x06\x93\xb8\xcb\xa2\x87\xdd\x9bM\xf4\xddX\xab\xeb\xe6\x92\xec\xb1\xc9\x0f\xd7\xb6\xf6+\x11\xb4\x88\x01\xb6\xec\x1c\x8f7\xf1\x03+x~\xcf1\x98\xff\xa7a9\xa7'

# 打印result结果
'SHA-1'
```

6.2.5 散列函数

MD5消息摘要算法(MD5 Message-Digest Algorithm，MD5)和安全散列算法(Secure Hash Algorithm，SHA)都是散列函数中常用的算法。MD5是一种被广泛使用的密码散列函数，可以产生一个128位(16字节)的散列值(Hash Value)，用于确保信息传输完整一致。SHA是一个密码散列函数家族，是FIPS所认证的安全散列算法，包括SHA-0、SHA-1、SHA-2、SHA-3等算法，其作用是计算出一个数字消息所对应的长度固定的字符串(又称消息摘要)。

SHA-0于1993年发布，但是发布之后因为安全问题很快就被NSA撤回，后续被SHA-1替代，SHA-1修正了SHA-0在原始算法中会降低散列安全性的弱点。后来SHA-0和

SHA-1 的弱点相继被攻破，推荐使用更安全的 SHA-2 和 SHA-3。

SHA-2(Secure Hash Algorithm 2，第二代安全散列算法)是 SHA-1 的后继者。其下分为六个不同的算法标准，包括 SHA-224、SHA-256、SHA-384、SHA-512、SHA-512/224、SHA-512/256。

SHA-3(Secure Hash Algorithm 3，第三代安全散列算法)分为六个不同的算法标准，包括 SHA3-224、SHA3-256、SHA3-384、SHA3-512、SHAKE128、SHAKE256。

在 Python 中，hashlib 库实现了散列函数相关的算法，包括 MD5 和上面涉及的 SHA 家族。以 MD5、SHA-1、SHA-224 为例，散列函数的基本使用方法如下。

```
import hashlib

# MD5
md5 = hashlib.md5("md5".encode())
print(md5.hexdigest())
# 1bc29b36f623ba82aaf6724fd3b16718

# SHA - 1
sha1 = hashlib.sha1('sha1'.encode())
print(sha1.hexdigest())
# 415ab40ae9b7cc4e66d6769cb2c08106e8293b48

# SHA - 224
sha3_224 = hashlib.sha3_224('sha2'.encode())
print(sha3_224.hexdigest())
# 9485ca4e7724c57ff908b9dd4d436a96f6779c7adf0bb040fefeb6e6
```

MD5 是常用的一种信息摘要算法，其标准的计算结果是 128 位，将其转换为十六进制之后，是长度为 32 个字符的字符串。在实际运用中也有长度为 16 个字符串的结果，这是因为长度为 16 个字符串的结果是将标准结果去掉首尾 8 个字符得到的。

第7章 JavaScript安全分析

视频讲解

JavaScript保护已经成为网站与爬虫较量的主战场，随着各平台对网络信息保护的重视，各种通过JavaScript实现页面信息保护的措施层出不穷。对JavaScript进行分析，成为爬虫技术的重要课题，这在无形之中提升了行业的技术门槛。JavaScript是前端体系的三大重要组成之一，其余两个分别是HTML、CSS，对JavaScript分析能力提升的过程就是对前端体系熟练的过程，对Python开发者的要求有向全栈发展的趋势。但JavaScript的分析并不难，一方面，它只涉及JavaScript脚本语言，与Python有许多相通之处，体系并不庞大；另一方面由于其开源的特性，使其保密性很弱，运行在浏览器中的JavaScript代码可以被任何人拿到并进行分析。但是分析JavaScript也并非想象中的那么容易，一方面是随着各平台对前端要求的提高，各种保护手段频出（如混淆、人机检测、动态加载等）；另一方面，JavaScript也是一门完整的语言，有很多特性和功能，对于初学者或者不熟练的开发者而言，还是比较晦涩难懂的。

本章要点如下。

（1）JavaScript分析的基础：浏览器开发者工具、断点及动态调试、JavaScript常用的加密库、在Python中执行JavaScript。

（2）查找JavaScript源码入口的常用方法。

（3）JavaScript常用的一些基础保护措施。

（4）基于AST的常见混淆策略。

（5）AST基础概念及AST开发的流程。

（6）Bable插件的基础内容及插件的开发。

（7）运用AST还原混淆的案例。

（8）独立出JavaScript源码并在其他应用中调用。

7.1 JavaScript分析基础

本节介绍JavaScript分析的基础，介绍浏览器开发者工具的基本功能和作用；在浏览器中设置JavaScript源码的断点，以及动态调试和分析的方法；在JavaScript中常见加密库CryptoJS的使用，以及如何在Python中执行JavaScript代码。

7.1.1 浏览器开发者工具

Chrome开发者工具是一套内置于Google Chrome中的Web开发和调试工具，可用来对网站进行迭代、调试和分析。有三种方式可以打开Chrome开发者工具：在Chrome菜单中单击“更多工具”→“开发者工具”命令；在页面元素上右击，在弹出的快捷菜单中选择“检查”选项；使用快捷键F12(Windows下)。

1. 模拟移动端

单击开发者面板左上角的“设备切换”按钮，可以切换到移动端，在模拟设备视图上方有设备型号和显示比例，如图7-1所示。内置Android和iPad、iPhone等可选设备，也可以自己设置设备的尺寸。

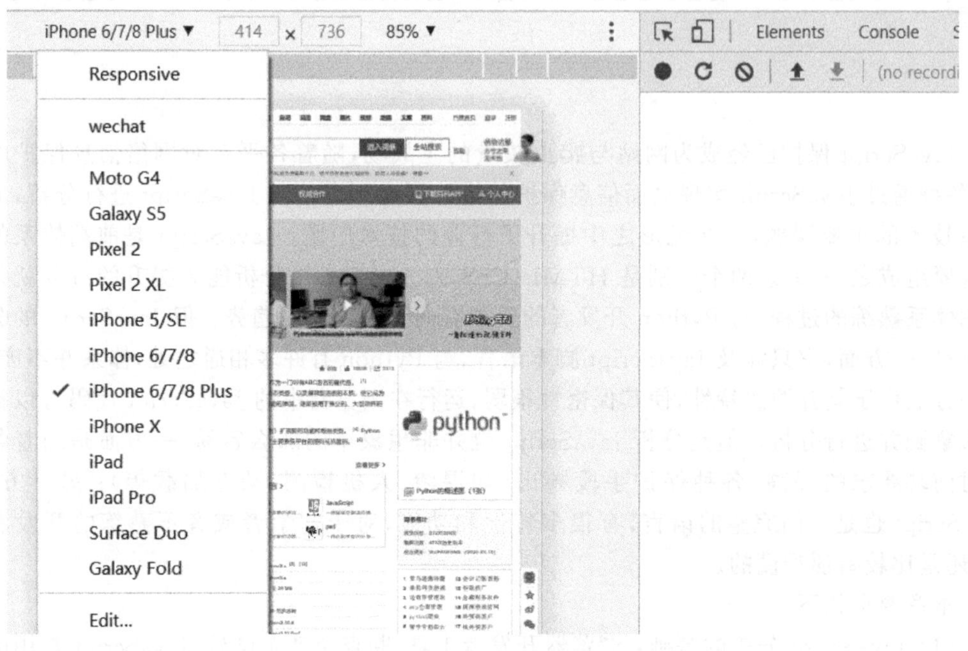

图7-1　切换到移动端

2. Elements选项卡

Elemeats(元素)选项卡左侧展示了页面渲染后的DOM树，可查看各个节点的关系和属性；右侧展示了选择节点的样式、布局和绑定的事件等信息，如图7-2所示。

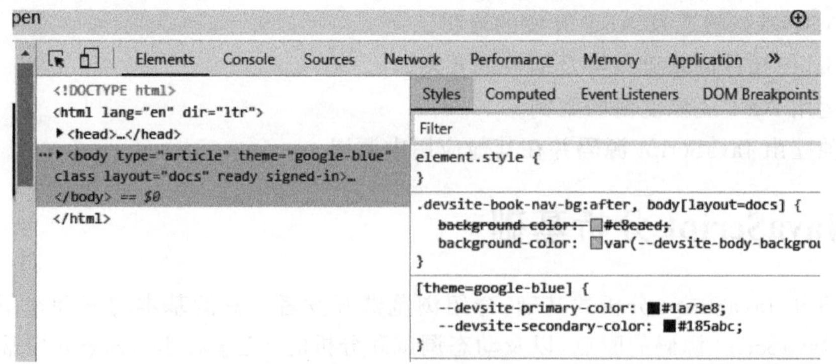

图7-2　Elements选项卡

3. Console选项卡

Console(控制台)选项卡提供了一个命令行的输入界面，用于在当前页面环境下执行输入的 JavaScript 代码，并实时输出运行结果，如图 7-3 所示。

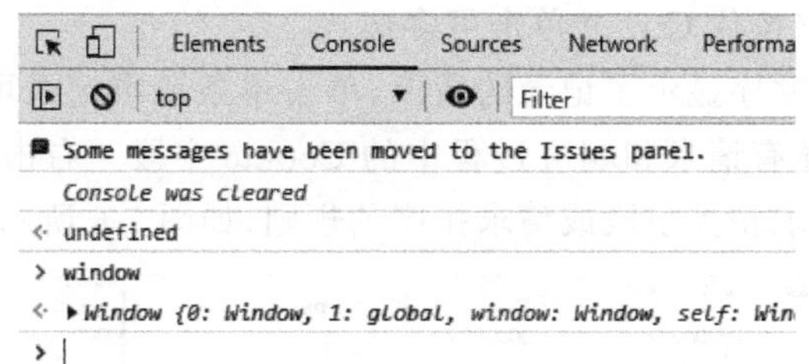

图 7-3　Console 选项卡

4. Sources 选项卡

Sources（调试器）选项卡可查看网站使用的资源文件，包括 js 文件、html 文件、图片文件等。资源文件的目录按照加载路径存放，常在该选项卡下设置 js 文件的断点并动态调试，如图 7-4 所示。

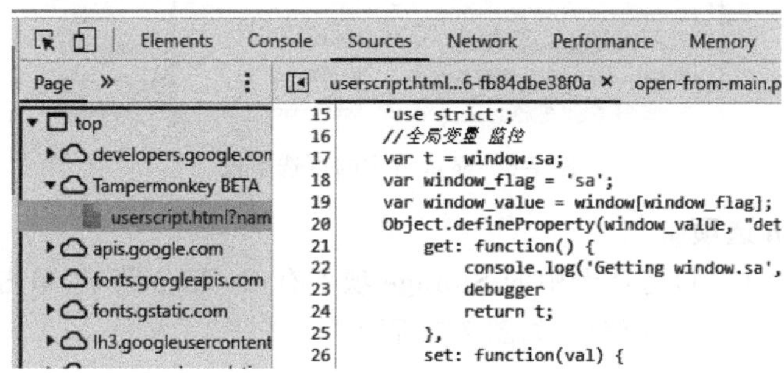

图 7-4　Sources 选项卡

5. Network 选项卡

Network（网络）选项卡是最重要的选项卡之一，其中记录了网站和后台的通信过程，是分析其通信过程的重要参考。如图 7-5 所示，Network 选项卡中有菜单栏（❶）、筛选栏（❷）、Network 设置面板（❸）、请求记录面板（❹）。

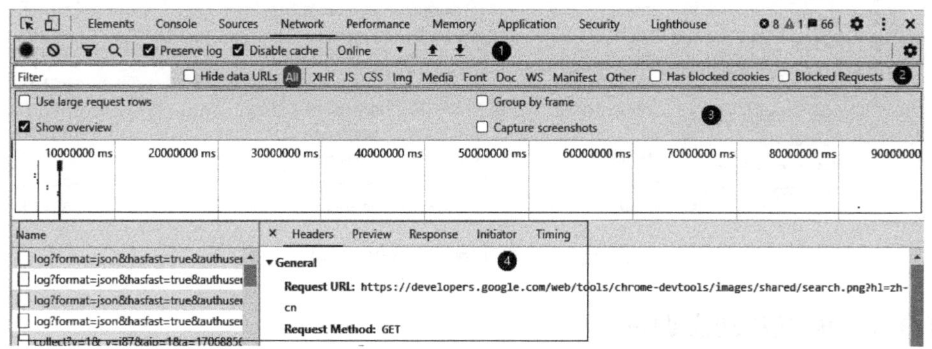

图 7-5　Network 选项卡

菜单栏中有开始记录按钮、停止记录按钮、清空记录按钮、打开筛选面板按钮、打开搜索面板按钮、Preserve log 复选框（作用是不清除页面重新加载或导航的记录，Disable cache 复选框作用是在开发工具打开时禁用缓存）、Online 用于选择流量的来源；上传和下载按钮（作用是可以导入和导出 HAR 文件）。单击最右侧设置按钮可以打开 Network 设置面板。

筛选栏的作用主要是对请求进行过滤，可以在文本框中根据关键词对请求进行过滤，或者选择指定类型的请求(按住 Ctrl 并单击可多选)。

请求记录面板中按顺序显示了记录的请求，单击单条请求记录可以查看请求的详细信息及响应的相关数据，还有请求和响应过程中的 Cookie 字段。右击列表栏，在弹出的快捷菜单中可选择显示的请求相关字段或请求排序的规则，如图 7-6 所示。

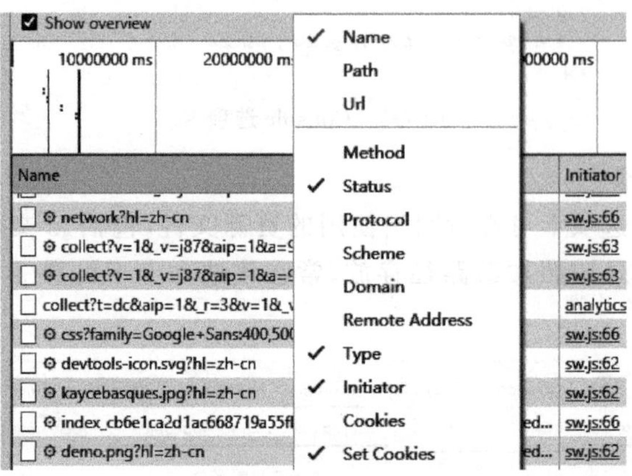

图 7-6　显示请求的可选字段

6. Application 选项卡

在 Application(应用)选项卡中的 Storage 项下有 Cookies 菜单，单击该菜单可以查看和编辑当前域名下的 Cookie 信息，如图 7-7 所示。

Name	Value	Domain	Path	Expires /...
__Secure-3PSIDCC	AJi4QfHqVv...	.youtube.com	/	2021-12...
__Secure-3PSID	5AddFdgm...	.youtube.com	/	2022-12...
SID	5AddFdgm...	.youtube.com	/	2022-12...
__Secure-3PAPISID	0Qv1tixm3_...	.youtube.com	/	2022-01...
HSID	AOH2HHPn...	.google.com	/	2022-01...
HSID	AsYVot2fR...	.youtube.com	/	2022-01...
SSID	AYccgQW5s...	.google.com	/	2022-01...
APISID	y3pBIlnvkY...	.youtube.com	/	2022-01...
__Secure-3PSIDCC	AJi4QfEbV-...	.google.com	/	2021-12...
__Secure-3PSID	5AddFSDW...	.google.com	/	2022-12...
SID	5AddFSDW...	.google.com	/	2022-12...
SAPISID	0Qv1tixm3_...	.youtube.com	/	2022-01...
SIDCC	AJi4QfH5FS...	.google.com	/	2021-12...
APISID	y3pBIlnvkY...	.google.com	/	2022-01...

图 7-7　查看并编辑 Cookie 信息

7.1.2　断点及动态调试

设置断点和动态调试，是分析 JavaScript 执行逻辑的重要方法，在浏览器开发者工具中可以像 PyCharm 中调试 Python 代码一样容易。

在 Sources 选项卡下打开要分析的 js 文件，单击代码框左下角的“{}”符号对 js 文件进行格式化，格式化后的代码更加美观和直接。在代码块右侧就是调试器，如图 7-8 所示。

通过在代码框中单击代码行序号，对该行代码设置断点，或通过调试器的 XHR/fetch

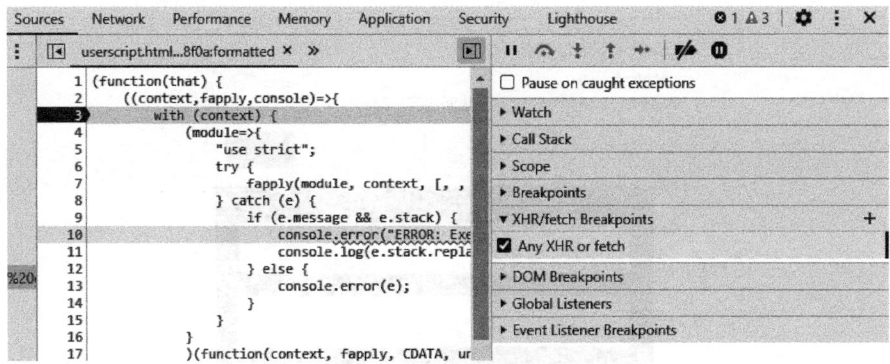

图 7-8　代码框和调试器

Breakpoints 项添加需要断点的 URL 规则。设置断点后，刷新页面时页面将在断点处堵塞执行。

当页面在断点处堵塞时，可以通过调试器做进一步操作。调试器顶部按钮菜单功能分别是暂停脚本执行（快捷键为 F8）、跳过下一个函数执行（快捷键为 F10）、进入下一个函数执行（快捷键为 F11）、跳出当前函数执行（快捷键为 Ctrl＋F11）、停止（快捷键为 F9）、禁用所有断点、出现异常时判断是否暂停。

调试器中常用的几个功能面板有：Watch 监控面板，用于设置需要监视的变量名，可实现其值变化的动态监视；Call Stack 是调用栈，用于显示到当前步骤的所有调用过程；Breakpoints 用于显示所有标记的断点，可对断点进行快速定位及操作；XHR/fetch Breakpoints 用于对指定 URL 地址设置断点，设置后在该请求发送前暂停。

7.1.3　加密库 CryptoJS

CryptoJS 库是标准安全加密算法的 JavaScript 实现，实现了常用的加密算法，包括 MD5、SHA、AES、DES 等加密和散列函数。CryptoJS 常用于前端传输数据的加密，例如，将一些敏感的登录信息加密后传输。CryptoJS 库文件的下载地址是 https://code.google.com/archive/p/crypto-js/downloads，下载压缩包后解压文件，文件中有常用的加密库，按需引入部分或全部加密库文件。

下面演示前端常用的加密库使用场景，新建一个文件夹 LoginMd，复制 CryptoJS 文件下的 rollups 文件夹中的 md5.js 文件以及 bootstrap.min.css 样式文件（见本书的配套资源）。新建用户模拟登录页面的 login.html 文件，导入 JavaScript 和 CSS 样式文件，其中登录敏感信息加密对应的 JavaScript 代码如下。

```
function login() {
        var user = document.getElementById("user");
        var pwd = document.getElementById("pwd");
        var value = CryptoJS.MD5(pwd.value).toString();
        alert("您的用户名: " + user.value + "\n" + "密码 MD5 值: " + value)
    }
```

输入用户名和密码后，单击“登录”按钮后的效果如图 7-9 所示。往往为了用户密码安全，网站后台不直接保存用户密码，而是保存密码的 MD5 值，这样做的目的是即使在后台密码数据库泄露的情况下，用户账户信息也不会立马泄露。

图 7-9 单击"登录"按钮后的效果图

7.1.4 Python 中运行 JavaScript

在 Python 环境中通常使用 PyExecJS 库来执行 JavaScript 代码，该库支持 PyV8、Node.js、PhantomJS、Nashorn 四种运行环境，其中常用 Node.js 作为运行环境。尽管在 PyExecJS 的官方信息中已经提示该库不再维护，但是它仍然是 Python 中运行 JavaScript 代码效果最好、错误率最少的库，并且兼容 Python 3.0 版本。

使用 pip install PyExecJS 命令安装，在代码文件中引入的模块名为 execjs。除此之外，还需要安装 Node.js 环境，并在 Node 安装目录中添加系统环境变量。PyExecJS 的使用流程如下。

```
import execjs

print(execjs.get().name)                    # 打印当前 JavaScript 执行环境
print(execjs.eval("1 + 1"))                 # 直接运行 JavaScript 源码，打印 2
ctx = execjs.compile("""
        function add(x, y) {
        return x + y;
        }
        """)                                # 批量读取源代码作为上下文对象供调用
print(ctx.call("add", 1, 2))                # 调用函数并传参，打印 3
```

7.2 JavaScript 入口定位

要对 JavaScript 进行分析，首先要找到对应参数的生成或相应事件的逻辑入口，而往往这些入口隐匿在成千上万行的 JavaScript 源码中。因此，掌握一定的定位技巧，有助于快速对关键的源码进行分析，不至于在成千上万行的 JavaScript 文件中毫无头绪。

关于 JavaScript 入口定位，除了上面介绍过的针对特定请求通过 XHR/fetch Breakpoints 功能设置断点。本节还将介绍常用的几个方法：第一个是全局的资源搜索，用于搜索关键词；第二个是浏览器开发者工具中的事件记录器，经过记录器快速定位相应事件的位置；第三个是 Tampermonkey 插件，用于对难度较大的生成参数进行定位。

7.2.1 全局搜索

全局搜索是通过浏览器开发者工具提供的搜索功能，在全站资源中搜索指定的关键字，一般来说，这些关键字包含请求地址的全部或部分字符、请求参数的全部或部分字符，以及其他有明显寓意或特征的字符。搜索出的关键字将包含所在的文件位置，进入对应行然后设置断点，通过动态调试确定其是否为需要的逻辑切入点。

在浏览器开发者工具面板中，单击 Customize and Control Dev Tools 菜单栏（面板右上角 Settings 菜单右侧）下的 Search 选项（或按快捷键 Ctrl+Shift+F），在开发者工具底部打开搜索选项卡。输入搜索内容，即可搜索包含指定内容的目标文件，如图 7-10 所示。

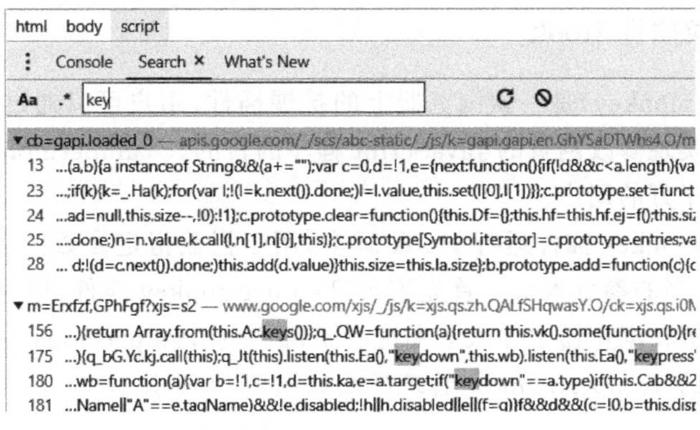

图 7-10 Search 选项卡

7.2.2 事件记录器

通过事件记录器可以快速查看页面元素绑定的动作事件和请求发生的位置。页面元素绑定的事件在浏览器开发者工具 Elements 选项卡下的 Event Listeners（事件侦听器）选项卡中，如图 7-11 所示。

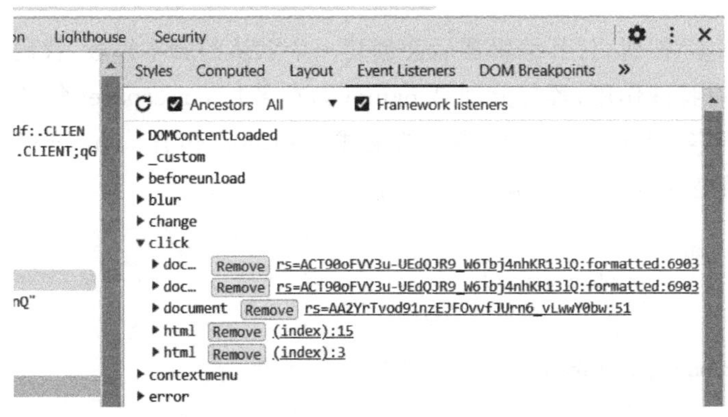

图 7-11 Event Listeners 选项卡

查看请求发生的位置，打开浏览器开发者面板的 Network 选项卡，在请求列表中的 Initiator 项中。如果列表没有该字段，右单击表头打开需要显示的字段菜单，选中 Initiator 字段。该字段记录了对应请求发出前经过的事件过程，可快速定位请求对应的文件，Initiater 项如图 7-12 所示。

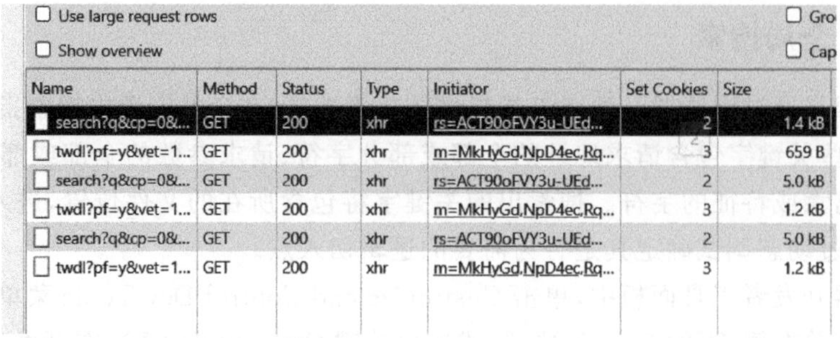

图 7-12　Initiator 项

7.2.3　油猴插件 Hook

油猴(Tampermonkey)是一款浏览器上的扩展插件,用户可以通过该插件将自己编写的脚本注入网站,实现修改网页的 JavaScript 程序的目的。Tampermonkey 自 2010 年创建以来,已经拥有上千万的用户。

通过 Tampermonkey 插件运行 Hook 脚本,用于拦截指定参数的访问或创建过程,从而找到那些难度极高的参数入口。首先安装 Tampermonkey 插件,通过 Chrome 浏览器的应用市场安装,或者在浏览器中导入本书配套资源中的 Tampermonkey. crx 文件进行本地安装,安装后打开的 Tampermonkey 管理界面如图 7-13 所示。

图 7-13　Tampermonkey 管理界面

单击“新建脚本”按钮,打开编辑器后会创建一个默认的脚本模板,代码如下所示。其中开头注释的几行有特殊作用,解释分别是 name(脚本名)、namespace(命名空间以区别同名脚本)、version(版本号)、description(脚本的描述)、author(作者)、match(URL 匹配规则时的执行脚本,支持通配符)、grant(脚本运行的权限)。

```
// ==UserScript==
// @name         New Userscript
// @namespace    http://tampermonkey.net/
// @version      0.1
// @description try to take over the world!
// @author       You
// @match        ttp://*/*
// @grant        one
// ==/UserScript==

(function() {
    'use strict';
```

```
    // Your code here...
})();
```

通过 Tampermonkey 插件将 Object.defineProperty()方法注入网站,用于拦截指定变量的创建和读取。其作用是直接在一个对象上定义一个新属性,或者修改一个对象的现有属性,并返回此对象。语法格式是 Object.defineProperty(obj,prop,descriptor),参数 obj 要定义属性的对象,prop 是要定义或修改的属性的名称,descriptor 是要定义或修改的属性描述符。常用的描述符有 get()(属性被访问时,调用此函数)、set()(属性被修改时,调用此函数),用这两个描述符来拦截 window 对象下指定变量的读取和修改过程。例如:

```
(function () {
    const name = "webdriver";
    const objs = [window, window.navigator];
    const values = {};
    for (i in objs) {
        values[objs[i].toString()] = objs[i][name]
    }
    const descriptor = {
        get: function () {
            debugger
            return values[this.toString()];
        },
        set: function (value) {
            debugger;
            values[this.toString()] = value;
            return value;
        }
    };
    for (var i in objs) {
        Object.defineProperty(objs[i], name, descriptor);
    }
})();
```

其中,name 是要监听的字段,objs 是该字段可能所在的对象集合,集合中的对象是全局对象。defineProperty 不支持嵌套的操作,因此使用一个对象列表来收集需要监听的范围。将上述代码添加到 Tampermonkey 脚本中,在控制台模式下访问 window 下的 webdriver 或 window.navigator.webdriver 属性时,将自动停留在断点处。如果是对 Cookie 操作的入口进行分析,可以将 document 添加到 objs 中,将 name 值改为 Cookie。

defineProperty 也有一定的局限性,它不适用于局部变量的监听。同时,对于 hasOwnProperty()之类的属性访问方式是不生效的,如下所示的控制台不会自动断点。

```
> window.hasOwnProperty('webdriver');
< true
```

7.3 JavaScript 防护

7.3.1 域名锁定

域名锁定或者一些版本信息的锁定,原理是在原来的 JavaScript 代码中加入验证逻辑。

其逻辑是先将指定的域名或版本信息字符串混淆、打乱、加密、分散,然后在运行中拼凑出完整的字符串,再通过逻辑比对,如果当前执行环境的域名不符合设定值,便终止运行。

如下代码在不同网址下的开发者工具中将弹出不同内容的提示框,如果在 www.baidu.com 下运行将获得正确提示,其他网址下运行将获得错误提示。

```
var _0x325f = ["\x68\x6F\x73\x74","\x6C\x6F\x63\x61\x74\x69\x6F\x6E","\x77\x77\x77\x2E\x62\x61\x69\x64\x75\x2E\x63\x6F\x6D","\u57DF\u540D\u6B63\u786E","\u975E\u6CD5\u57DF\u540D"];var domain = window[_0x325f[1]][_0x325f[0]];if(domain == _0x325f[2]){alert(_0x325f[3])}else {alert(_0x325f[4])}
```

上面一段代码是经过混淆后的代码,基本不具备可读性,其原来的逻辑如下。

```
var domain = window.location.host;
if (domain === "www.baidu.com") {
    alert("域名正确")
} else {
    alert("非法域名")
}
```

7.3.2 源码校验

源码校验主要用于检测 js 文件中的关键函数有没有被篡改,对于一些检测项目可以放到 JavaScript 函数中,然后在外层再检测这个函数有没有被改动,达到双重检测的目的。其实现过程,先通过 toString()获得函数的字符串,然后使用 MD5 或者其他散列算法求函数的摘要,最后在本地或远程服务器中完成校验。

如下源码是在 Node.js 中计算函数的 MD5 值,使用的是 Node.js 的内置加密模块 crypto。

```
> function webdriver(){return window.navigator.webdriver}
undefined
> var crypto = require('crypto');
undefined
> crypto.createHash('md5').update(webdriver.toString()).digest("hex");
'a9312409d1611c12e8020af9fe0175e6'
```

7.3.3 防格式化

代码防格式化也是有效的保护机制,常用的手段是通过 RegExp 正则来匹配一个函数的格式。这个函数满足自调用,当格式化后,函数格式被破坏,正则无法匹配到一个正确结果。由于函数又是自调用,相当于匹配一个无限长度的字符串,通过程序“卡死”达到防止格式化的作用。

开源的 JavaScript 保护工具 javascript-obfuscator 所对应的在线工具 obfuscator.io,其正是基于此原理实现的代码自我保护功能(项目地址参见附录 A)。在在线工具中,用一个简单的函数仅勾选自我保护项,会得到下列一段增加的保护代码,格式化后如下。

```
var _0x42d2f1 = function (_0x207e9f, _0x5a72e8) {
    return function () {
        if (_0x5a72e8) {
            var _0xcc07b8 = _0x5a72e8['apply'](_0x207e9f, arguments);
```

```
            _0x5a72e8 = null;
            return _0xcc07b8;
        }
    }
};
var _0x46e468 = _0x42d2f1(this, function () {
    var _0x2ba6b0 = function () {
        var _0x4a0d99 = _0x2ba6b0['constructor']('return\x20/\x22\x20 + \x20this\x20 + \x20\
x22/')()['constructor']('^([^\x20] + (\x20 + [^\x20] + ) + ) + [^\x20]}');
        _0x46e468()
        return !_0x4a0d99['test'](_0x46e468);
    };
    return _0x2ba6b0();
});
_0x46e468();
```

当0x46e468()执行后即完成代码是否被格式化的检测，如果代码被格式化，则“卡死”在程序中。其中下列语句将得到一个正则对象，并调用正则对象的test()方法对函数_0x46e468()进行匹配。

```
var _0x4a0d99 = _0x2ba6b0['constructor']('return\x20/\x22\x20 + \x20this\x20 + \x20\x22/')()
['constructor']('^([^\x20] + (\x20 + [^\x20] + ) + ) + [^\x20]}');
return !_0x4a0d99['test'](_0x46e468);
```

_0x46e468()是一个自调用形式的函数，满足该正则的部分源码如下，如果倒数第二个花括号被格式化换行，那么匹配将陷入“卡死”状态，如果不换行将匹配到一个正确结果，程序将得以正常执行。

```
function () {
        if (_0x5a72e8) {
            var _0xcc07b8 = _0x5a72e8['apply'](_0x207e9f, arguments);
            _0x5a72e8 = null;
            return _0xcc07b8;
        }
    }
```

如上代码中要解决对格式化的保护，只需要删除添加的保护代码即可，或者注销检测函数_0x46e468()的调用，也可以达到去格式化保护的目的。

7.3.4 鼠标轨迹检测

检测鼠标轨迹有助于区分正常用户和非正常用户，直接通过接口请求数据或者利用自动化工具模拟单击是不会产生鼠标的移动轨迹的。当网站收集到鼠标的移动轨迹后，可以通过加密或者隐秘的请求(例如一些携带了很长字符串的gif资源请求)传递回后台，后台通过有无鼠标数据来判断是否为正常用户。

鼠标轨迹检测的另一个应用场景是轨迹相关的验证，包括滑动验证、手势验证等，通过相同周期采集鼠标的轨迹坐标，然后传至后台分析并判断其是否符合正常用户的操作习惯。

通过在指定元素上绑定的mousemove事件，当该元素有鼠标移动时，将获取到鼠标的变化坐标。以整个页面的document为目标对象，在开发者工具中输入监听事件，并打印鼠标变化的坐标，如图 7-14 所示。

```
> document.addEventListener('mousemove',function(e){
            console.log(e.x,e.y)})
<· undefined
② 482 484
② 468 484
② 463 484
```

图 7-14　绑定当前页面的鼠标事件

对应使用的检测源码如下。

```
document.addEventListener("mousemove", function (e) {
    console.log(e.x, e.y)
})
```

7.3.5　控制面板检测

通过检测浏览器的开发者工具面板是否打开或者禁用能够判定打开浏览器开发者工具的方式，以阻止调试和分析。阻止开发者工具打开的常用方式有禁用鼠标右键、禁用快捷键F12。检测开发者工具是否打开的常用手段有拦截打印的 Image 对象、文档显示尺寸和窗口外部尺寸差异对比、通过事件的执行时间间隔来判断等。

所有禁用浏览器开发者工具打开的方法都不够严谨，因为可以在网页打开之前先把浏览器开发者工具打开。对于通过拦截 Image 对象的打印，在 Chrome 浏览器(86.0.4240.75)中是有效的，其实现方式如下。

```
var element = new Image();
Object.defineProperty(element, 'id', {
  get: function () {
    alert('开发者工具已打开');
  }
});
console.log('%cHello', element);
```

对于使用文档的显示尺寸(window.innerHeight、window.innerWidth)和窗口外部尺寸(window.outerHeight、window.outerWidth)的检测方法，正常情况下窗口外部尺寸只比文档的显示尺寸多一个工具条的宽度，即它们的尺寸差异不会超过 100px。如果打开了浏览器开发者工具，将影响文档的显示尺寸，从而判断是否打开了浏览器开发者工具。但是，如果在单独页面中打开浏览器开发者工具，这个方法也就失效了。

通过事件执行的时间间隔设置障碍，主要是在一个函数中设置 debugger，然后通过对比该函数执行的时间来判断是否打开了开发者工具，在开发者工具未打开时，debugger 不会生效，其原理如下。

```
(function() {var a = new Date(); debugger; return new Date() - a > 100;}())
```

7.3.6　浏览器特征检测

浏览器特征的检测，主要是无头模式的检测及自动化控制特征的检测(如 webdriver)，这是一个没有通用解决方法并且相互较量的一个过程。对于检测方来说，就是不断地增加识别的特征，对于爬虫而言就是不断地抹掉特征，也是一个彼此促进发展的过程。

在 Selenium 或 pyppeteer 爬虫中，无头模式常用于提升浏览器的运行速度，或者在 Linux 服务器上运行。检测浏览器是有界面还是无界面运行，也是鉴别爬虫的重要途径。对于浏览器自动化控制的识别特征，一方面是浏览器厂商不断地修复安全漏洞，暴露更多的控制细节；另一方面是检测方不断地增加检测的项目，如 webdriver 特征、多种浏览器指纹。常见的浏览器特征如表 7-1 所示。

表 7-1　浏览器常用特征

特　征　值	说　　明
navigator. webdriver	自动化工具控制浏览器的特征值
window. chrome	无头模式下返回空
userAgent	结合 navigator. platform 等属性共同检测
navigator. platform	检测是否为 Linux 系统
navigator. plugins	检测插件数量，自动化控制的浏览器默认不安装插件
navigator. languages	通过浏览器语言的差异，检测是否为正常浏览器
navigator. hardwareConcurrency	检测核心数，服务器核心数较小

根据特征检测浏览器是否正常，通常用两类特征参数。一个是类似 webdriver 的自动化控制标示参数；另一个是用于区分 Linux 系统参数，Linux 一般作为服务器系统，运行在该系统上的浏览器大概率是非正常用户。

7.3.7　浏览器指纹检测

浏览器指纹检测主要基于设备硬件的差异导致的图像、声音、视频的数据差异，以此来标记不同的浏览器。浏览器指纹包括字体指纹、音频指纹、画布指纹、图像指纹等。在第 4 章中已经介绍了这几种常见的指纹及其相对应的防御插件。在 Node. js 环境中应对指纹检测就需要根据正常情况下的指纹生成流程来构造对应的方法，以常用的画布指纹为例，在 Node. js 中实现随机生成画布指纹的源码如下。

```
var document = {
    createElement: function (name) {
        if (name == "canvas") {
            return canvas
        }
    }
};
var canvas = {
    getContext: function getContext() {
        return {
            fillRect: function fillRect() {
            },
            fillText: function fillText() {
            }
        }
    },
    toDataURL: function toDataURL() {
        let str = 'abcdefghijklmnopqrstuvwxyz9876543210';
        let tmp = "data:image/png;base64,";
```

```
        for (let i = 0; i < 5000; i++) {
            tmp += str.charAt(Math.floor(Math.random() * 36));
        }
        return tmp + " == "
    }
};
```

其中，定义了一个 document 对象，其下有创建 canvas 的 createElement()方法，在 canvas 下主要实现了 canvas 对象的 getContext()和 toDataURL()方法。getContext()在获取绘画环境正常情况下会返回 CanvasRenderingContext2D 对象。对于 CanvasRenderingContext2D 对象中用到的方法需要覆写，例如设置文本 fillText()、填充方法 fillRect()。实际情况下，需要根据源码中涉及的方法来覆写。toDataURL()方法用于获取绘画结果的数据，一般经过 MD5 或 SHA 计算生成指纹，这里随机生成长度为 5000 个左右的字符串作为画布数据。下面是在 Node.js 环境中获取画布值的过程，使用前先按照上述源码定义 document 和 canvas。

```
Welcome to Node.js v14.18.1.
Type ".help" for more information.

> var document = {
...     createElement: function (name) {
.....         if (name == "canvas") {
.......             return canvas
.......         }
.....     }
... };
undefined
> var canvas = {
...     getContext: function getContext() {
.....         return {
.......             fillRect: function fillRect() {
.........             },
.......             fillText: function fillText() {
.........             }
.......         }
.....     },
...     toDataURL: function toDataURL() {
.....         let str = 'abcdefghijklmnopqrstuvwxyz9876543210';
.....         let tmp = "data:image/png;base64,";
.....         for (let i = 0; i < 5000; i++) {
.......             tmp += str.charAt(Math.floor(Math.random() * 36));
.......         }
.....         return tmp + " == "
.....     }
... };
undefined
> var canvas = document.createElement("canvas");
undefined
> let ctx = canvas.getContext("2d");
undefined
> ctx.fillText("画布")
undefined
> canvas.toDataURL()
'data:image/png;base64,n97r8ma6n7oxfb0q5yaqe984c6tudxemu1y8phfehfn79jucvqnmxyy3ydmzlch1jd
r7bf9o9kvw22dy22yx8ju3u2con7vskpi9rn1qeo2lkb89p2xvyffaq52q1kyfead22lg9g3lf0sgurk318hyikc0
```

```
lp7ysdau058ahe7929oxlpgfl1mwwlzmqpur0gatfi3nipl1l865if80bty30poa01f2kn3cr2ykyzqkn6tp0pr1a
v2j2fdvl48i2xyygciheraxfd24yfkl7y9rhrn2rybnzh02tkrnz7qk1wh4zkodzwfm2g67tghgj2buool6xjkqgi
3dfcv9lnl18hpyc0wkswhizt46notyg6agr0xkdxk31w8554ypzek5w8g30k3zmkthej82usy1ljz7in8ksazi0s4
0aqaaxpeywl14sdx5xvkf28nki6qb7uzule2a5afcl2f7g3joq7nxqs88sz206iqz22lktrzsqbq4916tpdo1lcni
sxvp94kgptuof4pbdsyoxd02pwxa2ahjxkhtwesk5evb20ojcuyckyx5l16x66x5c6nytlmamvnhpmpp7h42qtwt6
84gpf9494enlxpptbecu99omas0xt1pvd7l1w6u9xqerl3xv9f95mkdulgtx7t2lf6u6trcdvafneiygwgrzurvuq
u2cl6dr00qx3vhotvdnu00t3i8jkxxlwbe6qtg2zcxx97ewbfzgzbf06x99cdn41b42ko2the0o27rgmsmieklm8e
9drw56gzdglkwt2bvp809gw2gpgybsv0zfdc8j64b69f8pgmib6akttzy4ojpr9ial2jnr1a0ygbbhslqpy6dh00v
dogcg0wnd53s08a7sfuk2k463f461f8wergvmawwc83kua0sj2ujpgtrh6mrsd82p97jhyekee0zgkz1v9fzgnuw3
d2kfabmzk7awnwsz2ya1d2feweeoez8pxad8tf5vn7hjf8384sw94cgxzhib1qujvbfmmwx1cltd8gfc9dwa0qh4h
wwc8ankt8u8r6dy873n9phs2p9h
…
ts2551uf2o16wetj9bnikqavh5belvde1uofmnvj5azzpd0cbfdu4nv3sv2h6sdtdseqsex5jw7xhardq9a5o5ev0
5c4cjx6ja4e0x2lxt3jmwk6ok73ppgvemk1g6nqj2vacvsmdw0jsdhk85szkbs59g951lmd09j1k2t4yybnbaxuj6
h1yy5r90kw278l4c1bjjgrz9hgx5qiosz16xm6aq0bbpnmfk5yv3yz8598xatdys1r0g63917nsr9xgv14jiwrgus
hr62oa674qvlyo05793w3e1s1l5gy80tve4x7e5zootqdbfr4tzm0qjvtptnsluye0e3zdw695sron3bqlj1o2uic
t0w5v43fgqs2sd8llzce9fparaghidbhwwp0qyrw3eue7slde3szt4hhuyfeyzni7lrm6mrnna5uffg01dobxjbhz
7eehhcjtjx924kzx42mnfa3utvwztp0auta4kwe0kir0xbdfe2bsn6jr7j2vyrfyjcmvnoe4xdzgodtwq5aq79n3s
bpx9dpu9icebxpdso2qqhlhmb7qaahwk06wj9e3oi08ywgrosvfacsmga48m2irey3gvzfte57247zrlvo1jajb5b
nuoj9rggznzqhuuzdmidf9xrkbxdttans15dwz6k5b20jst93fxsne17z9vns1mqaeqschv4sjg3uf6k5zqz983ef
cp9m59ij02y3sdargao08jff4vxko2zxg3awmnoon9877if2mv15l136z77q3hz6ku3f8pf72m5obg6i4ga704zy
3sf8vlu0n78xzs9wtc5bcwr0w30p0uwie6extmdcglr4ch34vzrabmjeu37xj91h2f4oey8dgeo9un76k7501d0b
b4j4v9pc2fczk1vo3j2165ybwlplai9o5ai2tfrssukrhpuk8g0c5digvqdd2ux5vaabphaqt1s71kl9xvif4nl7w
8nupstjp1jvmlshyf1nno8r7q61i78085nqek4nkduhp3tovfmqh3ql2m7d7u8h8xrcyc3pyq2fniqru3l2q9wydf
nzam4nl689bknrfgw8mbsa3y10jcpc925a9mmw36h8ml48v7ggg5a0mupvrgm7fri0fe775buab459xkl5n0hjyv
bqlxgcjn8tekwh0lzuttcfee0gmrq1ttp5lq71fgzma3zp3qf407em3u1mgq7ldnj85g8vsln =='
>
```


7.3.8 debugger 反调试

debugger 反调试是通过在一定条件下执行 debugger 语句,达到阻碍动态调试的目的。这个触发条件可以是以开发者工具是否打开为准,或者设置定时任务不断地执行 debugger,当有人通过浏览器开发者工具调试网页时,将被断点阻塞。例如:

```
# 通过定时器设置断点
setInterval(function () {
    (function () {
        var t = new Date();
        debugger;
        return new Date() - t > 100;
    }())
}, 10);
```

处理设置了无限 debugger 的网页有几个通用的思路:使用 Fiddler 把含有断点代码的文件替换原来的文件;在浏览器开发者工具中禁用所有断点;给断点设置条件,如果断点在单独的函数中还可以重写该函数。

在浏览器开发者工具的 Sources 选项卡的调试器菜单中,单击 Deactivate breakpoints 按钮即可停用所有的断点,如图 7-15 所示。

给断点设置调试件,首先手动在 debugger 语句处打上断点标记,然后右击该标记打开菜单,在弹出的快捷菜单中选择 Edit breakpoint 项编辑断点,在“条件”文本框中将断点条件设置为 false,这样该断点就不会生效,如图 7-16 所示。

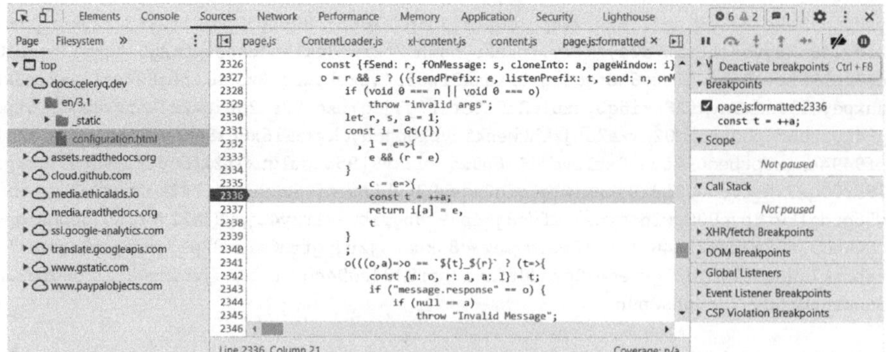

图 7-15 禁用断点

```
10        (function() {
11            var t = new Date();  t = Mon Jan 25 2021 23
12                debugger ;return new Date() - t > 100;
    Line 12:  Conditional breakpoint ▾
    Expression to check before pausing, e.g. x > 5
13            }())
14        }, 10);
15        </script>
16      </body>
```

图 7-16 断点设置条件

7.4 AST 基础

7.4.1 抽象语法树

抽象语法树(Abstract Syntax Tree，AST)，简称语法树(Syntax Tree)，是源代码语法结构的一种抽象表示。它以树状的形式表现编程语言的语法结构，树上的每个节点都表示源代码中的一种结构。之所以说语法是“抽象”的，是因为这里的语法并不会表示出真实语法中出现的每个细节。例如，嵌套括号被隐含在树的结构中，并没有以节点的形式呈现；而类似于条件跳转语句 if-condition-then，可以使用带有三个分支的节点来表示。

一般来说，在源代码的翻译和编译过程中，语法分析器创建出分析树，然后从分析树中生成 AST。一旦 AST 被创建，在后续的处理过程中，如语义分析阶段，会添加一些信息。

通过 AST 在线解析工具可以对 JavaScript 代码的 AST 结构做动态分析，该在线解析工具是编写 AST 插件的重要工具。例如一行简单的 JavaScript 语句“var a = "Hello World"”，其 AST 结构表示如下，前缀“+”表示节点折叠。

```
{
    type: "VariableDeclaration"
    start: 0
    end: 20
  + loc: {start, end}
  - declarations: [
     - VariableDeclarator {
         type: "VariableDeclarator"
         start: 4
         end: 19
```

```
            + loc: {start, end}
            + id: Identifier {type, start, end, loc, name}
            - init: StringLiteral
                type: "StringLiteral"
                start: 6
                end: 19
                + loc: {start, end}
                - extra: {
                    rawValue: "Hello World"
                    raw: ""\"Hello World\"""
                }
                value: "Hello World"
        }
    ]
    kind: "var"
}
```

JavaScript 代码按照 AST 结构展开后是一棵"树",每一层的结构都是一个节点。每个节点都有一些相同的结构和属性,例如每一个节点都会有 start、end、loc 等属性。每个节点都能实现相同的接口如下所示,其中 type 是节点的类型,一个节点又可以由成千上万个子节点构成。

```
interface Node {
  type: string;
}
```

不管多么复杂的 JavaScript 源码,都可以通过解析得到 AST 树,然后对其 AST 结构进行操作和变换,达到简化结构分析源码,或者混淆结构保护源码的目的。Babel 又名 Babel.js,是一款开源的 JavaScript 编译器、转译器,Babel 实际上是一组模块的集合,通过其下模块可以完成 JavaScript 源码到 AST 语法树的转换,并通过一些模块来操作语法树,最后将修改后的语法树再转换为源码。

7.4.2　基于 AST 混淆策略

基于 AST 语法树的 JavaScript 混淆保护是目前前端流行的代码加固措施。开源项目 UglifyJS、obfuscator 正是基于此原理,将原始 JavaScript 源代码转换为新的表示形式,在未经授权的情况下,新的形式将有效防止源码被理解、复制、重用和修改,并且混淆后的结果将保留原始代码的功能。

下面将介绍基于 AST 常见的源码混淆原理,包括变量名混淆、运算符混淆、流程混淆、代码加壳保护、语法混淆、常量的混淆等策略。通过这些手段,混淆后的代码将变得繁杂并且执行效率将比源代码更低,但是这些代码中的逻辑不容易被分析,能很好地保护源码。

1. 变量名混淆

变量名混淆是将原来有特定意义的变量名替换为无意义且不利于记忆的字符串,常见的是使用变量名的类十六进制、单字母、符号等作变量名。针对这种情况,无须将混淆的变量名全部还原,因为变量名的混淆可能是随机的、无规律的,只需要跟踪关键的变量即可。例如:

```
var __0x453f8 = 0x1
```

2. 常量混淆

将用到的常量值提取到数组中,并通过一些方式达到加密效果,例如转为十六进制、Base64 编码、字符拼接等,再通过取值函数的逻辑运算后返回常量值。例如:

```
var __0xb208f = ["\x77\x65\x62\x64\x72\x69\x76\x65\x72", "\x6C\x6F\x67", "\u5220\
u9664",];#常量提取到数组中
function __0xb20de(__0xb208f, _0x4c7513) {
    var _0x96ade5 = __0xb208f[_0x4c7513];
    return _0x96ade5;
}
// 功能是获取 navigator.webdriver 值
var __0xb315f = navigator[__0xb20de(__0xb208f, 0x0)];
```

3. 语法混淆

语法混淆是将一些逻辑运算符或语法代码变为不直观的逻辑函数,例如将运算符用运算函数来替换,使用 do/while 等关键字替换 for 语句。例如:

```
var __0x42fgd = {
    __0xab3454: function (__0x3c315, __0xac362) {
        return __0x3c315 + __0xac362;
    },
};
var i = __0x42fgd.__0xab3454(1, 2);
do {
    console.log(i);
    i +=1;
} while (i < 5);
```

上面混淆的代码简化如下。

```
for (var i = 3; i < 5; i++) {
    console.log(i);
}
```

4. 流程混淆

控制流展平又称流程混淆、控制流扁平化,是为了打乱原有的代码执行逻辑的操作,控制流展平是非常有效的保护手段之一。其思路是将分支流程(含 if 的语句)或顺序流程(自上而下执行的语句)放到 switch/case 中,并搭配 while 或 for 控制执行顺序,switch/case 在流程图中的多个分支是并列的,因此看起来像是被展平了一样。

控制流展平可分为条件展平和顺序展平。条件展平是针对含有 if 关键字判断的语句。顺序展平是针对自上而下的执行语句。展平通过 while 或 for 控制外层循环,内部使用 switch 选择执行的分支,在分支中设置执行的逻辑顺序,可以有效地干扰静态分析。

下面是一段采集浏览器特征的顺序流程,现在将其做展平处理。

```
var value = [];
value.push(window.navigator.webdriver);
value.push(window.navigator.appName);
value.push(window.navigator.plugins[0]);
value.push(window.navigator.languages);
// 展平
```

```
var i = '0|3|2|1'.split('|'), index = 0;
while (!![]) {
    switch (i[index++]) {
        case '0':
            value.push(window.navigator.webdriver);
            continue;
        case '1':
            value.push(window.navigator.languages);
            continue;
        case '2':
            value.push(window.navigator.plugins[0]);
            continue;
        case '3':
            value.push(window.navigator.appName);
            continue;
    }
    break;
}
```

更加严密的混淆会把判断条件替换为表达式，或者当前步骤的条件隐藏在上一步骤的计算结果中，通过动态执行才能获取执行的顺序。

5. 动态混淆

动态混淆是将静态的代码转为动态执行的代码，比较显著的特征是使用三元运算符“?:”。通过三元运算符增加冗余的判定条件，同时这个判定条件也可能是一个函数，而不单单只是一个逻辑值，这样使得代码不利于静态分析。

如下代码混淆了一个 c=1+2 的表达式，混淆后的逻辑变得混乱。

```
function __0x352f8(__0x547f7, __0x547f8) {
    return __0x547f7 + __0x547f8;
}
function __0x352f9(__0x547f7, __0x547f8) {
    return __0x547f7 - __0x547f8;
}
function _0x3fa24() {
    return 1 + 1;
}
var c = _0x3fa24() ? __0x352f8(0x1, 0x2) : __0x352f9(0x1, 0x2);
```

6. 代码加壳保护

代码加壳是通过 eval()或 new Function()来实现的，将字符串形式的代码转换为可执行的源码。作为传入参数的源码字符串可以被进一步处理，例如字符串加密、字符串分割组合、特殊编码处理，进一步处理后的源码将更加复杂。

eval()函数用于计算某个字符串，并执行其中的 JavaScript 代码。对于使用 eval()来执行 JavaScript 源码字符串的步骤，可以通过 alert 或者 console.log 打印出源码字符串。

new Function()是 ES6 中新增的一种创建函数的方法，允许将任意字符串变为函数。其使用语法如下。

```
var test = new Function("console.log(1 + 1)");
// 等价执行
function test(){console.log(1 + 1)}
```

7. 代码冗余

代码冗余是指向代码中加入一些多余的逻辑代码或者无实际意义的废弃代码，当然也可以加入一些防格式化、域名锁定、Debugger 反调试等代码。代码冗余在一定程度上是保护了源码，增加了代码的不可读性，但是也增加了源码文件的体积，影响整个程序的性能。

7.4.3 Ob 混淆工具

Ob(Obfuscator)混淆是一个开源的、免费的，且高效的 JavaScript 混淆器，是目前主流的基于 AST 混淆的开源项目，众多的免费混淆工具也是基于此项目发展而来的。该项目在前端 JavaScript 源码保护方面提供了有效的保护措施，给网络爬虫带来了极大的阻力。

javascript-obfuscator 的核心功能有变量重命名、字符串提取和加密、死代码注入、控制流展平、各种代码转换、代码压缩等，在其在线工具中提供了数十种混淆设置项目，即使一句简单的语句也可以生成数百行的混淆代码，javascript-obfuscator 项目的地址和在线工具 Obfuscator 的地址参见附录 A。

除了 javascript-obfuscator 项目外，还有集 JavaScript 解析器、缩小器、压缩器和美化器于一体的工具 UglifyJS，其地址可参见附录 A。将任何 JavaScript 程序编码为日式表情符号的工具 aaencode，通过该工具加密后的源码功能正常，但是完全不具备可读性，工具地址参见附录 A。除此之外还有提供 JavaScript 商业混淆的工具 V5 混淆，其地址参见附录 A。

同时针对 Ob 混淆的还原工具也应运而生，“AST 入门与实战”就是专注讨论 Ob 混淆脚本一键还原的专业社区，其地址参见附录 A。

7.5 Babel 插件开发

面对混淆保护，要还原其源码就需要掌握 Babel 插件开发，基于 AST 混淆的核心，就是通过 Babel 插件对源码进行处理。要达到反混淆的目的，就需要通过 Babel 插件来实现逆向过程。

7.5.1 Babel 及模块

Babel 又名 Babel.js，是一个用于 Web 开发且自由开源的 JavaScript 编译器、转译器，实际上它是一组模块的集合。通过 Babel 下的相关模块，可以将 JavaScript 源码转换为抽象语法树，然后在抽象语法上树做批量修改，最后再转换为源码，这就是基于 AST 混淆和还原的原理。

在此介绍下 Babel 下的几个重要模块。babel-parser 解析器模块替换了以前的 Babylon 模块，用于解析 JavaScript 源码成为 AST。babel-traverse 遍历模块维护了整棵树的状态，并且负责替换、移除和添加节点。babel-types 节点处理模块用于构造、验证以及变换 AST 节点。babel-template 准引用模块，当 template 使用带有字符串参数的函数进行调用时，可以提供占位符，这些占位符将在使用模板时被替换。babel-generator 生成器模块，作用是读取 AST 并将其转换为代码和源码映射，即 AST 到源码的转换。

安装 Babel 模块的步骤是新建一个文件夹 AstDome 作为项目文件夹，在项目文件夹下的命令行工具中依次执行下列命令，完成初始化并安装相关依赖库，在此之前需确保计算机已正确安装 Node.js 环境。

```
npm init
npm install @babel/traverse -- save
npm install @babel/parser -- save
npm install @babel/types -- save
npm install @babel/generator -- save
npm install @babel/template -- save
```

使用Bable模块的基本流程是先通过babel-parser模块将代码字符串解析成语法树(也可以通过fs模块从文件中读取源码字符串),然后通过babel-traverse模块访问并修改节点,最后通过babel-generator模块将语法树转换为JavaScript源码字符串。在AstDome文件中创建一个get_webdriver.py文件,将一段获取webdriver特征值的自执行匿名函数的括号打开,代码如下。

```
const fs = require('fs');
const t = require("@babel/types");
const parser = require("@babel/parser");
const traverse = require("@babel/traverse").default;
const generator = require("@babel/generator").default;
let source = fs.readFileSync("./get_webdriver.js", {encoding: "utf-8"});
let ast = parser.parse(source);
const handle = {
    UnaryExpression(path) {
        let node = path.node;
        let callee = node.argument.callee
        if (node.operator === "!" && t.isFunctionExpression(callee) && callee.params.length == 0)
            path.replaceWithMultiple(callee.body.body);
    },

};
traverse(ast, handle);
let {code} = generator(ast);
console.log(code);
```

准备处理的JavaScript源码文件get_webdriver.js的的内容如下。

```
const window = {navigator: {}};
!function () {
    console.log(webdriver())
    function webdriver() {
        return window.navigator.webdriver
    }
}()
```

通过上面Babel插件处理后的输出字符串如下。

```
const window = {
  navigator: {}
};
console.log(webdriver());

function webdriver() {
  return window.navigator.webdriver;
}
```

通过访问器traverse把UnaryExpression节点的访问方法绑定到语法树上,所有的UnaryExpression类型的节点都将调用访问方法。在方法中可以获取路径和节点,从而对节点进行操作。上面涉及的过程将在后面章节中逐一讲解。

7.5.2 解析与生成

解析是通过 babel-parser 模块的 parser()方法,运行代码并输出为 AST 的表述结构。生成与解析相反,是将 AST 表述结构转换为字符串源码的过程,通过 babel-generator 模块完成。

解析方法 parser()的语法及常用的配置项参数如下。

```
parse(code, [options])
```

options 支持的参数及作用如下。

(1) allowImportExporterywhere:设置为 True,则允许脚本任何位置出现 import、export 关键字。

(2) allowAwaitOutsideFunction:设置为 True,在脚本的顶级范围内接受 await 关键字,不必限制在异步函数中使用该关键字。

(3) allowReturnOutsideFunction:设置为 True,将允许脚本顶层中出现 return 语句。

(4) allowSuperOutsideMethod:设置为 True,允许脚本中类和对象方法之外使用 super 语法。

(5) allowUndeclaredExports:设置为 True,忽略导出当前模块作用域中未声明的标识符时的错误。

(6) createIncorrizedExpressions:设置为 True,将创建圆括号表达式的 AST 节点。

(7) errorRecovery:设置为 true,将存储解析错误并继续解析无效的输入文件。

(8) plugins:包含要启用的插件的数组。

(9) sourceType:指定解析代码的模式。可选 script、module、unambiguous,默认为 script,设置为 unambiguous 将自动选择模式。

(10) sourceFilename:指定后,输出的 AST 节点与 sourceFilename 文件相关联。

(11) startLine:可以提供一个行号作为开始,默认从第一行代码开始。

(12) ranges:向每个节点添加范围特性 [node.start, node.end]。

生成语法及常用配置参数如下。

```
generate(ast, {/* options */ }, code);
```

options 支持的参数及作用如下。

(1) auxiliaryCommentAfter:添加到输出文件末尾的块注释可选字符串。

(2) auxiliaryCommentBefore:添加到输出文件头部的块注释可选字符串。

(3) comments:输出中是否应包含注释,默认为 True。

(4) compact:设置为 True,将避免添加空格以进行格式化。

(5) concise:设置为 True 是减少空白,默认为 False。

(6) jsescOption:jsesc 处理文本的配置参数。

(7) retainLines:尝试在输出代码中使用与源代码中相同的行号,默认为 False。

(8) sourceMaps:是否生成源映射,默认为 False。

下列所示源码中,将两段源码通过 babel 插件合并成一段源码。首先将两段源码分别解析成语法树 astA 和 astB，然后创建一个新的 AST 节点，Program 属性声明是一个程序节点，其下的 body 节点代表程序体，程序体是由 astA 和 astB 的 body 组成的数组，然后将合并后的 AST 生成源映射，输出源码 code 和映射信息 map。

```
const parser = require("@babel/parser");
const generator = require("@babel/generator").default;

const a = 'var a = 1;';
const b = 'var b = 2;';
const astA = parser.parse(a, { sourceFilename: 'a.js' });
const astB = parser.parse(b, { sourceFilename: 'b.js' });
const ast = {
  type: 'Program',
  body: [...astA.program.body, ...astB.program.body]
};
const { code, map } = generator(ast, { sourceMaps: true }, {
  'a.js': a,
  'b.js': b
});
console.log(code)
// 打印如下内容
// var a = 1;
// var b = 2;
console.log(map)
// 打印如下内容
// {
//   version: 3,
//   sources: [ 'a.js', 'b.js' ],
//   names: [ 'a', 'b' ],
//   mappings: 'AAAA,IAAIA,CAAC,GAAG,CAAR;ACAA,IAAIC,CAAC,GAAG,CAAR',
//   sourcesContent: [ 'var a = 1;', 'var b = 2;' ]
// }
```

7.5.3　AST 转换

转换是 AST 处理流程中最核心的一步，接收 AST 并对其进行遍历。遍历模块 Traverse 维护了整棵树的状态，并且负责替换、移除和添加节点。

变换过程的实质是访问者对 AST 做递归的树形遍历。从主干开始，依次对每个分支的属性及子节点进行递归遍历，当遇到指定类型的节点时将调用指定的方法，例如每遇到一个 Identifier 节点的时候，都将调用 Identifier()方法。

访问者的原型是访问者模式，是一个定义了用于树状结构中获取具体节点方法的对象。访问者方法的调用，可以在进入节点时发生，也可以在退出节点时发生，默认是在进入节点时调用。

例如，针对 VariableDeclaration 节点的访问方法定义如下。

```
const handle = {
    VariableDeclaration (path) {
        console.log(path);
    },
};
traverse(ast, handle);
// 或者用下面的方法实现
```

```
let handle = {};
handle.VariableDeclaration = function(path) { console.log(path);};
traverse(ast, handle);
```

当AST递归遍历时,会遇到VariableDeclaration节点在进入之前调用VariableDeclaration()方法。也可以在遍历完VariableDeclaration节点,退出该节点时调用该方法。例如:

```
const handle = {
VariableDeclaration(path) {
    exit(){
        console.log(path);
    },
    },
};
```

如果要把同一个方法应用于多个访问节点,可以使用"|"连接要访问的节点。例如把一个函数同时应用于VariableDeclaration节点和BlockStatement节点,定义如下。

```
const handle = {
    "VariableDeclaration|BlockStatement"(path) {
        console.log(path);
    },
};
traverse(ast, handle);
```

同时访问者方法可以嵌套使用,避免全局状态,这样有利于定向处理指定节点。例如访问VariableDeclaration节点中的BlockStatement节点。

```
VariableDeclaration 节点中的 BlockStatement 节点:
const func = {
    BlockStatement(path) {
        console.log(path);
    },
};
const handle = {
    VariableDeclaration(path) {
        path.traverse(func);
    },
};
traverse(ast, handle);
```

如果需要停止遍历,最简单的做法是通过return返回。

```
BinaryExpression(path) {
  if (path.node.operator !== '**') return;
}
```

针对顶级路径中进行子遍历可以使用2个API方法:使用path.skip()跳过遍历当前路径的子级;使用path.stop()完全停止遍历。例如:

```
outerPath.traverse({
  Function(innerPath) {
    innerPath.skip();
  },
  ReferencedIdentifier(innerPath, state) {
```

```
        state.iife = true;
        innerPath.stop();
    }
});
```

7.5.4 节点类型

JavaScript 源码中的关键字与 AST 节点的对照，主要是通过在线 AST 解析工具（https://astexplorer.net/）来分析。往往一个节点由属性和子节点构成，这些属性和子节点是在 Babel 插件开发中定位节点的重要判断依据，例如要定位一个变量，针对的节点是 VariableDeclarator 节点，该节点表示变量声明，其下还有 Identifier 节点即标识符，要匹配变量名就要通过 Identifier 节点的 name 属性来判断；要匹配变量值就要通过 VariableDeclarator 节点下的 init 节点的 value 值来判断；要匹配变量是通过 var 声明还是 let 声明就要通过 kind 属性来判断。下面 JSON 是 var a=1 语句的 AST 结构数据，省略部分无关属性，保留了其下核心的子节点和属性，通过这些子节点和属性可以准确定位该变量的声明位置。

```
{
  "type": "Program",
  "start": 0,
  "end": 7,
  "body": [
    {
      "type": "VariableDeclaration",
      "start": 0,
      "end": 7,
      "declarations": [
        {
          "type": "VariableDeclarator",
          "start": 4,
          "end": 7,
          "id": {
            "type": "Identifier",
            "start": 4,
            "end": 5,
            "name": "a"
          },
          "init": {
            "type": "Literal",
            "start": 6,
            "end": 7,
            "value": 1,
            "raw": "1"
          }
        }
      ],
      "kind": "var"
    }
  ],
  "sourceType": "module"
}
```

对于节点类型的分析，往往是通过在线工具将 JavaScript 源码解析成 AST 语法树，然后对照源码中的语法来确认节点类型。在开发 Bable 插件时，通过分析的节点类型，针对性地编写节点的处理逻辑。常用 AST 节点类型及对应语法和说明如表 7-2 所示。

表 7-2 AST 常用节点类型及对应语法和说明

节点类型	作用	示例
VariableDeclarator	变量声明	var/let/const 声明的变量
ContinueStatement	continue 关键字	while(true){ continue;}
DebuggerStatement	debugger 关键字	while(true){ debugger;}
DoWhileStatement	do-while 关键字	do{console.info("");}while(true)
EmptyStatement	空语句,如“;”	var a = []
ExpressionStatement	单个表达式组成的语句	(function(){})
ForStatement	for 语句	for (vari=0; i<5; i++) {console.info(i); }
ForInStatement	for…in 语句	for (i in {"a":1,"b":2}) {console.info(i); }
ForOfStatement	for…of 语句	for (i of {"a":1,"b":2}) {console.info(i); }
IfStatement	if 语句	if(true){}
ReturnStatement	return 语句	if(true){return true;}
SwitchStatement	Switch 语句	switch-case 表达式
TryStatement	try…catch 语句	try {foo();} catch (e) {debugger;}
WhileStatement	while 语句	while(true){}
ThisExpression	this 表达式	var a=this
Identifier	标识符,如变量名、函数名、属性名等	上一个案例中的 a 就是一个标识符
Literal	字面量代表具体值,如字符串、数字、布尔值等	var a = 1
ArrayExpression	数组表达式	[1, 2, 3, 4]
FunctionDeclaration	函数声明(非函数表达式)	functiontest(){}
FunctionExpression	函数表达式	var test = function () {}
ArrowFunctionExpression	箭头函数表达式	var test = () => {}
CallExpression	函数执行表达式	var test = function(){};test()
UpdateExpression	更新操作符表达式如++、--	var i = 0;i++
AssignmentExpression	赋值表达式	例如=、*=、**=、/=、%=、+=、-= |、<<=、>>=、>>>=、&=、^=、|=
UnaryExpression	一元操作符表达式	例如-、+、!、~、typeof、void、delete、throw
BinaryExpression	二元操作符表达式	例如==、!=、===、!==、<、<=、>、>=、<<、>>、>>>、+、-、*、/、%、**、|、^、&、in、instanceof
ConditionalExpression	条件运算符	true? a+1:a-1
SequenceExpression	序列表达式(逗号运算符)	var a, b, c

7.5.5 节点与路径

AST 节点和路径是操作 AST 的核心,理解并掌握节点和路径的概念及相关操作接口,是开发 Bable 插件的重要基础。

在 AST 表述结构中,每一层都是一个节点,每一个节点都有如下所示的接口,字符串形式的 type 字段表示节点的类型(例如 FunctionDeclaration、Identifier、BinaryExpression)。

```
interface Node {
  type: string;
}
```

每一种类型的节点定义了一些附加属性，用来进一步描述该节点类型。例如：

```
{
  type: "FunctionDeclaration",
  id: {…},
  params: […],
  body: {…}
}
```

对于节点的构成，无须刨根问底式地学习，可直接通过在线解析网站 https://astexplorer.net/对照源代码和 AST 结构来对其进行分析，并理解其中属性的含义和作用。

路径(Path)是一个可操作和访问的可变对象，表示节点之间的关联关系。路径对象还包含添加、更新、移动和删除节点有关的其他很多方法。从另一个角度来说，路径是一个节点在树中的位置以及关于该节点各种信息的响应式的表示。在 AST 转换中，大多数操作是通过路径来变换节点的。

1. 路径

在访问者对象中，访问的对象实质上是路径，它是访问者方法的默认参数，通过 path.node 可以获得对应的节点。例如：

```
const handle = {
    UnaryExpression(path) {
        let node = path.node;
    },};
```

路径具有下列常用的方法和属性。

1) 查找父路径

使用 findParent()方法对每个当前路径的父路径调用回调函数，并将父节点路径当作参数，当回调函数返回 true 时，则将父节点路径返回。

```
path.findParent((path) => path.isObjectExpression());
```

同 findParent()方法，查找对象包含当前路径。

```
path.find((path) => path.isObjectExpression());
```

查找最接近该节点的父函数。

```
path.getFunctionParent();
```

向上遍历语法树，直到找到在列表中的父节点路径

```
path.getStatementParent();
```

2) 获取同级路径

如果一个路径是在一个 Function 或 Program 类型节点的列表里面，那么它就有同级节点。处理同级节点时，有下面常用的方法。

(1) path.inList：判断路径是否有同级路径。

(2) path.getSibling(index)：获得同级路径。

(3) path.key：获取路径所在容器的索引。

(4) path.container：获取路径的容器(包含所有同级节点的数组)。

(5) path.listKey：获取容器的 key。

3) 获取子路径

访问路径内部的子路径可以使用 Path 对象的 get()方法，传递该属性名的字符串形式作为参数。如果是访问数组，可以使用属性名点下标的方式。例如：

```
BinaryExpression(path) {
  path.get('left');
}
Program(path) {
  path.get('body.0');
}
```

4) 检查路径类型

检查路径类型的方法和检查节点类型的方法一样，使用 types 模块或 path 提供的方法。一般节点的检查方法都是在节点名前加上 is 前缀。例如：

```
BinaryExpression(path) {
  if (path.isIdentifier({ name: "n" })) {
    // ...
  }}
或者:
const t = require("@babel/types");
BinaryExpression(path) {
  if (t.isIdentifier(path, { name: "n" })) {
    // ...
  }}
```

5) 检查标识符是否被引用

通过路径的 isReferencedIdentifier()方法或者 types 模块的 isReferenced()方法检测标识符是否被引用。例如定义的变量可以检测是否在源码中被使用，从而删除冗余的代码。示例代码如下。

```
Identifier(path) {
  if (path.isReferencedIdentifier()) {
    // ...
  }
}
Identifier(path) {
  if (t.isReferenced(path.node, path.parent)) {
    // ...
  }
}
```

6) 计算表达式的值

如果要计算一些简单表达式的值可以使用 evaluate()方法。这时返回一个对象，当其 confident 字段值是 true 时，value 字段为计算后的值。通过该方法，可以先计算出三元运

算、自调用函数的值,然后替换成结果,达到简化代码的目的。例如:

```
const {confident, value} = path.evaluate();
```

7) 获取路径对应源码

通过 path.toString()方法可获取路径对应的字符串源码。

2. 节点

大多数情况下不直接操作节点,而是通过节点所在的路径,路径管理了节点相关的状态。通过路径的 node 属性可以获得当前路径对应的节点。

1) 创建节点

节点的构造和类型验证是通过 babel-types 模块来完成的。对于常用的字面量节点,往往只需要一个 value 参数即可创建。对于一些复杂的对象,如数组、函数调用、运算符等则需要提供更多的属性参数。例如:

```
const t = require("@babel/types")
t.numericLiteral(1)              //创建数字节点
t.stringLiteral('world')         //创建字符串节点
t.booleanLiteral(true)           //创建布尔值节点
t.nullLiteral()                  //创建 null
```

2) 检查节点类型

检查节点类型也是通过 babel-types 模块提供的接口来完成的,可以使用两种验证方式。第一种方式是使用 isX 格式的校验,其中 X 是节点类型,该方式将返回布尔值结果。例如下面源码是校验 VariableDeclaration 类型节点。

```
t.isVariableDeclarator(path.node);
```

同时还可以向检查函数传入第二个参数,用来确保节点包含特定的属性和值。

```
t.isVariableDeclarator(path.node, {kind: "var"});
```

第二种方式是通过断言式的判断,将抛出异常。

```
t. assertVariableDeclarator(path.node, {kind: "var"});
```

3) 替换节点

用一个节点替换另一个节点。

```
path.replaceWith(t.numericLiteral(1));
```

用多节点替换单节点。

```
path.replaceWithMultiple([t.stringLiteral('world'), t.booleanLiteral(true)])
```

用字符串源码替换节点。

```
path.replaceWithSourceString("ction add(a, b) { return a + b; });"}
```

替换父节点,只需对 parentPath 调用 replaceWith()即可。

```
path. parentPath.replaceWith(t.numericLiteral(1));
```

4）插入兄弟节点

在目标节点前插入兄弟节点使用 insertBefore()方法，在目标节点之后插入兄弟节点使用 insertAfter()方法。

```
path.insertBefore(t.stringLiteral("hello")
path.insertAfter(stringLiteral('world'))
```

5）获取兄弟节点

如果要获取当前节点的下一个兄弟节点，通过 getNextSibling()方法可以实现。

```
path.parentPath.getNextSibling();
```

6）插入容器

如果向一个类似 body 数组中插入节点，前提条件是指定 listKey(通常是 body)，通过 unshiftContainer()方法从头部插入，使用 pushContainer()方法在尾部插入。例如：

```
path.get('body').unshiftContainer('body', t.stringLiteral('before'));
path.get('body').pushContainer('body', t.stringLiteral('after'));
```

7）删除节点

使用 remove()方法可以删除一个节点，如果要删除一个属性，可以使用 delete 关键字。例如：

```
path.remove();
delete path.node.name
```

如果要删除父节点，先获取父节点的路径后再删除。例如

```
path.parentPath.remove();
```

7.5.6 作用域管理

JavaScript 代码使用的是静态作用域，又叫作词法作用域，采用词法作用域的变量叫词法变量。词法变量有一个在编译时静态确定的作用域，该作用域可以是一个函数或一段代码，该变量在这段代码区域内可以访问，在这段区域以外该变量不可以访问。

在 JavaScript 中，每当创建了一个引用，不管是通过变量、函数、类型、参数、模块导入还是标签等，它都属于当前作用域，引用和作用域的这种关系被称作绑定(Binding)，在 Babel 中，使用 Scope 对象来表示作用域。

通过 Path 对象的 scope 属性，获取当前节点的 Scope 对象，其包含字段大致如下。

```
{
  path: NodePath;
  block: Node;
  parentBlock: Node;
  parent: Scope;
  bindings: { [name: string]: Binding; };
}
```

其中，block 字段是所属的词法区块节点(如函数节点、条件语句节点)，parentBlock 字段是

所属的父级词法区块节点，parent 字段是父作用域。

bindings 字段是该作用域下面的所有绑定对象(创建的标识符)，通过绑定对象可以查找一个绑定的所有引用。通过 path.scope.bindings 获取该路径作用域下的所有绑定对象。每个绑定由 Binding 类表示，其主要字段如下。

```
identifier = Node {type: "Identifier", start: 6, ...}
scope = Scope {uid: 0, path: NodePath, block: Node,...}
path = NodePath {contexts: Array(0), state: undefined, ...}
kind = "const"
constantViolations = Array(0) []
constant = true
referencePaths = Array(1) [NodePath]        # 引用节点
referenced = true                           # 是否被引用
references = 1                              # 引用次数
hasDeoptedValue = false
hasValue = false
value = null
```

其中，需要关注 kind(标识符声明的方法)、referenced (是否被引用)、references(引用次数)、constant(是否为常量)、referencePaths(所有引用该标识符的节点路径)、constantViolations(修改引用的节点路径)。通过这些属性可以了解是什么类型的绑定(参数、定义等)，以及查找它所属的作用域，或者复制它的标识符，甚至可以判断其是否为常量以及在哪个路径被修改。

提升变量声明至父级作用域，有时用户可能想要推送一个 VariableDeclaration，这样就可以分配给它。例如：

```
FunctionDeclaration(path) {
  const id = path.scope.generateUidIdentifierBasedOnNode(path.node.id);
  path.remove();
  path.scope.parent.push({ id, init: path.node });
}
`
function square(n) {
return n * n;
}
 + var _square = function square(n) {
    return n * n;
 - }
 + };
```

对于绑定或引用重命名可以使用新的标识符替换原来的标识符，也可以直接使用默认的唯一标识符或生成的唯一标识符。例如：

```
path.scope.rename("n", "x");                # 将 n 重命名为 x
path.scope.rename("n");                     # 移除标识符将自动使用生成的唯一标识符_n
path.scope.generateUidIdentifier("uid");    # 创建一个唯一 UID
```

如下源码是删除未使用变量的访问者方法，其作用是删除声明之后没有被引用过的变量。其实现思路是针对 VariableDeclarator 类型节点，通过 getBinding()方法获取节点路径下的绑定对象。如果绑定对象没有被引用过，那么就删除该节点。

```
VariableDeclarator(path) {
        const {id} = path.node;
        const binding = path.scope.getBinding(id.name);
```

```
        if (binding && !binding.referenced) {
            path.remove();
        }
    },
```

7.6 案例：Ob 混淆还原

下面以 Ob 混淆为例，将 AST 应用到常见的混淆还原中。在本书配套资源的 ObOriginal 文件夹中，有一份浏览器特征检测的混淆脚本，文件名为 encry_code.js。其代码折叠后，结构如下。

```
var _0x1c54 = ['\x43\x4d\x76\x57\x42\x67\x66\x4a\x7a\x71', …
var _0x436c = function (_0x2c6ed3, _0x3aaad0){ … };
(function (_0x1795b5, _0x3441b9) { … }(_0x1c54, - 0x3504b + - 0x2ae4e + 0x8 * 0x14cdb));
function _0x475cc4(){ … };
function _0x3b48d5(){ … };
function _0x252a8d(){ … };
!function (){ … };
```

混淆项包括代码保护、字符串转换（字符串数组、旋转字符串数组、随机字符串数组、索引偏移和转换），标识符的转换和重命名、代码压缩及控制流展平、“死”代码注入和数字到表达式的转换。后续章节中将逐步将上述混淆后的代码进行还原。

7.6.1 编码还原

在案例脚本的首行是一串特殊编码后的数组，是形如\x43\x4d\x7…的数组元素，代码如下。

```
var _0x1c54 = ['\x43\x4d\x76\x57\x42\x67\x66\x4a\x7a\x71',
'\x79\x32\x48\x59\x42\x32\x31\x4c',
'\x78\x5a\x62\x34\x6e\x64\x61\x35\x6e\x64\x75\x33',
'\x78\x5a\x62\x34\x6d\x32\x72\x49\x6d\x67\x65\x32',
'\x43\x30\x35\x59\x75\x76\x61',
'\x6e\x4a\x79\x58\x6e\x31\x50\x57\x77\x76\x48\x4c\x77\x47',
'\x79\x33\x6a\x4c\x79\x78\x72\x4c\x72\x77\x58\x4c\x42\x77\x76\x55\x44\x61',
'\x79\x32\x66\x55\x44\x4d\x66\x5a',
'\x6d\x4a\x65\x31\x6d\x4a\x61\x5a\x71\x4b\x48\x65\x44\x65\x50\x30',
'\x43\x67\x58\x31\x7a\x32\x4c\x55\x43\x57',
'\x79\x32\x39\x55\x43\x33\x72\x59\x44\x77\x6e\x30\x42\x33\x69',
'\x79\x78\x62\x57\x42\x68\x4b',
'\x6e\x78\x62\x34\x69\x65\x66\x59\x41\x77\x66\x53',
'\x6d\x4a\x43\x32\x6e\x74\x79\x32\x44\x76\x76\x55\x42\x78\x66\x31',
'\x79\x4e\x72\x56\x79\x71',
'\x78\x5a\x62\x34\x79\x74\x44\x49\x6e\x4d\x6e\x4a',
'\x42\x4d\x66\x32\x41\x77\x44\x48\x44\x67\x39\x59',
'\x43\x67\x58\x48\x44\x67\x7a\x56\x43\x4d\x30',
'\x7a\x32\x76\x30\x71\x32\x39\x55\x44\x67\x76\x34\x44\x61',
'\x6e\x74\x69\x59\x6e\x5a\x6a\x69\x75\x4b\x35\x36\x44\x78\x47',
'\x43\x68\x76\x5a\x41\x61',
'\x42\x67\x66\x55\x7a\x33\x76\x48\x7a\x32\x76\x5a',
'\x6d\x32\x7a\x31\x77\x4c\x66\x50\x43\x47',
'\x7a\x4d\x4c\x53\x42\x66\x72\x4c\x45\x68\x71',
```

```
'\x7a\x67\x66\x30\x79\x74\x50\x50\x42\x77\x66\x4e\x7a\x73\x39\x57\x42\x4d\x43\x37\x79\
x4d\x66\x5a\x7a\x74\x79\x30\x6c\x61', '\x42\x67\x39\x4e',
'\x6d\x74\x61\x5a\x6d\x4a\x61\x30\x79\x77\x54\x56\x73\x4e\x50\x71',
'\x44\x32\x76\x49\x7a\x68\x6a\x50\x44\x4d\x76\x59',
'\x6e\x74\x65\x30\x7a\x4b\x31\x59\x72\x75\x54\x6f',
'\x79\x32\x66\x59\x42\x4d\x39\x4a',
'\x78\x5a\x62\x34\x6d\x4d\x6d\x34\x6f\x67\x76\x4b',
'\x78\x5a\x62\x34\x6d\x74\x61\x34\x6e\x74\x71\x5a',
'\x7a\x4d\x39\x55\x44\x61', '\x6d\x4d\x7a\x4e\x76\x78\x76\x73\x43\x47',
'\x78\x49\x48\x42\x78\x49\x62\x44\x6b\x59\x47\x47\x6b\x31\x54\x45\x69\x66\x30\x52\x6b\
x73\x53\x50\x6b\x31\x54\x45\x69\x66\x31\x39',
'\x6f\x64\x75\x33\x77\x75\x7a\x30\x71\x32\x39\x56',
'\x78\x5a\x62\x34\x6d\x5a\x6d\x33\x79\x5a\x44\x4a',
'\x6d\x74\x61\x33\x6e\x74\x47\x58\x76\x76\x50\x4d\x42\x78\x4c\x62',
'\x78\x5a\x62\x34\x6d\x74\x4b\x5a\x79\x4a\x75\x5a',
'\x78\x5a\x62\x34\x6e\x77\x72\x4a\x6e\x77\x6e\x48',
'\x6d\x76\x50\x65\x79\x30\x6a\x6f\x76\x71',
'\x6d\x4a\x44\x55\x76\x31\x72\x59\x75\x66\x79',
'\x75\x66\x44\x54\x42\x77\x34', '\x43\x33\x62\x53\x41\x78\x71'];
```

这是 Unicode 转义后的字符串，将其复制到 AST 在线解析工具中（地址是 https://astexplorer.net/），列表每一项都是 StringLiteral 节点，也就是字符串类型的字面量。观察 StringLiteral（见图 7-17）、NumericLiteral 节点。真实值在 value 属性值中，转义后的值在 raw 属性中，删除或者替换 raw 属性值后将显示出正常值。

```
StringLiteral {
  type: "StringLiteral"
  start: 15
  end: 57
+ loc: {start, end}
- extra: {
    rawValue: "CMvWBgfJzq"
    raw: "'\\x43\\x4d\\x76\\x57\\x42\\x67\\x66\\x4a\\x7a\\x71'"
  }
  value: "CMvWBgfJzq"
}
```

图 7-17 StringLiteral 节点

针对 StringLiteral 和 NumericLiteral 节点，通过判断有无 raw 属性，然后删除该属性，即可获得原来的字符串值。先从同级的 encry_code.js 文件中读出源码字符串，然后通过 parser.parse()方法解析成 AST 语法结构，然后针对 StringLiteral 和 NumericLiteral 节点写一个操作插件 Unicode，最后通过 traverse 遍历指定的 StringLiteral 和 NumericLiteral 节点，删除其 raw 属性。

针对 StringLiteral 和 NumericLiteral 节点的还原代码如下。

```
const fs = require('fs');
const parser = require("@babel/parser");
const traverse = require("@babel/traverse").default;
const t = require("@babel/types");
const generator = require("@babel/generator").default;

let source = fs.readFileSync('./encry_code.js', {encoding: "UTF-8"});
```

```
let ast = parser.parse(source);


const Unicode = {
    'StringLiteral|NumericLiteral'(path) {
        if (path.node.extra.raw){
            delete path.node.extra.raw
        }
    },
};
traverse(ast, Unicode);
ast = parser.parse(generator(ast).code);

const code = generator(ast).code;
console.log(code);
```

经过编码还原后，源码中特殊编码处理的字符具有一定的辨识度，大数组_0x1c54 经过源码还原后，其内容如下。

```
var _0x1c54 = ["CMvWBgfJzq", "y2HYB21L", "xZb4nda5ndu3", "xZb4m2rImge2",
"C05Yuva", "nJyXn1PWwvHLwG", "y3jLyxrLrwXLBwvUDa", "y2fUDMfZ",
"mJe1mJaZqKHeDeP0", "CgX1z2LUCW", "y29UC3rYDwn0B3i", "yxbWBhK",
"nxb4iefYAwfS", "mJC2nty2DvvUBxf1", "yNrVyq", "xZb4ytDInMnJ",
"BMf2AwDHDg9Y", "CgXHDgzVCM0", "z2v0q29UDgv4Da", "ntiYnZjiuK56DxG",
"ChvZAa", "BgfUz3vHz2vZ", "m2z1wLfPCG", "zMLSBfrLEhq",
"zgf0ytPPBwfNzs9WBMC7yMfZzty0la", "Bg9N", "mtaZmJa0ywTVsNPq",
"D2vIzhjPDMvY", "nte0zK1YruTo", "y2fYBM9J", "xZb4mMm4ogvK",
"xZb4mta4ntqZ", "zM9UDa", "mMzNvxvsCG",
"xIHBxIbDkYGGk1TEif0RksSPk1TEif19", "odu3wuz0q29V", "xZb4mZm3yZDJ",
"mta3ntGXvvPMBxLb", "xZb4mtKZyJuZ", "xZb4nwrJnwnH", "mvPey0jovq",
"mJDUv1rYufy", "ufDTBw4", "C3bSAxq"];
```

7.6.2 算术表达式还原

经过 7.6.1 节脚本的处理，将代码中形如“\x”开头的编码值还原成了原始值。继续观察，还原后的代码中还有大量的算术表达式，例如下面源码中有类似 var_0x350862＝2428＊－1＋6422＋－3994、!![]、true?"name":"navigator"等，这些是可以直接计算得出结果的。在 AST 结构中分别属于 BinaryExpression 节点（二元操作符表达式）、UnaryExpression（一元操作符表达式）、ConditionalExpression（条件运算符）。

```
_0x2c6ed3 = _0x2c6ed3 - (0x25ab + 0x2fa + - 0x27cd);
    var _0x1ebb7e = _0x1c54[_0x2c6ed3];
    if (_0x436c['\x72\x45\x47\x4a\x75\x52'] === undefined) {
        var _0xa49d92 = function (_0x177eef) {
            var _0x7f015d = '\x61\x62\x63\x64\x65\x66\x67\x68\x69\x6a\x6b\x6c\x6d\x6e\x6f
\x70\x71\x72\x73\x74\x75\x76\x77\x78\x79\x7a\x41\x42\x43\x44\x45\x46\x47\x48\x49\x4a\
x4b\x4c\x4d\x4e\x4f\x50\x51\x52\x53\x54\x55\x56\x57\x58\x59\x5a\x30\x31\x32\x33\x34\x35
\x36\x37\x38\x39\x2b\x2f\x3d';
            var _0xf04a1b = '';
            for (var _0x1508ad = - 0x1a5 * - 0x2 + - 0xfdc + - 0x2 * - 0x649, _0x414abc,
_0x37323f, _0x3e781c = - 0x1 * - 0x2401 + - 0x3 * 0x493 + - 0xf8 * 0x17; _0x37323f =
_0x177eef['\x63\x68\x61\x72\x41\x74'](_0x3e781c++); ~_0x37323f && (_0x414abc = _0x1508ad
 % ( - 0x1 * 0x76e + 0x659 + 0x119) ? _0x414abc * ( - 0x1245 + - 0x1542 + 0x27c7 * 0x1)
```

```
+ _0x37323f : _0x37323f, _0x1508ad++ % (0x25d + - 0x1f1e + 0x1 * 0x1cc5)) ? _0xf04a1b +
= String['\x66\x72\x6f\x6d\x43\x68\x61\x72\x43\x6f\x64\x65'](0x186 * - 0x13 + 0x1827 +
0x5ca & _0x414abc >> ( - (0x67e * 0x1 + 0xb34 + - 0x46c * 0x4) * _0x1508ad & 0xd * - 0x1b7
+ 0xf3 * 0x1b + - 0x350)) : 0x2 * 0xf1e + 0x1127 * - 0x2 + 0x412) {
                _0x37323f =
_0x7f015d['\x69\x6e\x64\x65\x78\x4f\x66'](_0x37323f);
            }
            return _0xf04a1b;
        };
        _0x436c['\x63\x78\x49\x42\x42\x48'] = function (_0x48b85f) {
            var _0x3ad420 = _0xa49d92(_0x48b85f);
            var _0x2c68c5 = [];
            for (var _0x27e601 = - 0x232a + 0x15d * 0x1 + 0x21cd, _0x56a92a = _0x3ad420[
'\x6c\x65\x6e\x67\x74\x68']; _0x27e601 < _0x56a92a; _0x27e601++) {
                _0x2c68c5 += '\x25' + ('\x30\x30' + _0x3ad420['\x63\x68\x61\x72\x43\x6f\
x64\x65\x41\x74'](_0x27e601)['\x74\x6f\x53\x74\x72\x69\x6e\x67'](0x1f7b + - 0x120a +
0x19 * - 0x89))['\x73\x6c\x69\x63\x65'](- (0x17 * 0xb + 0x1575 * 0x1 + - 0x1670 *
0x1));
            }
            return decodeURIComponent(_0x2c68c5);
        }, _0x436c['\x42\x74\x4c\x6d\x76\x71'] = {}, _0x436c['\x72\x45\x47\x4a\x75\x52'] = !![];
    }
    var _0x1f5c8d = _0x1c54[0x198c + 0xe35 * - 0x1 + - 0xb57], _0xc20482 = _0x2c6ed3 + _
0x1f5c8d,
        _0xfcee19 = _0x436c['\x42\x74\x4c\x6d\x76\x71'][_0xc20482];
```

针对这些节点，可以通过 evaluate()方法将能够获取到值的节点直接替换为结果，插件源码如下。其中对于 UnaryExpression 类型的节点，需要排除前缀含-、void 的情况，否则将导致内存溢出问题。

```
const fs = require('fs');
const parser = require("@babel/parser");
const traverse = require("@babel/traverse").default;
const t = require("@babel/types");
const generator = require("@babel/generator").default;

let source = fs.readFileSync('./encry_code.js', {encoding: "utf-8"});
let ast = parser.parse(source);

const ExpressionRestore = {
    "BinaryExpression|UnaryExpression|ConditionalExpression"(path) {
        if (path.isUnaryExpression({operator: "-"}) || path.isUnaryExpression({operator:
"void"})) {
            return;
        }
        const {confident, value} = path.evaluate();
        if (value == "Infinity" || !confident) return;
        path.replaceInline(t.valueToNode(value));
    },
};

traverse(ast, ExpressionRestore);
ast = parser.parse(generator(ast).code);

const code = generator(ast).code;
console.log(code);
```

经过算术表达式插件还原之后，上面示例源码中的算术部分变成下面可读的形式。

```
  _0x2c6ed3 = _0x2c6ed3 - 216;
  var _0x1ebb7e = _0x1c54[_0x2c6ed3];

  if (_0x436c["rEGJuR"] === undefined) {
    var _0xa49d92 = function (_0x177eef) {
      var _0x7f015d =
"abcdefghijklmnopqrstuvwxyzABCDEFGHIJKLMNOPQRSTUVWXYZ0123456789+/=";
      var _0xf04a1b = "";

      for (var _0x1508ad = 0, _0x414abc, _0x37323f, _0x3e781c = 0; _0x37323f = _0x177eef
["charAt"](_0x3e781c++); ~_0x37323f && (_0x414abc = _0x1508ad % 4 ? _0x414abc * 64 + _
0x37323f : _0x37323f, _0x1508ad++ % 4) ? _0xf04a1b += String["fromCharCode"](255 & _
0x414abc >> (-2 * _0x1508ad & 6)) : 0) {
        _0x37323f = _0x7f015d["indexOf"](_0x37323f);
      }

      return _0xf04a1b;
    };

    _0x436c["cxIBBH"] = function (_0x48b85f) {
      var _0x3ad420 = _0xa49d92(_0x48b85f);

      var _0x2c68c5 = [];

      for (var _0x27e601 = 0, _0x56a92a = _0x3ad420["length"]; _0x27e601 < _0x56a92a; _
0x27e601++) {
        _0x2c68c5 += "%" + ("00" + _0x3ad420["charCodeAt"](_0x27e601)["toString"](16))
["slice"](-2);
      }

      return decodeURIComponent(_0x2c68c5);
    }, _0x436c["BtLmvq"] = {}, _0x436c["rEGJuR"] = true;
  }

  var _0x1f5c8d = _0x1c54[0],
      _0xc20482 = _0x2c6ed3 + _0x1f5c8d,
      _0xfcee19 = _0x436c["BtLmvq"][_0xc20482];
```

7.6.3 长数组还原

长数组是 Ob 工具混淆的重要特征之一，用一个长数组将源码中的字面量收集起来，只在使用的时候再从数组中动态取值。同时在这个数组中添加一些无关的信息，以达到混淆视听的效果。

javascript-obfuscator 工具运用数组混淆的思路，首先是收集源码中的方法名、变量、常量等信息，对这些信息进行编码后放置在一个长数组中，然后通过一个自执行函数对这个长数组进行预处理，再通过一个解码或解密的取值函数从数组中取值，同时取值函数中对代码是否需要格式化进行检测，在格式化情况下运行将崩溃。

在示例的混淆源码中，_0x1c54 是存放关键信息的长数组，_0x436c()函数是用于从数组中获取并处理元素的函数，该函数在源码中多处被调用，最后的自执行函数是对长数组 _0x1c54 进行预处理，然后经过取值函数_0x436c()返回所需值。这也是 Ob 工具混淆的特征之一，即长数组、取值函数、长数组处理函数在上下文中相连接。

```
//长数组
var _0x1c54 = ["CMvWBgfJzq", "y2HYB21L", "xZb4nda5ndu3", "xZb4m2rImge2", "C05Yuva",
"nJyXn1PWwvHLwG", "y3jLyxrLrwXLBwvUDa", "y2fUDMfZ", "mJe1mJaZqKHeDeP0", "CgX1z2LUCW",
"y29UC3rYDwn0B3i", "yxbWBhK", "nxb4iefYAwfS", "mJC2nty2DvvUBxf1", "yNrVyq", "xZb4ytDInMnJ",
"BMf2AwDHDg9Y", "CgXHDgzVCM0", "z2v0q29UDgv4Da", "ntiYnZjiuK56DxG", "ChvZAa",
"BgfUz3vHz2vZ", "m2z1wLfPCG", "zMLSBfrLEhq", "zgf0ytPPBwfNzs9WBMC7yMfZzty0la", "Bg9N",
"mtaZmJa0ywTVsNPq", "D2vIzhjPDMvY", "nte0zK1YruTo", "y2fYBM9J", "xZb4mMm4ogvK",
"xZb4mta4ntqZ", "zM9UDa", "mMzNvxvsCG", "xIHBxIbDkYGGk1TEif0RksSPk1TEif19", "odu3wuz0q29V",
"xZb4mZm3yZDJ", "mta3ntGXvvPMBxLb", "xZb4mtKZyJuZ", "xZb4nwrJnwnH", "mvPey0jovq",
"mJDUv1rYufy", "ufDTBw4", "C3bSAxq"];

//取值函数
var _0x436c = function (_0x2c6ed3, _0x3aaad0) {
    _0x2c6ed3 = _0x2c6ed3 - 216;
    var _0x1ebb7e = _0x1c54[_0x2c6ed3];

    if (_0x436c["rEGJuR"] === undefined) {
        var _0xa49d92 = function (_0x177eef) {
            var _0x7f015d = "abcdefghijklmnopqrstuvwxyzABCDEFGHIJKLMNOPQRSTUVWXYZ0123456789+/=";
            var _0xf04a1b = "";

            for (var _0x1508ad = 0, _0x414abc, _0x37323f, _0x3e781c = 0; _0x37323f = _
0x177eef["charAt"](_0x3e781c++); ~_0x37323f && (_0x414abc = _0x1508ad % 4 ? _0x414abc *
64 + _0x37323f : _0x37323f, _0x1508ad++ % 4) ? _0xf04a1b += String["fromCharCode"](255 & _
0x414abc >> (-2 * _0x1508ad & 6)) : 0) {
                _0x37323f = _0x7f015d["indexOf"](_0x37323f);
            }

            return _0xf04a1b;
        };

        _0x436c["cxIBBH"] = function (_0x48b85f) {
            var _0x3ad420 = _0xa49d92(_0x48b85f);

            var _0x2c68c5 = [];

            for (var _0x27e601 = 0, _0x56a92a = _0x3ad420["length"]; _0x27e601 < _0x56a92a; _
0x27e601++) {
                _0x2c68c5 += "%" + ("00" + _0x3ad420["charCodeAt"](_0x27e601)
["toString"](16))["slice"](-2);
            }

            return decodeURIComponent(_0x2c68c5);
        }, _0x436c["BtLmvq"] = {}, _0x436c["rEGJuR"] = true;
    }

    var _0x1f5c8d = _0x1c54[0],
        _0xc20482 = _0x2c6ed3 + _0x1f5c8d,
        _0xfcee19 = _0x436c["BtLmvq"][_0xc20482];

    if (_0xfcee19 === undefined) {
        var _0x3fd6b7 = function (_0x48814c) {
            this["yEYFLZ"] = _0x48814c, this["jaKoCT"] = [1, 0, 0], this["uLUvid"] =
function () {
```

```
                return "newState";
            }, this["TGaARE"] = "\\w+ *\\(\\) *{\\w+ *", this["RfRfIz"] = "['|\"].+[
'|\"];? *}";
        };

        _0x3fd6b7["prototype"]["OcjYFT"] = function () {
            var _0x5407d9 = new RegExp(this["TGaARE"] + this["RfRfIz"]),
                _0x3be2e3 = _0x5407d9["test"](this["uLUvid"]["toString"]()) ? --this["jaKoCT"]
[1] : --this["jaKoCT"][0];

            return this["baJwbk"](_0x3be2e3);
        }, _0x3fd6b7["prototype"]["baJwbk"] = function (_0x18e7be) {
            if (!Boolean(~_0x18e7be)) return _0x18e7be;
            return this["lwVmpU"](this["yEYFLZ"]);
        }, _0x3fd6b7["prototype"]["lwVmpU"] = function (_0x1e9c24) {
            for (var _0x350862 = 0, _0x3e5c26 = this["jaKoCT"]["length"]; _0x350862 <
_0x3e5c26; _0x350862++) {
                this["jaKoCT"]["push"](Math["round"](Math["random"]())), _0x3e5c26 = this
["jaKoCT"]["length"];
            }

            return _0x1e9c24(this["jaKoCT"][0]);
        }, new _0x3fd6b7(_0x436c)["OcjYFT"](), _0x1ebb7e = _0x436c["cxIBBH"](_0x1ebb7e),
_0x436c["BtLmvq"][_0xc20482] = _0x1ebb7e;
    } else _0x1ebb7e = _0xfcee19;

    return _0x1ebb7e;
};

//自执行函数
(function (_0x1795b5, _0x3441b9) {
    while (true) {
        try {
            var _0x3fd67d = parseInt(_0x436c(227)) + parseInt(_0x436c(252)) * -parseInt
(_0x436c(232)) + parseInt(_0x436c(259)) * parseInt(_0x436c(256)) + -parseInt(_0x436c
(238)) + -parseInt(_0x436c(241)) * -parseInt(_0x436c(245)) + parseInt(_0x436c(254))
* parseInt(_0x436c(247)) + parseInt(_0x436c(224)) * -parseInt(_0x436c(216));

            if (_0x3fd67d === _0x3441b9) break; else _0x1795b5["push"](_0x1795b5["shift"]());
        } catch (_0x2b1308) {
            _0x1795b5["push"](_0x1795b5["shift"]());
        }
    }
})(_0x1c54, 288831);
```

这是混淆保护的核心,通过长数组和函数的结合大大增加了调试的难度,基本无法调试。一方面是格式化检测,另一方面是关键信息被隐藏,必须要还原处理后才能调试。处理长数组并不难,将自执行函数、数组、取值函数放到同一环境中运行,获得计算值来替换原来的函数调用。

需要注意,源码中往往不直接调用取值函数,而是通过先将取值函数的引用赋值给其他变量,间接调用取值函数。例如下面是示例源码中的一段,不直接调用取值函数_0x436c(),而是通过创建一个新的变量_0x320188来间接调用取值函数。

```
var _0x320188 = _0x436c,
        _0x1ed2c9 = {
            "_0x193b53": "7|6|1|4|3|5|0|2",
            "_0x5dc5ca": _0x320188(231),
            "_0x337c7c": _0x320188(243),
            "_0x2c88ed": _0x320188(248)
        },
```

首先需要处理上述这种情况。这里需要使用作用域的重命名，分析 VariableDeclarator 类型节点，它的作用是声明一个变量，其 init 节点是 Identifier 类型，并且包含 name 值为 _0x436c 的属性。如果有这样的声明变量，那么获取该变量的作用域，然后重命名：

```
const nameRestore = {
    VariableDeclarator(path) {
        let {node, scope} = path;
        let {id, init} = node;
        if (!t.isIdentifier(init, {name: '_0x436c'})) return;
        scope.rename(id.name, '_0x436c');
        path.remove();
    },
}
```

接着，可以将所有调用了取值函数的地方直接用结果来替换。首先定位到长数组，然后获取到处理数组的自执行函数及取值函数，再通过 eval()方法执行未经格式化的源码字符串，最后将所有调用了取值函数的地方，都用取值结果来替换即可。

```
const ArrayRestore = {
    VariableDeclarator(path) {
        const node = path.node;
        try {
            // 定位数组
            const values = node.init.elements;
            if (!t.isArrayExpression(node.init) || values.length === 0) return;
        }catch (e) {
            return
        }
        let valuefunc = path.parentPath.getNextSibling();      //取值函数所在节点
        let runfunc = valuefunc.getNextSibling();              //自执行函数
        let code = path.toString() + "\n" +
            valuefunc.toString() + "\n" +
            runfunc.toString();
        # 获得未格式化的源代码,避免格式化检测
        let source = generator(parser.parse(code), opts = {"compact": true}).code;
        eval(source)
        traverse(ast,{
            "CallExpression"(path) {
                let node = path.node;
                if (!t.isIdentifier(node.callee, {name:'_0x436c'})){return }
                let value = eval(path.toString());             //取值
                console.log(path.toString(), ": ", value);     //输入替换的值
                path.replaceWith(t.valueToNode(value));
            },
        });
```

```
            path.remove();                    //删除长数组
        runfunc.remove();                     //删除自执行函数
        valuefunc.remove()                    //删除取值函数
    }
};
```

经过这一步骤的还原，代码已经具有一定的可读性，已经非常接近于正常的代码，关键字都暴露了出来，包括 JavaScript 语法的关键字和定义的一些变量都具有可读性。

```
function _0x475cc4() {
  var _0x1ed2c9 = {
    "_0x193b53": "7|6|1|4|3|5|0|2",
    "_0x5dc5ca": "5px Arial",
    "_0x337c7c": "data:image/png;base64,",
    "_0x2c88ed": "carnoc"
  },
      _0x3087c8 = _0x1ed2c9["_0x193b53"]["split"]("|"),
      _0x351211 = 0;

  while (true) {
    switch (_0x3087c8[_0x351211++]) {
      case "0":
        _0x23f29f["stroke"]();

        continue;

      case "1":
        _0x23f29f["font"] = _0x1ed2c9["_0x5dc5ca"];
        continue;

      case "2":
        return _0x2afaca["toDataURL"]()["replace"](_0x1ed2c9["_0x337c7c"], "");

      case "3":
        _0x23f29f["moveTo"](0, 0);

        continue;

      case "4":
        _0x23f29f["fillText"](_0x1ed2c9["_0x2c88ed"], 8, 8);

        continue;

      case "5":
        _0x23f29f["lineTo"](3, 3);

        continue;

      case "6":
        var _0x23f29f = _0x2afaca["getContext"]("2d");

        continue;

      case "7":
        var _0x2afaca = document["createElement"]("canvas");
```

```
        continue;
      }

      break;
    }
  }

function _0x3b48d5() {
  return window["navigator"]["webdriver"];
}

function _0x252a8d() {
  var _0x3474b6 = [];
  return _0x3474b6["push"](window["chrome"]), _0x3474b6["push"](navigator["platform"]), _0x3474b6["push"](navigator["plugins"]), _0x3474b6["push"](navigator["languages"]), _0x3474b6["push"](navigator["hardwareConcurrency"]), _0x3474b6["join"]("|");
}

!function () {
  var _0x236836 = {
    "_0x1a88e3": "return /\" + this + \"/",
    "_0x26a127": "^([^ ]+( +[^ ]+)+)+[^ ]}",
    "_0x409457": function (_0x5434c5, _0xe86c12) {
      return _0x5434c5 !== _0xe86c12;
    },
    "_0xa7b6cc": "PWmmn",
    "_0x108543": function (_0x46a313) {
      return _0x46a313();
    },
    "_0x3ff62d": function (_0x366f89, _0x186907, _0x12bcd1) {
      return _0x366f89(_0x186907, _0x12bcd1);
    },
    "_0x52080e": function (_0x5a71b0, _0x5ea044) {
      return _0x5a71b0(_0x5ea044);
    }
  },
      _0x398023 = function () {
    var _0x22b54e = true;
    return function (_0x346de8, _0x300a29) {
      var _0x3d4658 = _0x22b54e ? function () {
        if (_0x300a29) {
          var _0x4c74ba = _0x300a29["apply"](_0x346de8, arguments);

          return _0x300a29 = null, _0x4c74ba;
        }
      } : function () {};

      return _0x22b54e = false, _0x3d4658;
    };
  }(),
      _0xf23a78 = _0x236836["_0x3ff62d"](_0x398023, this, function () {
    var _0x4fc782 = {
      "_0x3db0a6": function (_0x1fec15) {
        return _0x1fec15();
```

```
        }
      };

      if (_0x236836["_0x409457"](_0x236836["_0xa7b6cc"], "sNrQP")) {
        var _0x1c7841 = function () {
          var _0x1f6aa2 = _0x1c7841["constructor"](_0x236836["_0x1a88e3"])()
["constructor"](_0x236836["_0x26a127"]);

          return !_0x1f6aa2["test"](_0xf23a78);
        };

        return _0x236836["_0x108543"](_0x1c7841);
      } else {
        function _0xcc8843() {
          var _0x5f0d73 = function () {
            var _0x146be3 = _0x5f0d73["constructor"]("return /\" + this + \"/")()
["constructor"]("^([^]+( +[^]+)+)+[^]}");

            return !_0x146be3["test"](_0x4bb78e);
          };

          return RmgaRv["_0x3db0a6"](_0x5f0d73);
        }
      }
    });

    _0xf23a78(), data = {
      "_0x25038d": _0x475cc4,
      "webdriver": _0x3b48d5,
      "_0x40ad7b": _0x252a8d
    }, authentication = window["btoa"](data["toString"]()), console["log"](authentication),
_0x236836["_0x52080e"](alert, authentication);
}();
```

7.6.4 控制流还原

处理了长数组后，已经能看出基本的流程，但是发现还有一些很长的 while-switch-case 代码块。这些代码块就是平坦化后的控制流，在逻辑上还是顺序执行，但是这个顺序由 switch-case 来控制，这样就达到了干扰分析的目的。

处理控制流平坦化思路的关键是找到流程控制语句。对于简单的控制流使用形如 7|6|1|4|3|5|0|2 字符串分割后的数组作为条件。一般复杂地使用函数的执行结果作为判断条件。更加复杂的，使用动态的控制条件，即当前执行顺序的条件是上一步执行的结果。例如：

```
function _0x475cc4() {
  var _0x1ed2c9 = {
    "_0x193b53": "7|6|1|4|3|5|0|2",
    "_0x5dc5ca": "5px Arial",
    "_0x337c7c": "data:image/png;base64,",
    "_0x2c88ed": "carnoc"
  },
      _0x3087c8 = _0x1ed2c9["_0x193b53"]["split"]("|"),
      _0x351211 = 0;
```

```
  while (true) {
    switch (_0x3087c8[_0x351211++]) {
      case "0":
        _0x23f29f["stroke"]();

        continue;

      case "1":
        _0x23f29f["font"] = _0x1ed2c9["_0x5dc5ca"];
        continue;

      case "2":
        return _0x2afaca["toDataURL"]()["replace"](_0x1ed2c9["_0x337c7c"], "");

      case "3":
        _0x23f29f["moveTo"](0, 0);

        continue;

      case "4":
        _0x23f29f["fillText"](_0x1ed2c9["_0x2c88ed"], 8, 8);

        continue;

      case "5":
        _0x23f29f["lineTo"](3, 3);

        continue;

      case "6":
        var _0x23f29f = _0x2afaca["getContext"]("2d");

        continue;

      case "7":
        var _0x2afaca = document["createElement"]("canvas");

        continue;
    }

    break;
  }
}
```

明白其思路后,针对案例中的混淆源码,可用如下的插件还原。

```
const FlowRestore = {

    WhileStatement(path) {
        //定位 while 节点
        const node = path.node;
        const body = node.body;
        if (body.body.length != 2) return;
        //定位 switch 节点
```

```
        let switchNode = body.body[0];
        if (!t.isSwitchStatement(switchNode)) return;

        let cases = switchNode.cases;
        let indexs = "7|6|1|4|3|5|0|2".split("|");
        let items = [];
        indexs.forEach(index => {
            let item = cases[index].consequent;   //获得 SwitchCase 节点下的节点数组
            if (t.isContinueStatement(item[item.length - 1])) {
                item.pop();                        //删除 continue 节点
            }
            items = items.concat(item);            //合并节点数组
        });
        path.replaceWithMultiple(items);
    },
};
```

该插件的思路是获得 switch-case 块的执行顺序，这里通过分割字符串获得，然后按照顺序取出 case 下的节点，删除一些无用节点后加入一个创建的空数组。遍历完成后，使用这个空数组替换 switch 或 for 对应的节点。

还原后的 0x475cc4()函数内容如下，代码简洁了很多，执行的逻辑暴露了出来。

```
function _0x475cc4() {
  var _0x1ed2c9 = {
    "_0x193b53": "7|6|1|4|3|5|0|2",
    "_0x5dc5ca": "5px Arial",
    "_0x337c7c": "data:image/png;base64,",
    "_0x2c88ed": "carnoc"
  },
      _0x3087c8 = _0x1ed2c9["_0x193b53"]["split"]("|"),
      _0x351211 = 0;

  var _0x2afaca = document["createElement"]("canvas");

  var _0x23f29f = _0x2afaca["getContext"]("2d");

  _0x23f29f["font"] = _0x1ed2c9["_0x5dc5ca"];

  _0x23f29f["fillText"](_0x1ed2c9["_0x2c88ed"], 8, 8);

  _0x23f29f["moveTo"](0, 0);

  _0x23f29f["lineTo"](3, 3);

  _0x23f29f["stroke"]();

  return _0x2afaca["toDataURL"]()["replace"](_0x1ed2c9["_0x337c7c"], "");
}
```

7.6.5 逗号表达式还原

通过去控制流插件后，被混淆的代码被进一步还原。但是还有一部分通过逗号表达式连接的代码不利于进行直观的分析和动态调试，还需要进一步还原逗号表达式。例如：

```
!function () {
  var _0x236836 = {
    "_0x1a88e3": "return /\" + this + \"/",
    "_0x26a127": "^([^ ]+( +[^ ]+)+)+[^ ]}",
    "_0x409457": function (_0x5434c5, _0xe86c12) {
      return _0x5434c5 !== _0xe86c12;
    },
    "_0xa7b6cc": "PWmmn",
    "_0x108543": function (_0x46a313) {
      return _0x46a313();
    },
    "_0x3ff62d": function (_0x366f89, _0x186907, _0x12bcd1) {
      return _0x366f89(_0x186907, _0x12bcd1);
    },
    "_0x52080e": function (_0x5a71b0, _0x5ea044) {
      return _0x5a71b0(_0x5ea044);
    }
  },
      _0x398023 = function () {
    var _0x22b54e = true;
    return function (_0x346de8, _0x300a29) {
      var _0x3d4658 = _0x22b54e ? function () {
        if (_0x300a29) {
          var _0x4c74ba = _0x300a29["apply"](_0x346de8, arguments);

          return _0x300a29 = null, _0x4c74ba;
        }
      } : function () {};

      return _0x22b54e = false, _0x3d4658;
    };
  }(),
      _0xf23a78 = _0x236836["_0x3ff62d"](_0x398023, this, function () {
    var _0x4fc782 = {
      "_0x3db0a6": function (_0x1fec15) {
        return _0x1fec15();
      }
    };

    if (_0x236836["_0x409457"](_0x236836["_0xa7b6cc"], "sNrQP")) {
      var _0x1c7841 = function () {
        var _0x1f6aa2 = _0x1c7841["constructor"](_0x236836["_0x1a88e3"])()["constructor"]
(_0x236836["_0x26a127"]);

        return !_0x1f6aa2["test"](_0xf23a78);
      };

      return _0x236836["_0x108543"](_0x1c7841);
    } else {
      function _0xcc8843() {
        var _0x5f0d73 = function () {
          var _0x146be3 = _0x5f0d73["constructor"]("return /\" + this + \"/")()["constructor"]
("^([^ ]+( +[^ ]+)+)+[^ ]}");

          return !_0x146be3["test"](_0x4bb78e);
```

```
            };

            return RmgaRv["_0x3db0a6"](_0x5f0d73);
          }
        }
    });

    _0xf23a78(), data = {
      "_0x25038d": _0x475cc4,
      "webdriver": _0x3b48d5,
      "_0x40ad7b": _0x252a8d
    }, authentication = window["btoa"](data["toString"]()), console["log"](authentication),
  _0x236836["_0x52080e"](alert, authentication);
}();
```

逗号表达式的节点是 SequenceExpression(序列表达式),其结构如下,通常一个 SequenceExpression 节点就是一条语句,即为 ExpressionStatement(表达式语句,由单个表达式组成的语句)的子节点。通过将 SequenceExpression 节点下的 expressions 数组中的各个节点,包装成一个单独的 ExpressionStatement 节点,再放到 SequenceExpression 节点所属的 ExpressionStatement 节点的父节点的 body 属性数组中。例如:

```
interface SequenceExpression {
    type: 'SequenceExpression';
    expressions: Expression[];
}
```

但是在 for 语句中可能存在 SequenceExpression 节点的情况,所以需要根据父节点来排除其他额外情况。例如:

```
const CommaRestore = {
    ExpressionStatement(path) {
        const {node} = path;
        let Sequence = node.expression;
        if (!t.isSequenceExpression(Sequence)) return;
        let expressions = Sequence.expressions;
        if (expressions.length <= 0) return;
        const parent = path.parentPath;
        const body = parent.node.body;
        if (!(body instanceof Array) || body == undefined) return;
        body.pop();
        for (var i in expressions) {
            body.push(t.ExpressionStatement(expression = expressions[i]));
        }
    }
};
```

经过 CommaRestore 插件的处理,来自执行函数内的逗号表达式被还原成独立的表达式,其中的","被";"替代,更加便于动态调试和逻辑分析。例如:

```
!function () {
  var _0x236836 = {
    "_0x1a88e3": "return /\" + this + \"/",
    "_0x26a127": "^([^]+( +[^]+)+)+[^]}",
```

```
        "_0x409457": function (_0x5434c5, _0xe86c12) {
          return _0x5434c5 !== _0xe86c12;
        },
        "_0xa7b6cc": "PWmmn",
        "_0x108543": function (_0x46a313) {
          return _0x46a313();
        },
        "_0x3ff62d": function (_0x366f89, _0x186907, _0x12bcd1) {
          return _0x366f89(_0x186907, _0x12bcd1);
        },
        "_0x52080e": function (_0x5a71b0, _0x5ea044) {
          return _0x5a71b0(_0x5ea044);
        }
      },
          _0x398023 = function () {
        var _0x22b54e = true;
        return function (_0x346de8, _0x300a29) {
          var _0x3d4658 = _0x22b54e ? function () {
            if (_0x300a29) {
              var _0x4c74ba = _0x300a29["apply"](_0x346de8, arguments);

              return _0x300a29 = null, _0x4c74ba;
            }
          } : function () {};

          return _0x22b54e = false, _0x3d4658;
        };
      }(),
          _0xf23a78 = _0x236836["_0x3ff62d"](_0x398023, this, function () {
        var _0x4fc782 = {
          "_0x3db0a6": function (_0x1fec15) {
            return _0x1fec15();
          }
        };

        if (_0x236836["_0x409457"](_0x236836["_0xa7b6cc"], "sNrQP")) {
          var _0x1c7841 = function () {
            var _0x1f6aa2 = _0x1c7841["constructor"](_0x236836["_0x1a88e3"])()["constructor"]
  (_0x236836["_0x26a127"]);

            return !_0x1f6aa2["test"](_0xf23a78);
          };

          return _0x236836["_0x108543"](_0x1c7841);
        } else {
          function _0xcc8843() {
            var _0x5f0d73 = function () {
              var _0x146be3 = _0x5f0d73["constructor"]("return /\" + this + \"/")()["constructor"]
  ("^([^]+( +[^]+)+)+[^]}");

              return !_0x146be3["test"](_0x4bb78e);
            };

            return RmgaRv["_0x3db0a6"](_0x5f0d73);
          }
        }
```

```
    });

    _0xf23a78();

    data = {
      "_0x25038d": _0x475cc4,
      "webdriver": _0x3b48d5,
      "_0x40ad7b": _0x252a8d
    };
    authentication = window["btoa"](data["toString"]());
    console["log"](authentication);

    _0x236836["_0x52080e"](alert, authentication);
}();
```

7.6.6 一些细节处理

经过前面的步骤处理后,混淆后的代码基本被还原。但在主程序中还有一些冗余的检测代码和保护代码,这些代码都单独放在一个自执行的函数中,可以通过手动删除或注释进一步处理,以免影响调试。在示例的源码中,最后一个函数内部存在大量的保护代码,这些代码单独由函数来执行,注销后就可以使代码检测失效,并且不影响正常的功能代码。例如:

```
!function () {
  var _0x236836 = {
    "_0x1a88e3": "return /\" + this + \"/",
    "_0x26a127": "^([^]+( +[^]+)+)+[^]}",
    "_0x409457": function (_0x5434c5, _0xe86c12) {
      return _0x5434c5 !== _0xe86c12;
    },
    "_0xa7b6cc": "PWmmn",
    "_0x108543": function (_0x46a313) {
      return _0x46a313();
    },
    "_0x3ff62d": function (_0x366f89, _0x186907, _0x12bcd1) {
      return _0x366f89(_0x186907, _0x12bcd1);
    },
    "_0x52080e": function (_0x5a71b0, _0x5ea044) {
      return _0x5a71b0(_0x5ea044);
    }
  },
      _0x398023 = function () {
    var _0x22b54e = true;
    return function (_0x346de8, _0x300a29) {
      var _0x3d4658 = _0x22b54e ? function () {
        if (_0x300a29) {
          var _0x4c74ba = _0x300a29["apply"](_0x346de8, arguments);

          return _0x300a29 = null, _0x4c74ba;
        }
      } : function () {};

      return _0x22b54e = false, _0x3d4658;
    };
```

```
}(),
    _0xf23a78 = _0x236836["_0x3ff62d"](_0x398023, this, function () {
  var _0x4fc782 = {
    "_0x3db0a6": function (_0x1fec15) {
      return _0x1fec15();
    }
  };

  if (_0x236836["_0x409457"](_0x236836["_0xa7b6cc"], "sNrQP")) {
    var _0x1c7841 = function () {
      var _0x1f6aa2 = _0x1c7841["constructor"](_0x236836["_0x1a88e3"])()["constructor"]
(_0x236836["_0x26a127"]);

      return !_0x1f6aa2["test"](_0xf23a78);
    };

    return _0x236836["_0x108543"](_0x1c7841);
  } else {
    function _0xcc8843() {
      var _0x5f0d73 = function () {
        var _0x146be3 = _0x5f0d73["constructor"]("return /\" + this + \"/")()
["constructor"]("^([^]+( +[^]+)+)+[^]}");

        return !_0x146be3["test"](_0x4bb78e);
      };

      return RmgaRv["_0x3db0a6"](_0x5f0d73);
    }
  }
});

_0xf23a78(); //自执行的保护代码调用

data = {
  "_0x25038d": _0x475cc4,
  "webdriver": _0x3b48d5,
  "_0x40ad7b": _0x252a8d
};
authentication = window["btoa"](data["toString"]());
console["log"](authentication);

_0x236836["_0x52080e"](alert, authentication);
}();
```

除了有部分冗余代码之外，还有一些还原后未使用的变量，这些声明的变量也可以删除。变量声明节点是 VariableDeclarator，通过其作用域查找它的引用，如果没有被引用过，那么就是可以删除的变量。但是需要注意，使用作用域时，需要将包含修改后的 AST 生成代码，再重新转为 AST 再做处理，否则此前的修改可能不生效。例如：

```
const VarDelRestore = {
    VariableDeclarator(path) {
        const {id} = path.node;
        const binding = path.scope.getBinding(id.name);
        if (binding && !binding.referenced) {
```

```
                path.remove();
            }
        }
    }
    ast = parser.parse(generator(ast).code);                    //重新生成 ast
    traverse(ast, VarDelRestore)
```

经过上面插件的处理，源码已经可以正常阅读和分析，但是变量名无法还原，变量名的加密是不可逆的。综合前面的几个插件，完整的混淆还原代码如下。

```
const fs = require('fs');
const parser = require("@babel/parser");
const traverse = require("@babel/traverse").default;
const t = require("@babel/types");
const generator = require("@babel/generator").default;

let source = fs.readFileSync('./encry_code.js', {encoding: "utf-8"});
let ast = parser.parse(source);


const Unicode = {
    'StringLiteral|NumericLiteral'(path) {
        if (path.node.extra.raw) {
            delete path.node.extra.raw
        }
    },

};

const ExpressionRestore = {
    "BinaryExpression|UnaryExpression|ConditionalExpression"(path) {
        if (path.isUnaryExpression({operator: "-"}) || path.isUnaryExpression({operator:
"void"})) {
            return;
        }
        const {confident, value} = path.evaluate();
        if (value === "Infinity" || !confident) return;
        path.replaceInline(t.valueToNode(value));
    },
};

const nameRestore = {
    VariableDeclarator(path) {
        let {node, scope} = path;
        let {id, init} = node;
        if (!t.isIdentifier(init, {name: '_0x436c'})) return;
        scope.rename(id.name, '_0x436c');
        path.remove();
    },
};
traverse(ast, nameRestore);

const ArrayRestore = {
    VariableDeclarator(path) {
        const node = path.node;
```

```
        try {
            // 定位数组
            const values = node.init.elements;
            if (!t.isArrayExpression(node.init) || values.length === 0) return;
        } catch (e) {
            return
        }
        let valuefunc = path.parentPath.getNextSibling();          //取值函数所在节点
        let runfunc = valuefunc.getNextSibling();                  //自执行函数
        let code = path.toString() + "\n" +
            valuefunc.toString() + "\n" +
            runfunc.toString();
        //获得未格式化的源代码,避免格式化检测
        let source = generator(parser.parse(code), opts = {"compact": true}).code;
        eval(source);
        traverse(ast, {
            "CallExpression"(path) {
                let node = path.node;
                if (!t.isIdentifier(node.callee, {name: '_0x436c'})) {
                    return
                }
                let value = eval(path.toString());
                console.log(path.toString(), ": ", value);          //输入替换的值
                path.replaceWith(t.valueToNode(value));
            },
        });
        path.remove();
        runfunc.remove();
        valuefunc.remove()
    }
};

//去控制流
const FlowRestore = {

    WhileStatement(path) {
        //定位 while 节点
        const node = path.node;
        const body = node.body;
        if (body.body.length != 2) return;
        //定位 switch 节点
        let switchNode = body.body[0];
        if (!t.isSwitchStatement(switchNode)) return;

        let cases = switchNode.cases;
        let indexs = "7|6|1|4|3|5|0|2".split("|");
        let items = [];
        indexs.forEach(index => {
            let item = cases[index].consequent;      //获得 SwitchCase 节点下的节点数组
            if (t.isContinueStatement(item[item.length - 1])) {
                item.pop();                           //删除 continue 节点
            }
            items = items.concat(item);               //合并节点数组
        });
        path.replaceWithMultiple(items);
    },
```

```
};
const CommaRestore = {
    ExpressionStatement(path) {
        const {node} = path;
        let Sequence = node.expression;
        if (!t.isSequenceExpression(Sequence)) return;
        let expressions = Sequence.expressions;
        if (expressions.length <= 0) return;
        const parent = path.parentPath;
        const body = parent.node.body;
        if (!(body instanceof Array) || body === undefined) return;
        body.pop();
        for (var i in expressions) {
            body.push(t.ExpressionStatement(expression = expressions[i]));
        }
    }
};

const VarDelRestore = {
    VariableDeclarator(path) {
        const {id} = path.node;
        const binding = path.scope.getBinding(id.name);
        if (binding && !binding.referenced) {
            path.remove();
        }
    }
}


traverse(ast, Unicode);
traverse(ast, ExpressionRestore);
traverse(ast, ArrayRestore);
traverse(ast, FlowRestore);
traverse(ast, CommaRestore);
ast = parser.parse(generator(ast).code);
traverse(ast, VarDelRestore)
const {code} = generator(ast);
console.log(code);
```

经过上述 AST 源码还原后的 JavaScript 源码如下。它主要获取了浏览器的几个常用特征，0x475cc4()函数获取浏览器的 canvas 指纹，0x3b48d5()获取浏览器的 webdriver 特征，0x252a8d()获取浏览器的其他几个常用特征并用"|"连接成一个字符串，最后通过自执行函数将上面的特征放到一个字典中编码再输出。

```
function _0x475cc4() {
  var _0x1ed2c9 = {
    "_0x193b53": "7|6|1|4|3|5|0|2",
    "_0x5dc5ca": "5px Arial",
    "_0x337c7c": "data:image/png;base64,",
    "_0x2c88ed": "carnoc"
  };

  var _0x2afaca = document["createElement"]("canvas");
```

```
  var _0x23f29f = _0x2afaca["getContext"]("2d");

  _0x23f29f["font"] = _0x1ed2c9["_0x5dc5ca"];

  _0x23f29f["fillText"](_0x1ed2c9["_0x2c88ed"], 8, 8);

  _0x23f29f["moveTo"](0, 0);

  _0x23f29f["lineTo"](3, 3);

  _0x23f29f["stroke"]();

  return _0x2afaca["toDataURL"]()["replace"](_0x1ed2c9["_0x337c7c"], "");
}

function _0x3b48d5() {
  return window["navigator"]["webdriver"];
}

function _0x252a8d() {
  var _0x3474b6 = [];
  return _0x3474b6["push"](window["chrome"]), _0x3474b6["push"](navigator["platform"]),
_0x3474b6["push"](navigator["plugins"]), _0x3474b6["push"](navigator["languages"]),
_0x3474b6["push"](navigator["hardwareConcurrency"]), _0x3474b6["join"]("|");
}

!function () {
  var _0x236836 = {
    "_0x1a88e3": "return /\" + this + \"/",
    "_0x26a127": "^([^ ]+( +[^ ]+)+)+[^ ]}",
    "_0x409457": function (_0x5434c5, _0xe86c12) {
      return _0x5434c5 !== _0xe86c12;
    },
    "_0xa7b6cc": "PWmmn",
    "_0x108543": function (_0x46a313) {
      return _0x46a313();
    },
    "_0x3ff62d": function (_0x366f89, _0x186907, _0x12bcd1) {
      return _0x366f89(_0x186907, _0x12bcd1);
    },
    "_0x52080e": function (_0x5a71b0, _0x5ea044) {
      return _0x5a71b0(_0x5ea044);
    }
  },
      _0x398023 = function () {
    var _0x22b54e = true;
    return function (_0x346de8, _0x300a29) {
      var _0x3d4658 = _0x22b54e ? function () {
        if (_0x300a29) {
          var _0x4c74ba = _0x300a29["apply"](_0x346de8, arguments);

          return _0x300a29 = null, _0x4c74ba;
        }
      } : function () {};

      return _0x22b54e = false, _0x3d4658;
```

```
    };
  }(),
      _0xf23a78 = _0x236836["_0x3ff62d"](_0x398023, this, function () {
    if (_0x236836["_0x409457"](_0x236836["_0xa7b6cc"], "sNrQP")) {
      var _0x1c7841 = function () {
        var _0x1f6aa2 = _0x1c7841["constructor"](_0x236836["_0x1a88e3"])()["constructor"]
(_0x236836["_0x26a127"]);

        return !_0x1f6aa2["test"](_0xf23a78);
      };

      return _0x236836["_0x108543"](_0x1c7841);
    } else {
      function _0xcc8843() {
        var _0x5f0d73 = function () {
          var _0x146be3 = _0x5f0d73["constructor"]("return /\" + this + \"/")()
["constructor"]("^([^]+( +[^]+)+)+[^]}");

          return !_0x146be3["test"](_0x4bb78e);
        };

        return RmgaRv["_0x3db0a6"](_0x5f0d73);
      }
    }
  });

  _0xf23a78();

  data = {
    "_0x25038d": _0x475cc4,
    "webdriver": _0x3b48d5,
    "_0x40ad7b": _0x252a8d
  };
  authentication = window["btoa"](data["toString"]());
  console["log"](authentication);

  _0x236836["_0x52080e"](alert, authentication);
}();
```

7.7 独立源码运行

分析 JavaScript 源码的目的是为了更好地实现其功能，那么混淆源码还原后下一步该做什么呢？得到还原的源码后，借助 Fiddler 用本地还原的文件替换原来的混淆文件，实现动态调试，或者直接从还原的文件中静态分析其功能的实现流程。当清楚其功能实现流程之后，就需要在 Python 编程语言环境中实现这些功能。对于一些标准的功能，如标准的加密方法、编码方法，可以直接通过 Python 的相关库来实现。对于一些自定义的功能，需要将实现该功能的 JavaScript 源码独立出来，放到 Python 的环境中调用。

7.7.1 运行环境监测

一般需要实现的功能代码是关系到浏览器运行环境的安全(如浏览器特征收集)和一些

验证数据(如轨迹数据加密)的，这些代码通过 window(浏览器对象模型)对象读取浏览器的相关属性。如果只是将这些代码放到 Node.js 环境中运行，必然出现各种错误，原因是缺乏各种浏览器支持的相关属性。因此环境监测的目的就是为了暴露 JavaScript 代码读取了哪些浏览器的属性，以方便在 Node.js 环境中补齐这些属性。

对于一些防护级别较高的 JavaScript 源码，需要使用一定的技巧。一个最简单的技巧是将源码复制出来，删除其中的异常处理(try/catch)，放到 Node.js 中执行，使其在读取不到某一属性时直接报错，然后增加这个属性的模拟值，这个方法适用于少量的缺失属性。

另一个技巧是在 Node.js 中使用 Proxy，代理一个空的 window 对象，通过日志方式输出所有 window 下被访问的属性，适用于大量属性的补全。Proxy 对象用于创建一个对象的代理，从而实现基本操作的拦截(例如属性查找、赋值、枚举、函数调用等)。创建一个 Proxy 对象的语法如下。

```
const p = new Proxy(target, handler)
```

参数 target 是要使用 Proxy 包装的目标对象(可以是任何类型的对象，包括原生数组、函数，甚至另一个代理)的。handler 是一个通常以捕捉器作为属性的对象，捕捉器对应的函数分别定义了捕获到操作时的行为，常用捕获器及捕获对象如表 7-3 所示。

表 7-3 常用捕获器及捕获对象

捕　获　器	捕 获 对 象
handler. getPrototypeOf()	Object. getPrototypeOf()方法的捕捉器
handler. setPrototypeOf()	Object. setPrototypeOf()方法的捕捉器
handler. isExtensible()	Object. isExtensible()方法的捕捉器
handler. preventExtensions()	Object. preventExtensions()方法的捕捉器
handler. getOwnPropertyDescriptor()	Object. getOwnPropertyDescriptor()方法的捕捉器
handler. defineProperty()	Object. defineProperty()方法的捕捉器
handler. has()	in 操作符的捕捉器
handler. get()	属性读取操作的捕捉器
handler. set()	属性设置操作的捕捉器
handler. deleteProperty()	delete 操作符的捕捉器
handler. ownKeys()	Object. getOwnPropertyNames ( ) 方 法 和 Object. getOwnPropertySymbols()方法的捕捉器
handler. apply()	函数调用操作的捕捉器
handler. construct()	new 操作符的捕捉器

针对一些 window 下的属性，通过 Porxy 监听它的创建和读取操作，从而在 Node.js 环境中增加模拟值。主要通过 handler. get()和 handler. set()监听器，记录 window 对象中的赋值和读取目标，代码如下。

```
let handler = {
    get(target, key, receiver) {
        console.log('get', key);
        # 递归创建并返回
        if (typeof target[key] === 'object' && target[key] !== null) {
            return new Proxy(target[key], handler)
        }
```

```
        return Reflect.get(target, key, receiver)
    },
    set(target, key, value, receiver) {
        console.log('set', key, value);
        return Reflect.set(target, key, value, receiver)
    }
};
window = {};
window = new Proxy(window, handler);
```

使用方法是在需要检测的 JavaScript 代码运行之前运行上述代码。例如访问 window. navigator. webdriver 的输出效果如下，第一行是 Proxy 代理打印的日志，第二行是不存在 webdriver 输出的错误日志，那么可以通过 window={nowigator:{}}补齐 window 对象。

```
get navigator
Uncaught TypeError: Cannot read property 'webdriver' of undefined
```

7.7.2 构建 window 对象

window 对象表示一个包含 DOM 文档的窗口，其 document 属性指向窗口中载入的 DOM 文档。使用 document. defaultView 属性可以获取指定文档所在的窗口，window 作为全局变量，代表了脚本正在运行的窗口，暴露给 JavaScript 代码。

处理前端 JavaScript 代码最大的问题就是构建 window 对象。在 Node. js 环境中独立运行代码时，如何构建一个完整的 window 对象让源码能够正常工作是成功的关键。所幸有一个 Node 库 jsdom 来解决这个问题，jsdom 是许多 Web 标准（特别是 WHATWG DOM 和 HTML 标准）的纯 JavaScript 实现，可与 Node. js 一起使用。该项目的目标是模拟 Web 浏览器的子集，从而足以用于测试和抓取实际的 Web 应用程序。其 GitHub 仓库地址是 https://github. com/jsdom/jsdom，通过执行 npm 命令在项目文件夹下安装 jsdom 库。

获得一个相当于正常浏览器的简单方式如下，获取的 window 对象用于与正常浏览器基本一致的属性，包括重要的 webdriver 特征、插件、支持语言列表等。

```
  const { JSDOM } = require("C:\\Users\\Administrator\\AppData\\Roaming\\npm\\node_modules
\\jsdom");                          //从全局安装路径导入模块，通过 npm root -g 命令查看
  const dom = new JSDOM(`<!DOCTYPE html><p>Hello world</p>`);
  window = dom.window;              //获取一个 window 对象
  document = window.document;   //获取一个 document 对象
```

7.7.3 调用 JavaScript 代码

当明确了一段 JavaScript 代码后，剩下的就是考虑在什么样的环境中执行。总体来说有三种常用方式。最简单的是通过 PyExecJS 库来执行 JavaScript 代码，但是受限于 window 等浏览器对象；其次，通过 API 接口在 Node. js 中运行单独的服务；最后是通过 Selenium、pyppeteer 等自动化工具在原始的网站下调用 JavaScript，这种方式也叫 RPC。

RPC(Remote Procedure Call，远程过程调用)是一个计算机通信协议。该协议允许运行于一台计算机的程序调用另一个地址空间（通常为一个开放网络的一台计算机）的子程序，而程序员就像调用本地程序一样，无须额外地为这个交互作用编程（即无须关注细节）。

RPC 是一种服务器端/客户端(Client/Server)模式,经典实现是一个通过发送请求-接受回应进行信息交互的系统。

通过 Node 来设计一个 API 接口,在接口内调用从原网页获取的源码,以提供需要的服务(例如加密、解密、参数生成等)。这样的好处是完全兼容 JavaScript,即使是 window 对象或者 document 对象都可以完美地构造出来。例如:

```
const express = require('C:\\Users\\inlike\\AppData\\Roaming\\npm\\node_modules\\express')
//从全局安装路径导入模块,通过 npm root - g 命令查看模块路径
const app = express()
app.listen(8000, () => {console.log('服务启动')})

app.get('/', (req, res) => {
    res.json({msg: "OK", data: "hello world"})  //返回 JSON 数据
})
```

第三种方式是通过 Selenium 或 pyppeteer 等自动化工具直接在原网页的基础上调用其内部函数,利用其原来的环境。这种方式适用于全局的函数,并且不涉及一些浏览器信息的交互(如浏览器指纹信息),否则还需要考虑注入 JavaScript 代码来实现信息的伪造。但是在一些加密或解密场景中通过这种方式可以高效地实现服务,无须考虑其实现过程和环境,只要是全局注册的函数,都可以通过 Selenium 或 pyppeteer 来执行调用。

7.7.4 案例:调用 JavaScript 源码实现接口请求

下面是以 http://py36.cn/login 地址为例,该网站需要先登录,登录后可见经典电影的 Top 250 排行榜。登录接口和翻页接口的参数都是经过加密的,并且加密的 JavaScript 源码经过 Ob 工具混淆,本案例的目的是在不经过 JavaScript 源码还原的情况下实现接口模拟请求。

图 7-18 http://py36.cn/login 登录界面

打开 http://py36.cn/login 网址,输入的用户名和密码相同即可登录成功,登录界面如图 7-18 所示。成功登录之后,浏览器跳转到经典电影 Top 250 排行榜,每页 25 条数据共 10 页,如图 7-19 所示。

首先分析登录页面。在登录页面中打开开发者工具,会发现浏览器卡在 debugger 中,然后在 debugger 处设置断点并将断点的执行条件设置为 false(方法见 7.3.8 节),接着可以继续浏览器调试。输入账号密码,单击“登录”按钮,在面板中可见登录的 POST 请求,在 Fiddler 中请求报文内容如下,请求地址是 http://py36.cn/login,请求的参数有 username、pass。

```
POST http://py36.cn/login HTTP/1.1
Host: py36.cn
Connection: keep-alive
Content-Length: 32
Accept: application/json, text/javascript, */*; q=0.01
X-Requested-With: XMLHttpRequest
```

```
User - Agent: Mozilla/5.0 (Windows NT 10.0; WOW64) AppleWebKit/537.36 (KHTML, like Gecko)
Chrome/94.0.4606.81 Safari/537.36
Content - Type: application/x - www - form - urlencoded; charset = UTF - 8
Origin: http://py36.cn
Referer: http://py36.cn/login
Accept - Encoding: gzip, deflate
Accept - Language: zh - CN,zh;q = 0.9,en;q = 0.8
Cookie: login = " 2 | 1: 0 | 10: 1638796713 | 5: login | 8: dHJ1ZQ = = |
1629a4f3a5d90a749ad5367137466a1950265d2e206a21776d81098ea5124f9a"

username = a&pass = 83384A85900F8F35
```

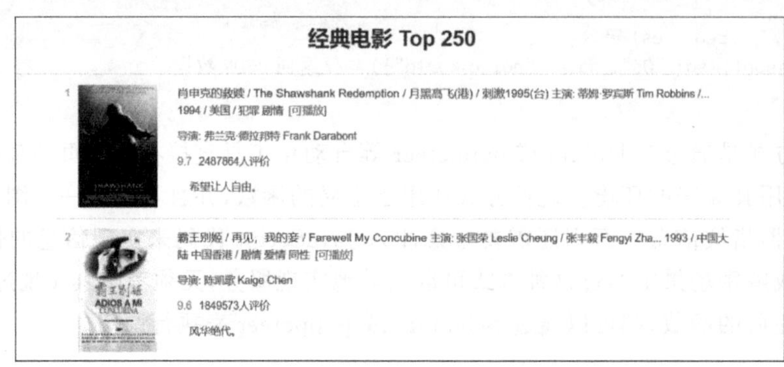

图 7-19 经典电影 Top 250 排行榜

接着根据关键词 pass 在开发者工具中搜索，找到下面的相关源码。这是发出登录请求的位置，pass 关键字是 getpass()函数执行的结果，将密码文本框的值放到 getpass()函数中加密。接着在浏览器的控制台中测试能否执行 getpass()函数，可以发现控制台返回了执行的结果，可以大胆猜测 getpass()函数就是加密函数。要验证这个想法也很简单，在开发者工具的控制台中将该函数的执行结果及对应用户名在 Postman 中做一下测试请求，结果可以发现响应状态是 success，因此验证了该猜测。例如：

```
$.post("/login", {username: username, pass: getpass(pass)}, function (result) {
let msg = result.msg;
let status = result.status
if (status !== 'success') {
alert(msg)
} else {
window.location.href = msg;
}
```

接着继续在开发者工具中和 Fiddler 的会话列表中搜索 getpass，以查找相关的源码，最后确定该方法位于 http://py36.cn/static/login/js/main.js 的文件中，并且源码经过 Ob 混淆，该函数的部分源码如下，可调用的函数名并未被混淆。

```
function getpass(_0x5d06f2){var _0x22c3db = _0x537f;return strEnc(_0x5d06f2,_0x22c3db
(0xe9),_0x22c3db(0xdb),_0x22c3db(0xce));}function _0x4bcbee(_0x393ea3){function _0x288795
(_0x2b19d5){var _0x49f980 = _0x537f;if(typeof _0x2b19d5 === _0x49f980(0xe1))return
function(_0x321fc4){}['constructor'](_0x49f980(0xd5))[_0x49f980(0xef)](_0x49f980(0xcc));
else(''+_0x2
...
```

然后将整个未格式化的源码复制到 Node.js 中，再次测试 getpass()函数是否能够正常运行，结果是依旧可以返回加密的字符串。因此针对该加密参数，可以通过 Node.js 提供一个调用 getpass()方法的接口，或者通过 Python 的 execjs()方法来执行 JavaScript 源码。

```
> getpass("123")
'967F162508D964A7'
```

最后分析排行榜的翻页接口。排行榜的数据需要登录后可见，未登录状态下跳转到登录页面，在排行榜的翻页按钮中绑定了单击函数 getpage()，排行榜的请求地址是形如 http://py36.cn/movie?page=EC5E144992F29D27E74F706DDD9D1477AA3A9DF5E6B54BF3854FC1A4C734A2AB 的字符串，其中携带了翻页参数 page。依旧按照分析登录请求的思路，首先去除 debugger，然后查找关键字 page，其源码如下，其中 p 参数是页数，可见页数是经过加密的参数。

```
function getpage(p) {
window.location.href = '/movie?page=' + info(p)
}
```

继续查找 info()函数，依旧在混淆的源码中找到该方法，接着在 Node.js 中测试 info()方法，发现可以独立返回加密后的结果。因此可以按照 getpass()方法的思路，在 Node.js 中执行 JavaScript 代码或者通过 Python 的 execjs()方法来执行 JavaScript 源码。

实现登录抓取排行榜。这一步骤分为两个部分，一个是提供加密服务的 API 接口，另一个是实现登录和抓取信息的爬虫。提供加密接口的服务，是通过 tornado 加上 Selenium 来设计的调用 JavaScript 源码，Selenium 打开一个登录页面，然后通过执行函数来实现在原网站的环境下调用 getpass()和 info()加密函数，并通过 tornado 返回加密的结果。

提供加密服务的 api.py 文件源码如下。首先是通过 Selenium 创建了一个无头浏览器，然后打开了登录的页面 http://py36.cn/login，如果有必要还可以将 Selenium 的防识别参数加入启动项中。服务接口 API 类实现了对 POST 请求的响应，接收包含 task 和 value 字段的 JSON 请求，通过 task 字段来区分是调用 getpass()还是调用 info()函数，value 字段传递需要加密的文本，结果以 JSON 形式返回。

```
import json

from selenium import webdriver
from selenium.webdriver.chrome.options import Options
import tornado.web
import tornado.ioloop

options = Options()
options.add_argument('--headless')
driver = webdriver.Chrome(chrome_options=options)
driver.get('http://py36.cn/login')


class API(tornado.web.RequestHandler):

    def post(self):
        data = self.request.body_arguments
```

```
        data = {x: data.get(x)[0].decode("UTF-8") for x in data.keys()}
        if not data:
            data = self.request.body.decode('UTF-8')
            data = json.loads(data)
        task = data.get('task')
        value = data.get('value')
        try:
            if task == 'pass':
                result = driver.execute_script(f"return getpass('{value}')")
            else:
                result = driver.execute_script(f"return info('{value}')")
            msg = {'status': 'success', 'result': result}
        except BaseException as e:
            msg = {'status': 'fail', 'result': e}
        self.write(msg)


if __name__ == '__main__':
    app = tornado.web.Application([
        (f'/api', API)
    ],
        xsrf_cookies=False,
        debug=False,
        reuse_port=True
    )
    app.listen(5000)
    tornado.ioloop.IOLoop.current().start()
```

在 Postman 中测试 API 返回信息，如图 7-20 所示。

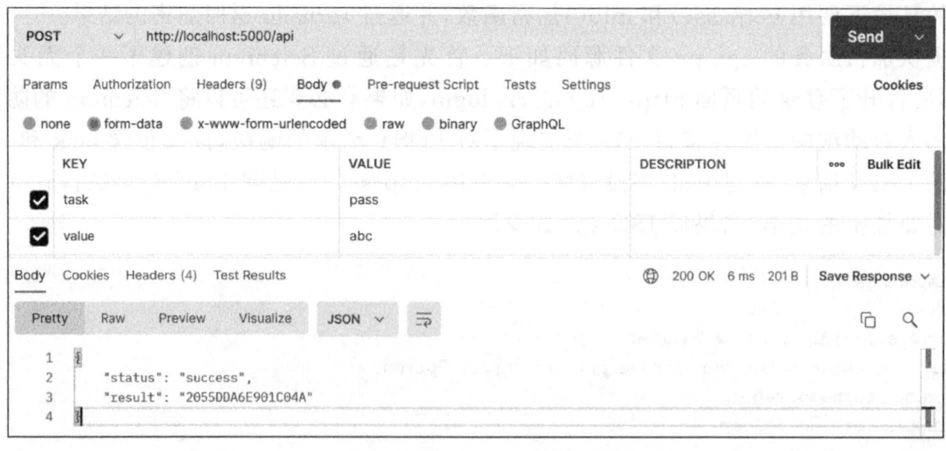

图 7-20　在 Postman 中测试 API

爬虫文件 movieSpider.py 的源码如下，实现了登录和获取数据的 Spider 类，该类实现了请求 API 服务获取加密结果的 encryPass()方法，实现登录的 login()方法，抓取并打印数据的 crawl()方法。

login()方法通过创建的 Session 会话提交登录用的表单数据，提交字段包括用户名 username 和密码 pass，登录成功将返回经过认证的 Cookie 信息，Cookie 信息将由 Session 管理。

crawl()方法实现抓取列表数据并翻页，列表详情页地址是 http://py36.cn/movie?page=，其后接翻页字段，根据网页中 HTML 的翻页标签绑定的 getpage()方法来看，翻页字段是 1、2、3、4、…、10，这是经过 info 加密的结果。在获取到每页的 URL 地址之后，通过含有认证 Cookie 的 Session 来实现请求，然后解析出列表数据并打印。

```
import requests
from lxml import etree
import logging

logging.basicConfig(format = '%(asctime)s - %(levelname)s: %(message)s',
                    level = logging.DEBUG)


class Spider:

    def __init__(self, user = 'ABC123'):
        self.user = user
        self.session = requests.Session()

    def encryPass(self, value, task):
        """
        调用 API 加密参数
        :param value: 需加密值
        :param task: 需要调用的加密任务
        :return:
        """
        url = "http://localhost:5000/api"
        data = {'task': task, 'value': value}
        r = requests.post(url, json = data)
        return r.json()['result']

    def login(self):
        """
        实现登录并通过 session 保存状态
        :return:
        """
        url = 'http://py36.cn/login'
        r = self.session.post(url = url, data = {'username': self.user, 'pass': self.encryPass
(self.user, 'pass')})
        result = r.json()
        if result['status'] == 'success':
            logging.info("登录成功")
        else:
            logging.error("登录失败")
            exit()

    def crawl(self):
        """
        获取排行榜数据并打印
        :return:
        """
        for i in range(1, 11):
            url = f"http://py36.cn/movie?page = {self.encryPass(str(i), 'info')}"
            r = self.session.get(url)
            r.raise_for_status()
```

```
            xp = etree.HTML(r.text)
            lis = xp.xpath('/html/body/div/ol/li')
            for li in lis:
                item = dict()
                item['index'] = li.xpath('./div/div[1]/em/text()')[0]
                item['title'] = li.xpath('./div/div[2]/div[1]/a/span[1]/text()')[0]
                item['info'] = li.xpath('./div/div[2]/div[2]/p[1]/text()')[0].split(' ')[0]
                item['rating_num'] = li.xpath('./div/div[2]/div[2]/div/span[2]/text()')[0]
                item['comment_num'] = li.xpath('./div/div[2]/div[2]/div/span[4]/text()')[0]
                try:
                    item['slogan'] = li.xpath('./div/div[2]/div[2]/p[2]/span/text()')[0]
                except:
                    item['slogan'] = ''
                logging.info(item)


if __name__ == '__main__':
    test = Spider()
    test.login()
    test.crawl()
```

运行 movieSpider.py 文件，控制台可见如下日志信息。

```
2021-12-11 20:38:19,685 - DEBUG: Starting new HTTP connection (1): localhost:5000
2021-12-11 20:38:19,692 - DEBUG: http://localhost:5000 "POST /api HTTP/1.1" 200 67
2021-12-11 20:38:19,693 - DEBUG: Starting new HTTP connection (1): py36.cn:80
2021-12-11 20:38:20,449 - DEBUG: http://py36.cn:80 "POST /login HTTP/1.1" 200 108
2021-12-11 20:38:20,450 - INFO: 登录成功
2021-12-11 20:38:20,451 - DEBUG: Starting new HTTP connection (1): localhost:5000
2021-12-11 20:38:20,456 - DEBUG: http://localhost:5000 "POST /api HTTP/1.1" 200 99
2021-12-11 20:38:20,705 - DEBUG: http://py36.cn:80 "GET /movie?page=C71E85F433FB340E767A50DF607D944ED7DABB7E80BBD33AB030BB3DC4740542 HTTP/1.1" 200 None
2021-12-11 20:38:20,716 - INFO: {'index': '1', 'title': '肖申克的救赎 / The Shawshank Redemption / 月黑高飞/ 刺激 1995', 'info': '\n 导演: 弗兰克·德拉邦特 Frank Darabont\n', 'rating_num': '9.7', 'comment_num': '2487864 人评价', 'slogan': '希望让人自由。'}
2021-12-11 20:38:20,717 - INFO: {'index': '2', 'title': '霸王别姬 / 再见,我的妾 / Farewell My Concubine', 'info': '\n 导演: 陈凯歌 Kaige Chen\n', 'rating_num': '9.6', 'comment_num': '1849573 人评价', 'slogan': '风华绝代。'}
2021-12-11 20:38:20,717 - INFO: {'index': '3', 'title': '阿甘正传 / Forrest Gump / 福雷斯特·冈普', 'info': '\n 导演: 罗伯特·泽米吉斯 Robert Zemeckis\n', 'rating_num': '9.5', 'comment_num': '1869491 人评价', 'slogan': '一部美国近现代史。'}
2021-12-11 20:38:20,717 - INFO: {'index': '4', 'title': '这个杀手不太冷 / Léon / 杀手莱昂 / 终极追杀令', 'info': '\n 导演: 吕克·贝松 Luc Besson\n', 'rating_num': '9.4', 'comment_num': '2032307 人评价', 'slogan': '怪蜀黍和小萝莉不得不说的故事。'}
2021-12-11 20:38:20,717 - INFO: {'index': '5', 'title': '泰坦尼克号 / Titanic / 铁达尼号', 'info': '\n 导演: 詹姆斯·卡梅隆 James Cameron\n', 'rating_num': '9.4', 'comment_num': '1831214 人评价', 'slogan': '失去的才是永恒的。'}
2021-12-11 20:38:20,717 - INFO: {'index': '6', 'title': '美丽人生 / La vita è bella / 一个快乐的传说 / Life Is Beautiful', 'info': '\n 导演: 罗伯托·贝尼尼 Roberto Benigni\n', 'rating_num': '9.6', 'comment_num': '1146220 人评价', 'slogan': '最美的谎言。'}
2021-12-11 20:38:20,717 - INFO: {'index': '7', 'title': '千与千寻 / 千と千尋の神隠し / 神隐少女 / 千与千寻的神隐', 'info': '\n 导演: 宫崎骏 Hayao Miyazaki\n', 'rating_num': '9.4', 'comment_num': '1950572 人评价', 'slogan': '最好的宫崎骏,最好的久石让。'}
2021-12-11 20:38:20,717 - INFO: {'index': '8', 'title': "辛德勒的名单 / Schindler's List / 舒特拉的名单 / 辛德勒名单", 'info': '\n 导演: 史蒂文·斯皮尔伯格 Steven Spielberg\n', 'rating_num': '9.5', 'comment_num': '955788 人评价', 'slogan': '拯救一个人,就是拯救整个世界。'}
```

```
2021-12-11 20:38:20,717 - INFO: {'index': '9', 'title': '盗梦空间 / Inception / 潜行凶间 / 全面启动', 'info': '\n 导演: 克里斯托弗·诺兰 Christopher Nolan\n', 'rating_num': '9.3', 'comment_num': '1796697 人评价', 'slogan': '诺兰给了我们一场无法盗取的梦。'}
2021-12-11 20:38:20,718 - INFO: {'index': '10', 'title': "忠犬八公的故事 / Hachi: A Dog's Tale / 秋田犬八千 / 忠犬小八", 'info': '\n 导演: 莱塞·霍尔斯道姆 Lasse Hallstr?m\n', 'rating_num': '9.4', 'comment_num': '1233865 人评价', 'slogan': '永远都不能忘记你所爱的人。'}
2021-12-11 20:38:20,718 - INFO: {'index': '11', 'title': '星际穿越 / Interstellar / 星际启示录 / 星际效应', 'info': '\n 导演: 克里斯托弗·诺兰 Christopher Nolan\n', 'rating_num': '9.3', 'comment_num': '1474535 人评价', 'slogan': '爱是一种力量,让我们超越时空感知它的存在。'}
2021-12-11 20:38:20,718 - INFO: {'index': '12', 'title': '楚门的世界 / The Truman Show / 真人 Show / 真人戏', 'info': '\n 导演: 彼得·威尔 Peter Weir\n', 'rating_num': '9.3', 'comment_num': '1396618 人评价', 'slogan': '如果再也不能见到你,祝你早安,午安,晚安。'}
2021-12-11 20:38:20,718 - INFO: {'index': '13', 'title': "海上钢琴师 / La leggenda del pianista sull'oceano / 声光伴我飞 / 一九零零的传奇", 'info': '\n 导演: 朱塞佩·托纳多雷 Giuseppe Tornatore\n', 'rating_num': '9.3', 'comment_num': '1460186 人评价', 'slogan': '每个人都要走一条自己坚定了的路,就算是粉身碎骨。'}
…
```

第8章

搜索引擎技术

搜索引擎是通过采集互联网上的信息，对信息进行加工处理后，为用户提供信息搜索服务，并将结果展示给用户的一套系统。搜索引擎技术是互联网应用最为广泛的技术之一，同时也是网络爬虫的重要应用方向之一。搜索引擎包含网络爬虫技术、检索排序技术、网页处理技术、大数据处理技术、自然语言分析技术等多个方面的技术，为信息检索用户提供快速、优质的信息服务，其核心模块包括爬虫、索引、检索和排序等。

Elasticsearch 是被广泛使用的开源搜索引擎，它提供了一个分布式、支持多租户的全文搜索引擎，具有 HTTP Web 接口和无模式 JSON 文档。Kibana 是 Elasticsearch 的数据可视化仪表板，在 Elasticsearch 群集上建立索引的内容之上提供可视化功能。用户可以在大量数据之上创建条形图、折线图和散点图，或饼图和地图。

本章要点如下。

(1) 搜索引擎的分类及不同的应用领域。

(2) 搜索引擎的组成部件及架构。

(3) 搜索引擎所用的网络爬虫工作方式。

(4) 搜索引擎存储信息的倒排索引工作原理。

(5) 开源搜索引擎 Elasticsearch 的简介。

(6) Elasticsearch 中的重要基础概念。

(7) Elasticsearch 的部署和使用流程。

(8) Elasticsearch 的文档操作。

(9) 在 Python 中使用 Elasticsearch。

8.1 搜索引擎概述

8.1.1 概述

网络搜索引擎(Web Search Engine)是设计在万维网上进行搜索，自动从万维网搜集特定的信息，提供给用户进行查询的系统。搜索引擎是一门检索技术，它旨在提高人们获取搜集信息的速度，为人们提供更好的网络使用环境，在日常工作和生活中处处可以看见搜索引擎的影子。从全球第一大搜索引擎厂商谷歌，再到雅虎、百度、360，搜索引擎聚合了互联网上的信息，让用户通过一个关键字来获取成千上万条相关的信息。

搜索引擎的工作原理大致可以分为搜集信息、整理信息和查询反馈。搜集信息是通过网络蜘蛛程序来抓取每个网页上的超链接，然后通过这些超链接源源不断地搜集信息；整理信息的过程也是创建索引的过程，通过一定的规则进行编排，搜索引擎在需要这些信息的时候可以迅速找到相关资料；查询反馈是在收到用户的查询请求后，按照要求检查自己的索引，在极短的时间内找到用户需要的资料并返回。

搜索引擎按其工作方式主要分为三种，分别是全文搜索引擎、垂直搜索引擎和元搜索引擎。全文搜索引擎以谷歌、百度为代表，通过从互联网上提取各个网站的信息创建索引，是真正意义上的搜索引擎；垂直搜索引擎是针对某一个行业的专业搜索引擎，是搜索引擎的细分和延伸，是对网页库中的某类专门的信息进行一次集成，例如图片搜索、票务信息搜索；元搜索引擎是聚合其他搜索引擎的结果，并返回给用户的搜索引擎。

在实际的搜索引擎中，搜索系统更加的复杂，还涉及页面的权重。例如谷歌采用PageRank算法来判断网页的权重，PageRank又称网页排名、谷歌左侧排名、PR，是Google公司所使用的对其搜索引擎搜索结果中的网页进行排名的一种算法。

PageRank排名本质上是一种以网页之间的超链接个数和质量作为主要因素，粗略地分析网页的重要性的算法。其基本假设是更重要的页面往往更多地被其他页面引用(或称其他页面中会更多地加入通向该页面的超链接)。其将从A页面到B页面的链接解释为“A页面给B页面投票”，并根据投票来源(甚至来源的来源，即链接到A页面的页面)和投票对象的等级来决定被投票页面的等级。简单地说，一个高等级的页面可以提升其他低等级的页面。

8.1.2 系统架构

搜索引擎以爬虫为起点，根据一批优质的起始域名列表任务开始抓取页面，获得页面后，解析其中的URL地址和文本。URL地址将去重之后继续放到任务列表中，文本内容经过分词之后创建倒排索引，当然，实际的搜索引擎还需要对内容的相似度进行判断以及关键词反作弊的判断。

倒排索引是关键词到文本的索引方式，将含有同一关键词的文档ID归为一个集合，查询时通过关键词找到该文档ID的集合，然后多个关键词之间集合求交集就是与搜索问题相关度最高的文档ID集合。

搜索引擎宏观的架构是四个服务模块，分别是抓取、预处理、创建索引、查询。抓取服务是以分布式爬虫系统为核心，处理数以亿计的网页请求任务，同时需要对大量的URL地址进行去重，该场景去重的最佳方案是使用布隆过滤器，同时获取到的页面数据将保存到页面库数据库中并创建页面索引库。

预处理的任务主要是对获取到的HTML源码进行处理，过滤一些无效标签，例如样式标签style、script等。为了高性能地找出这些无用标签使用AC自动机算法，在输入的一串字符串中匹配有限组“字典”中的字串，其优势是可以同时与所有字典串进行匹配，时间复杂度接近0(n)。

然后对提取的页面内容进行分词，并创建倒排索引。当用户输入查询问题后，会对问题进行处理，例如大小写转换、错别字、近义词等，处理后提取其中关键词，如果在缓存中有搜索记录将直接返回缓存的数据。对于一些不常见的搜索关键词，将加入日志中，随后经过数据挖掘将新的关键词加入索引库。网页的排名是一个更加复杂的业务系统,涉及作弊与反作弊,还有内容的评分,将由其他子系统处理。搜索引擎基础架构如图 8-1 所示。

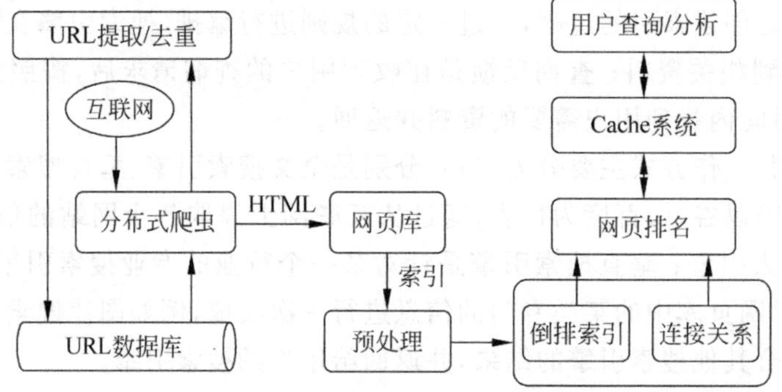

图 8-1 搜索引擎基础架构

8.1.3 网络爬虫

网络爬虫是整个搜索引擎的基石。尽管作为搜索引擎的爬虫无须考虑一切反爬虫的措施,只须要遵守 Robots 协议即可。但作为搜索引擎的网络爬虫依旧存在瓶颈,因为其任务数以亿计,如何高效、快速地处理大量的任务以及采用什么策略应对大量网站的更新,这也是搜索引擎需要首先解决的问题。

搜索引擎所需的爬虫是分布式的爬虫系统,运行在成千上万的服务器上,通过 Redis 高效分发请求任务,使用布隆过滤器来对数亿乃至百亿的 URL 地址去重。Scrapy 的通用爬虫框架,加上分布式组件和布隆过滤组件,能够满足一个搜索引擎对网络爬虫的基本需求。

网络爬虫实现了抓取页面的基础需求之后,还需要考虑一定的策略。一方面的抓取是为了不断地扩大页面数据库中的内容,为用户提供更加丰富的结果,即积累式抓取;另一方面是为了更新现在页面库中的数据,为解决已收录网站不断更新的问题,即增量式抓取。

积累式抓取常用的策略有广度优先、深度优先、大站优先及用户提交。众所周知,网站按照请求路径是可以分层级的,如图 8-2 所示。广度优先就是一层一层地抓完之后再抓取下一层级的页面。与之相对的是深度优先,深度首先是按照一个路径一直往下抓取,抓取完一个路径之后再切换下一个路径。如果把一个网站从首页出发看作是一棵树,那么广度优先就是一个层级的页面抓取完之后,再进入下一个层级抓取,例如 A、B、D、E、I、C、F、G、H 的顺序。深度优先就先抓取完一个树枝上的节点,再切换下一棵树,例如 A、B、C、D、E、F、G、H、I 的顺序。

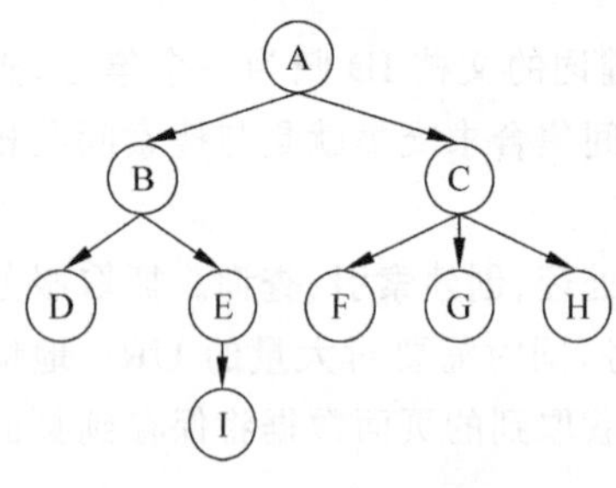

图 8-2 一个网站的页面按照路径形成一棵树

Scrapy 提供了广度优先和深度优先的策略,通过 DEPTH_PRIORITY 配置项设置,值为 0 是深度优先(默认),值为 1 是广度优先。通过 DEPTH_LIMIT 配置项设置抓取的深度,值为 0 表示无深度。

大站优先顾名思义是优先抓取高质量的网站,质量的判断可以从网站内容质量分析和人工筛选得到。用户提交是为了避免一些小网站的抓取不及时,避免信息孤岛的产生,例如百度推出了站长工具，网站站长每天都可以主动提交有限数量的 URL 地址给搜索引擎。

8.1.4　倒排索引

倒排索引（Inverted Index），也常被称为反向索引、置入档案或反向档案，是一种索引方法，被用来存储在全文搜索下某个单词在一个文档或者一组文档中的存储位置的映射。它是文档检索系统中常用的数据结构。

有两种不同的反向索引形式。一种是一条记录的水平反向索引（或者反向档案索引）包含每个引用单词的文档的列表；另一种是一个单词的水平反向索引（或者完全反向索引）又包含每个单词在一个文档中的位置。后者的形式提供了更多的兼容性（例如短语搜索），但是需要更多的时间和空间来创建。

与反向索引相对的是正向索引。正向索引是将每个文档的单词的列表存储起来。正向索引的查询往往满足每个文档有序频率的全文查询和校验每个单词在文档中的验证查询。

例如对于几段文本运用倒排索引，这几段文本分别是“Python 是一门简单易懂的脚本语言”“HTML 是前端开发用的标记语言”“Python 是网络爬虫开发的常用编程语言”，然后分别给这三段文本一个编号 001、002、003，倒排索引看起来像下面的数据格式。

```
Python: 001
HTML: 002
开发: 002、003
脚本: 001
语言: 001、002、003
编程: 001、002、003
前端: 002
爬虫: 003
简单: 001
```

如果搜索一个问题“开发爬虫最简单的编程语言”，经过分词之后提取出关键词“开发”“爬虫”“编程”“语言”，分别得到下面的合集，并求得合集的结果就是 003，返回 003 对应的文档作为答案“Python 是网络爬虫开发的常用编程语言”。

```
002、003
003
001、002、003
001、002、003
```

8.2　Elasticsearch 引擎

Elasticsearch 是一个基于 Lucene 库的搜索引擎。它提供了一个分布式、支持多用户的全文搜索引擎，具有 RESTful 风格的接口和无模式 JSON 文档。Elasticsearch 是用 Java 开发的，并在 Apache 许可证下作为开源软件发布。在 Java、.NET（C＃）、PHP、Python、Apache Groovy、Ruby 等许多其他编程语言中都有官方客户端。

Elasticsearch 与名为 Logstash 的数据收集和日志解析引擎，以及名为 Kibana 的分析和可视化平台一起开发，这三个产品被设计成一个集成解决方案，称为 Elastic Stack（原为 ELK stack）。

Elasticsearch 可以用于搜索各种文档。它提供了可扩展的搜索,具有接近实时的搜索,并支持多用户。Elasticsearch 是分布式的,这意味着索引可以被分成分片,每个分片可以有0个或多个副本。每个节点托管一个或多个分片,并充当协调器将操作委托给正确的分片,最后平衡和路由是自动完成的。相关数据通常存储在同一个索引中,该索引由一个或多个主分片和零个或多个复制分片组成。一旦创建了索引,就不能更改主分片的数量。

8.2.1 Elasticsearch 简介

Elasticsearch 是开箱即用的,将所有的功能打包成一个单独的服务,可以通过程序与它提供的简单 RESTful API 进行通信,可以使用其他编程语言实现客户端,甚至可以使用命令行。

Elasticsearch 是一个分布式的免费开源搜索和分析引擎,适用于包括文本、数字、地理空间、结构化和非结构化数据等在内的所有类型的数据。它面向的是文档,不仅存储整个对象或文档,还索引每个文档的内容,使之可以被检索。Elasticsearch 使用 JavaScript Object Notation(即 JSON)作为文档的序列化格式,这一点与 MongoDB 存储 JSON 数据格式相似。

Elasticsearch 使用的是一种名为倒排索引的数据结构,这一结构的设计可以快速地进行全文本搜索。倒排索引会列出在所有文档中出现的每个特有词汇,并且可以找到包含每个词汇的全部文档。

在索引过程中,Elasticsearch 会存储文档并构建倒排索引,这样用户便可以接近实时地对文档数据进行搜索。索引过程是在索引 API 中启动的,通过此 API 既可向特定索引中添加 JSON 文档,也可更改特定索引中的 JSON 文档。

Elasticsearch 还具有更多的应用场景如下。

(1) 应用程序搜索。

(2) 网站搜索。

(3) 企业搜索。

(4) 日志处理和分析。

(5) 基础设施指标和容器监测。

(6) 应用程序性能监测。

(7) 地理空间数据分析和可视化。

(8) 安全分析。

(9) 业务分析。

Elasticsearch 中有几个重要的概念是文档、类型、索引、映射、倒排索引。

文档(Document)是实体或对象被序列化为包含键值对的 JSON 对象,文档中的字段也叫属性。一个键可以是一个字段或字段的名称。一个值可以是字符串、数字、布尔值、其他对象、数组值,或一些其他特殊类型诸如表示日期的字符串。术语对象和文档是可以互相替换的,不同的是一个对象仅仅是类似于 hash、hashmap、字典或者关联数组的 JSON 对象,对象中还可以嵌套其他的对象。在 Elasticsearch 中,术语文档有着特定的含义,它是指最顶层或者根对象,这个根对象被序列化成 JSON 并存储到 Elasticsearch 中,指定了唯一 ID。一个文档不仅仅包含它的数据,还包含元数据——有关文档的信息。文档必须具备的三个元数据元素:_index(文档在哪存放)、_type(文档表示的对象类别)、_id(文档唯一标识)。默认情况下,一个文档中的每个属性都是被索引的(倒排索引)和可搜索的。

类型(Type)是文档的逻辑容器。在 Elasticsearch 中,类型表示一类相似的文档。不同的类型,用于存放不同的结构或逻辑的文档。在 Elasticsearch 6.x 版本之前,每个索引中可以定义一个或多个类型,而在 Elasticsearch 6.x 版本之后,一个索引中只能定义一个类型。

索引(Index)在 Elasticsearch 中具有多重意义。做名词时,一个索引类似于传统关系数据库中的一个数据库,是一个存储关系型文档的地方;做动词时,索引一个文档就是存储一个文档到一个索引(名词)中,以便被检索和查询。一个 Elasticsearch 集群可以包含多个索引(名词),相应的每个索引可以包含多个类型。这些不同的类型存储着多个文档,每个文档又有多个属性。

映射(Mapping)是索引中每个文档都有的类型,每种类型都有它自己的映射,或者模式定义。映射定义了类型中的域(文档所包含的字段或属性),每个域的数据类型,以及 Elasticsearch 如何处理这些域。映射也用于配置与类型有关的元数据。Elasticsearch 映射就像数据库中的 schema(一组以数据定义语言来表达的语句集,该语句集完整地描述了数据库的结构),描述了文档可能具有的字段或属性,每个字段的数据类型。例如 string、integer 或 date 以及 Lucene 是如何索引和存储这些字段的。

Elasticsearch 与传统关系数据库(Relational DB)相关概念的类比如表 8-1 所示。

表 8-1 Elasticsearch 与传统关系数据库的概念类比

Elasticsearch	Relational DB
Index(索引)	DataBase(数据库)
Type(类型)	Table(表)
Document(文档)	Row(行)
Field(字段)	Column(列)
Mapping(映射)	Schema(约束)
Everything is indexed(存储的都是索引)	Index(索引)
Query DSL(ES 独特的查询语言)	SQL(结构化查询语言)

倒排索引是 Elasticsearch 能实现快速搜索的核心功能,但是对于初步的使用来说不必关心如何配置和实现原理。在 Elasticsearch 中,每个字段的所有数据都是默认被索引的,即每个字段都有为了快速检索设置的专用倒排索引。而且,不像其他多数的数据库一样,它能在同一个查询中使用所有这些倒排索引,并以惊人的速度返回相同的结果。

8.2.2 Elasticsearch 集群部署

视频讲解

Elasticsearch(即 ES)的强大之处不仅是高效的搜索性能,而且是支持多样化的插件的,其插件市场应用非常丰富。Elasticsearch-head 插件是一款用于连接 ElasticSearch 搜索引擎,并提供可视化的操作页面。可通过单独安装源码或安装 Chrome 插件来使用,两种方式的界面和功能一致,Elasticsearch 插件界面示意图如图 8-3 所示。

Kibana 插件是 Elasticsearch 的数据可视化仪表板。它在 Elasticsearch 集群上建立索引的内容基础上提供可视化功能。用户可以在大量数据基础上创建条形图、折线图、散点图、饼图和地图,如图 8-4 所示。Elasticsearch、Logstash 和 Kibana 的组合(称为弹性堆栈,以前称为 ELK 堆栈)可以作为产品或服务使用。同时 Kibana 也具有 Elasticsearch 的可视化管理功能,其 Dev Tools 命令行工具有自动提示功能,如图 8-5 所示。

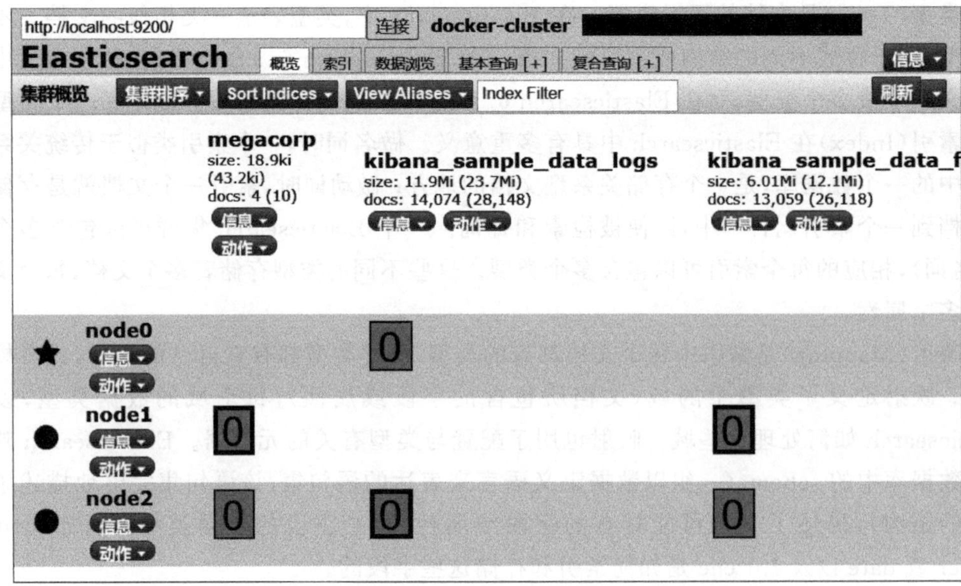

图 8-3 Elasticsearch-head 插件界面示意图

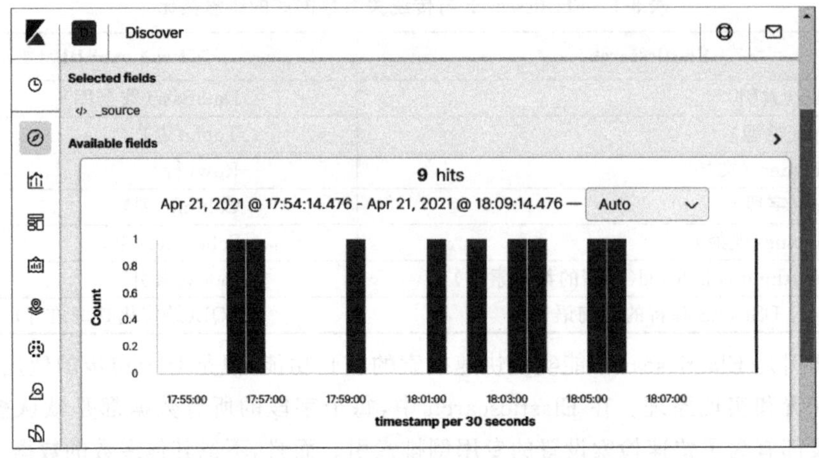

图 8-4 Kibana 插件界面示意图

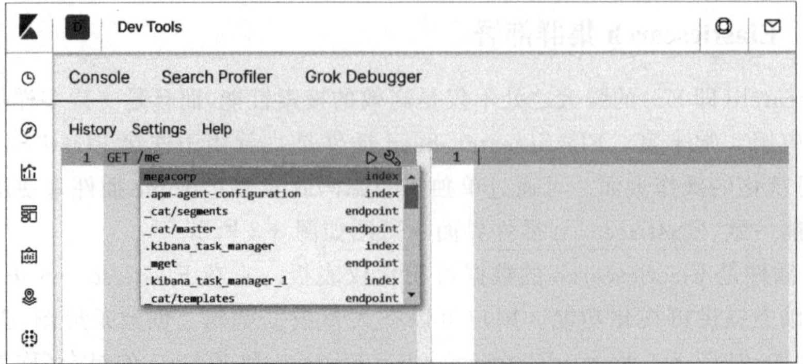

图 8-5 Kibana Dev Tools 工具界面示意图

将通过 docker-compose 来部署 Elasticsearch、Kibana 及 Elasticsearch-head，Elasticsearch 将部署拥有三个节点的集群，使用的 Elasticsearch 版本是 7.6.2，Kibana 的版本与使用的 Elasticsearch 的版本一致，elasticsearch-head 的版本是 5.0。需要注意，在部署前确认 Docker 使用的虚拟内存要大于 2GB，同时在映射目录时具有读写权限；编写 yml 文件时，Elasticsearch 节点拥有相同的集群名，但是节点名不能相同；Elasticsearch 镜像需要映射 9200 端口和 9300 端口，前者基于 HTTP 协议用于外部程序通信，后者基于 TCP 协议用于集群节点之间的通信。docker-compose.yml 文件内容如下。

```
version: '3'
services:
  es01:
    image: elasticsearch:7.6.2
    container_name: es1                #容器名
    restart: always                    #重启策略
    environment:
      - TZ = "Asia/Shanghai"
      - cluster.name = docker - cluster
      - node.name = node0
      - node.master = true
      - node.data = true
      - bootstrap.memory_lock = true
      - search.max_buckets = 100000000
      - http.cors.enabled = true
      - http.cors.allow - origin = *
      - cluster.initial_master_nodes = node0
      - "ES_JAVA_OPTS = - Xms512m - Xmx512m"
      - "discovery.zen.ping.unicast.hosts = es01,es02,es03"
      - "discovery.zen.minimum_master_nodes = 2"
    ulimits:
      memlock:
        soft: -1
        hard: -1
    volumes:
      - ./es01/data:/usr/share/elasticsearch/data
      - ./es01/logs:/usr/share/elasticsearch/logs
    ports:
      - 9200:9200

  es02:
    image: elasticsearch:7.6.2
    container_name: es2
    restart: always
    environment:
      - TZ = "Asia/Shanghai"
      - cluster.name = docker - cluster
      - node.name = node1
      - node.master = true
      - node.data = true
      - bootstrap.memory_lock = true
      - search.max_buckets = 100000000
      - http.cors.enabled = true
      - http.cors.allow - origin = *
      - cluster.initial_master_nodes = node0
      - "ES_JAVA_OPTS = - Xms512m - Xmx512m"
      - "discovery.zen.ping.unicast.hosts = es01,es02,es03"
```

```
      - "discovery.zen.minimum_master_nodes=2"
    ulimits:
      memlock:
        soft: -1
        hard: -1
    volumes:
      - ./es02/data:/usr/share/elasticsearch/data
      - ./es02/logs:/usr/share/elasticsearch/logs
    ports:
      - 9201:9200
      - 9301:9300

  es03:
    image: elasticsearch:7.6.2
    container_name: es3
    restart: always
    environment:
      - TZ="Asia/Shanghai"
      - cluster.name=docker-cluster
      - node.name=node2
      - node.master=true
      - node.data=true
      - bootstrap.memory_lock=true
      - search.max_buckets=100000000
      - http.cors.enabled=true
      - http.cors.allow-origin=*
      - cluster.initial_master_nodes=node0
      - "ES_JAVA_OPTS=-Xms512m -Xmx512m"
      - "discovery.zen.ping.unicast.hosts=es01,es02,es03"
      - "discovery.zen.minimum_master_nodes=2"
    ulimits:
      memlock:
        soft: -1
        hard: -1
    volumes:
      - ./es03/data:/usr/share/elasticsearch/data
      - ./es03/logs:/usr/share/elasticsearch/logs
    ports:
      - 9202:9200
      - 9302:9300

  kibana:
    image: kibana:7.6.2
    container_name: kibana
    restart: always
    environment:
      - TZ="Asia/Shanghai"
      - ELASTICSEARCH_HOSTS=http://es01:9200
    ports:
      - 5601:5601
    depends_on:
      - es01

  eshead:
    image: mobz/elasticsearch-head:5
    container_name: eshead
    ports:
      - 9110:9100
```

上述源码中，容器 es01、eshead、kibana 列出了完整的配置项。es02、es03 省略了与 es01 相同的配置项，保留了有所不同的配置项，完整的 docker-compose. yml 文件，见本章节代码文件夹下的 es 文件夹中。

es01 是环境变量配置项，environment 的一些重要参数的解释如下。

(1) cluster. name 是节点所属集群名字，相同集群的节点集群名相同；node. name 是节点名，相同集群的节点节点名不重复。

(2) node. master 代表是否参与选举主节点；node. data 代表节点是否存储索引数据，一般设为 true。

(3) bootstrap. memory_lock 是否锁住物理内存，不使用 swap 内存(Swap 分区在系统的物理内存不够用的时候，会把硬盘内存中的一部分空间释放出来，以供当前运行的程序使用)；search. max_buckets 限制聚合中创建的聚合桶数量，聚合桶是满足某个条件的文档集合。

(4) http. cors. enabled 为 true 时，表示开启 head 跨域名访问支持。

(5) http. cors. allow-origin 允许跨域名访问 head 的地址。

(6) cluster. initial_master_nodes 设置一系列符合主节点条件的节点的主机名或 IP 地址来引导启动集群。

(7) discovery. zen. ping. unicast. hosts 设置集群初始节点列表。

(8) discovery. zen. minimum_master_nodes 设置集群最少的 master 数，官方推荐设置为节点数/2+1。

(9) ES_JAVA_OPTS 配置 JVM 参数，-Xms(初始 Heap 大小，Heap 一般指堆内存)、-Xmx(Hep 最大值)。

(10) memlock 设置锁定内存地址空间，其下 soft 设置为警戒值，hard 设置最大值。

通过执行 docker-compose up 命令构建并启动镜像。向浏览器中输入 http://localhost:9200/访问 Elasticsearch 集群，页面将出现节点相关的 JSON 文本信息。浏览器访问 http://localhost:5601/，打开 Kibana 界面如图 8-4 所示。浏览器访问 http://localhost:9110/，打开 elasticsearch-head 界面如图 8-3 所示。

通过使用 REST API 将数据和其他请求发送到 Elasticsearch，任何发送 HTTP 请求的客户端与 Elasticsearch 进行交互，常用 Kibana 的控制台和 curl 命令。在 Kibana 右侧工具栏中打开 Dev Tools 工具，输入栏左侧是请求文本框和运行按钮，右侧是请求执行后的提示消息栏。

添加文档，其 URL 格式为 PUT /_index/_type/_id，其中_index 是索引，支持自动创建索引；type 是文档类型，Elasticsearch 从 7.0 版本开始使用唯一类型_doc；_id 是指定的文档唯一标识，如果不指定则自动生成。

```
#请求
PUT /user/_doc/1
{
   "name": "jack",
   "year": 18
}
#返回信息
{
  "_index" : "user",
  "_type" : "_doc",
  "_id" : "1",
```

```
  "_version" : 1,
  "result" : "created",
  "_shards" : {
    "total" : 2,
    "successful" : 1,
    "failed" : 0
  },
  "_seq_no" : 0,
  "_primary_term" : 1
}
```

搜索文档是最简单的搜索,URL 格式为 GET /_index/_doc/_id。Elasticsearch 不仅支持查询 URL 的轻量搜索,还支持查询表达式搜索,以及更加复杂的携带与过滤器的搜索。

```
#请求
GET /user/_doc/1
//返回元数据信息
{
  "_index" : "user",
  "_type" : "_doc",
  "_id" : "1",
  "_version" : 1,
  "_seq_no" : 0,
  "_primary_term" : 1,
  "found" : true,
  "_source" : {
    "name" : "jack",
    "year" : 18
  }
}
```

8.2.3 索引管理

索引是 Elasticsearch 保存相关数据的地方,实质是指向一个或者多个物理分片的逻辑命名空间。一个分片是一个底层的工作单元,它仅保存了全部数据中的一部分,一个分片本身就是一个完整的搜索引擎。文档被存储和索引到分片内,但是应用程序是直接与索引交互而不是与分片进行交互。

Elasticsearch 是利用分片将数据分发到集群内各处的。分片是数据的容器,文档保存在分片内,分片又被分配到集群内的各个节点里。当集群规模扩大或者缩小时,Elasticsearch 会自动地在各个节点中迁移分片,使得数据仍然均匀地分布在集群里。一个分片可以是主分片或者副本分片。索引内任意一个文档都归属于一个主分片,所以主分片的数目决定着索引能够保存的最大数据量,副本分片只是一个主分片的副本。

1. 创建索引

主分片数在创建后不可修改,但是副分片可以被修改。创建索引时,默认主分片数量是5,幅分片数量是 1,创建索引时要指定主分片和副分片数量。索引的名称必须是小写的,不可以重命名。

```
PUT /one
{
  "settings" : {
```

```
        "number_of_shards" : 3,         //主分片
        "number_of_replicas" : 1        //副分片
    }
}
```

返回下面的结果即创建成功,也可以通过 elasticsearch-head 查看索引信息。

```
{
  "acknowledged" : true,              //索引创建成功
  "shards_acknowledged" : true,       //分片启动成功
  "index" : "one"
}
```

2. 删除索引

通过 DELETE 可以一次删除多个索引(以逗号间隔)。如果要删除所有索引,则使用_all 或通配符"＊"。

```
DELETE /one
```

返回如下结果。

```
{
  "acknowledged" : true
}
```

3. 查询索引

通过 GET 获取索引信息,会返回包含 mappings、settings 等信息的 JSON 数据;通过 HEAD 判断索引是否存在,则返回请求状态码,404 表示索引不存在,200 表示索引存在。

```
GET /one //返回索引的 JSON 信息
HEAD /one //返回 200 - OK
```

4. 映射

映射就像数据库中的 schema。为了能够将时间域视为时间,数字域视为数字,字符串域视为全文或精确值字符串,Elasticsearch 需要知道每个域中数据的类型,这个信息包含在映射中。

一个索引中每个文档都有其对应的类型,每种类型都有它自己的映射,即映射分类。映射定义了某种类型中的域,每个域的数据类型,以及 Elasticsearch 如何处理这些域。从 Elasticsearch 7.0 版本开始将移除映射类别,为了与未来的规划匹配,定义了一个过度的映射类别_doc。

每个文档都是字段的集合,每个字段都有自己的数据类型。映射数据时,将创建一个映射定义,其中包含与文档相关的字段列表。映射的创建,可以分为动态映射和显式映射。动态映射是通过 Elasticsearch 自动推测字段类型并创建映射,其动态映射字段类型对照见表 8-2 所示。显式映射是一种手动精确选择如何定义字段的映射,常常在深入 Elasticsearch 性能的优化时需要。创建一个显示定义 Mapping 映射的索引示例。

```
PUT /one
{
    "settings" : {
```

```
        "number_of_shards" : 3,
        "number_of_replicas" : 1
    },
    "mappings": {
        "properties": {
          "name": {"type": "text"},
          "email": {"type": "keyword"}
        }
    }
}
```

总体来说，常用的 Elasticsearch 显式映射字段类型可分为三种类型，分别是核心类型、复合类型和专用数据类型。核心类型包括字符串、数值、日期、布尔、二进制、范围类型；复合类型包括数组类型、对象类型；专用数据包括 IP 数据、地理空间数据、版本信息等。Elasticsearch 常用显式映射字段类型对照如表 8-3 所示。

表 8-2 Elasticsearch 动态映射字段类型对照

JSON 字段	映射字段
null	未添加字段
true or false	boolean
double	float
integer	long
object	object
array	取决于非空数组的第一个值
string(通过日期检测)	date
string(通过数值检测)	float or long
string(未通过日期和数值检测)	text(带.keyword 子字段)

表 8-3 Elasticsearch 常用显式映射字段类型对照

数据类型	具体分类	说明
字符串	text	搜索时自动使用分词器进行分词再匹配
	keyword	不分词，搜索时需要匹配完整的值
数值类型(整型)	byte	范围：$-128\sim127$
	short	范围：$-32768\sim32767$
	integer	范围：$-2^{31}\sim2^{31}-1$
	long	范围：$-2^{63}\sim2^{63}-1$
	unsigned_long	范围：$0\sim2^{64}$
数值类型(浮点型)	doule	双精度 64 位 IEEE 754 浮点类型
	float	单精度 32 位 IEEE 754 浮点类型
	half_float	半精度 16 位 IEEE 754 浮点类型
	scaled_float	缩放类型的浮点数
日期类	data	对应值有三种格式
范围型	integer_range	32 位整数 $-2^{31}\sim2^{31}-1$
	long_range	64 位整数 $-2^{63}\sim2^{63}-1$
	float_range	单精度 32 位 IEEE 754 浮点值
	double_range	双精度 64 位 IEEE 754 浮点值
	date_range	date 值的范围
	ip_range	IPv4 或 IPv6 及混合的范围
布尔型	boolean	true 或 false

续表

数据类型	具体分类	说　　明
二进制	binary	二进制值编码为 Base64 字符串
对象	object	JSON 对象
IP 数据	ip	支持 IPv4 和 IPv6 地址
版本信息	version	支持语义版本控制优先级规则，规则参考 https://semver.org/lang/zh-CN。
别名	alias	一个 alias 映射为索引中的一个字段定义的替代名称
数组		要求数组中元素类型统一，以数组元素类型为类型

索引文档中的时间类型数据格式既可以是固定格式字符串(如 2015-01-01 或 2015/01/01 12:10:30)，也可以是 Unix 时间戳数字(如 1619492636)，还可以通过配置使用精确到毫秒的时间戳数字(如 1619492636424)。

范围型的字段，值以 JSON 对象形式存在，对象中表示范围的键有 gt 大于、lt 小于、e 等于。例如定义一个年龄范围字段 age，然后插入一条数据 age 值是 20～40，再查询 age 值是 30 的数据，此时返回刚才插入的数据所在的范围，因为值在其范围内。

```
// 创建索引
PUT /user
{
  "mappings": {
    "properties": {
      "age":{"type" : "integer_range"}
    }
  }
}
// 插入数据
PUT /user/_doc/1
{
      "age":{"gte":20,"lte":40}
}
// 查询数据
GET /user/_search
{"query":
        {"term": {"age": 30}}
}
```

8.2.4　插入文档

当 JSON 对象添加到特定索引时，如果该索引不存在，那么 Elasticsearch 会自动创建该索引，并且自动为 JSON 的字段自动映射。保存文档至 Elasticsearch，需要注意请求方法的不同，POST 和 PUT 都可以用于存放文档，但是 POST 用在一个集合资源中，不需要指定 ID。而 PUT 操作是作用在一个具体资源之上的，接口方法如下。

```
POST user/_doc                //创建文档
{"name": "tom"}

POST user/_doc/11             //存在 ID 则更新,否则创建
{"name": "tom"}
```

```
PUT user/_doc                  //提示使用 POST
{"name": "tom"}

PUT user/_doc/1                //存在 ID 则更新,否则创建
{"name": "tom"}
```

8.2.5 删除文档

删除文档的 API 与保存文档 API 类似,只是将请求换成 Delete。

```
DELETE user/_doc/11
//返回信息
{
  "_index" : "one",
  "_type" : "_doc",
  "_id" : "2",
  "_version" : 8,
  "result" : "deleted",
  "_shards" : {
    "total" : 2,
    "successful" : 2,
    "failed" : 0
  },
  "_seq_no" : 7,
  "_primary_term" : 2
}
```

删除文档不会立即将文档从磁盘中删除,只是将文档标记为已删除状态。随着不断地索引更多的数据,Elasticsearch 将会在后台清理标记为已删除的文档。删除时会导致其版本增加,删除后的文档版本号在短时间内仍然可用,以便控制并发操作。

按查询删除,API 是通过_delete_by_query 指令将在与查询匹配的每个文档上执行删除操作,使用方法与搜索 API 相同。

```
POST one/_delete_by_query
{
  "query": {
    "match": {
      "name": "tom"
    }
  }
}
//返回信息
{
  "took" : 2423,                    //从整个操作开始到结束的毫秒数
  "timed_out" : false,              //是否超时
  "total" : 1,                      //成功处理的文档数
  "deleted" : 1,                    //成功删除的文档数
  "batches" : 1,                    //通过按查询删除而撤回的滚动响应数
  "version_conflicts" : 0,          //通过查询删除导致的版本冲突数量
  "noops" : 0,
  "retries" : {                     //通过查询删除尝试的重试次数
    "bulk" : 0,
    "search" : 0
  },
```

```
  "throttled_millis" : 0,
  "requests_per_second" : -1.0,
  "throttled_until_millis" : 0,
  "failures" : [ ]                    //表示一系列失败
}
```

在_delete_by_query 命令执行期间，先顺序执行多个搜索请求，查找出要删除的文档。每找到一批文档时，都会执行相应的批量请求而删除这些文档，如果搜索或批量请求被拒绝，则_delete_by_query 命令依靠默认策略重试该请求（最多 10 次，并以指数方式退回）。达到最大重试次数限制将导致_delete_by_query 命令中止，并且所有的失败都将在 failures 的响应中返回。已经执行的删除仍然会保留，该过程不会回滚，只会中止。当第一个失败导致中止时，失败的批量请求返回的所有失败信息都将返回到 failures 元素。

8.2.6　更新文档

在 Elasticsearch 中文档是不可改变的，不能修改它们。如果想更新现有的文档，需要重建索引或者进行替换，可通过索引 indexAPI 实现。Elasticsearch 会将旧文档标记为已删除，并增加一个全新的文档。

```
PUT /one/_doc/2                  //插入一条数据
{"name": "Tom"}

PUT /one/_doc/2                  //替换插入的数据
{"name": "Jack"}
// 反馈信息
{
  …
  "_version" : 2,                //版本增加
  "result" : "updated",          //结果
…
}
```

如果要实现文档的部分更新，可通过 updateAPI 实现。尽管 updateAPI 也遵循只能被替换不能被修改的规则，然后检索-修改-重建索引的处理过程在分片内部实现。通过减少检索和重建索引步骤之间的时间，来减少其他进程操作带来冲突的概率。

update 请求最简单的一种形式是接收文档的一部分作为 doc 的参数，然后与现有的文档进行合并。对象被合并到一起，覆盖现有的字段，而增加新的字段。

```
POST /one/_update/2              //部分更新，更新名字
{"doc": {"name": "Andy"}}
// 反馈信息
{
  …
  "_version" : 3,                //版本增加
  "result" : "updated",          //结果
…
}
```

使用脚本更新部分文档，默认支持的脚本语言是 Groovy（是 Apache 在 Java 平台上设计的面向对象的编程语言），这是一种快速表达的脚本语言，在语法上与 JavaScript 类似。如果同时指定 doc 和 script，则 doc 被忽略。最好是将部分文档的字段信息放在脚本中，使

用方法如下。

```
POST /one/_update/2                                     //脚本更新,更新名字
{"script":{
    "source" : "ctx._source.name = params.new_name",   //ctx._source 引用源文档
    "params" : {                                        //参数
        "new_name" : "Bill"
    }
}}
// 反馈信息
{
  …
  "_version" : 4,                                       //版本增加
  "result" : "updated",                                 //结果
…
}
```

通过使用 ctx 除了可以引用源文档字段_source 外,还可以引用_index、_type、_id、_version、_routing 和_now(当前的时间戳)等变量。

使用查询更新 API _update_by_query,在不更改源的情况下,对索引中的每个文档使用脚本更新。_update_by_query 命令能在索引启动时获取索引的快照,并使用内部版本控制,对找到的内容进行索引。如果文档在快照生成时间和索引请求处理时间之间发生更改,则会出现版本冲突。当版本匹配时,文档将更新,并且版本号将递增。使用_update_by_query 命令时,内部版本控制不支持 0 的版本号,因此更新版本为 0 的文档,请求将失败。

所有更新和查询失败都会导致_update_by_query 命令中止,并在响应的 failures 中返回。已经执行的更新仍然生效,该过程不会回滚,只会中止。当第一个失败导致中止时,所有的失败信息都将在 failures 元素中返回。如果只想统计版本冲突,不再出现冲突时中止,可以在 url 中加上参数 conflicts=proceed 或者在请求正文中添加"conflicts":"proceed"。

下面是通过查询更新将名字 Bill 更新为 Tom。

```
POST /one/_update_by_query?conflicts = proceed
{ "script":{
      "source" : "ctx._source.name = params.new_name",
         "params" : {
           "new_name" : "Tom"
            }
      },
    "query": {
      "match": {
        "name": "Bill"
      }
    }
}

// 返回信息
{
  "took" : 2108,              //从整个操作开始到结束的毫秒数
  "timed_out" : false,
  "total" : 1,                //成功处理的文档数
  "updated" : 1,              //成功更新的文档数
  "deleted" : 0,              //成功删除的文档数
```

```
    "batches" : 1,                    //由查询更新拉回的滚动响应数
    "version_conflicts" : 0,          //查询更新导致的版本冲突数量
    "noops" : 0,                      //更新的脚本返回的 noop 值而被忽略的文档数
    "retries" : {
      "bulk" : 0,                     //重试的批量操作数
      "search" : 0                    //重试的搜索操作数
    },
    "throttled_millis" : 0,
    "requests_per_second" : -1.0,
    "throttled_until_millis" : 0,
    "failures" : [ ]                  //表示一系列失败
}
```

8.2.7 文档批处理

通过使用 Bulk 批处理 API,在单请求中执行批量索引、创建、删除和更新操作,大大提高了索引速度。请求体是以换行符分隔的 JSON(NDJSON)结构,数据的最后一行必须以换行符\n 为结尾,每个换行符前面都可以有一个回车符\r,Content-Type 标头应设置为 application/x-ndjson 如下。

```
[/{index}]/_bulk
action_and_meta_data \ n
optional_source \ n
....
action_and_meta_data \ n
optional_source \ n
```

如果是索引和创建,则在下一行中需要一个数据行,并且具有与标准 index API 的 op_type 参数相同的语义(如果已经存在具有相同索引的文档,则 create 将失败,而 index 将根据需要添加或替换文档);如果是删除操作,则不需要在下一行中提供数据,并且具有与标准 delete API 相同的语义;如果是更新操作,则要求在下一行中指定部分 doc、upsert 和 script 及其选项。

bulk 接口使用示例。

```
POST _bulk
{ "index" : { "_index" : "two", "_id" : "1" } }        //批量索引
{ "name" : "Wendy" }
{ "index" : { "_index" : "two", "_id" : "2" } }
{ "name" : "Tony" }
{ "delete" : { "_index" : "two", "_id" : "2" } }       //批量删除
{ "create" : { "_index" : "two", "_id" : "3"} }        //批量创建
{ "name" : "Andy" }
{ "update" : {"_id" : "1", "_index" : "two"} }         //批量更新
{ "doc" : {"name" : "Bill"} }
```

通过 bulk 接口执行后,将返回每条操作的标准结果的合集 JSON。返回结果包含三个字段,分别是 took(所用时间)、errors(错误情况)、items(每条操作的结果数组)。

通过 Multi 批量获取 API,它基于索引、类型(可选)和 id 返回多个文档。响应包括一个包含所有获取文档的文档数组,文档与原始的多 GET 请求相对应(如果某一 GET 失败,则响应中包含请求失败的详情)。使用方法如下。

```
GET /tow/_mget
{
    "docs" : [
        {
            "_id" : "1"
        },
        {
            "_id" : "2"
        }
    ]
}
// 或者
GET /two/_mget
{
    "ids" : ["1", "2"]
}
```

8.2.8 文档搜索

Elasticsearch 为搜索提供了两种方式的参数传递。一种是在请求 URL 中携带搜索条件的轻量搜索,也称为 Query-string。另一种是基于 DSL(Query domain-specific language,领域特定语言)构造 JSON 请求风格的查询表达式搜索,也称为 Query DSL,是专注于某个应用程序领域的计算机语言。

首先准备 1000 条虚拟用户的信息数据,使用本书配套资源中的 randomUser. py 生成,本例使用的数据在 user. json 文件中,通过 bulk 批量接口,将这 1000 条模拟数据保存到 user 索引下,如图 8-6 所示。

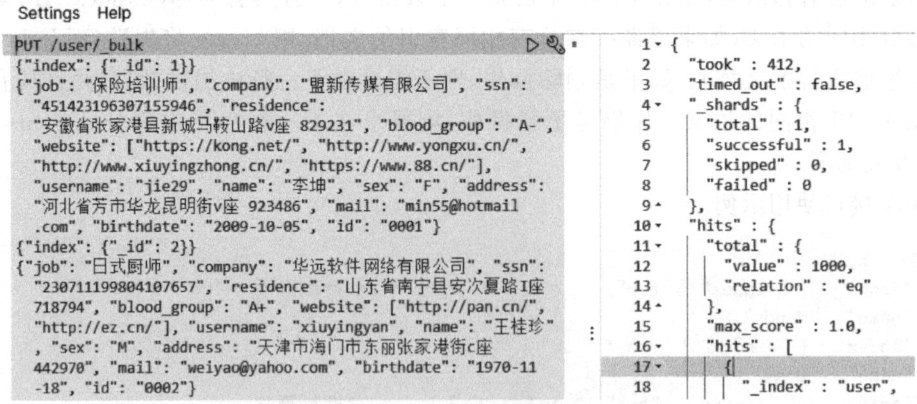

图 8-6 通过 bulk 批量接口索引模拟数据

关于轻量搜索和查询表达式搜索的使用可以通过一个简单的案例来阐述。分别用这两种方式从样本数据中查找姓氏是“李”的用户,查询语句分别如下。

```
GET /user/_search?q = name:李

GET /user/_search
{
  "query": { "match": { "name": "李" } }
}
```

1. 轻量搜索

在查询字符串中传递所有的参数，适合通过命令行做即时查询。在 URL 查询条件中可选前缀“＋”和“－”，“＋”前缀表示必须与查询条件匹配，“－”前缀表示一定不与查询条件匹配。没有前缀的条件是可选条件——匹配得越多，文档相关性越高。例如搜索样本数据中姓氏为“李”，同时血型为 A 的用户。

```
GET /user/_search?q = name:李 + blood_group:A
```

再举一个更加复杂的例子，姓氏为“李”和“张”，并且出生日期早于 2000-09-10 的用户，使用轻量搜索语句如下。

```
GET /user/_search?q =  + name:李  + birthdate:> 2000 - 09 - 10
```

更多轻量搜索支持的传递参数及意义，如表 8-4 所示。

表 8-4 轻量搜索支持的传递参数及其意义

参　　数	描　　述
q	查询字符串
df	在查询中未定义任何字段前缀时使用的默认字段
analyzer	分析查询字符串时要使用的分析器名称
analyze_wildcard	是否应分析通配符和前缀查询，默认为 false
batched_reduce_size	分片结果的数量
default_operator	要使用的默认运算符，可选 AND 或 OR(默认)
lenient	是否忽略忽略基于格式的错误(如数字字段提供文本)，默认为 false
explain	对于每个结果包含得分的计算过程
_source	设置为 false 将禁用检索_source 字段
stored_fields	指定返回文档的选择性存储字段，以逗号分隔，不指定任何值将不返回任何字段
sort	排序执行，格式 fieldName、fieldName:asc、fieldName:desc
track_scores	设置为 True，排序时跟踪分数并返回
track_total_hits	默认为 10 000，设置为 False 将禁用匹配查询数的跟踪，为整数表示要准确统计的匹配数
timeout	搜索超时，默认无超时设置
terminate_after	为每个分片收集的最大文档数，达到时查询终止
from	从结果的指定索引开始返回结果，默认为 0
size	返回的文档数，默认为 10
search_type	搜索操作的类型，可以是 query_then_fetch(默认)或者 dfs_query_then_fetch
allow_partial_search_results	产生错误时是否返回已有结果，默认为 True(返回)

2. 查询表达式

查询语言功能全面，并且支持构建更加复杂和健壮的查询，一个最简单的 DSL 查询表达式如下。

```
GET /_search
{
  "query":{
    "match_all": {}
  }
}
```

_search 是查找所有索引,也可替换成指定的索引。如果同时指定多个索引,多个索引之间用逗号分隔,同时支持通配符“*”。query 为查询关键字,表明查询条件,其他还有from、size、sort 等关键字。match_all 表示匹配所有文档,也可以使用 match_none 不匹配任何文档。

3. 全文查询

全文查询中,像 match、multi_match 或 query_string 这样的高层查询,查询时先组成词项列表,然后对每个词项逐一执行底层的查询并将结果合并,最后对搜索文档做相关性的分析和评分。

match 查询用于搜索单个字段,首先对查询语句进行解析并分词,与词项列表的任何一个词匹配的文档都将被选中。例如搜索名字“慕容李”,匹配的名字大多是姓李。

```
GET /user/_search
{
  "query": { "match": { "name": "慕容李" } },
  "_source":["name"]
}
```

multi_match 是 match 的升级,为多个字段上反复执行 match 查询提供了便捷方式。支持多个参数,其中主要参数 query 用于指定查询的文本字符串,fields 指定查询文本需要匹配的字段,支持通配符形式的字段名及指定字段权重。例如查询 residence 和 address 地址中含有指定省份的用户资料。

```
GET /user/_search
{
  "query":{
    "multi_match": {
      "query":"辽宁",
      "fields":["residence","address"]
    }
  }
}
```

query_string 查询与 Lucene 查询是语法紧密结合的一种查询,允许在一个查询语句中使用多个特殊条件的关键字(如 AND、OR、NOT)对多个字段进行查询。例如查询工作是“工程师”或“经理”的用户资料。

```
GET /user/_search
{
  "query":{
    "query_string": {
      "query":"(工程师) OR (经理)",
      "fields":["job"]
    }
  }
}
```

4. 词项查询

在词项查询中,如 term、terms、range、regexp 这样的底层查询,它们对单个词项进行操作,不需要分析阶段。

term 查询是用来查找指定字段中包含给定单词的文档，term 查询不被解析，只有查询词和文档中的词精确匹配时才会被搜索到。terms 查询是 term 查询的升级，可以用来查询文档中包含多个词的文档。

```
GET /user/_search
{
  "query":{
    "term": {
      "birthdate":"1911 - 10 - 16"
    }
  }
}
```

在 terms 查询中通过列表指定需要匹配的词项，例如匹配 1911-10-16 或 1970-11-18 出生的。

```
"query":{
    "terms": {
      "birthdate":["1911 - 10 - 16","1970 - 11 - 18"]
    }
  }
```

range 查询即范围查询，用于匹配在某一范围内的数值型、日期类型或者字符串型字段的文档。range 查询支持的参数有 gt(大于)、gte(大于或等于)、lt(小于)、lte(小于或等于)。例如查询出生日期在 2000 年到 2010 年之间的用户。

```
GET /user/_search
{
  "query":{
    "range": {
      "birthdate":{
      "gte":"2000",
      "lte":"2010"
      }
    }
  }
}
```

regexp 查询支持正则表达式，可以查询指定字段包含与指定正则表达式匹配的文档。例如查找邮件地址后缀是@yahoo.com 的用户信息：

```
GET user/_search
{
    "query": {
    "regexp": {
        "mail": ". * @yahoo.com"
        }
    }
}
```

5. 复合查询

复合查询，例如 bool 这样的查询，把一些简单查询组合在一起实现更复杂的查询需求，除此之外，复合查询还可以控制另外一个查询的行为。

bool 查询可以把任意多个简单查询组合在一起，使用 must、should、must_not、filter 选项来表示简单查询之间的逻辑关系，每个选项都可以出现 0 次到多次，其含义如下。

(1) must 选项，文档必须匹配 must 选项下的所有查询条件，相当于逻辑运算的 AND，选项参与文档相关度的评分。

(2) should 选项，文档可以匹配 should 选项下的查询条件，也可以不匹配，相当于逻辑运算的 OR，选项参与文档相关度的评分。

(3) must_not 与 must 相反，匹配该选项下的查询条件的文档不会被返回；must_not 语句作用是将不相关的文档排除，不会影响评分。

(4) filter 和 must 一样，匹配 filter 选项下的查询条件的文档才会被返回，但是 filter 不评分，只起到过滤功能，与 must_not 相反。

例如查询姓氏为"张"，并且出生日期晚于 1990 年，工作职位可以是经理也可以不是经理，居住地址为非北京的用户。

```
GET user/_search
{
  "query": {
    "bool": {
      "must": [
        {
          "match": {
            "name": "张"
          }
        },
        {
          "range": {
            "birthdate": {
              "gte": "1990"
            }
          }
        }
      ],
      "should": [
        {
          "match": {
            "job": "经理"
          }
        }
      ],
      "must_not": [
        {
          "match": {
            "residence": "北京"
          }
        }
      ]
    }
  },
  "size": 20,
  "from": 5
}
```

8.2.9　Python 操作 Elasticsearch

Python 操作 Elasticsearch 既可以通过网络请求库发送符合 Fast API 风格的请求，也可以通过 elasticsearch 库进行交互，安装 elasticsearch 库的命令如下。

```
pip install elasticsearch
```

连接 Elasticsearch 服务，创建 Elasticsearch 客户端。

```
from elasticsearch import Elasticsearch as ES

es = ES(hosts = "127.0.0.1", port = 9200, timeout = 2000)
```

Elasticsearch 客户端提供了文档插入、更新、查询和删除接口，这些接口接收 index、id、body 等参数，分别用来指定索引、文档 ID、请求数据。

index()方法插入文档，如果不指定 ID 将自动创建，请求响应将返回创建结果信息。

```
data = {
    "name": "Tom",
    "age": 20
}
result = es.index(index = "info", body = data)
id = result.get('_id') # 'N9 - ZfXkBUL33Cna6dk58'
```

update()方法更新文档，支持 script 脚本更新和 doc 文档更新。update_by_query()方法查询更新的用法和其他客户端一致。

```
// 通过 doc 更新
data = {
    "doc": {"name": "Jack"}
}
result = es.update(index = 'info', id = 'N9 - ZfXkBUL33Cna6dk58', body = data)
// 通过脚本新增 address 字段
data = {
    'script': "ctx._source.address = 'chine'"
}
result = es.update(index = 'info', id = id, body = data)
// 查询更新年龄
data = {
    "query": {
        "match": {
            "age": 20
        }
    },
    "script": {
        "source": "ctx._source.age = params.age",
        "lang": "painless",
        "params": {
            "age": 21,
        },
    }
}
result = es.update(index = 'info', body = data)
```

search()查询方法支持 DSL 语句查询，支持各种查询方法，例如全文查询、词项查询、复合查询等。使用时主要使用 index、body 参数，index 指定索引，body 指定查询的条件。查询条件和其他客户端的查询使用方法一样，通过 body 传递查询的 JSON 数据，例如下面的 term 查询。

```
data = {
    "query": {
        "term":{
            'age': 21
        }
    }
}
result = es.search(index = "info", body = data)
```

delete()方法可以根据指定 ID 删除数据，delete_by_query()方法可以根据查询条件删除数据。

```
result = es.delete(index = 'info', id = 'N9 - ZfXkBUL33Cna6dk58') # 根据 ID 删除
# 查询删除
data = {
    "query": {
        "term": {
            'age': 21
        }
    }
}
result = es.delete_by_query(index = "info", body = data)
```

bulk()方法支持 index、delete、create、update 的批量操作，使用方法同其他客户端的方法一致，返回结果是每条操作的标准执行结果的 JSON 信息。

```
data = [
    {"index": {"_index": "info", "_id": "1"}},
    {"name": "Tom", "age": 23},
    {"index": {"_index": "info", "_id": "2"}},
    {"name": "Andy", "age": 25},
    {"delete": {"_index": "info", "_id": "1"}},
    {"create": {"_index": "info", "_id": "3"}},
    {"name": "Bill", "age": 18},
    {"update": {"_index": "index1", "_id": "2"}},
    {"doc": {"age": 15}}
]
result = es.bulk(body = data)
```

第9章

项目：创建搜索引擎系统

视频讲解

搜索引擎是通过采集互联网上的信息，在对信息进行加工处理后，为用户提供信息搜索服务，并将结果展示给用户的一套系统。搜索引擎技术是互联网应用最为广泛的技术之一，同时也是网络爬虫的重要应用方向之一。搜索引擎包含网络爬虫技术、检索排序技术、网页处理技术、大数据处理技术、自然语言分析技术等多个方面的技术，为信息检索用户提供快速、优质的信息服务，其核心模块包括爬虫、索引、检索和排序等。

Elasticsearch 是被广泛使用的开源搜索引擎，它提供了一个分布式、支持多租户的全文搜索引擎，具有 HTTP Web 接口和无模式 JSON 文档。组件 Kibana 是 Elasticsearch 的数据可视化仪表板，在 Elasticsearch 群集上建立索引的内容的基础上提供可视化功能。用户可以在大量的数据上创建条形图、折线图和散点图、或饼图和地图。

本章要点如下。

(1) 项目实施的目标。

(2) 通用资讯解析库。

(3) 分布式爬虫的策略。

(4) Elasticsearch 存储数据。

(5) Elasticsearch 检索数据。

(6) 前端开发的三个组件 CSS、JavaScript、HTML。

(7) Dockerfile 文件的编写。

(8) docker-compose 文件的编写。

9.1 项目简介

9.1.1 项目概述

本项目的目标站点以 IT 之家(网址是 https://www.ithome.com)为例，主流的资讯、新闻网站也同样适用。设计目标是首先使用分布式 Scrapy 爬虫来获取网站的内容，然后通过通用资讯解析库来获取关键信息，存储到 Elasticsearch 中。搜索引擎信息源的广度，取决于解析网站的方式，这里使用的是通用资讯解析库 GNE，它支持数十个主流信息平台的通用解析。

在获取到网站信息后，通过 Elasticsearch 完成信息检索，核心是每条信息不同字段的权重设置如何才能更加接近使用者的搜索意图。在该项目中，不考虑更新和增量的问题，以及反作弊的一些因素，本项目实现的是搜索引擎最基础的组成，包括页面抓取、页面解析入库、页面检索、前端交互等核心系统。

9.1.2 环境准备

本项目的开发平台是 Windows 10，使用 PyCharm 作为开发工具，Python 版本是 3.6，部署工具是 Docker 和 docker-compose，爬虫框架使用 Scrapy 和 scrapy-redis 插件，HTML 解析库采用 gne 库。

爬虫部分需要的依赖库及版本如下。

```
scrapy == 1.8.0
scrapy - redis == 0.6.8
gne == 0.2.6
elasticsearch
chronyk
```

GeneralNewsExtractor(GNE)是一个通用新闻网站正文抽取模块，输入一篇新闻网页的 HTML，输出正文内容、标题、作者、发布时间、正文中的图片地址和正文所在的标签源代码。GNE 在提取今日头条、网易新闻、游民星空、观察者网、凤凰网、腾讯新闻、ReadHub、新浪新闻等数百个中文新闻网站上的信息，效果非常出色，几乎能够达到 100%的准确率。官网地址是 https://generalnewsextractor.readthedocs.io/zh_CN/latest/，使用示例如下。

```
# pip install gne
>>> from gne import GeneralNewsExtractor
>>> html = '''经过渲染的网页 HTML 代码'''
>>> extractor = GeneralNewsExtractor()
>>> result = extractor.extract(html, noise_node_list = ['//div[@class = "comment - list"]'])
>>> print(result)
{"title": "xxxx", "publish_time": "2019 - 09 - 10 11:12:13", "author": "yyy", "content":
"zzzz", "images": ["/xxx.jpg", "/yyy.png"]}
```

chronyk 是一个小型的第三方时间解析库，它可以将相对时间概念转换为标准时间。在这里用于将提取出来的时间字符串转为标准形式的字符串格式，以便存储到 Elasticsearch 中，有差异的时间字符串将导致 Elasticsearch 解析失败。

```
# pip install chronyk
>>> from chronyk import Chronyk
>>> t = Chronyk(1410531179.0)
>>> t = Chronyk("May 2nd, 2016 12:51 am")
>>> t = Chronyk("yesterday")
>>> t = Chronyk("21. 8. 1976 23:18")
>>> t = Chronyk("2 days and 30 hours ago")
>>> t.ctime()
'Tue Sep 9 05:59:39 2014'
>>> t.timestamp()
1410235179.0
>>> t.timestring()
'2014 - 09 - 09 05:59:39'
>>> t.timestring(" %Y - %m - %d")
'2014 - 09 - 09'
>>> t.relativestring()
'3 days ago'
```

9.2 搜索引擎爬虫

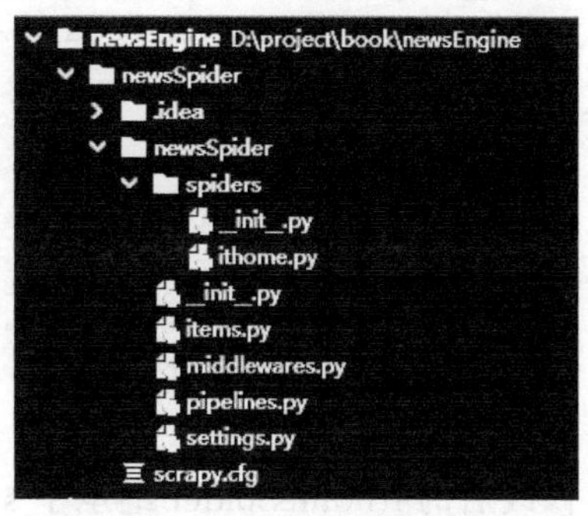

图 9-1　newsEngine 项目文件结构示意图

在项目开始之前，先创建项目文件夹 newsEngine，然后在 newsEngine 文件路径下，执行命令 scrapy startproject newsSpider、cd newsSpider、scrapy genspider -t crawl ithome "ithome. com "，分别创建爬虫项目、进入项目文件、通过通用爬虫模板创建爬虫程序，创建的项目 newsEngine 文件结构示意图如图 9-1 所示。

9.2.1 分布式通用爬虫

使用 PyCharm 打开创建的 newsEngine 项目文件夹，打开通过 crawl 模板创建的通用爬虫程序 ithome. py，其初始内容如下。

```
# -*- coding: UTF-8 -*-
import scrapy
from scrapy.linkextractors import LinkExtractor
from scrapy.spiders import CrawlSpider, Rule


class IthomeSpider(CrawlSpider):
    name = 'ithome'
    allowed_domains = ['ithome.com ']
    start_urls = ['http://ithome.com /']

    rules = (
        Rule(LinkExtractor(allow=r'Items/'), callback='parse_item', follow=True),
    )

    def parse_item(self, response):
        item = {}
        #item['domain_id'] = response.xpath('//input[@id="sid"]/@value').get()
        #item['name'] = response.xpath('//div[@id="name"]').get()
        #item['description'] = response.xpath('//div[@id="description"]').get()
        return item
```

通过模板创建了一个默认的爬虫类 IthomeSpider，继承自 scrapy 的 CrawlSpider 类，通过链接提取规则 Rule 来抓取内容。现在对 IthomeSpider 进行修改，使之成为分布式的通用爬虫，修改后的 ithome. py 文件内容如下。

```
# -*- coding: UTF-8 -*-
from scrapy_redis.spiders import RedisCrawlSpider
from scrapy.spiders import Rule
from scrapy.linkextractors import LinkExtractor
from gne import GeneralNewsExtractor


class IthomeSpider(RedisCrawlSpider):
    name = 'ithome'
```

```
    allowed_domains = ['ithome.com ']
    all_url = LinkExtractor(allow = "https://www.ithome.com/\d/\d+/\d+.htm", allow_domains = 'ithome.com')
    rules = (Rule(all_url, callback = 'parse_item', follow = True))

    def parse_item(self, response):
        item = {}
        # item['domain_id'] = response.xpath('//input[@id = "sid"]/@value').get()
        # item['name'] = response.xpath('//div[@id = "name"]').get()
        # item['description'] = response.xpath('//div[@id = "description"]').get()
        return item
```

修改后的 IthomeSpider 继承了 scrapy_redis 的 RedisCrawlSpider，删除了原有的 start_url 属性。默认读取配置的 Redis 数据库，其中 key 值为 ithome:start_urls 的列表作为起始 URL 的数据。定义了满足条件的链接提取器 all_url，还有完整的页面链接解析规则 Rule，并跟进提取到的链接。提取链接的正则表达式形如 https://www.ithome.com/\d/\d+/\d+.htm，这是因为标准的文章页面地址如同 https://www.ithome.com/0/579/940.htm，其对应的 HTML 页面可以直接经过通用解析库 gne 获取内容。

修改解析函数 parse_item()，使用 gne 库对获取到的 HTML 页面提取信息，默认输入字段有 title、author、publish_time、content、images，修改后的 ithome.py 文件内容如下。

```
# -*- coding: UTF-8 -*-
from scrapy_redis.spiders import RedisCrawlSpider
from scrapy.spiders import Rule
from scrapy.linkextractors import LinkExtractor
from gne import GeneralNewsExtractor


class IthomeSpider(RedisCrawlSpider):
    name = 'ithome'
    allowed_domains = ['ithome.com']
    all_url = LinkExtractor(allow = "https://www.ithome.com/\d/\d+/\d+.htm", allow_domains = 'ithome.com')
    rules = (Rule(all_url, callback = 'parse_item', follow = True),)

    def parse_item(self, response):
        if response.status != 200:
            return
        extractor = GeneralNewsExtractor()
        item = extractor.extract(response.text)
        if not item['title']:
            return
        item['url'] = response.url
        self.log(item)
        return item
```

解析函数会过滤掉响应状态码不是 200 的页面，以及通过解析器提取到内容标题为空的 HTML 页面。然后通过 scrapy 内部的 log()方法打印出提取到的内容，为了使搜索引擎能够跳转到对应的页面，最后还额外添加了 url 字段，其值为对应 HTML 页面的链接地址。

解析页面获取到的信息内容如下。

```
{'title': '比亚迪公布"多功能鼠标"专利:可替代键盘',
'author': '姜戈',
```

```
'publish_time': '2021/5/17 16:29:36',
'content': 'IT之家 5 月 17 日消息 企查查 App 显示,近日,比亚迪关于\n"一种多功能鼠标"专利信息\n被授权公开,专利公开号为 CN213210986U,公开日期为 5 月 14 日。\n专利摘要显示,本实用新型属于电子设备技术领域,涉及一种\n多功能鼠标,包括鼠标本体、控制主板、左键、右键、滚轮和切换开关\n;切换开关打开后,为左键和右键赋予新的键值,第二左键键值和第二右键键值均相当于键盘上的某一键值,使其达到\n模拟键盘\n的目的,只需利用切换开关就可以在鼠标和模拟键盘之间自由切换。\n比亚迪介绍称,用户不安装专用驱动时,可为图中侧边键 5、6、7、8 赋予特殊的键值,分别对外输出"↑""↓""←""→",可以\n令鼠标相当于一个微型模拟键盘\n。\n据 IT之家了解,比亚迪此项专利中所描述的新型鼠标,并不适合于大多数场景,而是\n专门适合于少数缺少 USB 接口的场景\n。用户在正常场景中,使用鼠标 + 键盘的效率,显然要大于仅仅用此鼠标的效率,但是在少数场景,例如重装系统的时候,需要同时插入启动 U 盘、键盘和鼠标,如果用户的主板的 USB 接口不够用的话,那么这种新鼠标就派上用场了。',
'images': ['//img.ithome.com/images/v2/t.png', '//img.ithome.com/images/v2/t.png'],
'url': 'https://www.ithome.com/0/431/956.htm'}
```

9.2.2　修改配置试运行

通用爬虫的目的就是以最简单的代码实现广泛的信息收集需求。这里借助于 gne 可以实现新闻类、资讯类页面的广泛解析,下面将修改 scrapy 项目的配置文件使之运行起来。打开 settings.py 文件,配置文件内容显示如下,默认 ROBOTSTXT_OBEY 配置为 True,即遵守 Robots 协议。

```
# -*- coding: UTF-8 -*-

# Scrapy settings for newsSpider project
#
# For simplicity, this file contains only settings considered important or
# commonly used. You can find more settings consulting the documentation:
#
#     https://docs.scrapy.org/en/latest/topics/settings.html
#     https://docs.scrapy.org/en/latest/topics/downloader-middleware.html
#     https://docs.scrapy.org/en/latest/topics/spider-middleware.html

BOT_NAME = 'newsSpider'

SPIDER_MODULES = ['newsSpider.spiders']
NEWSPIDER_MODULE = 'newsSpider.spiders'


# Crawl responsibly by identifying yourself (and your website) on the user-agent
#USER_AGENT = 'newsSpider (+http://www.yourdomain.com)'

# Obey robots.txt rules
ROBOTSTXT_OBEY = True


# Configure a delay for requests for the same website (default: 0)
# See https://docs.scrapy.org/en/latest/topics/settings.html#download-delay
# See also autothrottle settings and docs
#DOWNLOAD_DELAY = 3
# The download delay setting will honor only one of:
#CONCURRENT_REQUESTS_PER_DOMAIN = 16
#CONCURRENT_REQUESTS_PER_IP = 16
...
```

将配置文件中的 ROBOTSTXT_OBEY 项改成 False，然后在其后面添加 Redis 相关的配置如下。

```
# -*- coding: UTF-8 -*-

# Scrapy settings for newsSpider project
#
# For simplicity, this file contains only settings considered important or
# commonly used. You can find more settings consulting the documentation:
#
#     https://docs.scrapy.org/en/latest/topics/settings.html
#     https://docs.scrapy.org/en/latest/topics/downloader-middleware.html
#     https://docs.scrapy.org/en/latest/topics/spider-middleware.html

BOT_NAME = 'newsSpider'

SPIDER_MODULES = ['newsSpider.spiders']
NEWSPIDER_MODULE = 'newsSpider.spiders'


# Crawl responsibly by identifying yourself (and your website) on the user-agent
#USER_AGENT = 'newsSpider (+http://www.yourdomain.com)'

# Obey robots.txt rules
ROBOTSTXT_OBEY = False
# 指定 Redis 数据的连接 URL
REDIS_URL = 'redis://auth:123abc@1.1.1.1:6379'
# 指定使用 scrapy-redis 的调度器
SCHEDULER = "scrapy_redis.scheduler.Scheduler"
# 指定使用 scrapy-redis 的过滤器
DUPEFILTER_CLASS = "scrapy_redis.dupefilter.RFPDupeFilter"
# 启用 scrapy-redis 内置的数据管道
ITEM_PIPELINES = {
'scrapy_redis.pipelines.RedisPipeline': 300
}
SCHEDULER_PERSIST = True
# 设置最大空闲等待时间，防止因超时而关闭
SCHEDULER_IDLE_BEFORE_CLOSE = 10

# Configure maximum concurrent requests performed by Scrapy (default: 16)
CONCURRENT_REQUESTS = 100
USER_AGENT = "Mozilla/5.0 (compatible; Baiduspider/2.0; +http://www.baidu.com/search/
spider.html)"
```

其中，REDIS_URL 配置分布式爬虫所用的 Redis 数据库的链接；SCHEDULER 指定使用 scrapy-redis 提供的调度器，以完成分布式的协同任务；DUPEFILTER_CLASS 配置分布式爬虫使用的过滤器，它是一个 Redis 的集合；ITEM_PIPELINES 配置数据管道，这里暂且使用 scrapy-redis 内置数据管道，它将数据存储到 Redis 中；SCHEDULER_PERSIST 的作用是告诉爬虫运行结束时，不需要清空队列；USER_AGENT 设置百度爬虫的请求头，目的是伪装成百度的搜索引擎蜘蛛。

修改完 ithome.py 和 settings.py 文件后，该项目已经可以运行起来。在项目文件夹顶层路径下(scrapy.cfg 文件的同级路径)，创建一个 start.py 文件用作项目的启动入口文件，

其内容如下。

```
from scrapy import cmdline
cmdline.execute('scrapy crawl ithome'.split())
```

可以直接运行 start.py 文件，也可以使用 Debugger 模式启动，启动后控制台有如下的运行日志，打印了项目使用的相关配置，也打印了初始任务队列在 Redis 中键名 ithome:start_urls。

```
2021-10-13 22:39:00 [scrapy.utils.log] INFO: Scrapy 1.8.0 started (bot: newsSpider)
2021-10-13 22:39:00 [scrapy.utils.log] INFO: Versions: lxml 4.5.0.0, libxml2 2.9.5,
cssselect 1.1.0, parsel 1.5.2, w3lib 1.21.0, Twisted 19.10.0, Python 3.7.4 (default, Aug 9
2019, 18:34:13) [MSC v.1915 64 bit (AMD64)], pyOpenSSL 19.1.0 (OpenSSL 1.1.1d 10 Sep 2019),
cryptography 2.8, Platform Windows-10-10.0.17763-SP0
2021-10-13 22:39:00 [scrapy.crawler] INFO: Overridden settings: {'BOT_NAME': 'newsSpider',
'CONCURRENT_REQUESTS': 100, 'DUPEFILTER_CLASS': 'scrapy_redis.dupefilter.RFPDupeFilter',
'NEWSPIDER_MODULE': 'newsSpider.spiders', 'SCHEDULER': 'scrapy_redis.scheduler.Scheduler',
'SPIDER_MODULES': ['newsSpider.spiders'], 'USER_AGENT': 'Mozilla/5.0 (compatible; Baiduspider/
2.0; +http://www.baidu.com/search/spider.html)'}
2021-10-13 22:39:00 [scrapy.extensions.telnet] INFO: Telnet Password: 6f1328d622f77501
2021-10-13 22:39:01 [scrapy.middleware] INFO: Enabled extensions:
['scrapy.extensions.corestats.CoreStats',
'scrapy.extensions.telnet.TelnetConsole',
'scrapy.extensions.logstats.LogStats']
2021-10-13 22:39:01 [ithome] INFO: Reading start URLs from redis key 'ithome:start_urls'
(batch size: 100, encoding: UTF-8
2021-10-13 22:39:02 [scrapy.middleware] INFO: Enabled downloader middlewares:
['scrapy.downloadermiddlewares.httpauth.HttpAuthMiddleware',
'scrapy.downloadermiddlewares.downloadtimeout.DownloadTimeoutMiddleware',
'scrapy.downloadermiddlewares.defaultheaders.DefaultHeadersMiddleware',
'scrapy.downloadermiddlewares.useragent.UserAgentMiddleware',
'scrapy.downloadermiddlewares.retry.RetryMiddleware',
'scrapy.downloadermiddlewares.redirect.MetaRefreshMiddleware',
'scrapy.downloadermiddlewares.httpcompression.HttpCompressionMiddleware',
'scrapy.downloadermiddlewares.redirect.RedirectMiddleware',
'scrapy.downloadermiddlewares.cookies.CookiesMiddleware',
'scrapy.downloadermiddlewares.httpproxy.HttpProxyMiddleware',
'scrapy.downloadermiddlewares.stats.DownloaderStats']
2021-10-13 22:39:02 [scrapy.middleware] INFO: Enabled spider middlewares:
['scrapy.spidermiddlewares.httperror.HttpErrorMiddleware',
'scrapy.spidermiddlewares.offsite.OffsiteMiddleware',
'scrapy.spidermiddlewares.referer.RefererMiddleware',
'scrapy.spidermiddlewares.urllength.UrlLengthMiddleware',
'scrapy.spidermiddlewares.depth.DepthMiddleware']
2021-10-13 22:39:02 [scrapy.middleware] INFO: Enabled item pipelines:
['scrapy_redis.pipelines.RedisPipeline']
2021-10-13 22:39:02 [scrapy.core.engine] INFO: Spider opened
2021-10-13 22:39:02 [ithome] DEBUG: Resuming crawl (27292 requests scheduled)
2021-10-13 22:39:02 [scrapy.extensions.logstats] INFO: Crawled 0 pages (at 0 pages/min),
scraped 0 items (at 0 items/min)
2021-10-13 22:39:02 [scrapy.extensions.telnet] INFO: Telnet console listening on 127.0.0.
1:6023
```

运行爬虫，此时处于堵塞状态，因为在 Redis 中还没有创建初始任务列表，也还没有写入初始任务的 URL。使用工具连接至当前 Redis 数据库，然后向其中键值为 ithome:start_ urls 的列表添加 URL 数据，这里将目标网站的首页 https://www.ithome.com 添加进初始队列，随后可以观察到爬虫开始执行任务。

```
2021-10-13 22:50:49 [scrapy.core.engine] INFO: Spider opened
2021-10-13 22:50:49 [ithome] DEBUG: Resuming crawl (27085 requests scheduled)
2021-10-13 22:50:49 [scrapy.extensions.logstats] INFO: Crawled 0 pages (at 0 pages/min),
scraped 0 items (at 0 items/min)
2021-10-13 22:50:49 [scrapy.extensions.telnet] INFO: Telnet console listening on 127.0.0.
1:6023
2021-10-13 22:50:55 [scrapy.core.engine] DEBUG: Crawled (200) <GET https://www.ithome.
com/0/491/311.htm> (referer: https://www.ithome.com/0/491/550.htm)
2021-10-13 22:50:55 [scrapy.core.engine] DEBUG: Crawled (200) <GET https://www.ithome.
com/0/491/451.htm> (referer: https://www.ithome.com/0/491/977.htm)
2021-10-13 22:50:56 [scrapy.core.engine] DEBUG: Crawled (200) <GET https://www.ithome.
com/0/491/326.htm> (referer: https://www.ithome.com/0/491/479.htm)
2021-10-13 22:50:56 [scrapy.core.engine] DEBUG: Crawled (200) <GET https://www.ithome.
com/0/491/791.htm> (referer: https://www.ithome.com/0/492/036.htm)
2021-10-13 22:50:56 [scrapy.core.engine] DEBUG: Crawled (200) <GET https://www.ithome.
com/0/492/000.htm> (referer: https://www.ithome.com/0/492/456.htm)
2021-10-13 22:50:56 [scrapy.core.engine] DEBUG: Crawled (200) <GET https://www.ithome.
com/0/491/953.htm> (referer: https://www.ithome.com/0/492/805.htm)
2021-10-13 22:50:56 [scrapy.core.engine] DEBUG: Crawled (200) <GET https://www.ithome.
com/0/416/027.htm> (referer: https://www.ithome.com/0/431/499.htm)
2021-10-13 22:50:56 [scrapy.core.engine] DEBUG: Crawled (200) <GET https://www.ithome.
com/0/492/051.htm> (referer: https://www.ithome.com/0/493/181.htm)
2021-10-13 22:50:56 [scrapy.core.engine] DEBUG: Crawled (200) <GET https://www.ithome.
com/0/492/088.htm> (referer: https://www.ithome.com/0/492/152.htm)
2021-10-13 22:50:57 [ithome] DEBUG: {'title': '三星两款不明型号手机通过 3C 认证:其一搭载
25W 充电器', 'author': '远洋', 'publish_time': '2020/6/7 15:39:29', 'content': 'IT 之家 6 月 7 日
消息 近日,有两款型号为 SM-N9810 和 SM-F7070 的三星手机通过了 3C 认证,分别搭载 25W 和 15W
充电器。\nSM-N9810 型号机型搭配的充电器功率为:15W 或 25W(PDO)18W 或 25W(PPS);SM-F7070 型
号机型搭配的充电器功率为:15W 或 10W。\nIT 之家了解到,三星 Galaxy S20 5G 手机的型号为 SM-
G9810;三星 Galaxy Z Flip 的型号为 SM-F7000,故不排除以上两款机型为即将发布的三星 Galaxy
Note 20 和 Galaxy Z Flip 5G 的可能。\n 此外,上个月底,一款型号 SM-N9860 的三星手机也通过了
3C 认证,同样搭配 25W 充电器。\n 据此前 3C 认证数据库显示,国行版三星 Galaxy Note20 中使用的
电池型号为 EB-BN980ABY,它的电池容量是 4300 mAh。此外还有两块电池在 6 月 2 日通过了 3C 认
证,第一个电池的型号是 EB-BF707ABY,电池的额定容量为 2500mAh;第二个电池的型号是 EB-
BF708ABY,其电池容量为 704mAh。两块电池容量总共 3204mAh,大小接近三星 Galaxy Z Flip 的两块电
池容量之和(3300mAh)。\nIT 之家了解到,三星 Galaxy S20 Ultra 相较于 Galaxy S20 的优势之一便是
支持 45W 快充,故不排除三星 Galaxy Note 20 Ultra 同样支持更高快充的可能。\n▲图为 Onleaks 与
Pigtou 曝光图', 'images': ['//img.ithome.com/images/v2/t.png', '//img.ithome.com/images/v2/t.
png', '//img.ithome.com/images/v2/t.png', '//img.ithome.com/images/v2/t.png']}
2021-10-13 22:50:57 [ithome] DEBUG: {'title': '谷歌 CEO 毕业季在线演讲:"不耐烦"将创造技术
革命', 'author': '孤城', 'publish_time': '2020/6/8 15:04:43', 'content': '6 月 8 日消息,据外媒报
道,由于受到新冠疫情的影响,美国各地学校今年的毕业典礼和相关毕业演讲现场仪式基本上都被
取消了。不过,YouTube 举办了名人云集的在线毕业典礼,谷歌首席执行官桑达尔·皮查伊(Sundar
Pichai)发表了毕业典礼演讲,并分享了他对这些即将步入社会的年轻人的建议。\n 他在演讲中提
到,他花了一段时间才意识到互联网将是让更多人接触到科技的唯一最佳途径。当他有这个想法的
时候,改变了方向,决定在谷歌追求他的梦想。他还给毕业生提出宝贵建议:\n 要保持开放心态、保
持不耐烦、充满希望\n。', 'images': ['//img.ithome.com/images/v2/t.png']}
```

9.2.3 保存数据到 Elasticsearch

修改项目后再试启动，爬虫可以正常获取资讯内容，配置的 Redis 数据库也保存了提取出到的信息。接下来是修改数据管道，使获取到的数据能够直接写入 Elasticsearch 中，便

于后面信息检索。

在 settings. py 文件中，启用了 scrapy-redis 内置的数据管道 RedisPipeline，这里改为模板创建时的 NewsspiderPipeline 数据管道，修改配置文件中的 scrapy_redis. pipelines. RedisPipeline 项为 newsSpider. pipelines. NewsspiderPipeline。

```
ITEM_PIPELINES = {
    'newsSpider.pipelines.NewsspiderPipeline': 300
}
```

然后打开 pipelines. py 文件，修改 NewsspiderPipeline 对象，将数据保存到 Elasticsearch 中，源码如下。

```
# -*- coding: UTF-8 -*-

# Define your item pipelines here
#
# Don't forget to add your pipeline to the ITEM_PIPELINES setting
# See: https://docs.scrapy.org/en/latest/topics/item-pipeline.html
from elasticsearch import Elasticsearch as ES
from chronyk import Chronyk


class NewsspiderPipeline(object):


    def __init__(self, hosts, port, index, timeout):
        '''
        初始化 ES 相关参数
        :param mongourl:
        :param mongoport:
        :param mongodb:
        '''
        self.hosts = hosts
        self.port = port
        self.index = index
        self.timeout = timeout

    @classmethod
    def from_crawler(cls, crawler):
        """
        读取配置文件，实例化对象
        :param crawler:
        :return:
        """
        return cls(
            hosts=crawler.settings.get("ES_HOSTS"),
            port=crawler.settings.get("ES_PORT"),
            index=crawler.settings.get("ES_INDEX"),
            timeout=crawler.settings.get("ES_TIMEOUT")
        )

    def open_spider(self, spider):
        """
        打开爬虫时创建 ES 连接
```

```
        :param spider:
        :return:
        """
        self.es = ES(hosts=self.hosts, port=self.port, timeout=self.timeout)

    def process_item(self, item, spider):
        """
        保存数据至 ES
        :param item:
        :param spider:
        :return:
        """
        item['publish_time'] = str(Chronyk(item['publish_time'].replace('/', '')))
        result = self.es.index(index=self.index, body=item)
        spider.log(result)
        return item

    def close_spider(self, spider):
        '''
        关闭连接
        :param spider:
        :return:
        '''
        self.es.close()
```

数据管道 NewsspiderPipeline 用于将网络蜘蛛获取到的信息存放进 Elasticsearch 中，主要通过 process_item()方法完成对每条数据的清洗和储存。为了使蜘蛛更加通用，process_item()也保持了极少的代码量，在 process_item()中主要对时间字段进行了处理，使其输出相同的格式，因为有些时间字符串中月份或日期是两位，而有些时间字符串是一位，将导致 Elasticsearch 在解析时间时出现错误。例如一些数据的 publish_time 字段可能是 2019-3-07 16:25:55、2019-03-07 16:25:55、2019-03-7 16:25:55 等形式，需要统一为 2019-03-07 16:25:55 这样的标准形式，这一步由 chronyk 库来完成。

当爬虫启动时，from_crawler()方法被执行，从配置文件中读取 ES 相关的四个配置项即 ES_HOSTS、ES_PORT、ES_TIMEOUT、ES_INDEX，分别是 Elasticsearch 服务器的连接地址、连接端口、连接超时时间、存储的索引，然后初始化爬虫。在爬虫打开时，创建 ES 的连接对象，每当获取到一条数据时就调用 process_item()对数据进行推送处理。

参见 8.2.2 节部署 Elasticsearch 及相关组件的服务，然后在 settings 配置文件中添加下列配置项，数据将保存到 html 这个索引中。

```
ES_HOSTS = '127.0.0.1'        #ES 链接地址
ES_PORT = '9200'              #ES 连接端口
ES_TIMEOUT = 10               #连接超时时间
ES_INDEX = 'html'             #使用的 index
```

最后一步是创建索引和映射字段的类型。打开 Kibana 服务的 Dev Tools 面板，如果是参见 8.2.2 节部署 Elasticsearch 及相关组件的服务，Kibana 的访问端口是 5601。在 Dev Tools 的 console 面板中，输入下面请求命令创建索引和映射字段。创建索引名是 html，创建了 6 个字段，其中 title 和 content 是 text 类型，因为它们需要被分词后检索。publish_time 字段是时间字段，并且指定了用于解析的时间字符串格式，所以需要在数据管道中单独对时间进行统一的处理。其余字段是 keyword 类型，基本不会用于检索，images 是数组类型，数组的类型就是元素的类型。

```
PUT /html
{
  "mappings": {
    "properties": {
      "title":{"type" : "text"},
      "author":{"type" : "keyword"},
      "publish_time":{"type" : "date", "format": "yyyy-MM-dd HH:mm:ss"},
      "content":{"type" : "text"},
      "images":{"type" : "keyword"},
      "url":{"type" : "keyword"}
    }
  }
}
```

配置完成之后，再次尝试试运行项目，保存数据时将打印出 ES 保存过程的日志信息。

```
2021-10-16 23:44:31 [elasticsearch] DEBUG: > {"title":"曝戴尔 XPS 17 本周发布,搭载 17 英寸 16:10 大屏","author":"孤城","publish_time":"2020-05-13 18:00:26","content":"IT 之家\n5 月 13 日消息 据福布斯介绍,戴尔新款 XPS15/17 将于本周发布,目前 XPS 15 已在中国发布,XPS 17 可能会在本周晚些时候发布。\n 福布斯的消息称,两款 XPS 的显示屏都为 16:10 比例,其中 XPS 17 的屏幕尺寸更是达到了 17 英寸。配置方面新款 XPS 笔记本可选 i9-10885H 处理器、64 GB DDR4-2933 RAM 和 2TB PCIe SSD。另外,\n17 英寸的型号将有两个 M.2-2280 的插槽,存储空间可达 4TB。显卡方面,17 英寸的 XPS 17 9700 将可搭载 GeForce RTX 2060\n。\nIT 之家报道,戴尔新款 XPS 15 已经在官网上架,售价 10999 元起。\n 相关阅读:\n«\n 戴尔新款 XPS 15 笔记本发布:四边窄边框,i5-10300H 核显版 10999 元\n»","images":["//img.ithome.com/images/v2/t.png"],"url":"https://www.ithome.com/0/486/976.htm"}
2021-10-16 23:44:31 [elasticsearch] DEBUG: < {"_index":"html","_type":"_doc","_id":"_frGiXwBqvGVD6eNrCmc","_version":1,"result":"created","_shards":{"total":2,"successful":2,"failed":0},"_seq_no":20994,"_primary_term":1}
2021-10-16 23:44:31 [ithome] DEBUG: {'_index': 'html', '_type': '_doc', '_id': '_frGiXwBqvGVD6eNrCmc', '_version': 1, 'result': 'created', '_shards': {'total': 2, 'successful': 2, 'failed': 0}, '_seq_no': 20994, '_primary_term': 1}
```

9.2.4　布隆过滤器去重

到目前为止，ithome 爬虫已经可以运行了，也具备了搜索引擎爬虫的基本功能，但是作为搜索引擎爬虫，其特点就是数据量很大，抓取的网站很多，要对数以百亿计的 URL 地址去重，这是当前项目中的爬虫所不能胜任的。现在阶段的爬虫，使用 Redis 的集合来去重，保存的是请求的指纹数据，如果有 10 亿个请求，那么 Redis 至少需要 150GB 的空间，并且在如此大规模数据中查询也将导致 Redis 的性能下降，所以必须使用布隆过滤器。关于布隆过滤器的详细信息，可以参考《爬虫实战基础》的 4.3.4 节和 4.3.5 节。

在 newsSpider 文件夹创建 RBFDupeFilter.py 文件，用于实现布隆过滤器的功能。在本项目中参见 1.7.6 节中实现的布隆过滤器组件，修改配置文件的 DUPEFILTER_CLASS＝scrapy_redis.dupefilter.RFPDupeFilter 项，改为自定义实现的布隆过滤器去重组件 DUPEFILTER_CLASS＝"newsSpider.RBFDupeFilter.RBFDupeFilter"，然后修改 RBFDupeFilter.py 文件的内容，新增去重类 RBFDupeFilter，其内容如下。

```
from scrapy_redis.dupefilter import RFPDupeFilter
from scrapy_redis.connection import get_redis_from_settings
from scrapy_redis import defaults
from redis.exceptions import ResponseError


class RBFDupeFilter(RFPDupeFilter):

    def __init__(self, server, key, error_rate = 0.000001, initial_size = 1000000000, debug =
False):
        try:
            server.execute_command("bf.reserve", key, error_rate, initial_size)
        except ResponseError:
            pass
        super().__init__(server, key, debug)

    @classmethod
    def from_crawler(cls, crawler):
        return cls.from_settings(crawler)

    @classmethod
    def from_settings(cls, crawler):
        settings = crawler.settings
        server = get_redis_from_settings(settings)
        key = defaults.SCHEDULER_DUPEFILTER_KEY % {'spider': crawler.spider.name}
        debug = settings.getbool('DUPEFILTER_DEBUG')
        return cls(server, key = key, debug = debug)

    def request_seen(self, request):
        fp = self.request_fingerprint(request)
        added = self.server.execute_command("bf.exists", self.key, fp)
        if added:
            return True
        else:
            self.server.execute_command("bf.add", self.key, fp)
            return False
```

需要注意，使用该自定义的组件必须使用 redislabs/rebloom 镜像部署 Redis 服务，这样才支持 Redis 内置的布隆过滤器操作。关于该去重组件的解释，可以参见 1.7.6 节自定义去重组件。

9.3 前端交互

在前面章节完成了搜索引擎的爬虫部分，Elasticsearch 中已经存在一部分数据了，本章节将开发项目的信息索引和前端结果展示部分。

9.3.1 前端页面

将用几个简单的 HTML 页面为用户提供交互，通过一个搜索文本框，当用户输入需要查询的关键词之后，将从 Elasticsearch 检索相关信息，然后给用户反馈回去。

与大多数搜索引擎相似，提供一个搜索页面和结果列表页面，以及简单的翻页功能，词条的内容也将链接到原网站，当用户单击感兴趣的内容时，将跳转到原文。

前端页面使用 Bootstrap 组件，不需要做太多修改和个性化设置，搜索引擎前端展示效果如图 9-2 所示。

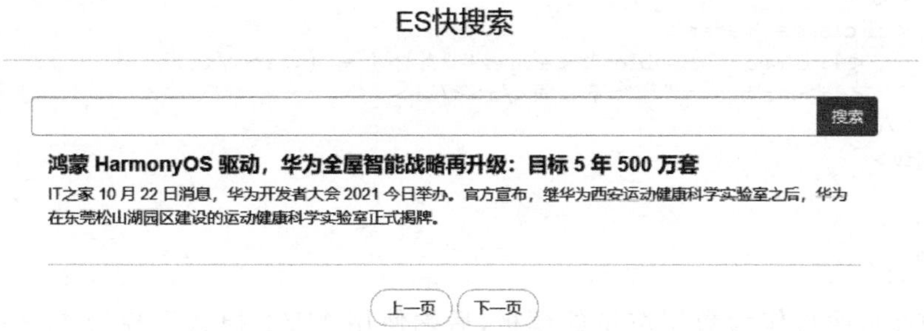

图 9-2　搜索引擎前端展示效果

其对应的 HTML 源码如下。

```
<!DOCTYPE html>
<html>
<head>
    <meta charset="UTF-8">
    <title>搜索</title>
    <link rel="stylesheet" href="https://cdn.staticfile.org/twitter-bootstrap/3.3.7/css/bootstrap.min.css">
    <script src="https://cdn.staticfile.org/jquery/2.1.1/jquery.min.js"></script>
    <script src="https://cdn.staticfile.org/twitter-bootstrap/3.3.7/js/bootstrap.min.js"></script>
</head>
<body>

<div class="container">
    <div class="page-header text-center">
        <h3>ES 快搜索
        </h3>
    </div>
    <div style="padding: 10px 100px 10px;width: 80%" class="center-block">
        <form class="bs-example bs-example-form" role="form">
            <div class="row">
                <div class="input-group">
                    <input type="text" class="form-control">
                    <span class="input-group-btn">
                                                        <button class="btn btn-success">
                                                            搜索
                                                        </button>
                                                    </span>
                </div>
            </div>
        </form>
        <div class="media">
            <div class="media-body">
                <a style="text-decoration:none" href="https://www.ithome.com/0/582/301.htm" target="_blank">
                    <h4 class="media-heading"><B>鸿蒙 HarmonyOS 驱动，华为全屋智能战略再升级：目标 5 年 500 万套</B></h4>
                </a>
                <p>IT之家 10 月 22 日消息，华为开发者大会 2021 今日举办。官方宣布，继华为西安运动健康科学实验室之后，华为在东莞松山湖园区建设的运动健康科学实验室正式揭牌。</p>
```

```
            </div>
        </div>
        <hr>
        <ul class="pager">
            <li class="disabled"><a href="#">上一页</a></li>
            <li><a href="#">下一页</a></li>
        </ul>
    </div>
</div>
</body>
</html>
```

这个前端页面将作为数据渲染的模板，后端使用 MVT 模式即模型-模板-视图模式。后端的服务接口收到查询请求后，将从 Elasticsearch 中查询数据，然后将数据填充进 HTML 模板中，最后返回 HTML 源码给浏览器渲染。

9.3.2 后端服务

后端使用 Tornado 提供框架服务，负责处理前端传递过来的搜索表单请求及翻页请求。接口收到请求后，用对应的搜索关键字和页数去 Elasticsearch 中查询数据，然后将数据渲染到模板中并返回。

在接口服务中创建了三条路由，其中"/"和"/index"对应于主页请求，"/search"对应于搜索请求。运行该服务后，当请求 http://localhost:5000/或者 http://localhost:5000/index 地址时，浏览器将打开搜索页面，如图 9-3 所示。

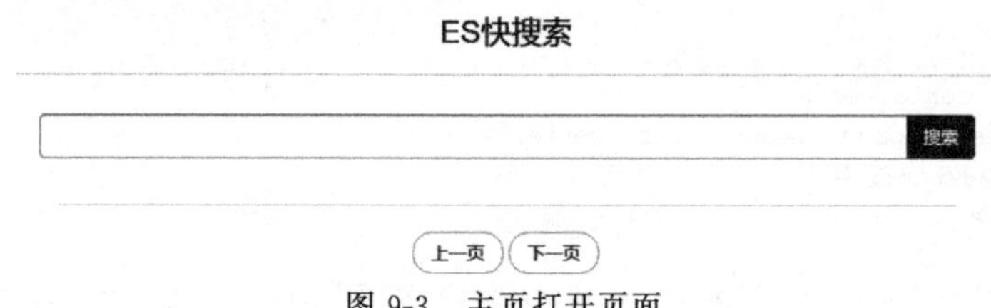

图 9-3　主页打开页面

在主页输入需要搜索的关键字，单击搜索将出现 10 条搜索结果，并且支持翻页，如图 9-4 所示，在搜索结果页面中还将显示搜索结果的总条数以及搜索用时。

ES快搜索
ES为您找到相关结果约3个 用时0.648s
Python
搜索
Python 3.7入驻微软商店
IT之家 1月3日消息 近日,有IT之家网友发现,Python 3.7官方应用上线微软商店,这应该是首个入驻微软商店的主流开发语言。根据微软商店里的描述,微软商店版本的Python 3.7开发方依旧是...
华为官方解析何为Python爬虫
IT之家 7月8日消息 据华为中国官方消息,今日,华为中国发文《小白看过来,让Python爬虫成为你的好帮手》,文中详细介绍了Python爬虫的工作原理,我们来看一下吧。 以下为《小白看过来,让Pyt...
Python 之父 Guido van Rossum 退休失败,正式加入微软
IT之家 11月13日消息 去年 10 月, Python 创始人 Guido van Rossum 在 Dropbox 公司工作了六年半后决定退休。现年 64 岁的 Van Rossum 退休一年...
上一页 下一页

图 9-4　搜索结果页面

实现上面效果的服务器端源码如下。

```
import time
import tornado.web
import tornado.ioloop
import tornado
from elasticsearch import Elasticsearch as ES

es = ES(hosts="127.0.0.1", port=9200, timeout=2000)


class Index(tornado.web.RequestHandler):

    def get(self):
        data = {'keys': False, 'items': [], 'nextPage': False, 'prevPage': False, 'total': False,
'time': False}
        return self.render('search.html', **data)


class Search(tornado.web.RequestHandler):
    """
    搜索接口
    """

    def get(self):
        keys = self.get_query_argument('keys', False)
        if not keys:
            return self.write('请输入搜索关键词')
        page = self.get_query_argument('page', 1)
        page = int(page)
        data = {
            "from": (page - 1) * 10, "size": 10,
            "query": {
                "match": {
                    "title": {
                        "query": keys
                    }
                }
            }
        }
        t1 = time.time()
        result = es.search(index="html", body=data)
        t2 = time.time()
        total = result['hits']['total']['value']
        items = [i['_source'] for i in result['hits']['hits']]
        nextPage = page + 1 if page * 10 < total else False
        prevPage = page - 1 if page > 1 else False
        data = {'keys': keys, 'items': items, 'nextPage': nextPage, 'prevPage': prevPage, 'time':
'%.3f' % (t2 - t1),
                'total': total}
        return self.render('search.html', **data)


if __name__ == "__main__":
    app = tornado.web.Application([
        (r"/search", Search),
```

```
        (r"/index", Index),
        (r"/", Index),
    ],
        xsrf_cookies = False,
        debug = True,
        reuse_port = True
    )
    app.listen(5000)
    tornado.ioloop.IOLoop.current().start()
```

上述源码主要实现了 Index、Search 两个类，分别用于返回前端搜索页面和搜索结果页面。Index 处理了一个 GET 请求，返回一个供用户输入搜索关键词的表单页面，当用户输入关键词并单击搜索之后，Search 处理用户提交的表单请求。

在 Search 中，首先从 GET 请求对象中取出搜索关键词 keys 和页数 page，首次搜索默认 page 为 1，使用 GET 请求来传递表单的目的是兼容翻页，翻页请求和搜索表单请求都是形如 search? page=小米 &keys=2 的格式。在获得 keys 和 page 之后，构造用于 ES 查询的数据并指定分页，通过 form 关键词指定请求的分页及每页的数据条数，query 用于指定查询规则，match 指定 keys 分词之后再从 title 中匹配适合的数据，所以可以搜索"性能最好的手机""性价比最高的手机"等语句。使用 ES 对象的 search()方法，index 指定查询的索引，data 传递查询条件，返回数据是 JSON 格式，如下面的实例数据：


```
{'took': 936,
'timed_out': False,
'_shards': {'total': 1, 'successful': 1, 'skipped': 0, 'failed': 0},
'hits': {'total': {'value': 8573, 'relation': 'eq'},
  'max_score': 19.41007,
  'hits': [{'_index': 'html',
    '_type': '_doc',
    '_id': 'nvlmiXwBqvGVD6eNIeq3',
    '_score': 13.027747,
    '_source': {'title': 'vivo Z3 发布,性价比市场来了一个强大对手',
     'author': '马卡',
     'publish_time': '2018-10-20 10:05:58',
     'content': '本月 17 日下午,vivo 在北京举办了 Z3"京东懂试会",相比 X23 发布的浩大声势,Z3
的发布有了些许的"低调",毕竟这是一款"非旗舰产品",但出人意料的是,在发布会结束后的两天时
间里,这款手机单在京东平台就有了超过 20 万的预约量,这一切不禁让人好奇,Z3 究竟是一款怎样
的千元机产品?\nZ 系列,千元机市场新劲敌\n 实际上,相比 X、Y 系列,vivo 的 Z 系列在整个 vivo 手
机家族非常年轻。今年年初,vivo 低调推出了 Z 系列的首款产品 Z1,Z1 搭载了骁龙 660 处理器,1300
元出头的售价让用户牢牢地记住了这款手机。\n 和 vivo 以往产品不同的是,Z 系列并没有采用花费
高昂的广告营销和明星代言,但默默上线三天便迅速达成十万台销量和好评率 98% 的成绩。\n 在发
布会之前,vivo 就开启了 Z3 的预热,暗示新机将搭载骁龙 710 处理器,但售价会很便宜。"京东懂试
会"上 vivo 正式揭晓了这个答案——vivo Z3 4GB+64GB 售价 1598 元(搭载高通骁龙 670AIE)、6GB+64GB
售价 1898 元(搭载高通骁龙 710AIE)、6GB+128GB 售价 2298 元(搭载高通骁龙 710AIE)。\nZ3 采用
vivo 最新推出的"灵动水滴屏"设计,6.3 英寸 19:9 的超大全面屏,屏占比提升至 90.3%,有星夜黑、
极光蓝和梦幻粉三款时尚配色。\n 单从配置上来看,这次 Z3 已经相当"良心"了,比如双引擎闪充、
高通骁龙 710AIE、红外人脸识别技术、Jovi 智能语音助手、vivo Dual-Turbo 等等这些 vivo 旗舰级
才有的配置也已经下探到了 Z3 身上,甚至 Z3 还搭载了自己旗舰机都没有的 4D 振动系统。\n 如此
堆料,使得这台千元级(虽然将 Z3 归属千元机有点勉强)的产品没有任何廉价感,在面对小米、魅族等
主打性价比机型时也有着卓越的竞争力。\nvivo Z3 卖给谁?\n 国内手机市场价格战愈演愈烈,不少
手机品牌都开始开拓各自的细分领域,而千元机一直都是国内手机厂商们最主流的市场,拥有最广
泛的受众群体。\nvivo 也不例外,早在 Z 系列之前,vivo 的 Y 系列一直都是 vivo 在千元机领域的"得
意门生",不过这些 Y 系列机型有一个共同的特点——并不会大张旗鼓地开发布会,大都低调上线官
```

```
网,随后线下店铺马上铺货、开售。\n不少线上购机的用户同样也是性价比的重视拥簇者,所以Y系列在线上市场面对诸如红米、魅蓝这些竞争对手时在性价比方面并不占绝对优势。这时候,如果想要在线上千元机市场占有一席之地,推出一款性价比产品就"大势所趋"了。\nvivo Z3正好弥补了vivo在线上千元机市场的缺口,在"京东懂试会"上,vivo官方同样强调,Z系列是专为年轻用户打造的实力与颜值俱佳的全新产品系列,致力于为"互联网原住民"带来急速畅快的使用体验。\n谁会买vivo Z3?\n和年轻人交朋友,你就会永远年轻。\n年轻人仍是千元机市场的主力军,线上电商平台是他们购买手机的主要方式,大部分年轻人在考虑购买手机时候,往往会在手机的外观、手感、处理器、性价比等方面会做一个全面、综合的平衡考虑。\n但在以往,因为成本压缩等问题,有很多千元机保证了配置却没有好外观,近年来,千元级市场也逐渐重视起设计。实际上,在这方面,vivo是一个轻车熟路的老司机,无论手机价格高低,第一保证的就是手机外观,都能让年轻消费群体一眼爱上(这一点可以去vivo官网了解一下目前在售的所有机型)。\n相比之前的产品,Z3有了全面的进化,vivo从新一代年轻用户对于手机"速度快,玩得爽"的需求出发,专注于打造性能强劲的手机产品体验。此次Z3的推出,不仅标志着Z系列在性能、外观设计、AI上的全面进化,也是vivo进军线上年轻市场的一记重锤。\nvivo向来专注年轻用户群体,坚持推出高性能与高颜值的潮流机型,从全金属的X20到现在的渐变X23,你会发现,vivo一直紧追潮流,年轻人喜欢什么,就会第一时间推出什么。\n再比如今年的X23发布会上,vivo推出的logo Phone让人印象深刻,这是vivo有史以来最大胆、最富创意的机身配色,硕大的logo斜印在机身背面,logo升华为潮流icon,彰显年轻人与众不同的"新潮"个性。\n今年8月份,国际数据公司(IDC)发布的手机季度跟踪报告显示,2018年第二季度,中国智能手机市场出货量约1.05亿台,同比下降5.9%,较上季度降幅有所收窄。其中vivo市场份额排名第三位,出货量同比增长达到了24.3%,市场份额也一度上涨至了19.0%,能获得如此优异的成绩也是和vivo不断针对年轻人推出爆款机型分不开的。\nZ系列是vivo重拳出击互联网领域的标志,Z系列新品发布,势必会成为接下来vivo征战手机市场的大利器。',
       'images': ['//img.ithome.com/images/v2/t.png',
        '//img.ithome.com/images/v2/t.png',
        '//img.ithome.com/images/v2/t.png',
        '//img.ithome.com/images/v2/t.png',
        '//img.ithome.com/images/v2/t.png'],
       'url': 'https://www.ithome.com/0/389/786.htm'}},
  …
```

输出到模板的字段分别是搜索的关键词keys、搜索的结果字典列表items、下一页的页码nextPage、上一页的页码prevPage、搜索用时time、相关结果总数total,这些字段将传递给模板引擎并渲染成HTML源码返回给浏览器。

9.3.3　模板渲染

在Tornado中通过render使用模板,使用时指定模板文件名及需要传递给模板的字段。在模板中支持Python变量与表达式的语法,使用{{}}作为变量或表达式的占位符,render渲染后占位符{{}}会被替换为相应的结果,也可以在Tornado模板中使用Python条件语句和循环语句,控制语句被{\% \%}包围并以{% end %}结尾,类似下面的使用格式。

```
{% if … %} … {% elif … %} … {% else … %} … {% end %}
{% for … in … %} … {% end %}
{% while … %} … {% end %}
```

例如在本项目中渲染搜索结果总数以及搜索用时,其HTML模板中的片段如下,在render中取出total字段判断是否为True,如果为False则不执行if中的渲染内容。如果传入了搜索结果总数,那么就取出total和time的值并替换对应的{{total}}、{{time}},其最后的渲染后的结果就是形如<span class="nums_text">ES为您找到相关结果约100个 用时0.21s</span>的源码片段。

```
{% if total %}
        <span class = "nums_text"> ES 为您找到相关结果约{{total}}个 用时{{time}}s </span>
{% end %}
```

完整的 search.html 模板源码如下。

```
<!DOCTYPE html>
<html>
<head>
    <meta charset = "UTF-8">
    <title>搜索</title>
    <link rel = "stylesheet" href = "https://cdn.staticfile.org/twitter-bootstrap/3.3.7/
css/bootstrap.min.css">
    <script src = "https://cdn.staticfile.org/jquery/2.1.1/jquery.min.js"></script>
    <script src = "https://cdn.staticfile.org/twitter-bootstrap/3.3.7/js/bootstrap.min.
js"></script>
    <style>
        .nums_text {
            height: 41px;
            font-size: 12px;
            color: #999;
        }
    </style>
</head>
<body>

<div class = "container">
    <div class = "page-header text-center">
        <h3> ES 快搜索
        </h3>
        {% if total %}
        <span class = "nums_text"> ES 为您找到相关结果约{{total}}个 用时{{time}}s </span>
        {% end %}
    </div>
    <div style = "padding: 10px 100px 10px;width: 80% " class = "center-block">
        <form class = "bs-example bs-example-form" role = "form" method = "get" action = "/
search">
            <div class = "row">
                <div class = "input-group">
                    <input type = "text" class = "form-control" name = "keys" value = "{{keys
if keys else ''}}">
                    <span class = "input-group-btn">
                                            <button class = "btn btn-success" type = "submit">
                                                                搜索
                                                        </button>

                    </span>
                </div>
            </div>
        </form>
        <div class = "media">
            {% for item in items %}
            <div class = "media-body">
                <a style = "text-decoration:none" href = "{{item['url']}}" target = "_blank">
                    <h4 class = "media-heading"><B>{{item['title']}}</B></h4>
                </a>
```

```
                <p>{{item['content'][:100]}}...</p>
            </div>
            <Br>
            {% end %}
        </div>
        <hr>
        <ul class="pager">
             <li class="{{ '' if prevPage else 'disabled'}}"><a href="search?page=
{{prevPage}}&keys={{keys}}">上一页</a>
            </li>
             <li class="{{ '' if nextPage else 'disabled'}}"><a href="search?page=
{{nextPage}}&keys={{keys}}">下一页</a>
            </li>
        </ul>
        <Br>
    </div>
</div>
</body>
</html>
```

模板渲染主要涉及三个地方的渲染，一个是上一个案例所示的渲染结果总数及搜索用时，另一个是通过 for 渲染结果列表，最后一个是渲染上下翻页的效果。当然，对于搜索结果页翻页之后还需要在表单中填充 keys，因为返回首页和返回搜索结果页使用了同一个模板，因此在模板中需要对一些内容数据进行判断。例如，如果没有 total 数据就不显示搜索结果和总耗时的信息；如果没有结果列表 items，则不显示结果列表；如果是首页，则不需要翻页，因此翻页，按钮的状态呈现了灰色。

搜索结果列表渲染片段如下，使用的{% for item in items %}…{% end %}表达式遍历出结果列表的信息，然后通过{{}}取出变量 item 中的相关字段填充到对应的位置，在处理 content 时截取了正文的前 100 个字符，剩下的字符使用省略号代替。

```
{% for item in items %}
            <div class="media-body">
                <a style="text-decoration:none" href="{{item['url']}}" target="_blank">
                    <h4 class="media-heading"><B>{{item['title']}}</B></h4>
                </a>
                <p>{{item['content'][:100]}}...</p>
            </div>
            <Br>
            {% end %}
```

翻页效果的渲染片段如下，它使用了三元运算符。如果是首页，那么 prevPage 和 nextPage 值都是 False，class 的值是 disabled 即不可单击状态，这是 Bootstrap4 的翻页效果。如果是搜索结果页，那么将渲染出正确的上一页及下一页的 URL 地址和按钮状态，其中 URL 地址组成是 search? page={{prevPage}}&keys={{keys}}和表单搜提交搜索请求接口保持一致。

```
<li class="{{ '' if prevPage else 'disabled'}}"><a
href="search?page={{prevPage}}&keys={{keys}}">上一页</a>
            </li>
```

```
            <li class="{{ '' if nextPage else 'disabled'}}"><a href="search?page={{nextPage}}&keys={{keys}}">下一页</a>
            </li>
```

9.4 项目部署

完成了项目的主要功能之后，开始项目的部署。项目需要部署如 Elasticsearch、Redis 的基础服务，还需要部署用户交互的接口和分布式爬虫项目，与用户交互的接口服务可以与 Elasticsearch 一起部署。爬虫项目需要单独部署，因为它是分布式服务，可以运行在多台主机上，需要考虑将其推送到 Harbor、Docker Hub 等镜像仓库，以便不同主机拉取镜像并运行。

整个项目将分为两个文件夹，一个是以部署基础服务为主的 search 文件夹，另一个是部署爬虫项目的 newsSpider。部署基础需要从 docker-compose 部署到一台主机即可，分布式爬虫项目需要打包镜像，并分发到执行相同任务的主机。

9.4.1 基础服务部署

需要部署的基础服务包含提供数据存储与检索的 Elasticsearch 集群，Elasticsearch 常用的 kibana 组件和 eshead 组件，提供分布式爬虫从去重及任务列表的 Redis，提供用户交互的前端服务。这些服务需要的 docker-compose. yml、Dockerfile 文件、前端服务接口 searchApi. py、前端模板 search. html，这些都在名为 server 的文件夹下。除了部署基础服务的配置文件之外，还需要创建一些数据文件用于容器数据的持久化保存，server 文件夹目录结构如图 9-5 所示。

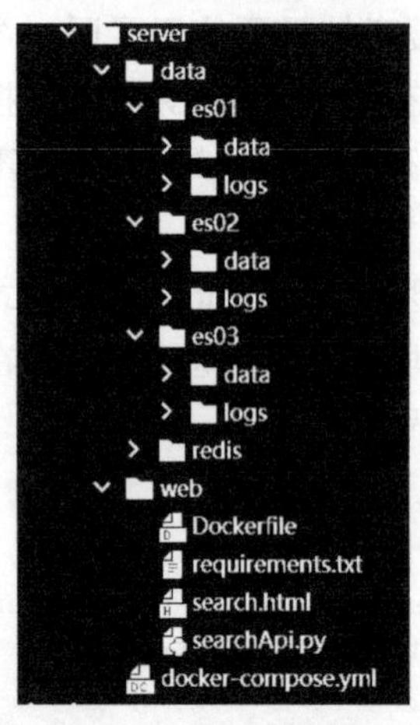

图 9-5 server 文件夹目录结构

data 文件夹下存放了 Redis 和 Elasticsearch 容器的数据，es01-es03 分别对应于三个 Elasticsearch 节点的数据文件夹，其下分为 data 和 logs 并分别用于保存数据信息和日志信息。web 文件夹主要用来构建提供搜索服务的镜像，包含了交互的模板页面和请求处理接口，以及需要安装的第三方库清单文件 requirement. txt 和 Docker 镜像文件 Dockerfile。最后是容器编排文件 docker-compose. yml，用于创建 Elasticsearch 集群及配套组件 kibana、elasticsearch-head，还有就是提供布隆过滤器功能的 Redis 服务和 web 文件夹创建的服务镜像。

web 文件夹下的 Dockerfile 文件，用于构建 web 服务，其内容如下。FROM 指令从 python:3. 6 镜像开始构建，ADD 指令指定添加项目文件夹，WORKDIR 指令指明项目的工作路径，RUN 指令运行 pip 命令安装项目所需的第三方库，CMD 指令启动接口。

```
FROM python:3.6
MAINTAINER inlike
ENV TZ Asia/Shanghai
ADD . /web
```

```
WORKDIR /web
RUN pip3 install -i https://pypi.tuna.tsinghua.edu.cn/simple -r requirements.txt
CMD python3 searchApi.py
```

web 文件夹下的 requirements.txt 文件，用于收集项目环境需要的第三方库，其内容如下。elasticsearch 库是 Python 用于连接 Elasticsearch 服务的，封装了操作 Elasticsearch 的接口。Tornado 是交互服务使用的网络框架，提供了模板渲染和请求处理。

```
elasticsearch==7.15.1
tornado==6.1
```

web 文件夹下的 search.html 文件是前端模板，返回主页和结果页都是通过这个模板渲染数据后返回。searchApi.py 是接口文件，主要处理主页请求和查询请求，并将数据填充到模板之中，然后返回给浏览器。因为是与 Redis 一起部署，所以 searchApi.py 中关于 Elasticsearch 的连接地址需要修改，修改后如下。

```
es = ES(hosts="es1", port=9200, timeout=2000)
```

docker-compose.yml 文件用于编排多个容器的启动，需要启动拥有三个节点的 Elasticsearch 集群、带有布隆过滤器功能的 Redis 服务、Elasticsearch 常用的管理组件 eshead 和 kibana，最后就是提供交互服务的 web。docker-compose.yml 文件内容如下。

```
version: '3'
services:
  es01:
    image: elasticsearch:7.6.2
    container_name: es1              #容器名
    restart: always                  #重启策略
    environment:
      - TZ="Asia/Shanghai"
      - cluster.name=docker-cluster
      - node.name=node0
      - node.master=true
      - node.data=true
      - bootstrap.memory_lock=true
      - search.max_buckets=100000000
      - http.cors.enabled=true
      - http.cors.allow-origin=*
      - cluster.initial_master_nodes=node0
      - "ES_JAVA_OPTS=-Xms512m -Xmx512m"
      - "discovery.zen.ping.unicast.hosts=es01,es02,es03"
      - "discovery.zen.minimum_master_nodes=2"
    ulimits:
      memlock:
        soft: -1
        hard: -1
    volumes:
      - ./data/es01/data:/usr/share/elasticsearch/data
      - ./data/es01/logs:/usr/share/elasticsearch/logs
    ports:
      - "9200:9200"

  es02:
```

```
    image: elasticsearch:7.6.2
    container_name: es2
    restart: always
    environment:
      - TZ = "Asia/Shanghai"
      - cluster.name = docker - cluster
      - node.name = node1
      - node.master = true
      - node.data = true
      - bootstrap.memory_lock = true
      - search.max_buckets = 100000000
      - http.cors.enabled = true
      - http.cors.allow - origin = *
      - cluster.initial_master_nodes = node0
      - "ES_JAVA_OPTS = - Xms512m - Xmx512m"
      - "discovery.zen.ping.unicast.hosts = es01,es02,es03"
      - "discovery.zen.minimum_master_nodes = 2"
    ulimits:
      memlock:
        soft: - 1
        hard: - 1
    volumes:
      - ./data/es02/data:/usr/share/elasticsearch/data
      - ./data/es02/logs:/usr/share/elasticsearch/logs
    ports:
      - "9201:9200"
      - "9301:9300"

  es03:
    image: elasticsearch:7.6.2
    container_name: es3
    restart: always
    environment:
      - TZ = "Asia/Shanghai"
      - cluster.name = docker - cluster
      - node.name = node2
      - node.master = true
      - node.data = true
      - bootstrap.memory_lock = true
      - search.max_buckets = 100000000
      - http.cors.enabled = true
      - http.cors.allow - origin = *
      - cluster.initial_master_nodes = node0
      - "ES_JAVA_OPTS = - Xms512m - Xmx512m"
      - "discovery.zen.ping.unicast.hosts = es01,es02,es03"
      - "discovery.zen.minimum_master_nodes = 2"
    ulimits:
      memlock:
        soft: - 1
        hard: - 1
    volumes:
      - ./data/es03/data:/usr/share/elasticsearch/data
      - ./data/es03/logs:/usr/share/elasticsearch/logs
    ports:
      - "9202:9200"
      - "9302:9300"
```

```
kibana:
  image: kibana:7.6.2
  container_name: kibana
  restart: always
  environment:
    - TZ = "Asia/Shanghai"
    - ELASTICSEARCH_HOSTS = http://es01:9200
  ports:
    - "5601:5601"
  depends_on:
    - es01

eshead:
  image: mobz/elasticsearch - head:5
  container_name: eshead
  ports:
    - "9110:9100"

redis:
  image: "redislabs/rebloom:latest"
  container_name: redis
  restart: always
  volumes:
    - ./data/redis:/data
  ports:
    - "6379:6379"

web:
  build: ./web
  container_name: web
  ports:
    - "5000:5000"
  depends_on:
    - es01
```

关于 Elasticsearch 的三个节点镜像、eshead、kibana 的各项参数解释参见 8.2.2 节集群部署。需要注意 Redis 使用的镜像是 redislabs/rebloom:latest，这个镜像不能使用常规部署 Redis 的方式（指定配置文件启动），常规方式部署将导致启动的 Redis 没有运行布隆过滤器插件，因此也不带布隆过滤器功能。

然后，通过在 server 文件夹下运行 docker-compose up 命令构建并启动容器。在启动 Elasticsearch 集群时，会出现虚拟内存不足的常见错误信息，即提示 max virtual memory areas vm.max_map_count [65530] is too low, increase to at least [262144]，在 Windows 10 系统下，打开 PowerShell 命令行界面，执行下面两行命令来增加虚拟内存。

```
wsl - d docker - desktop
vm.max_map_count = 262144
```

如果是在 Linux 环境下，可以运行命令 sudo sysctl -w vm.max_map_count＝262144 来增加虚拟内存。

9.4.2 爬虫部署

图 9-6 newsSpider 项目文件结构

爬虫项目文件 newsSpider，通过 Docker 打包成镜像，然后推送到 Docker Hub，这样在不同主机上可以直接拉取镜像并运行分布式爬虫，简化了部署的流程。newsSpider 项目文件夹下新增 Dockerfile 和 requirement.txt 文件，其项目文件结构如图 9-6 所示。

Dockerfile 文件用于构建镜像，其内容如下。当使用该镜像创建容器时，会执行项目的入口文件 start.py，这样分布式的爬虫就直接运行了。

```
FROM python:3.8
MAINTAINER inlike
ENV TZ Asia/Shanghai
ADD . /newsSpider
WORKDIR /newsSpider
RUN pip3 install -i https://pypi.tuna.tsinghua.edu.cn/simple -r requirements.txt
CMD python3 start.py
```

requirement.txt 收集了项目所需要安装的库，其内容如下。

```
scrapy==2.5.1
scrapy-redis==0.7.1
gne==0.3.0
elasticsearch==7.15.1
chronyk==1.0.1
```

准备好 Dockerfile 和 requirement.txt 文件之后，修改配置文件 settings.py 中的关于 Redis 和 Elasticsearch 的连接信息，改为对应的 Elasticsearch 服务器和 Redis 服务，然后确保 docker 登录了 Docker Hub 或者其他镜像仓库，这里以 Docker Hub 为例构建镜像并推送。

做完上述准备工作后，在命令行界面中进入 newsSpider 文件夹，然后开始构建镜像。使用命令 docker build -t inlike/ithome 开始构建镜像，构建完成后通过命令 docker push inlike/ithome 将 inlike/ithome 镜像推送到 Docker Hub 仓库，对应用户名为 inlike。

至此一个搜索引擎的项目就完成了。

附录A

参考资源网址

scrapy-selenium 库项目地址：https://github.com/clemfromspace/scrapy-selenium。

scrapy-puppeteer 库项目地址：https://github.com/clemfromspace/scrapy-puppeteer。

Scrapy 完整配置项文档地址：https://scrapy-chs.readthedocs.io/zh_CN/0.24/topics/settings.html。

requests 库底层不支持异步请求的 issues 地址：https://github.com/psf/requests/issues/2801。

browserleaks 指纹在线测试网址：https://browserleaks.com/。

fingerprintjs 项目地址：https://github.com/fingerprintjs/fingerprintjs。

mybrowseraddon 网站地址：https://mybrowseraddon.com/。

Canvas Fingerprint Defender 插件地址：https://mybrowseraddon.com/canvas-defender.html。

WebGL Fingerprint Defender 插件地址：https://mybrowseraddon.com/webgl-defender.html。

Font Fingerprint Defender 插件地址：https://mybrowseraddon.com/font-defender.html。

AudioContext Fingerprint Defender 插件地址：https://mybrowseraddon.com/audiocontext-defender.html。

javascript-obfuscator 项目地址：https://github.com/javascript-obfuscator/javascript-obfuscator。

obfuscator 混淆工具地址：https://obfuscator.io/。

UglifyJS 工具地址：https://www.npmjs.com/package/uglify-js。

aaencode 工具地址：https://utf-8.jp/public/aaencode.html。

V5 混淆工具地址：https://www.sojson.com/javascriptobfuscator.html。

社区“AST 入门与实战”地址：https://wx.zsxq.com/mweb/views/topic/topic.html?group_id=48415254524248。